HEYNE SACHBUCH

CARL SAGAN

Aufbruch in den Kosmos

Deutsche Erstveröffentlichung

WILHELM HEYNE VERLAG
MÜNCHEN

HEYNE-BUCH Nr. 7179
im Wilhelm Heyne Verlag, München

Das Umschlagbild zeigt eine komposite Farbaufnahme (übereinanderkopierte Rot-, Gelb- und Blaufilter-Aufnahmen) von NGC 5128, einer Galaxis im Sternbild Centaurus, mit dem 4-m-Mayall-Teleskop. Die jungen Sterne am Rande des Staubgürtels erscheinen blau, während die Sterne innerhalb des Staubgürtels orange verfärbt erscheinen.
Mit freundlicher Genehmigung des Johnson Space Flight Center der NASA
Die Zeichnungen im Text sind von Rosemarie Jeschke

Titel der amerikanischen Originalausgabe
BROCA'S BRAIN
Deutsche Übersetzung von Birgit Reß-Bohusch

Redaktion: Wolfgang Jeschke

Printed in Germany 1982
Umschlaggestaltung: Atelier Heinrichs & Schütz, München
Gesamtherstellung: Presse-Druck Augsburg

ISBN 3-453-01531-2

Gewidmet in Dankbarkeit, Bewunderung und Liebe
meinen Eltern Rachel und Samuel Sagan,
die in mir die Freude zum besseren Verstehen
der Welt weckten.

Inhalt

Mein Dank gilt einer Reihe von Freunden, Briefpartnern und Kollegen, die mich in einzelnen Punkten berieten, insbesondere Diane Ackerman, D. W. G. Arthur, James Bakalar, Richard Berendzen, Norman Bloom, S. Chandrasekhar, Clark Chapman, Sidney Coleman, Yves Coppens, Judy-Lynn Del Rey, Frank Drake, Stuart Edelstein, Paul Fox, D. Carleton Gajdusek, Owen Gingerich, Thomas Gold, J. Richard Gott III, Steven J. Gould, Lester Grinspoon, Stanislav Grof, J. U. Gunter, Robert Horvitz, James W. Kalat, B. Gentry Lee, Jack Lewis, Marvin Minsky, David Morrison, Philip Morrison, Bruce Murray, Phileo Nash, Tobias Owen, James Pollack, James Randi, E. E. Salpeter, Stuart Shapiro, Gunther Stent, O. B. Toon, Joseph Veverka, E. A. Whitaker und A. Thomas Young.

Dieses Buch wurde in allen Entstehungsphasen engagiert und fachkundig betreut von Susan Lang, Carol Lane und ganz besonders von Shirley Arden, meiner Verwaltungsassistentin.

Zu herzlichem Dank verpflichtet bin ich Ann Druyan und Steven Soter für den Mut, den sie mir machten, und den Ansporn, den sie mir durch ihre Diskussion zu vielen der hier behandelten Themen gaben. Ann hat wesentliche Beiträge zu den meisten Kapiteln sowie zum Titel selbst geleistet; ich stehe tief in ihrer Schuld.

Vorbemerkungen

Wir leben in einer außergewöhnlichen Zeit. Unsere Epoche ist gekennzeichnet durch atemberaubende Veränderungen von Gesellschaftssystemen, Wirtschaftsverhältnissen, moralischen und ethischen Richtlinien, philosophischen und religiösen Perspektiven, eine neue Selbsterkenntnis des Menschen, aber auch ein schärferes Erfassen jenes weiten Universums, in das wir eingebettet sind wie ein Sandkorn in einem kosmischen Meer. Von Anfang an hat sich der Mensch jene abgründigen und fundamentalen Fragen gestellt, Fragen zu Dingen, die unser Staunen hervorrufen und in uns zumindest ein zögerndes, zitterndes Bewußtsein wecken: zu den Quellen des Denkens und Fühlens, dem Leben auf unserem Planeten, dem Ursprung der Erde, der Entstehung der Sonne, der möglichen Existenz von vernunftbegabten Geschöpfen irgendwo in der Tiefe des Raumes und – das wohl größte aller Rätsel – zu Entstehung, Natur und letztendlichem Geschick des Universums. Sehen wir einmal von der allerjüngsten Entwicklung ab, so fielen diese Probleme stets und ausschließlich in das Fach von Philosophen und Dichtern, Schamanen und Theologen. Die mannigfaltigen, widersprüchlichen Antworten, die wir erhielten, beweisen, daß nur wenige der angebotenen Lösungen stimmen konnten. Heute jedoch stehen wir aufgrund von Erkenntnissen, die wir durch generationenlange sorgfältige Beobachtungen, Denkprozesse und Experimente mühselig der Natur entrissen haben, im Begriff, viele dieser Fragen zumindest im Ansatz zu beantworten.

Es gibt eine Reihe von Themenkreisen, die sich durch dieses Buch ziehen, früh auftauchen, ein paar Kapitel lang verschwinden, um dann in einem etwas anderen Zusammenhang wieder zu erscheinen – so unter anderem die Freuden und gesellschaftspolitischen Konsequenzen der streng naturwissenschaftlichen Forschung, die Pseudo- oder Populärwissenschaften, das davon nicht scharf abgegrenzte Problem der Religionsdoktrinen, die Erkundung der Planeten, die Suche nach extraterrestrischem Leben und Albert Einstein, der im gleichen Jahre, da dieses Buch erscheint, hundert Jahre alt geworden wäre. Die meisten Kapitel sind in sich abgeschlossen, wenngleich die Gedankenfolge mit großem Bedacht gewählt wurde. Wie bereits in einigen meiner früheren Bücher habe ich mich nicht gescheut, soziale, politische oder historische Bemerkungen einzuflechten, wo ich das für angebracht hielt. Die Aufmerksamkeit, die den Pseudowissenschaften gewidmet wird, mag manchen Leser befremden. In Amerika nannte man früher einmal die Vertreter der Populärwissenschaften Paradoxprediger, ein kurioser Begriff des neunzehnten Jahrhunderts für jene Leute, die umständliche und unbewiesene Lösungen für Dinge anbieten, welche von der Naturwissenschaft viel einfacher erklärt werden können. Heutzutage erleben wir wieder eine Schwemme von Paradoxpredigern. Naturwissenschaftler haben es sich angewöhnt, sie einfach zu übersehen, wohl in der Hoffnung, daß sie dann von selbst verschwinden. Ich dagegen fand, es könnte nützlich – oder zumindest interessant – sein, etwas näher auf die Behauptungen und Ansichten einiger Paradoxprediger einzugehen und ihre Lehren neben beziehungsweise gegen andere, naturwissenschaftliche wie religiöse, Glaubenssysteme zu stellen.

Sowohl die Pseudowissenschaften wie auch viele Religionen haben ihren Ursprung zum Teil in einer ernsthaften Beschäftigung mit der Natur des Universums und der Rolle, die wir darin spielen, und verdienen deshalb unsere Achtung und Beachtung. Darüber hinaus halte ich es für möglich, daß viele Religionen im Kern den Versuch darstellen, sich mit den grundlegenden Geheimnissen unserer individuellen Lebensgeschichte auseinanderzusetzen, wie im letzten Kapitel beschrieben. Aber sowohl bei Pseudowissenschaften wie auch bei Religionsorganisationen findet man viele trügerische und gefährliche Argumente. Und wenngleich sich die Anhänger solcher Lehren in vielen Fällen nur ungern einer Beurteilung stellen, ist ein skeptisches Überprüfen sowohl in der Wissenschaft wie in der Religion das einzige Mittel, um tiefe Einsichten von blühendem Unsinn zu scheiden. Ich hoffe, der Leser spürt in meinen kritischen Bemerkungen auf diesen Seiten die konstruktive Absicht. Die wohlmeinende Behauptung, daß jeder Idee das gleiche Verdienst zukomme, erscheint mir kaum weniger schlimm als der katastrophale Satz, daß der Mangel an Ideen auch sein Gutes habe.

Dieses Buch also handelt von der Erforschung des Universums und der Menschen; das heißt, es befaßt sich mit den Naturwissenschaften. Der Themenbereich mag weitgespannt erscheinen – von einem winzigen Salzkristall zum Aufbau des Kosmos, von Mythen und Legenden, Geburt und Tod, Robotern und Klimaverhältnissen, der Planetenerforschung, dem Wesen der Intelligenz, der Suche nach Leben außerhalb der Erde. Aber es wird sich, wie ich hoffe, erweisen, daß diese Themen ein Gefüge bilden, weil die Welt ein Gefüge bildet und auch, weil die Menschheit die Welt durch Sinnesorgane, Gehirne und Erfahrungen erfaßt, die sich ähneln, wenngleich sie vielleicht die äußere Realität nicht mit absoluter Genauigkeit wiedergeben.

Das gesamte Kapitel »Brocas Gehirn« richtet sich an den allgemein gebildeten Leser. An wenigen Stellen – so bei »Venus und Dr. Velikowsky«, »Norman Bloom, Bote Gottes«, »Experimente im Raum« und »Vergangenheit und Zukunft in der Astronomie Amerikas« habe ich gelegentlich technische Einzelheiten eingeflochten; aber die genaue Kenntnis solcher Details ist für das Gesamtverständnis der Diskussion nicht nötig.

Einige Gedanken in Kapitel 1 und 25 entnehme ich meinem Vortrag zum Gedenken an William Menninger, den ich im Mai 1978 vor der American Psychiatric Association in Atlanta, Georgia, hielt. Kapitel 16 geht zurück auf eine Festansprache im April 1977 bei der Jahresversammlung des National Space Club in Washington, D.C.; Kapitel 18 auf einen Vortrag, der im März 1976 im Rahmen eines Symposiums stattfand, welches das Smithsonian Institute in Washington, D.C., zur Erinnerung an den ersten Flug einer Flüssigkeitsrakete veranstaltet hatte. Kapitel 23 basiert auf einer Rede vor der Sage Chapel Convocation der Cornell University im November 1977 und Kapitel 7 auf einer Diskussion beim Jahrestreffen der American Association for the Advancement of Science im Februar 1974.

Dieses Buch erscheint zu einem Zeitpunkt, da wir im Begriff stehen, dem Kosmos eine Antwort auf viele quälende und ehrfurchteinflößende Fragen zu entreißen. In ein paar Jahren oder Jahrzehnten werden wir, davon bin ich überzeugt, weit mehr wissen. Die meisten von uns dürften, falls wir uns bis dahin nicht selbst vernichtet haben, diese Zeit noch miterleben. Wären wir fünfzig Jahre früher auf die Welt gekommen, hätten wir bereits über die Probleme nachsinnen und -grübeln können, ohne jedoch etwas damit zu erreichen. Kämen wir erst in fünfzig Jahren auf die Welt, lägen uns die Antworten vielleicht schon vor. Unseren Kindern wird man die Lösungen einpauken, ehe sie so recht dazukommen, die Fragen zu formulieren. Die größte Spannung, Befriedigung und Freude bringt es wohl, in einer Zeitspanne zu leben, in der wir, was die fundamentalen Dinge betrifft, von Unwissenheit zu Wissen gelangen; in einer Zeitspanne, die mit einem Fragezeichen beginnt und mit Verstehen endet. In der gesamten, vier Milliarden Jahre alten Geschichte des Lebens auf unserem Planeten, in der gesamten, vier Millionen Jahre alten Geschichte der Menschenfamilie, gibt es eine einzige Generation, die diesen einmaligen Übergang mitmachen darf – die unsere.

Ithaca, New York,

Oktober 1978

TEIL I

DIE WISSENSCHAFT UND IHRE BEDEUTUNG FÜR DEN MENSCHEN

1
Brocas Gehirn

»Sie waren gestern noch Affen. Laßt ihnen Zeit!«
»Affe bleibt Affe.«
»Nein, das wird sich ändern ... wartet etwa ein Zeitalter ab, und ihr werdet sehen...«

(Die Götter in einem Gespräch über die Erde, aus der Filmfassung von H.G. Wells' *The Man Who Could Work Miracles*, 1936)

Es war eigentlich ein Museum wie jedes andere, dieses Musée de l'Homme oder Museum des Menschen, auf einer hübschen Anhöhe gelegen, mit einem Gartenrestaurant im Hintergrund, das einen herrlichen Ausblick auf den Eiffelturm bot. Wir unterhielten uns mit Yves Coppens, dem tüchtigen stellvertretenden Direktor, der zugleich ein hervorragender Paläo-Anthropologe ist. Coppens hatte die Urahnen der Menschheit studiert, deren Fossilien in der Olduwai-Schlucht und am Turkana-See entdeckt worden waren, in Kenia, Tansania und Äthiopien. Vor zwei Millionen Jahren lebte in Ostafrika der sogenannte *Homo habilis*, ein Geschöpf von etwa ein Meter zwanzig Körpergröße, das bereits primitiv behauene Steingeräte kannte, möglicherweise einfache Behausungen errichtete und ein deutlich größer entwickeltes Gehirn besaß, das eines Tages – zu uns führen sollte.

Institutionen dieser Art bestehen aus einem öffentlichen und einem nicht für jedermann zugänglichen Sektor. Für den Besucher sind beispielsweise die völkerkundlichen und anthropologischen Ausstellungen da: Mongolen-Trachten oder Rindenmalereien amerikanischer Urstämme, einige davon vielleicht eigens für den Verkauf an *Voyageurs* und handelswillige französische Anthropologen angefertigt. Aber anderes bleibt dem Auge der Öffentlichkeit verborgen: Leute, die gerade mit dem Aufbau von Sammlungen beschäftigt sind; riesige Magazine mit Stücken, die im Moment entweder vom Sachzusammenhang oder vom Platz her nicht ausgestellt werden können; dazu Arbeitsräume, die der Forschung vorbehalten sind. Man führte uns durch ein enges Gewirr dunkler, muffiger Zimmer, die von winzigen Nischen bis zu Rundsälen reichten. Das Material quoll oft bis in die Korridore – die Rekonstruktion eines paläolithischen Höhlenbodens mitsamt Abfallgrube für die abgenagten Antilopenknochen; geschnitzte Fruchtbarkeitssymbole aus Melanesien; zart bemalte Eßgeräte; groteske Zeremonienmasken; Wurfspeere aus Ozeanien, die Ähnlichkeit mit Assagai hatten; das zerfetzte Plakat einer afrikanischen Stammesfrau mit Fettsteiß. Ein modriger, düsterer Speicher war bis zu den Dachbalken vollgestopft mit Blasinstrumenten aus Kürbis, Häutetrommeln, Rohrflöten und zahllosen anderen Zeugnissen für den unbezähmbaren Drang des Menschen, Musik zu machen.

Hie und da entdeckte man ein paar Leute, die in Forschungsaufgaben vertieft waren; ihr verhuschtes, schüchternes Auftreten stand in krassem Gegensatz zu der weltgewandten Art von Coppens, der sich fließend in zwei Sprachen mit uns unterhielt. Die meisten Räume wurden offensichtlich zum Einlagern anthropologischer Gegenstände benutzt, die man im Laufe von Jahrzehnten, vielleicht auch einem Jahrhundert, gesammelt hatte. Man bekam das Gefühl, daß man sich in einem Museum zweiter Klasse befand, wo nicht so sehr die Schaustücke aufbewahrt wurden, die heute von Interesse waren, sondern eher diejenigen, die einst wichtig gewesen waren. Man spürte den Geist des neunzehnten Jahrhunderts, Museumsdirektoren in ihren Gehröcken, die sich mit *Goniometrie* und *Craniologie* befaßten und bienenfleißig alles zusammentrugen und vermaßen, in der frommen Hoffnung, allein schon durch das Anhäufen von Daten zur Erkenntnis zu gelangen.

Aber da gab es noch einen entlegeneren Teil des Museums, ein seltsames Gemisch aus reger Forscheraktivität und praktisch vergessenen Schränken und Regalen. Das gelenkige Skelett eines Orang-Utan. Ein riesiger Tisch, bedeckt mit Menschenschädeln, jeder einzelne säuberlich beschriftet. Eine Schublade mit Oberschenkelknochen, schlampig durcheinandergeworfen wie die Radiergummis im Vorratsschrank eines Schulhausmeisters. Ein eigener Bereich für Neandertal-Funde: Vorsichtig hielt ich den ersten Neandertaler-Schädel, rekonstruiert von Marcellin Boule, in Händen. Er fühlte sich leicht und zerbrechlich an, die Nähte der Schädelknochen waren schroff gezackt – vielleicht das erste zwingende Beweisstück, daß es einst Geschöpfe wie uns gegeben hatte, die ausgestorben waren, und ein beunruhigender Hinweis, daß auch unsere Rasse wohl nicht ewig leben würde. Ein Tablett mit den Zähnen vieler Hominiden, darunter die kräftigen Mahlzähne des *Australopithecus robustus*, eines Zeitgenossen des *Homo habilis*. Eine Reihe von Kisten mit Crô-Magnon-Schädeln, gestapelt wie Klafterholz, weißgeschrubbt und gut erhalten. Diese Dinge waren eigentlich an einem Ort wie hier zu erwarten – notwendige Scherben, aus denen die Geschichte unserer direkten Urahnen und ihren Nebenlinien zusammengekittet wurde.

Weiter hinten in dem Raum fanden sich jedoch Sammlungen, die eher makaber und beunruhigend wirkten. Zwei Schrumpfköpfe, die in einer Vitrine ruhten, mit verzerrten Fratzen, die ledrigen Lippen straff gespannt, so daß man die beiden Reihen scharfer kleiner Zähne sah. Glas um Glas mit fahlweißen menschlichen Embryos und Föten, die in einer trüben grünlichen Flüssigkeit schwammen, jedes Gefäß fachkundig beschriftet. Die meisten Exemplare waren normal, aber gelegentlich erblickte man eine Mißbildung, eine bestürzende Teratologie – siamesische Zwillinge, am Brustbein zusammengewachsen, oder einen Fötus mit zwei Köpfen, die vier Augen fest geschlossen.

Es gab noch mehr. Eine Anordnung hoher Glaszylinder enthielt zu meiner Verblüffung tadellos konservierte Menschenköpfe. Ein Mann mit rotem Schnurrbart, vielleicht Anfang Zwanzig, der, wie es auf dem Etikett hieß, von Neu-Kaledonien stammte. Ein Seemann womöglich, der in den Tropen an Land geflohen war, nur um wieder eingefangen und hingerichtet zu werden. Seinen Kopf hatte man dann im Namen der Wissenschaft beschlagnahmt. Allerdings diente er längst nicht mehr als Anschauungsmaterial; man hatte ihn und die anderen abgetrennten Köpfe einfach vergessen. Da war ein etwa vierjähriges

Mädchen mit einem zarten Puppengesicht; es trug eine Kette und Ohrringe aus Korallen, die sich vollständig erhalten hatten. Drei Säuglingsköpfe in einem einzigen Glasbehälter – vielleicht wegen Platzersparnis. Männer, Frauen und Kinder beiderlei Geschlechts, enthauptet und nach Frankreich verschifft, wo dann die Köpfe – nach einer kurzen Untersuchung sicherlich – im Musée de l'Homme leise verrotteten. Wie mochte das Verladen solcher Kisten vor sich gegangen sein? dachte ich bei mir. Hatten die Offiziere beim Kaffee Vermutungen angestellt, was drunten in den Ladeluken verstaut war? Kümmerten sich die Matrosen nicht weiter darum, weil es sich bei den Köpfen in den wenigsten Fällen um weiße Europäer wie sie selbst handelte? Oder rissen sie Zoten über ihre Fracht, um damit das leise Gruseln zu überspielen, das sie insgeheim doch befallen hatte? Und als die Sammlungen in Paris eintrafen, gingen da die Wissenschaftler kühl und geschäftsmäßig zu Werk, erteilten sie den Rollkutschern genaue Anweisungen, wohin mit den abgeschnittenen Köpfen? Warteten sie ungeduldig darauf, die Behälter zu öffnen und ihren Inhalt mit Tastzirkeln zu vermessen? Betrachtete der Verantwortliche – wer immer das sein mochte – die Sammlung mit ungetrübtem Stolz und Genuß?

Und dann entdeckte ich in einem noch entfernteren Winkel dieses Museumsflügels eine Unzahl grauer, gefurchter Massen, aufbewahrt in Formalin, um sie vor dem Zerfall zu schützen – Regal um Regal menschlicher Gehirne. Offenbar hatte jemand den Auftrag gehabt, im Dienste der Wissenschaft berühmten Verstorbenen routinemäßig die Schädel zu öffnen und das Gehirn zu entfernen. Hier lag das Großhirn eines europäischen Intellektuellen, der es zu kurzem Ruhm gebracht hatte, ehe er in der Obskurität dieses staubigen Regals untertauchte. Hier lag das Gehirn eines hingerichteten Mörders. Zweifellos hatten die Gelehrten vergangener Tage gehofft, eine Anomalie, ein besonderes Merkmal in der Hirnanatomie oder Schädelstruktur von Mördern zu finden. Vielleicht hatten sie gehofft, Mord sei eine Folge des Erbgutes und nicht der Gesellschaft. Die Phrenologie war eine plumpe Verirrung des neunzehnten Jahrhunderts. Ich höre meine Freundin Ann Druyan sagen: »Die Leute, die wir hungern lassen und quälen, entwickeln die unsoziale Tendenz, zu stehlen und zu morden. Dann behaupten wir, das käme von ihrer niedrigen Stirn.« Aber die Gehirne von Mördern und

Gelehrten – die fahlen Reste von Albert Einsteins Gehirn schwimmen irgendwo in einem Glasbehälter in Wichita – unterscheiden sich in nichts. Es ist wahrscheinlich doch die Gesellschaft, die Mörder hervorbringt, und nicht das Erbgut.

Während ich unter solchen Grübeleien die Sammlung betrachtete, sprang mir ein Etikett auf einem der vielen niedrigen Glaszylinder ins Auge. Ich nahm den Behälter vom Regal und las es aus der Nähe. *P. Broca* stand darauf. Ich hielt das Gehirn von Paul Broca in Händen.

Paul Broca war Chirurg, Neurologe und Anthropologe, eine der wichtigsten Gestalten für die Entwicklung der Medizin wie der Anthropologie Mitte des neunzehnten Jahrhunderts. Er leistete Hervorragendes auf dem Gebiet der Krebspathologie und der Behandlung von Aneurysmen und brachte den Wendepunkt in der Forschung nach den Ursachen der Aphasie – einer Beeinträchtigung des Sprechvermögens. Broca war ein brillanter und mitfühlender Mann. Er machte sich Gedanken darüber, wie man den armen Schichten medizinische Hilfe angedeihen lassen konnte. Im Schutze der Nacht und unter Einsatz des eigenen Lebens schmuggelte er in einem Pferdewagen 73 Millionen Franc aus Paris, in Reisetaschen gestopft und unter Kartoffeln verborgen, den Schatz der Assistance Publique, den er – so glaubte er zumindest – vor der Plünderung rettete. Er war der Begründer der modernen Gehirnchirurgie. Er befaßte sich mit der Säuglingssterblichkeit. Gegen Ende seiner Karriere machte man ihn sogar zum Senator.

Er liebte, wie ein Biograph es ausdrückte, vor allem die Gelassenheit und die Toleranz. 1848 gründete er eine Gesellschaft von »Freidenkern«. So ziemlich als einziger unter den französischen Gelehrten seiner Zeit stand er Charles Darwins Idee von der Evolution durch natürliche Auslese positiv gegenüber. T. H. Huxley, »Darwins Bulldogge«, stellte einmal fest, daß ihn die bloße Erwähnung von Brocas Namen mit einem Gefühl der Dankbarkeit erfülle, und Broca selbst soll gesagt haben: »Ich wäre lieber ein hochentwickelter Affe als ein degenerierter Sohn Adams.« Wegen solcher und ähnlicher Ansichten wurde er öffentlich als Anhänger des »Materialismus« angeprangert und wie einst Sokrates beschuldigt, die Jugend zu verderben. Dennoch machte man ihn zum Senator.

Bereits in früheren Jahren war Broca auf große Schwierigkeiten gestoßen, als er versuchte, in Frankreich eine Anthropologische Gesellschaft zu gründen. Der Unterrichtsminister und der Polizeipräfekt hielten die Anthropologie, die ja ein freies Studium des Menschen war, für subversiv und staatsgefährdend von Natur aus. Als man Broca schließlich widerstrebend gestattete, sich mit achtzehn Kollegen zu wissenschaftlichen Diskussionsrunden zu treffen, machte der Polizeipräfekt Broca persönlich haftbar für alles, was bei solchen Begegnungen »gegen Gesellschaft, Religion oder Staat« gesagt werden könnte. Trotz dieser Auflagen hielt man das Studium des Menschen für so gefährlich, daß man eigens einen Polizeispitzel abstellte, der in Zivil an allen Sitzungen teilnahm, und damit drohte, die Treffen auf der Stelle zu untersagen, falls auch nur die geringste abfällige Äußerung an das Ohr dieses Mannes drang. Unter derartigen Umständen kam die Anthropologische Gesellschaft von Paris erstmals am 19. Mai 1859 zusammen, dem gleichen Jahr, in dem »Der Ursprung der Arten« veröffentlicht wurde. In der Folge diskutierte man bei diesen Versammlungen über einen weitgespannten Themenbereich – Archäologie, Mythologie, Physiologie, Anatomie, Medizin, Psychologie, Linguistik und Geschichte –, und es läßt sich denken, daß der Polizeispitzel auf seinem Horchposten hin und wieder einnickte. Einmal, so erzählte Broca, wollte der Mann sich zu einem kurzen unerlaubten Spaziergang entfernen und fragte, ob das möglich sei, ohne daß während seiner Abwesenheit staatsgefährdende Äußerungen fielen. »Nichts da, mein Lieber«, entgegnete Broca. »Bleiben Sie nur hier und sitzen Sie Ihren Lohn ab!«

Nicht nur die Polizei, auch der Klerus wandte sich gegen die Anthropologie-Entwicklung in Frankreich, und im Jahre 1876 organisierte die Katholiken-Partei einen großen Feldzug gegen das Vorhaben, dieses Fach in dem von Broca gegründeten Anthropologischen Institut von Paris zu lehren.

Broca starb 1880, vermutlich an einem Aneurysma, jenem Leiden, mit dem er sich zu Lebzeiten so gründlich befaßt hatte. Kurz vor seinem Tode arbeitete er noch an einer umfassenden Studie zur Gehirnanatomie. Er hatte in Frankreich die ersten akademischen Gesellschaften, Forschungsinstitute und wissenschaftlichen Journale für moderne Anthropologie ins Leben gerufen. Seine Labor-Exemplare kamen in eine Sammlung, die man viele Jahre lang unter dem Namen Musée Broca kannte und die später in das Musée de l'Homme eingegliedert wurde.

Broca selbst, dessen Gehirn ich in Händen hielt, hatte die makabre Sammlung zusammengestellt, auf die ich hier gestoßen war. Er hatte Embryos und Affen studiert, dazu Menschen aller Rassen, hatte in dem Bemühen, die Natur des Menschen besser zu verstehen, eifrige Messungen und Vergleiche angestellt. Und trotz meines Verdachtes, trotz des Eindrucks, den die Sammlung auf den heutigen Betrachter machen mag, war er, zumindest nach dem Maßstab seiner Zeit, kein größerer Chauvinist oder Rassist als die meisten anderen gewesen, und ganz sicher nicht jener Prototyp, der in Romanen und gelegentlich auch in der Realität auftaucht: der kalte, harte, besessene Wissenschaftler, gleichgültig gegenüber den Folgen, die sein Tun für den Menschen haben könnte. Broca machte sich sehr wohl Gedanken über diese Dinge.

In der *Revue de l'Anthropologie* von 1880 findet sich eine vollständige Bibliographie von Brocas Schriften. Die Titel verrieten mir später einiges über den Ursprung der Sammlung, die ich betrachtet hatte: »Schädel und Gehirn des Mörders Lemaire«, »Abhandlung über das Gehirn eines ausgewachsenen Gorilla-Männchens«, »Das Gehirn des Mörders Prévost«, »Über die angebliche Vererbung von ungewollten Charakterzügen«, »Intelligenz bei Tieren und die Menschen-Norm«, »Die Klasse der Primaten: Anatomische Parallelen zwischen Menschen und Affen«, »Wie sich die Fertigkeit des Feuermachens entwickelte«, »Doppelmonstren«, »Diskussion über Mikrozephalie«, »Prähistorische Schädelbohrungen«, »Bericht über zwei Fälle, in denen sich im Erwachsenenalter ein zusätzlicher Finger entwickelte«, »Die Köpfe von zwei Neu-Kaledoniern« und »Der Schädel des Dante Alighieri«. Ich wußte zwar nicht, wo der Schädel des Schöpfers der *Göttlichen Komödie* im Moment ruhte, aber es stand fest, daß die Sammlung von Gehirnen und Köpfen, die mich umgab, ihren Ursprung in der Arbeit Paul Brocas hatte.

Broca war ein hervorragender Gehirn-Anatom und leistete bedeutende Entwicklungsarbeit auf dem Sektor des Limbischen Systems, früher Rhinenzephalon (das »Riechhirn«) genannt, von dem wir inzwischen wissen, daß es einen großen Einfluß auf die Psyche des Menschen hat. Heutzutage jedoch kennt man Broca vor allem wegen seiner Entdeckung einer winzigen

Region in der dritten Hirnrinden-Windung des linken Schläfenlappens, einer Region, die ihm zu Ehren »Broca-Zentrum« genannt wird. Die Ausdrucksfähigkeit durch die Sprache hat, wie sich herausstellte und wie Broca bereits aus fragmentarischen Hinweisen vermutete, ihren Sitz und ihre Steuerung zum großen Teil im Broca-Zentrum. Es war eine der ersten Entdekkungen, daß es Funktionsteilungen zwischen der rechten und linken Hirnhälfte gibt. Das allerwichtigste aber war der Hinweis, daß spezifische Gehirnfunktionen einen bestimmten Platz im Gehirn haben, daß es eine Verbindung zwischen der Anatomie und der Tätigkeit des Gehirns gibt, einer Tätigkeit, die manchmal als »Geist« bezeichnet wird.

Ralph Holloway, Naturwissenschaftler und Anthropologe an der Columbia University, besitzt ein Labor, das wohl eine gewisse Ähnlichkeit mit dem von Broca aufweisen dürfte. Holloway fertigt Kautschukabgüsse vom Schädelinnern der Menschen und ihrer verwandten Arten aus Vergangenheit und Gegenwart an, um aus den schwachen Abdrücken, die das Gehirn an der Schädelinnenwand hinterläßt, Rückschlüsse auf das Gehirn selbst zu versuchen. Holloway ist überzeugt davon, daß er bereits am Schädel eines Geschöpfes erkennen kann, ob das Broca-Zentrum vorhanden war, und er besitzt Hinweise dafür, daß das Broca-Zentrum erstmals vor etwa zwei Millionen Jahren im Gehirn des *Homo habilis* auftauchte – genau der Zeit der ersten Wohnstätten und der ersten Werkzeuge. Auf diesem eng begrenzten Sektor hat die Phrenologie durchaus ihren Sinn. Es klingt plausibel, daß menschliches Denken und Schaffen Hand in Hand mit der Entwicklung der artikulierten Sprache einherging, und das Broca-Zentrum könnte in einem sehr realen Sinn mit ein Sitz unseres Menschentums sein, zugleich aber ein Mittel, um unser Verhältnis zu den Urahnen auf ihrem Wege zum Menschentum aufzuspüren.

Da lag nun Brocas Gehirn, zerstückelt und in Formalin konserviert. Ich konnte das Limbische System erkennen, das Broca bei anderen studiert hatte. Ich konnte die Windungen des Neocortex erkennen. Ich konnte sogar den grauweißen linken Schläfenlappen erkennen, in dem Brocas eigenes Broca-Zentrum saß, unbeachtet und halb verrottet, im modrigen Winkel einer Sammlung, die Broca selbst anzulegen begonnen hatte.

Es fiel schwer, Brocas Gehirn zu betrachten, ohne daß man sich die Frage stellte, ob Broca in einem gewissen Sinne noch darin wohnte – sein Esprit, seine skeptische Haltung, seine heftigen Gebärden, wenn er sprach, seine stillen und empfindsamen Momente. Konnte sich in der Neuronenstruktur vor mir die Erinnerung an den triumphalen Augenblick erhalten haben, als er vor sämtlichen Medizin-Fakultäten (in Gegenwart seines stolzerfüllten Vaters) über die Ursachen der Aphasie disputierte? Die Erinnerung an ein Diner bei seinem Freund Victor Hugo? An einen Herbstspaziergang bei Mondschein über den Quai Voltaire und den Pont Royal, an der Seite seiner Gemahlin, die sich auf ein elegantes Schirmchen stützte? Wohin gehen wir nach unserem Tode? Lebt Paul Broca in seinem formalingefüllten Glaszylinder weiter? Vielleicht sind die Erinnerungsspuren ausgelöscht, wenngleich die moderne Hirnforschung Hinweise dafür besitzt, daß jede Erinnerung redundant an verschiedenen Orten des Gehirns gespeichert wird. Könnte es irgendwann in der Zukunft, wenn sich die Neurophysiologie ein gutes Stück weiterentwickelt hat, möglich sein, die Erinnerungen oder Einsichten eines längst Verstorbenen zu rekonstruieren? Und könnte man so etwas gutheißen? Es wäre jedenfalls das totale Eindringen in die Intimsphäre. Andererseits würde es praktisch zu einer Art Unsterblichkeit führen, weil der Geist – ganz besonders bei Leuten wie Broca – eines der wichtigsten Zeugnisse liefert, *wer* wir sind.

Rein aufgrund des äußeren Eindrucks dieses vergessenen Lagerraums im Musée de l'Homme war ich bereit gewesen, den Initiatoren der Sammlung – ich wußte zu diesem Zeitpunkt nicht, daß es Broca gewesen war – einen deutlichen Sexismus, Rassismus und Chauvinismus zu bescheinigen, einen inneren Widerstand gegen die Idee, daß der Mensch mit den übrigen Primaten verwandt ist. Und teilweise stimmte das auch. Broca war ein Humanist des neunzehnten Jahrhunderts, aber unfähig, die heftigen Vorurteile und Gesellschaftsleiden seiner Epoche abzuschütteln. Er glaubte an die Überlegenheit des Mannes gegenüber der Frau, an die Überlegenheit des Weißen gegenüber dem Neger. Und seine Erkenntnis, daß sich deutsche Gehirne nicht wesentlich von denen der Franzosen unterschieden, wandte sich im Grunde gegen den damals herrschenden teutonischen Anspruch, der gallischen Rasse etwas voraus zu haben. Auf der anderen Seite gelangte er zu dem Schluß, daß es enge Beziehungen zwischen der Gehirnphysiologie von Gorillas und Menschen gab. Broca, in seiner Jugend der Begründer einer Freidenkergesellschaft, begriff die Wichtigkeit uneingeschränkten Forschens und setzte sich sein Leben lang für dieses Ziel ein. Daß er seine Ideale nicht erreichte, beweist, daß selbst ein Mann wie Broca, der so hartnäckig für eine freie Forschung kämpfte, von den respektablen, aber engstirnigen Ansichten seiner Zeit geprägt war. Die Gesellschaft korrumpiert die Besten unter uns. Es wäre gewiß unfair, einen Menschen dafür zu kritisieren, daß er nicht die Hellsicht einer späteren Epoche besaß, andererseits jedoch stimmt es immens traurig, daß derartige Vorurteile sich überall durchsetzten. Das führt zu der quälenden Ungewißheit, welche der allgemein anerkannten Wahrheiten unseres eigenen Zeitalters man später einmal als unverzeihlich beschränkt ansehen wird. Eine Möglichkeit, Paul Broca für die unbeabsichtigte Lektion zu danken, die er uns erteilt hat, besteht darin, daß wir eigene Ansichten, an die wir uns besonders stark klammern, in Frage stellen und einer eingehenden Prüfung unterziehen.

Jene verstaubten Glasbehälter und ihr schauriger Inhalt waren zumindest teilweise im Geiste des Humanismus zusammengetragen worden; und vielleicht erweisen sie sich in einer künftigen Ära, wenn das Studium des Gehirns Fortschritte gemacht hat, erneut als nützlich. Ich persönlich hätte gern etwas mehr über den Mann mit dem roten Schnurrbart erfahren, der – oder besser, dessen Kopf – von Neu-Kaledonien nach Frankreich gebracht worden war.

Doch die Umgebung, dieses Gefühl, inmitten eines Gruselkabinetts zu stehen, löste unwillkürlich neue, beunruhigende Gedanken aus. Wenn nichts anderes, so empfinden wir an einem solchen Ort doch wenigstens Mitleid für jene – besonders, wenn sie jung oder qualvoll starben –, die auf so unziemliche Weise in die Nachwelt eingingen. Es gibt Kannibalenstämme im Nordwesten von Neuguinea, die Schädel zu Türpfosten oder Fensterstöcken stapeln. Vielleicht ist das ein besonders praktisches Material, aber den Erbauern kann das Grauen, das ihre Häuser bei ahnungslosen Passanten weckt, nicht völlig entgehen. Hitlers SS, die Hell's Angels, Schamanen, Piraten, ja sogar Apotheker, die auf die Gefährlichkeit von Jod hinweisen wollen, bedienen sich des Totenkopfs, um Entsetzen zu erzeugen. Und das hat durchaus seine Logik. Wenn ich mich in einem mit Totenschädeln angefüllten Raum befinde, rechne ich damit, daß etwas in der Nähe lauert: ein Rudel Hyänen, ein hagerer, fanatischer Scharfrichter, dessen Auftrag und Lust es ist, Schädel zu sammeln. Solche Typen sollte man tunlichst meiden oder, wenn möglich, umbringen. Dieses Kribbeln im Nacken, das Loshämmern von Herz und Puls, der feuchtkalte Schweiß – das sind Evolutionsreflexe, die mich zum Kampf reizen oder in die Flucht schlagen. Wer sich nicht köpfen läßt, sorgt eher für den Fortbestand der Rasse. Solche Ängste sind aus der Sicht der Evolution von Vorteil. Noch gräßlicher fühlt man sich in einem Raum mit Gehirnen – so als schlurfte ein unaussprechliches Moralmonster, bewaffnet mit scharfen Skalpellen und Schabewerkzeugen, sabbernd durch den Speicher des Musée de l'Homme.

Aber alles hängt wohl vom Zweck der Sammlung ab. Wenn das Ziel die Wissensfindung ist, wenn man die Menschenschädel erst *post mortem* zusammengetragen hat – womöglich mit vorheriger Billigung jener, denen sie gehörten –, dann wird kaum ein Schaden, letzten Endes vielleicht sogar ein Nutzen entstehen. Aber ich bin nicht sicher, ob die Wissenschaftler gänzlich frei von den Beweggründen jener Kannibalen auf Neuguinea sind. Wollen sie nicht zumindest dies sagen: »Ich lebe Tag für Tag mit diesen Schädeln. Mich stören sie nicht. Warum stellst *du* dich so zimperlich an?«

Leonardo und Vesalius mußten sich in aller Heimlichkeit Leichen beschaffen, um die ersten systematischen Sektionen an Menschen in Europa vorzunehmen, wenngleich man bereits im alten Griechenland hervorragende Kenntnisse auf dem Gebiet der Anatomie besessen hatte. Der erste, der mit Hilfe der Neuroanatomie den Sitz der menschlichen Intelligenz im Kopf ansiedelte, war Herophilus von Chalcedon, der um 300 v.Chr. wirkte. Er unterschied auch erstmals zwischen motorischen und sensorischen Nerven und führte hirnanatomische Studien von einer Gründlichkeit durch, wie sie erst wieder in der Renaissance erreicht wurde. Ganz sicher gab es Zeitgenossen, die sich gegen seine Vorliebe für Gruselexperimente wandten. Tief in jedem von uns lauert die Furcht, die in der Faust-Legende zum Ausdruck kommt: daß es Dinge gibt, an die wir besser nicht rühren, eine Neugier, die uns vielleicht selbst gefährlich wird. Das beste Beispiel dafür in der Gegenwart ist die Entwicklung der Nuklearwaffen, die uns alle vernichten können, falls wir ohne Glück oder ohne Verstand mit ihnen umgehen. Im Falle von Gehirnexperimenten sind unsere Ängste jedoch weniger leicht von der Logik her erfaßbar. Sie haben ihre Wurzeln tief in der Entwicklungsgeschichte des Menschen. Da erstehen Bilder von wilden Ebern und Wegelagerern, die über Wanderer und Dorfbewohner herfielen, an Männer wie Prokrustes, die im alten Griechenland ihre Opfer folterten und quälten, bis ein Held – sagen wir Theseus oder Herkules – kam und sie mühelos besiegte. Solche Ängste hatten in der Vergangenheit eine ausgleichende und nützliche Funktion. Doch in der Gegenwart halte ich sie vor allem für emotionalen Ballast. Es war sehr aufschlußreich, daß selbst ich als Wissenschaftler, der Schriften über das Gehirn verfaßt hat, solche Reaktionen in mir verborgen fand; daß sie ans Licht kamen, als ich Brocas Sammlung betrachtete. Ängste dieser Art sollte man bekämpfen.

Jedes Nachforschen birgt ein gewisses Risiko. Es gibt keine Garantie dafür, daß sich das Universum unseren Vorstellungen unterwirft. Ich sehe jedoch keinen anderen Weg, das Universum in den Griff zu bekommen – und zwar das äußere wie das innere Universum –, als es gründlich zu studieren. Die beste Möglichkeit, dabei einen Mißbrauch zu verhindern, besteht darin, daß sich eine breite Bevölkerungsschicht wissenschaftlich bildet, um die Konsequenzen solcher Forschungen zu erkennen. Wer als Wissenschaftler uneingeschränkt forschen will, hat die Pflicht, seine Arbeit zu erklären. Wenn man die Wissenschaft nur im eingeweihten Kreise betreibt, ähnlich einem Mönchsorden, wenn der Durchschnittsmensch sie für zu schwer verständlich und geheimnisumwittert hält, dann verstärkt sich die Gefahr des Mißbrauchs. Wenn man jedoch die Wissenschaft als Thema von allgemeinem Belang sieht – wenn sowohl ihre Freuden wie auch ihre Folgen für die Gesellschaft regelmäßig und fachkundig an den Schulen, in der Presse und am Mittagstisch diskutiert werden –, dann besteht gute Aussicht, daß wir in Erfahrung bringen, wie die Welt wirklich ist, und daß wir dadurch sie und uns verbessern. Ein Gedanke wie dieser, so stelle ich mir manchmal vor, könnte heute noch durch Brocas Gehirn geistern, träge vom Formalin.

2
Können wir das Universum begreifen? Reflexionen über ein Körnchen Salz

Nichts ist reich außer dem unerschöpflichen Schatz der Natur.
Sie zeigt uns nur Oberflächen,
doch sie ist eine Million Faden tief.

RALPH WALDO EMERSON

Wissenschaft ist viel eher eine Denkweise als eine Ansammlung von Wissen. Ihr Ziel ist es herauszufinden, wie die Welt funktioniert, in Erfahrung zu bringen, welche Gesetzmäßigkeiten es in ihr geben könnte, bis an den Zusammenhang der Dinge vorzustoßen – angefangen bei den subnuklearen Teilchen, aus denen sich womöglich jede Materie zusammensetzt, über lebende Organismen zur menschlichen Gesellschaft und von da zum Kosmos als Ganzes. Unsere Intuition ist dabei keineswegs ein unfehlbarer Führer. Unsere Wahrnehmung kann verzerrt sein durch Erziehung und Vorurteile oder schon allein durch die Grenzen unserer Sinnesorgane, die natürlich nur einen kleinen Bruchteil der Phänomene in unserer Welt direkt erfassen. Selbst die einfache Frage, ob ein Pfund Blei schneller fällt als ein Pfund Federn, wenn keine Reibung vorhanden ist, wurde von Aristoteles und nahezu allen Denkern vor Galilei falsch beantwortet. Die Wissenschaft beruht auf Experimenten, auf dem Willen, alte Dogmen in Frage zu stellen, auf der Bereitschaft, das Universum so zu sehen, wie es wirklich ist. Demgemäß erfordert die Wissenschaft manchmal Mut – zumindest den Mut, die herkömmliche Weisheit anzuzweifeln.

Darüber hinaus liegt der Haupttrick der Wissenschaft darin, die Augen offenzuhalten und sich Gedanken über das zu machen, was man sieht. Über die Form der Wolken und die Tatsache, daß sie gelegentlich alle in gleicher Höhe scharfe Unterränder haben; über die Entstehung eines Tautropfens auf einem Blatt; über den Ursprung eines Namens oder Wortes – »Shakespeare« zum Beispiel oder »philanthropisch«; über die Ursachen bestimmter Sitten und Gebräuche im Sozialverhalten des Menschen, wie etwa das Inzucht-Tabu; weshalb eine Linse, ins Sonnenlicht gehalten, Papier entflammt; wie es kommt, daß ein Spazierstock so große Ähnlichkeit mit einem Zweig hat; warum uns der Mond zu folgen scheint, wenn wir spazierengehen; was uns davon abhält, ein Loch bis zum Mittelpunkt der Erde zu bohren; wie auf der kugelförmigen Erde die Definition für »unten« lauten muß; auf welche Weise es der Körper fertigbringt, die Nahrung von gestern in die Muskeln und Sehnen von heute umzuwandeln; oder wie weit entfernt »oben« ist. Geht das Universum ewig weiter, oder, falls nicht, ist dann die Frage berechtigt, was *jenseits* liegt? Einige dieser Probleme lassen sich ziemlich leicht lösen. Andere, besonders das letzte, sind bis auf den heutigen Tag Geheimnisse geblieben. Es ist ganz natürlich, solche Fragen zu stellen. Jede Zivilisation hat sie in der einen oder anderen Form gestellt. Fast immer jedoch gehören die Antwortversuche in die »So-Etwa«-Kategorie, sind Erklärungen, die losgelöst bleiben vom Experiment, ja selbst von sorgfältigen Vergleichsbeobachtungen.

Der Wissenschaftler-Typ jedoch untersucht die Welt so kritisch, als existierten viele alternative Welten, als rechnete er mit Dingen, die gar nicht da sind. Dann müssen wir uns fragen, warum gerade das vorhanden ist, was wir sehen, und nicht etwas anderes. Warum sind Sonne, Mond und Planeten kugelförmig? Warum nicht Pyramiden, Würfel oder Dodekaeder? Warum haben sie nicht irgendeine ganz unregelmäßige Form? Weshalb so symmetrisch, ihr Welten? Wer sich die Zeit nimmt, Hypothesen auszudenken, nachzuprüfen, ob sie einen Sinn ergeben und mit unseren sonstigen Erfahrungen übereinstimmen, zu überlegen, durch welche Versuche man diese Hypothesen beweisen oder widerlegen kann, der arbeitet wissenschaftlich. Und je mehr man diese Denkweise pflegt und sich angewöhnt, desto besser wird man darin. In das Herz der Dinge einzudringen – und wären sie, wie Walt Whitman sagt, so klein wie ein Grashalm –, führt zu einer Heiterkeit, wie sie von allen Lebewesen auf diesem Planeten vielleicht nur der Mensch fühlen kann. Wir sind eine vernunftbegabte Rasse, und der Einsatz unserer Intelligenz bereitet uns zu Recht Vergnügen. In dieser Hinsicht ist das Gehirn wie ein Muskel. Wenn wir gut denken, fühlen wir uns gut. Verstehen ist eine Art Ekstase.

Aber in welchem Ausmaß können wir das Universum ringsum *wirklich* begreifen? Diese Frage wird gelegentlich von Leuten gestellt, die sich darauf eine negative Antwort erhoffen, die Angst vor einem Kosmos haben, in dem eines Tages alle Rätsel gelöst sind. Dann wieder gibt es Forscher, die voller Zuversicht verkünden, daß man alles Wissenswerte bald durchschaut haben wird oder bereits kennt – sie entwerfen Bilder von einem dionysischen oder polynesischen Zeitalter, in dem jeder Ehrgeiz nach wissenschaftlicher Forschung geschwunden ist und Platz gemacht hat einer sanften Trägheit: Lotusesser, die vergorene Kokosmilch oder sonst ein mildes Halluzinogen zu sich nehmen. Wenn man davon absieht, daß man dabei den Polynesiern Unrecht tut, die kühne Entdecker waren (und deren kurzer Aufenthalt im Paradies zur Zeit auf recht traurige Weise zu Ende geht), und daß manche Halluzinogene durchaus den Forschergeist beflügeln können, erweist sich diese Behauptung als banaler Irrtum.

Nehmen wir uns eine bescheidenere Aufgabe vor: Fragen wir nicht, ob wir das Universum, die Milchstraße, einen Stern oder eine Welt zu durchschauen vermögen. Fragen wir lieber, ob wir es fertigbringen, ein Körnchen Salz bis ins letzte und feinste Detail zu durchschauen. Stellen Sie sich ein Mikrogramm Tafelsalz vor, ein Pünktchen, für das scharfe Auge gerade noch ohne Mikroskop sichtbar. In diesem Körnchen Salz sind an die 10^{16} Natrium- und Chloratome enthalten. Das bedeutet eine Eins, gefolgt von sechzehn Nullen, zehn Millionen Milliarden Atome. Wenn wir über ein Körnchen Salz genau Bescheid wissen wollen, müssen wir wenigstens die dreidimensionalen Stellungen eines jeden dieser Atome kennen. (Dabei gibt es noch viel mehr zu erfahren, zum Beispiel über die Bindekräfte zwischen den Atomen – doch wir wollen bescheiden bleiben.) Ist diese Zahl nun größer oder kleiner als die Anzahl der Dinge, die das Gehirn zu erfassen vermag?

Wieviel *kann* das Gehirn erfassen? Es gibt ungefähr 10^{11} Neuronen im Gehirn, jene Schaltelemente und Leiterbahnen, die mit ihrer elektrischen und chemischen Aktivität für das Funktionieren unseres Geistes verantwortlich sind. Ein typisches Gehirn-Neuron besitzt an die tausend kleine »Drähte«, die sogenannten Dentriten, die es mit seinen Kollegen verbinden. Wenn, wie es scheint, jedes Informations-Bit im Gehirn zu einer dieser Verbindungen gehört, dann beträgt die Gesamtzahl der Dinge, die das Gehirn erkennen kann, nicht mehr als 10^{14}, also einhundert Trillionen. Doch diese Zahl macht nur ein Prozent der Anzahl von Atomen in unserem Salzkörnchen aus.

So gesehen also zeigt sich das Universum widerspenstig, erstaunlich immun gegen jeden Versuch des Menschen, es ganz zu begreifen. Auf einer solchen Basis können wir kein Salzkörnchen, geschweige denn das Universum durchschauen.

Aber betrachten wir unser Mikrogramm Salz doch aus einer anderen Perspektive. Salz ist zufällig ein Kristall, bei dem – einmal abgesehen von Strukturschäden des Kristallgitters – die Lage eines jeden Natrium- und Chloratoms genau vorherbestimmt ist. Könnten wir uns in diese kristalline Mikrowelt versenken, würden wir Reihe um Reihe perfekt gegliederter Atome in einer regelmäßig alternierenden Struktur antreffen – Natrium, Chlor, Natrium, Chlor; so setzt sich die Atomschicht zusammen, auf der wir gerade stehen, aber auch die Schichten über und unter uns besitzen alle die gleiche Anordnung. Für einen reinen Salzkristall würde man daher nicht mehr als 10 Informations-Bits benötigen, um die Lage eines jeden Atoms zu bestimmen.* Das wäre keine allzu starke Belastung für die Speicherfähigkeit des Gehirns.

Gäbe es im Universum Gesetzmäßigkeiten, die sein Verhalten ähnlich beherrschen wie die Kristallstruktur ein Körnchen Salz, dann wäre das All selbstverständlich leicht durchschaubar. Selbst wenn es viele solcher Gesetze gäbe und jedes eine gewisse Komplexität besäße, wären die Menschen vielleicht fähig, sie

---

* Chlor ist ein tödliches Giftgas, das im Ersten Weltkrieg auf den Schlachtfeldern Europas eingesetzt wurde. Natrium ist ein stark korrodierendes Metall, das sich heftig zersetzt, wenn es mit Wasser in Berührung kommt. Gemeinsam bilden sie einen harmlosen, ungiftigen Stoff – Tafelsalz. Weshalb jede der Substanzen die eben beschriebenen Eigenschaften besitzt, gehört in ein Fach namens Chemie, für dessen Verständnis man weit mehr als 10 Informations-Bits benötigt.

alle zu begreifen. Und sollte die Wissensfülle die Speicherkapazität unseres Gehirns überschreiten, so könnten wir die zusätzlichen Informationen außerhalb unseres Körpers speichern – in Büchern oder Computern zum Beispiel – und das Universum in gewissem Sinne dennoch durchschauen.

Die Menschen haben verständlicherweise ein starkes Bedürfnis, Regeln und Systeme zu finden. Die Suche nach Gesetzmäßigkeiten – der einzig mögliche Weg, ein so weites und komplexes Universum zu begreifen – nennt man Wissenschaft. Das Universum zwingt jene, die in ihm existieren, es zu verstehen. Geschöpfe, die im Alltagserleben einen wirren Haufen von Ereignissen sehen, die sich weder vorherbestimmen lassen noch einer Ordnung unterworfen sind, befinden sich in ernster Gefahr. Das Universum gehört denen, die es, zumindest bis zu einem gewissen Grad, enträtselt haben.

Und doch ist es wiederum erstaunlich, daß es Naturgesetze gibt, nicht nur qualitative, sondern auch quantitative Regeln, die schön zusammenfassen, wie die Welt funktioniert. Wir könnten uns ebensogut ein Universum vorstellen, das keine solchen Gesetze kennt, in dem sich die 10^{80} Elementarteilchen, aus denen unser Kosmos zusammengesetzt ist, total willkürlich und unberechenbar verhalten. Um dieses Universum zu begreifen, bräuchten wir ein Gehirn, das mindestens ebenso groß wäre wie das Universum. Es besteht wenig Aussicht, in einem solchen Universum Leben und Intelligenz anzutreffen, denn Lebewesen und Gehirne benötigen eine gewisse innere Stabilität und Ordnung. Aber selbst wenn es in einem Universum mit sehr viel mehr Zufallsfaktoren als dem unseren Wesen mit einer weit größeren Intelligenz als der unseren gäbe – sie besäßen niemals unser Wissen, unsere Leidenschaft und unsere Freude.

Zum Glück leben wir in einem Universum, das zumindest in wesentlichen Teilgebieten durchschaubar ist. Die Erfahrungen unseres gesunden Menschenverstands und unserer Entwicklungsgeschichte haben uns dazu befähigt, die Vorgänge des täglichen Lebens ein wenig zu begreifen. Wenn wir jedoch in unbekannte Bereiche vorstoßen, erweisen sich gesunder Menschenverstand und normale Intuition als äußerst unzuverlässige Führer. Es verschlägt uns den Atem, wenn wir hören, daß bei Annäherung an die Lichtgeschwindigkeit unsere Masse unendlich zunimmt, daß wir dabei in Bewegungsrichtung auf die

Länge Null schrumpfen und die Zeit dem Stillstand so nahe kommt, wie wir es nur möchten. Viele Leute halten das für lächerlich, und ich bekomme nahezu jede Woche einen Brief von jemand, der sich in diesem Sinne äußert. Aber es ist eine unumstößliche Folgerung sowohl aus Experimenten wie auch aus Albert Einsteins brillanter Analyse von Zeit und Raum, genannt die Spezielle Relativitätstheorie. Es spielt keine Rolle, daß uns diese Auswirkungen unlogisch erscheinen. Wir flitzen nun mal nicht mit einem Tempo durch die Gegend, das an die Lichtgeschwindigkeit herankommt. Der Aussage unseres gesunden Menschenverstands ist also bei hohen Geschwindigkeiten nicht zu trauen.

Oder betrachten wir ein einzelnes Molekül, das sich aus zwei Molekülen zusammensetzt und die Form einer Hantel hat – meinetwegen ein Salzmolekül. Ein solches Molekül rotiert um eine Achse durch die Verbindungslinie der beiden Atome. Aber im Reich der Quantenmechanik, dem Mikrokosmos, sind nicht alle Orientierungen unseres Hantel-Moleküls möglich. Es könnte sein, daß sich das Molekül zum Beispiel in einer horizontalen Lage ausrichten läßt oder auch in der Vertikalen, aber nicht in vielen Winkelstellungen dazwischen. Manche Rotationspositionen sind verboten. Verboten wodurch? Durch die Naturgesetze. Das Universum ist in einer Weise aufgebaut, daß es die Rotation begrenzt oder quantelt. Wir erleben das nicht direkt im Alltag; wir fänden es wohl einigermaßen verblüffend und unbequem obendrein, wenn wir beim Sitzen die Arme zwar nach den Seiten oder nach oben ausstrecken dürften, die meisten anderen Haltungen dazwischen aber verboten wären. Wir leben nicht in der Welt der kleinen Dinge, in einem Maßstab von 10^{-13} Zentimeter, jenem Reich, wo zwischen dem Komma und der Eins zwölf Nullen liegen. Unsere »normalen« Intuitionen zählen nicht. Was zählt, ist das Experiment – in diesem Fall Beobachtungen im fernen Infrarotspektrum der Moleküle. Sie beweisen, daß die Molekularrotation gequantelt sein muß.

Der Gedanke, daß die Welt dem menschlichen Tun möglicherweise Beschränkungen auferlegt, ist bedrückend. Warum sollten wir *nicht* in der Lage sein, beliebige Rotationspositionen einzunehmen? Warum können wir uns *nicht* schneller bewegen als das Licht? Aber, soweit wir das im Moment sagen können, ist das Universum eben so und nicht anders aufgebaut. Verbote dieser Art zwingen uns nicht nur zu einer gewissen Demut; sie machen die Welt zugleich etwas leichter durchschaubar. Jede Einschränkung entspricht einem Naturgesetz, einer Regulierung des Universums. Je mehr Einschränkungen Energie und Materie auferlegt sind, desto mehr Wissen kann der Mensch erlangen. Ob das Universum letztlich ganz durchschaubar ist, hängt nicht nur davon ab, wie viele Naturgesetze es gibt und wie viele Phänomene sie umfassen, sondern auch davon, ob wir die Bereitschaft und die intellektuellen Fähigkeiten besitzen, solche Gesetze zu begreifen. Unsere Formulierung der Gesetzmäßigkeiten in der Natur hängt ganz sicher vom Aufbau des Gehirns ab, zu einem nicht geringen Teil aber auch vom Aufbau des Universums.

Ich persönlich bevorzuge ein Universum, das viel Unbekanntes und zugleich viel Erkennbares birgt. Ein Universum, in dem bereits alles bekannt ist, wäre statisch und stumpfsinnig, so langweilig wie der Himmel mancher schwachköpfiger Theologen. Ein Universum, das sich nicht enträtseln läßt, wäre nicht der rechte Ort für ein denkendes Wesen. Das ideale Universum für uns hat starke Ähnlichkeit mit dem Universum, in dem wir gerade leben. Und ich könnte mir denken, daß dies nicht unbedingt ein Zufall ist.

3

Die Vertiefung in diese Welt wie eine Befreiung ruft

Um mich für meine Verachtung gegenüber
jeder Autorität zu strafen, hat mich das Schicksal
selbst zu einer Autorität gemacht.

ALBERT EINSTEIN

Albert Einstein wurde 1879 in Ulm geboren. Er gehört zu dem kleinen Kreis von Menschen, die es in jeder Epoche gibt; Menschen, denen es gelingt, die Welt umzuformen durch eine besondere Gabe – das Talent, altbekannte Dinge in einer neuen Weise zu betrachten und herkömmliche Weisheiten grundlegend in Frage zu stellen. Viele Jahrzehnte lang war er eine hochverehrte, fast heiligmäßige Gestalt, der einzige Wissenschaftler, dessen Namen auch dem Mann der Straße sofort einfiel. Teils wegen seiner wissenschaftlichen Leistungen, welche die Allgemeinheit zumindest vage begriffen hat, teils wegen seiner mutigen Haltung zu Problemen unserer Gesellschaft, aber auch aufgrund seiner gütigen Persönlichkeit wurde Einstein in der ganzen Welt bewundert und verehrt. Für Kinder von Einwanderern, deren Neigung der Wissenschaft galt und die wie ich während der Wirtschaftskrise heranwuchsen, bewies die Verehrung, die man Einstein zollte, daß es tatsächlich solche Leute wie Wissenschaftler gab, daß eine wissenschaftliche Laufbahn nicht ganz ohne Hoffnung war.

Eine wichtige Funktion, die er unfreiwillig erfüllte, war die eines wissenschaftlichen Leitbildes. Ohne Einstein hätten viele der jungen Leute, die nach 1920 in die Forschung einstiegen, vielleicht nie erfahren, was wissenschaftlicher Wagemut bedeutet. Die Logik, die hinter Einsteins Spezieller Relativitätstheorie steckt, hätte durchaus ein Jahrhundert eher entwickelt werden können; doch obwohl es einige frühe Ansätze dazu gab, mußte die Entdeckung der Relativität auf einen Mann wie Einstein warten. Die Physik der Speziellen Relativitätstheorie ist aber im Grunde sehr einfach, und viele der wesentlichen Resultate lassen sich aus der Oberschul-Algebra ableiten oder aus Anschauungsbeispielen wie dem Boot, das stromaufwärts oder stromabwärts fährt. Einsteins Leben war reich an Genialität und Ironie, einer Leidenschaft für die Fragen seiner Zeit, Erkenntnissen über die Erziehung und das Zusammenwirken von Wissenschaft und Politik. Und es war ein Beweis dafür, daß der einzelne die Welt doch verändern kann.

Als Kind haftete Einstein noch nichts von seinem späteren Genie an. »Meine Eltern«, erinnerte er sich später, »machten sich Sorgen, weil ich verhältnismäßig spät zu sprechen anfing, und sie suchten deshalb einen Arzt auf... Ich war zu der Zeit... bestimmt schon drei.« In der Volksschule, wo nach seinen Worten ein Kasernenhofton herrschte, war er ein mittelmäßiger Schüler. Hurrapatriotismus und geistige Unbeweglichkeit waren in Einsteins Jugend Kennzeichen der europäischen Erziehung. Er lehnte sich gegen die sturen, mechanischen Paukmethoden auf. »Ich ließ lieber alle möglichen Strafen über mich ergehen, als irgend etwas auswendig herunterzuschnurren.« Einstein sollte sein Leben lang starre Disziplin verabscheuen, in der Erziehung ebenso wie in der Wissenschaft und Politik.

Mit fünf staunte er über das Wunder eines Taschenkompasses. Und mit zwölf, so schrieb er später, »erlebte ich ein zweites Wunder völlig anderer Art an einem Büchlein über Euklidische Geometrie der Ebene... Da waren Aussagen, wie z.B. das Sichschneiden der drei Höhen eines Dreiecks in einem Punkt, die – obwohl an sich keinesfalls evident – doch wohl mit solcher Sicherheit bewiesen werden konnten, daß ein Zweifel ausgeschlossen zu sein schien. Diese Klarheit und Sicherheit machte einen unbeschreiblichen Eindruck auf mich«. Der normale Unterricht stellte dagegen nur eine langweilige Unterbrechung solcher Gedankengänge dar. Einstein schrieb über sein Selbststudium: »Im Alter zwischen zwölf und sechzehn machte ich mich mit den Grundlagen der Mathematik vertraut, mit den Prinzipien der Differential- und Integralrechnung. Dabei hatte ich das Glück, Bücher zu finden, die zwar nicht unbedingt logische Schärfe besaßen, dies aber dadurch wettmachten, daß sie die Hauptgedanken klar und übersichtlich herausarbeiteten... Ich hatte zudem das Glück, die wichtigsten Ergebnisse und Methoden auf dem gesamten Gebiet der Naturwissenschaften in einer ausgezeichneten Volksausgabe vorgesetzt zu bekommen, die sich fast ausschließlich auf qualitative Aspekte beschränkte ... ein Werk, das ich mit atemloser Spannung las.« (Moderne wissenschaftliche Populärschriftsteller finden vielleicht ein wenig Trost in diesen Worten.)

Kein einziger seiner Lehrer scheint Einsteins Begabung erkannt zu haben. Im Münchner Luitpold-Gymnasium, der damals führenden Höheren Schule der Stadt, erklärte ihm ein Lehrer: »Du wirst es nie zu etwas bringen, Einstein.« Als er fünfzehn war, legte man ihm nahe, die Schule zu verlassen. »Ihre bloße Anwesenheit«, stellte der Lehrer fest, »untergräbt meine Autorität in der Klasse.« Er kam der Aufforderung mit Freuden nach und bereiste viele Monate lang Norditalien, ein »Aussteiger« des späten neunzehnten Jahrhunderts. Sein Leben lang bevorzugte er lässige Kleidung und Manieren. Wäre seine Jugend in die Jahre 1960 oder 1970 gefallen, hätten ihn Normalbürger garantiert als Hippie bezeichnet.

Aber sein Wissensdrang in Physik und seine Fragen zu den Naturgesetzen überwogen bald seine Abscheu vor dem Schuldrill, und so bewarb er sich ohne Abiturzeugnis am Polytechnikum von Zürich. Er fiel bei der Aufnahmeprüfung durch, schrieb sich an der Kantonalschule ein, um seine Wissenslücken zu füllen, und wurde im darauffolgenden Jahr am Polytechnikum zugelassen. Doch er blieb ein mittelmäßiger Student. Er haßte den festen Lehrplan, machte einen Bogen um die Hörsäle und ging so weit wie möglich seinen eigentlichen Interessen nach. Später schrieb er: »Der Haken lag natürlich darin, daß man sich all das Zeug für die Prüfung ins Gehirn stopfen mußte, ob man es mochte oder nicht.«

Er schaffte den Abschluß nur, weil sein bester Freund Marcel Grossmann fleißig die Vorlesungen besuchte und Einstein seine

Notizen überließ. Viele Jahre später schrieb Einstein anläßlich Grossmanns Tod: »Ich erinnere mich an unsere Studentenzeit. Er, der untadelige Student, ich dagegen liederlich und ein Träumer. Er im guten Einvernehmen mit den Lehrern und von schneller Auffassung; ich ein Außenseiter, unzufrieden und unbeliebt... Dann war die Studienzeit zu Ende – ich sah mich plötzlich von allen im Stich gelassen, stand auf der Schwelle des Lebens und wußte nicht weiter.« Er vertiefte sich in Grossmanns Aufzeichnungen und schaffte die Abschlußprüfung. Aber, erinnerte er sich, das Büffeln fürs Examen »hatte eine so abschrekkende Wirkung auf mich, daß ich ein ganzes Jahr lang Abscheu davor empfand, auch nur ein wissenschaftliches Problem anzugehen... Es ist fast ein Wunder, daß die modernen Unterrichtsmethoden den heiligen Wissensdrang nicht schon völlig erstickt haben, denn was dieses zarte Pflänzchen am meisten braucht, ist neben dem ersten Erwecken Freiheit; ohne sie wird es verkümmern... Ich glaube, daß man selbst einem gesunden Raubtier die Gefräßigkeit abgewöhnen kann, wenn man es mit der Peitsche dazu zwingt, ununterbrochen zu fressen, ob es nun hungrig ist oder nicht...« Seine Bemerkungen sollten jene unter uns, die Wissenschaften lehren, nachdenklich machen. Ich frage mich, wie viele potentielle Einsteins durch Examen mit Konkurrenzdruck und das erzwungene Büffeln nach Lehrplänen für immer entmutigt wurden.

Nachdem er sich mit allen möglichen Tätigkeiten über Wasser gehalten hatte, bei Stellungen, die ihm zugesagt hätten, aber nicht berücksichtigt wurde, nahm Einstein ein Angebot als Prüfer im Schweizer Patentamt von Bern an, einen Posten, den er durch den Einfluß von Marcel Grossmanns Vater erhielt.

Etwa zur gleichen Zeit verzichtete er auf seine deutsche Staatsbürgerschaft und nahm die der Schweiz an. Drei Jahre später, 1903, heiratete er seine Studentenliebe. Nahezu nichts ist darüber bekannt, welche Patenteingaben Einstein billigte und welche er ablehnte. Es wäre interessant zu erfahren, ob eines der vorgelegten Patente sein physikalisches Denken anregte.

Einer seiner Biographen, Banesh Hoffmann, schreibt, daß Einstein im Patentamt bald lernte, »seine Aufgaben rationell zu erledigen und dadurch kostbare Zeit für seine eigenen heimlichen Berechnungen gewann, die er schuldbewußt in einer Schublade versteckte, wenn sich Schritte näherten«. Das waren also die Begleitumstände der Geburt der großen Relativitätstheorie. Aber Einstein nannte später das Patentamt »das säkuläre Kloster, wo ich meine schönsten Ideen ausbrütete«.

Verschiedentlich soll er gegenüber Kollegen erwähnt haben, daß der Beruf des Leuchtturmwärters die ideale Beschäftigung für einen Wissenschaftler wäre – sie erfordere verhältnismäßig wenig Aufwand und biete die nötige Beschaulichkeit zu wissenschaftlicher Forschung. Sein Mitarbeiter Leopold Infeld drückte es so aus: »Einsamkeit, das Leben auf einem Leuchtturm schwebte Einstein als höchst anregend vor, weil es ihn von so vielen verhaßten Pflichten befreit hätte. Für ihn wäre es in der Tat ideal gewesen, während die meisten anderen Wissenschaftler das genaue Gegenteil brauchen. So war es der Fluch *meines* Lebens, daß ich lange Zeit die wissenschaftliche Atmosphäre entbehren mußte, daß ich niemanden hatte, mit dem ich über Physik sprechen konnte.«

Einstein fand zudem, es sei irgendwie anrüchig, Geld mit Physikunterricht zu verdienen. Er argumentierte, es sei weit besser, wenn ein Physiker einer anderen simplen und ehrlichen Arbeit nachginge und Physik in seiner Freizeit betreiben würde. Als Einstein viele Jahre später in Amerika eine ähnliche Bemerkung machte und nachdenklich meinte, er wäre wohl am liebsten Klempner geworden, bot man ihm prompt die Ehrenmitgliedschaft in der Klempner-Vereinigung an.

1905 veröffentlichte Einstein vier wissenschaftliche Abhandlungen, das Produkt seiner freien Stunden im Schweizer Patentamt, in der damals führenden Fachzeitschrift, den *Annalen der Physik*. Die erste bewies, daß Licht sowohl Teilchen- wie Wellen-Eigenschaften besitzt, und erklärte damit den zuvor rätselhaften photoelektrischen Effekt, der darin bestand, daß auftreffendes Licht Elektronen aus Feststoffen herausschlug. Die zweite beschäftigte sich mit der Natur der Moleküle und erläuterte die statistische »Brownsche Bewegung« von Flüssigkeitsteilchen. Die dritte und vierte stellten eine Einführung in die Spezielle Relativitätstheorie dar und benutzten erstmals die berühmte Gleichung $E = mc^2$, die so oft zitiert und so selten verstanden wird.

Die Gleichung drückt die Umwandelbarkeit von Masse in Energie und umgekehrt aus. Sie erweitert den Energieerhaltungssatz in ein Gesetz zur Erhaltung von Energie und Masse, indem sie aussagt, daß Energie und Masse weder neu entstehen noch verlorengehen – allerdings läßt sich eine Form von Energie oder Masse in eine andere Form umwandeln. E bedeutet in dieser Gleichung das Energieäquivalent der Masse m. Die Energiemenge, die man unter idealen Voraussetzungen aus der Masse m gewinnen könnte, ist mc^2, wobei c die Lichtgeschwindigkeit von 30 Milliarden Zentimeter pro Sekunde darstellt. (Die Lichtgeschwindigkeit wird stets durch Klein-c, niemals durch ein Groß-C ausgedrückt.) Setzen wir m in Gramm und c in Zentimeter pro Sekunde ein, dann erhalten wir für E die Energieeinheit erg. Die vollständige Umwandlung von einem Gramm Masse in Energie macht demnach $1 \times (3 \times 10^{10})^2 = 9 \times 10^{20}$ ergs frei; das entspricht grob geschätzt der Detonation von tausend Tonnen TNT. Es sind also schon in winzigen Materiemengen gewaltige Energiepotentiale enthalten – wenn wir einen Weg fänden, sie freizusetzen. Nuklearwaffen und Kernkraftwerke sind allgemein bekannte terrestrische Anwendungsbeispiele, Zeugen unserer zögernden und ethisch zweifelhaften Bemühungen, jene Energie zu nutzen, deren Präsenz in jeglicher Materie Einstein nachwies. Eine thermonukleare Waffe, eine Wasserstoffbombe, sind Erfindungen von erschreckender Gewalt – aber sie verwerten weniger als ein Prozent einer gegebenen Masse m Wasserstoff!

Die vier Abhandlungen, die Einstein im Jahre 1905 veröffentlichte, wären selbst für einen Physiker, der sich voll der Forschung widmete, ein eindrucksvolles Lebenswerk gewesen; als Freizeitbeschäftigung eines sechsundzwanzigjährigen Schweizer Patentprüfers grenzen sie an ein kleines Wunder. Viele Wissenschafts-Chronisten bezeichnen 1905 ohnehin als *Annus Mirabilis*, das Wunderjahr. Etwas Ähnliches hatte es bisher in der Geschichte der Physik nur ein einziges Mal gegeben, da allerdings mit unheimlichen Parallelen – 1666, als der vierundzwanzigjährige Isaac Newton in der erzwungenen Einsamkeit auf dem Lande (es herrschte gerade die Beulenpest) die Spektralnatur des Sonnenlichts erklärte, die Differential- und Integralrechnung einführte und seine Gravitationsgesetze formulierte. Zusammen mit der Allgemeinen Relativitätstheorie, die erstmals 1915 dargelegt wurde, stellen die Abhandlungen aus dem Jahre 1905 die Hauptleistung in Einsteins wissenschaftlicher Laufbahn dar.

Vor Einstein vertraten die meisten Physiker die Ansicht, daß es feste Bezugssysteme gäbe, Dinge wie den absoluten Raum und die absolute Zeit. Einstein ging davon aus, daß alle Bezugssysteme – also alle Beobachter, unabhängig von Standort, Geschwindigkeit oder Beschleunigung – die fundamentalen Naturgesetze in der gleichen Weise sehen müßten. Aller Wahrscheinlichkeit nach wurde Einsteins Ansicht über die Bezugssysteme von seiner sozialen und politischen Haltung beeinflußt, von seinem Widerstand gegen den lauten Hurrapatriotismus, der Deutschland Ende des neunzehnten Jahrhunderts beherrschte. Und in diesem Sinne ist der Gedanke der Relativität in der Tat zu einem anthropologischen Gemeinplatz geworden, und die Sozialwissenschaftler haben den Gedanken des Kulturrelativismus aufgenommen: Es gibt eine ganze Reihe sozialer Zusammenhänge und Weltanschauungen, ethischer und religiöser Lehren, zum Ausdruck gebracht in verschiedensten Gesellschaftsformen und die meisten von vergleichbarer Gültigkeit.

Die Spezielle Relativitätstheorie wurde anfangs keineswegs von einer Mehrheit anerkannt. Bei einem neuerlichen Versuch, im Universitätsleben Fuß zu fassen, reichte Einstein seinen bereits veröffentlichten Aufsatz bei der Berner Universität als Beispiel für seine Arbeit ein. Er hielt ihn offensichtlich für einen wichtigen Forschungsbeitrag. Die Arbeit wurde als unverständlich abgewiesen, und Einstein sollte noch bis 1909 im Patentamt bleiben. Aber seine Veröffentlichungen blieben nicht unbemerkt, und allmählich begannen einige der führenden Physiker Europas zu ahnen, daß Einstein zu den größten Wissenschaftlern aller Zeiten gehörte. Dennoch, seine Arbeit über die Relativität blieb höchst umstritten. In einem Empfehlungsschreiben für die Universität von Berlin, an der Einstein eine Stelle antreten sollte, meinte ein führender deutscher Wissenschaftler, die Relativität stelle einen Ausflug in die Hypothese dar, eine momentane Verwirrung, nichtsdestotrotz sei Einstein ein hervorragender Denker. (Der Nobel-Preis, von dessen Verleihung er während eines Orient-Besuchs im Jahre 1921 erfuhr, wurde ihm für die Abhandlung über den photoelektrischen Effekt und »andere Beiträge« auf dem Gebiet der theoretischen Physik verliehen. Die Relativität war immer noch so kontrovers, daß man nicht wagte, sie ausführlich zu erwähnen.)

Einsteins Ansichten zu Religion und Politik wiesen eine enge Beziehung auf. Seine Eltern waren jüdischer Herkunft, lebten allerdings nicht nach dem alten Glauben. Dennoch erlangte Einstein eine gewisse Religiosität »durch die traditionelle Erziehungsmaschine Staat und Schule«. Das jedoch ging abrupt zu Ende, als er zwölf Jahre alt war. »Durch die Lektüre populärwissenschaftlicher Bücher gelangte ich bald zu der Überzeugung, daß vieles in der Bibel nicht stimmen konnte. Die Folge war eine geradezu fanatische Freigeisterei, verbunden mit dem Eindruck, daß die Jugend vom Staate bewußt mit Vorbedacht belogen wird; es war ein niederschmetternder Gedanke. Aus diesem Erleben erwuchs Mißtrauen gegen jede Art Autorität, eine skeptische Haltung gegenüber den Ansichten, die in jeder festgefügten sozialen Umgebung daheim waren – eine Haltung, die mich nie wieder verlassen hat, wenngleich sie später, aufgrund besserer Einsicht in die kausalen Zusammenhänge, etwas von ihrer ursprünglichen Schärfe verlor.«

Kurz vor dem Ausbruch des Ersten Weltkriegs nahm Einstein eine Professur am berühmten Kaiser-Wilhelm-Institut für Chemie in Berlin an. Der Wunsch, im damaligen Zentrum der theoretischen Physik zu wirken, war momentan stärker als seine Abneigung gegen den deutschen Militarismus. Als dann der Erste Weltkrieg begann, befanden sich Einsteins Frau und seine beiden Söhne in der Schweiz und konnten nicht nach Deutschland einreisen. Einige Jahre später führte diese erzwungene Trennung zu einer Scheidung, doch als Einstein 1921 den Nobelpreis erhielt, überließ er, obwohl wiederverheiratet, die volle Summe von 30000 Dollar seiner ersten Frau und den Kindern. Sein ältester Sohn wurde ein bekannter Hochbauingenieur, der eine Professur an der University of California innehatte, aber sein Zweitgeborener, der den Vater zum Idol gemacht hatte, warf ihm in späteren Jahren – sehr zu Einsteins Kummer – vor, er habe ihn in der Jugend nicht beachtet.

Einstein, der sich selbst als Sozialist bezeichnete, gewann die Überzeugung, daß der Erste Weltkrieg in erster Linie die Folge von Ränkespielen und Unfähigkeit der »herrschenden Klasse« war, eine Ansicht, die er mit vielen zeitgenössischen Historikern teilte. Er wurde Pazifist. Während andere deutsche Wissenschaftler begeistert die militärischen Unternehmen ihrer Nation unterstützten, verurteilte Einstein den Krieg öffentlich als »Massenpsychose«. Nur die Tatsache, daß er Schweizer Staatsbürger war, bewahrte ihn vor der Verhaftung, einem Schicksal, das zur gleichen Zeit und aus dem gleichen Grunde seinem Freund, dem Philosophen Bertrand Russell, in England zuteil wurde. Einsteins Ansichten über den Krieg trugen nicht gerade dazu bei, seine Popularität in Deutschland zu steigern.

Indirekt aber lag es mit am Krieg, daß Einsteins Name zu einem festen Begriff wurde. In seiner Allgemeinen Relativitätstheorie untersuchte Einstein die Behauptung – ein Gedanke, der in seiner Einfachheit, Schönheit und Tiefe heute noch verblüfft –, daß die Gravitationskraft zwischen zwei Massen dadurch zustande kommt, daß diese Massen den sie umgebenden normalen Euklidischen Raum verzerren oder krümmen. Die quantitative Anwendung dieser Theorie bestätigte Newtons Gravitationsgesetz in der Genauigkeit, auf die es getestet war. Aber sozusagen eine Dezimalstelle weiter zeigte die Allgemeine Relativität grundlegende Unterschiede zu Newtons Vorstellungen auf. Das bewegt sich im Rahmen der klassischen Wissenschaftstradition, in der neue Theorien die bereits eingeführten zu bestätigen pflegen, darüber hinaus jedoch eine Reihe neuer Vorhersagen treffen, welche den Unterschied zwischen den beiden Auffassungen klar herausstellen.

Die drei Experimente, die Einstein zur Allgemeinen Relativität vorschlug, betrafen erstens Abweichungen in der Umlaufbahn des Planeten Merkur, zweitens die Rotverschiebung im Spektrum des von einem sehr dichten Stern ausgesandten Lichts und drittens die Strahlenablenkung von Sternenlicht nahe des Sonnenrandes. Ehe im Jahre 1919 der Waffenstillstand geschlossen wurde, begab sich eine britische Expedition nach Brasilien und auf die Principe-Insel vor Westafrika, um während einer totalen Sonnenfinsternis zu messen, ob die Ablenkung des Sternenlichts nahe der Sonne mit den Aussagen der Allgemeinen Relativität übereinstimmte. Sie tat es. Einsteins Theorien waren damit untermauert. Und die Symbolik, die darin steckte, daß eine britische Expedition zu einem Zeitpunkt, da die beiden Länder strenggenommen noch Krieg führten, das Werk eines deutschen Wissenschaftlers bestätigte, appellierte irgendwie an die höheren Instinkte der Öffentlichkeit.

Aber zur gleichen Zeit lief in Deutschland eine gut finanzierte öffentliche Hetzkampagne gegen Einstein an. Massenversammlungen mit antisemitischem Unterton fanden in Berlin und anderswo statt, um die Relativitätstheorie in Mißkredit zu bringen. Die meisten von Einsteins Kollegen waren entsetzt, unternahmen aber nichts, weil sie nicht den Mut besaßen, sich in die Politik vorzuwagen. Mit dem Aufstieg der Nazis Ende der zwanziger und Anfang der dreißiger Jahre sah sich Einstein entgegen seinem Hang zu stiller Zurückgezogenheit aufgerufen, öffentlich seine Meinung zu äußern – und er tat es oft und mutig. Er sagte bei Gerichtsverhandlungen zugunsten von Professoren aus, die wegen ihrer politischen Gesinnung angeklagt waren. Er setzte sich für eine Amnestie politischer Häftlinge in Deutschland und im Ausland ein (auch für Sacco, Vanzetti und die Scottsboro »Boys« in den Vereinigten Staaten). Als Hitler 1933 Reichskanzler wurde, verließ Einstein mit seiner zweiten Frau Deutschland.

Die Nazis warfen Einsteins wissenschaftliche Werke zusammen mit anderen Büchern antifaschistischer Autoren öffentlich ins Feuer. Es setzte ein gewaltiger Sturm ein, um Einstein von seinem wissenschaftlichen Podest zu stoßen. Anführer dieses Angriffs war der Nobelpreisträger für Physik, Philipp Lenard, der die »von der Mathematik her zusammengestümperten Theorien« Einsteins und den »asiatischen Geist in der Wissenschaft« kritisierte und hinzufügte: »Unser Führer hat eben diesen Geist aus Politik und Nationalökonomie verbannt, wo er unter der Bezeichnung Marxismus bekannt ist. In den Naturwissenschaften hingegen herrscht er immer noch, mit der Überbetonung auf Einstein. Wir müssen uns klarmachen, daß es eines Deutschen unwürdig ist, geistiger Gefolgsmann eines Juden zu sein. Die Naturwissenschaft, aus gutem Grunde so genannt, ist rein arischen Ursprungs... *Heil Hitler!*«

Viele Nazi-Geisteswissenschaftler stimmten in die Warnung vor der »jüdischen« und »bolschewistischen« Physik Einsteins ein. Ironie des Schicksals: Etwa zur gleichen Zeit prangerten prominente stalinistische Intellektuelle die Relativität als »Lehre der Bourgeoisie« an. Bei derartigen Äußerungen ging es selbstverständlich nie darum, ob der Inhalt der angegriffenen Theorie stimmte oder nicht.

Daß Einstein sich selbst trotz seiner weitgehenden Entfremdung von der traditionellen Religion als Jude betrachtete, war rein auf den Antisemitismus zurückzuführen, der in Deutschland gegen 1920 aufwallte. Aus diesem Grunde bekannte er sich auch zum Zionismus. Allerdings waren ihm, wie sein Biograph Philipp Frank anmerkt, nicht alle Zionistengruppen wohlgesonnen, weil er forderte, daß die Juden den Versuch machen sollten, sich mit den Arabern auszusöhnen und ihre Lebensweise zu verstehen – eine Verfechtung des Kulturrelativismus, der um so mehr beeindruckte, als komplexe emotionelle Fragen mit im Spiel waren. Aber er unterstützte den Zionismus weiterhin, besonders als die zunehmende Verzweiflung der europäischen Juden Ende der dreißiger Jahre bekannt wurde. (1948 bot man Einstein das Amt eines Präsidenten von Israel an, aber er lehnte höflich ab. Es ist interessant, darüber nachzusinnen, ob und welche Unterschiede es in der Politik des Nahen Ostens gegeben hätte, wäre Albert Einstein in der Tat Präsident von Israel geworden.)

Nachdem er Deutschland verlassen hatte, erfuhr Einstein, daß die Nazis eine Prämie von 20000 Mark auf seinen Kopf ausgesetzt hatten. (»Ich wußte gar nicht, daß er soviel wert ist.«) Er nahm eine Berufung an das neugegründete *Institute of Advanced Study* in Princeton an, wo er bis an sein Lebensende bleiben sollte. Als man ihn fragte, wie er sich die Bezahlung vorstelle, schlug er dreitausend Dollar vor. Aus dem erstaunten Blick, den er bei dem Universitätsvertreter bemerkte, schloß er, daß er zuviel verlangt hatte und nannte eine kleinere Summe. Sein Jahresgehalt wurde auf 16000 Dollar festgesetzt, ein stattlicher Betrag für die dreißiger Jahre.

Da Einsteins Name großes Gewicht hatte, war es nur natürlich, daß sich andere emigrierte Wissenschaftler aus Europa an ihn wandten und baten, in einem Brief an Präsident Franklin D. Roosevelt den Bau der Atombombe vorzuschlagen, um einem vermuteten deutschen Versuch, Nuklearwaffen herzustellen, zuvorzukommen. Obgleich Einstein nicht auf dem Gebiet der Nuklearphysik gearbeitet hatte und später auch keine Rolle bei der Realisierung der Bombe spielte, schrieb er den Brief, der das Projekt Manhattan einleitete. Es ist allerdings wahrscheinlich, daß die Vereinigten Staaten die Atombombe auch ohne Einsteins Drängen entwickelt hätten. Selbst ohne die Gleichung $E = mc^2$ hätten die Entdeckung der Radioaktivität durch Antoine Becquerel und die Erforschung des Atomkerns durch Ernest Rutherford – beides spielte sich völlig unabhängig von Einstein ab – wohl zwangsläufig zur Herstellung von Atomwaffen geführt. Einsteins Furcht vor dem Nazi-Regime in Deutschland hatte ihn nach innerem Ringen dazu gebracht, seinen Pazifismus abzulegen. Als jedoch später durchsickerte, daß die Nazis nicht in der Lage gewesen waren, Nuklearwaffen zu bauen, machte Einstein sich Vorwürfe: »Hätte ich gewußt, daß es den Deutschen nicht gelingen würde, Atomwaffen zu entwickeln, hätte ich die Bombe nie befürwortet.«

1945 drängte Einstein die Vereinigten Staaten, ihre Beziehungen zum Franco-Regime Spaniens zu lösen, das die Nazis im Zweiten Weltkrieg unterstützt hatte. John Rankin, ein konservativer Kongreßabgeordneter aus Mississippi, griff Einstein deshalb in einer Rede vor dem Repräsentanten-Haus an. »Dieser ausländische Agitator würde uns ohne weiteres in einen neuen Krieg stürzen, um die Verbreitung des Kommunismus in der ganzen Welt zu fördern... Es wird höchste Zeit, daß das amerikanische Volk merkt, was mit diesem Einstein los ist.«

Einstein setzte sich in den Vereinigten Staaten während der dunkelsten Periode der McCarthy-Ära Ende der vierziger und Anfang der fünfziger Jahre stark für die Freiheiten des einzelnen ein. Als die Wogen der Hysterie immer höher schlugen, wuchs in ihm das beängstigende Gefühl, etwas Ähnliches schon einmal um 1930 in Deutschland miterlebt zu haben. Er bestärkte Angeklagte, die Aussage vor dem »Komitee für un-amerikanische Umtriebe« zu verweigern, indem er erklärte, jedermann solle »Gefängnis und wirtschaftlichen Ruin in Kauf nehmen... und sein persönliches Wohlergehen dem Interesse ... seines Landes opfern«. Wegen dieser Haltung wurde Einstein in breitangelegten Pressefeldzügen angegriffen. Und Senator Joseph McCarthy stellte 1953 fest, jemand, der derartige Ratschläge erteile, sei »ein Feind Amerikas«. In späteren Jahren wurde es in gewissen Kreisen Mode, die Anerkennung von Einsteins Genie auf wissenschaftlichem Gebiet mit der gönnerhaften Feststellung zu koppeln, seine politischen Ansichten seien »naiv« gewesen. Aber die Zeiten haben sich geändert. Ich frage mich, ob es nicht logischer wäre, in einer ganz anderen Richtung zu argumentieren: Auf einem Gebiet wie der Physik, wo man Ideen mit großer Genauigkeit experimentell und rechnerisch prüfen kann, sind Einsteins Erkenntnisse unerreicht und halten jeder Kritik stand, und wir staunen, daß er so klar sah, wo andere in Verwirrung verstrickt blieben. Sollte man da nicht wenigstens in Erwägung ziehen, ob nicht in dem viel undurchsichtigeren Feld der Politik seine Einsichten ebenfalls fundamentale Gültigkeit haben könnten?

Während seiner Jahre in Princeton blieb Einsteins Leidenschaft wie immer die geistige Arbeit. Er vertiefte sich lange und intensiv in die Suche nach einer einheitlichen Feldtheorie, die Gravitation, Elektrizität und Magnetismus auf einen gemeinsamen Nenner bringen würde. Aber dieser Versuch schlug nach Ansicht der meisten Experten fehl. Er erlebte noch, daß seine Allgemeine Relativitätstheorie die Hauptgrundlage für das Verständnis des Makrokosmos und der Evolution des Universums wurde, und wäre begeistert gewesen, hätte er mitansehen dürfen, wie heutzutage die Allgemeine Relativität ihre praktische Anwendung in der Astrophysik findet. Er begriff nie, weshalb man ihn so hoch verehrte, und beklagte sich sogar darüber, daß seine Kollegen und die Studenten in Princeton ihn nie unangemeldet besuchten, aus Angst, sie könnten ihn stören.

Aber er schrieb: »Mein leidenschaftlicher Sinn für soziale Gerechtigkeit und soziale Verpflichtung stand stets in einem eigentümlichen Gegensatz zu einem ausgesprochenen Mangel an unmittelbarem Anschlußbedürfnis an Menschen und an menschliche Gemeinschaften. Ich bin ein richtiger ›Einspänner‹, der dem Staat, der Heimat, dem Freundeskreis, ja selbst der engeren Familie nie mit ganzem Herzen angehört hat, sondern all diesen Bindungen gegenüber ein nie sich legendes Gefühl der Fremdheit und des Bedürfnisses nach Einsamkeit empfunden hat, ein Gefühl, das sich mit dem Lebensalter noch steigert. Man empfindet scharf, aber ohne Bedauern die Grenze der Verständigung und Konsonanz mit anderen Menschen. Wohl verliert ein solcher Mensch einen Teil der Harmlosigkeit und des Unbekümmertseins, aber er ist dafür von Meinungen, Gewohnheiten und Urteilen der Mitmenschen weitgehend unabhängig und kommt nicht in die Versuchung, sein Gleichgewicht auf solch unsolide Grundlage zu stellen.«

Seine beiden Hauptfreizeitbeschäftigungen blieben stets das Geigenspiel und das Segeln. In jenen Jahren wirkte Einstein – und war es in gewisser Hinsicht wohl auch – wie ein alternder Gammler. Er ließ das weiße Haar lang wachsen und zog Pullover sowie Lederjacken Anzug und Krawatte vor, selbst wenn er berühmte Besucher empfing. Das war keine Verstellung, und er erklärte ohne jede Effekthascherei: »Ich spreche mit jedem in der gleichen Art, sei es nun der Müllkutscher oder der Rektor der Universität.« Er hatte ein offenes Ohr für die Nöte der anderen und half Nachbarkindern sogar hin und wieder bei verzwickten Geometrieaufgaben – nicht immer erfolgreich übrigens. In der besten Tradition der Wissenschaft war er zugänglich für neue Ideen, verlangte jedoch, daß sie auch härtesten Prüfmethoden standhielten. Er zeigte sich aufgeschlossen, wenngleich skeptisch, gegenüber Berichten von planetarischen Katastrophen in der jüngeren Erdgeschichte und von Experimenten, welche angeblich die extrasensorische Wahrnehmung bewiesen; seine Vorbehalte gegen letztere hatten ihren Ursprung in der Behauptung, daß sich telepathische Fähigkeiten bei zunehmender Entfernung zwischen Sender und Empfänger nicht abschwächen.

In religiösen Dingen dachte Einstein tiefer als viele andere, wurde jedoch häufig mißverstanden. Anläßlich Einsteins erstem Besuch in Amerika warnte Kardinal O'Connell von Boston, daß die Relativitätstheorie »das häßliche Gespenst des Atheismus ummäntele«. Das rief einen New Yorker Rabbi auf den Plan, der an Einstein kabelte: »Glauben Sie an Gott?« Einstein telegrafierte zurück: »Ich glaube an den Gott Spinozas, der sich in der Harmonie aller Geschöpfe offenbarte, nicht aber an den Gott, der sich um das Schicksal und Treiben der Menschen kümmert« – eine scharfsinnige religiöse Ansicht, die heutzutage viele Theologen teilen. Einsteins Frömmigkeit war tief und echt. So äußerte er in den zwanziger und dreißiger Jahren ernste Zweifel an einer Grundauffassung der Quantenmechanik: daß sich im Mikrobereich der Materie die Teilchen unberechenbar verhalten, wie es die Unschärferelation von Heisenberg zum Ausdruck brachte. Einstein sagte: »Jedenfalls bin ich überzeugt, daß *der* (gemeint war Gott) nicht würfelt!« Und bei anderer Gelegenheit stellte er fest: »Raffiniert ist der Herrgott, aber boshaft ist er nicht.« Einstein hatte eine besondere Vorliebe für Aphorismen dieser Art. Das ging so weit, daß sich der dänische Physiker Niels Bohr eines Tages an ihn wandte und ein wenig gereizt sagte: »Hören Sie auf, Gott vorzuschreiben, was er zu tun hat!« Aber es gab viele Physiker, die der Meinung waren, *wenn* einer Gottes Pläne kannte, dann war es Einstein.

Eine der Grundlagen der Speziellen Relativität ist die Regel, daß sich keine Masse so schnell wie das Licht bewegt. Diese Schranke hat sich als ärgerlich für all die Leute erwiesen, die den Zukunftsträumen der Menschheit lieber keine Zwänge auferlegt hätten. Aber die Schranke der Lichtgeschwindigkeit gestattet es uns, einen Großteil der Dinge zu begreifen, die früher schlicht und einfach Naturgeheimnisse waren. Nun, wo Einstein nimmt, da gibt er auch. Manche Folgerungen aus der Speziellen Relativität scheinen unserer Alltagserfahrung entgegenzulaufen, werden jedoch verständlich, wenn wir in die Nähe der Lichtgeschwindigkeit gelangen – ein Tempo, zu dem der gesunde Menschenverstand keinen Zugriff hat (s. Kapitel 2). Eine dieser Konsequenzen ist, daß die Zeit langsamer wird, wenn wir nur dicht genug an die Lichtgeschwindigkeit herankommen; Armband- und Atomuhren, der biologische Alterungsprozeß – all das verzögert sich. So könnte ein Raumfahrzeug, das sich der Lichtgeschwindigkeit annähert, verhältnismäßig schnell von einem Punkt zum anderen gelangen, egal wie weit entfernt er ist – die Zeit jedoch gemessen an Bord des Schiffes, nicht auf dem Startplaneten. Es wäre daher möglich, daß wir in ein paar Jahrzehnten Bordzeit bis zum Zentrum der Milchstraße vorstoßen und wieder zurückkehren – doch die inzwischen auf der Erde verstrichene Zeit würde sechzigtausend Jahre betragen, und keiner der Freunde, die uns verabschiedeten, könnte uns daheim willkommen heißen. Eine vage Erkenntnis der Zeitdilatation kam in dem Film *Unheimliche Begegnung der Dritten Art* zum Ausdruck, obwohl dabei völlig grundlos die Behauptung aufgestellt wurde, daß Einstein vermutlich ein Extraterrestrier war. Seine Erkenntnisse verblüffen uns alle, das stimmt, aber er war sehr wohl ein Mensch, und sein Leben steht als Beispiel dafür, was Menschen, wenn sie nur über genügend Talent und Mut verfügen, zu erreichen vermögen.

Einstein trat ein letztes Mal an die Öffentlichkeit, als er zusammen mit Bertrand Russell und einer Reihe anderer Wissenschaftler den vergeblichen Versuch unternahm, den Bau von Nuklearwaffen zu unterbinden. Er argumentierte, daß Nuklearwaffen alles verändert hatten, nur nicht unsere Denkweise. In einer Welt, die in feindliche Lager gespalten ist, betrachtete er die Atomenergie als die größte Bedrohung für das Überleben der

Menschheit. »Wir haben die Wahl«, sagte er, »Nuklearwaffen zu verbannen oder der allgemeinen Vernichtung ins Auge zu sehen... Nationalismus ist eine Kinderkrankheit, sozusagen die Masern der Menschheit... Unsere Schulbücher verherrlichen den Krieg und verschweigen seine Schrecken. Sie pflanzen Haß in die Adern von Kindern. Ich würde eher Frieden als Krieg lehren. Ich würde eher Liebe als Haß einpflanzen.«

Mit siebenundsechzig, neun Jahre vor seinem Tod im Jahre 1955, beschrieb Einstein sein lebenslanges Streben: »Dort draußen war das große Weltall, welches unabhängig von uns Menschen besteht und vor uns steht wie ein ewiges, großes Rätsel, das unserer Beobachtung und unseren Gedanken wenigstens teilweise zugänglich ist. Die Vertiefung in diese Welt rief wie eine Befreiung... Der Weg zu diesem Paradies war nicht so bequem und verlockend wie der Weg zum Glaubensparadies; aber er hat sich als zuverlässig erwiesen, und ich habe nie bereut, daß ich ihn einschlug.«

4
Zum Lob der Wissenschaft und Technik

Die Ausbildung des Geistes ist eine Art Labsal
für die Seele des Menschen.

MARCUS TULLIUS CICERO
De finibus bonorum et malorum, Bd. 19

Einem ist sie* die hohe, die himmlische Göttin,
dem anderen eine tüchtige Kuh, die ihn mit Butter versorgt.

FRIEDRICH VON SCHILLER, *Xenien* (1796)

In der Mitte des neunzehnten Jahrhunderts erhielt der englische Physiker Michael Faraday, der übrigens größtenteils Autodidakt war, Besuch von seiner Monarchin Königin Viktoria. Unter den vielen berühmten Entdeckungen Faradays waren einige von einleuchtendem praktischem Wert, andere aber eher geheimnisvolle Versuche auf dem Gebiet der Elektrizität und des Magnetismus damals kaum mehr als Labor-Kuriositäten. Während des üblichen Dialogs zwischen Staatsoberhaupt und Forscher fragte die Königin Faraday, welchen Sinn solche Studien denn hätten, worauf er geantwortet haben soll: »Welchen Sinn hat ein Baby, Eure Majestät?« Faraday ahnte, daß sich eines Tages ein praktischer Nutzen aus Elektrizität und Magnetismus ergeben könnte.

* die Wissenschaft – Anm. d. Übers.

In derselben Epoche legte der schottische Physiker James Clerk Maxwell vier Gleichungen nieder, die sich auf die experimentelle Arbeit von Faraday und dessen Vorgängern stützten und einen Bezug zwischen elektrischer Ladung und Strom sowie elektrischen und magnetischen Feldern herstellten. Diese Gleichungen nun wirkten irgendwie unsymmetrisch, und das störte Maxwell. Um den Schönheitsfehler zu beseitigen, führte er ein zusätzliches Glied ein, das er Verschiebungsstrom nannte. Seine Annahme war rein intuitiv; es gab ganz sicher keinen experimentellen Beweis für das Vorhandensein eines solchen Stroms. Maxwells Einfall aber hatte erstaunliche Auswirkungen. Aus den verbesserten Maxwell-Gleichungen leitete sich die Existenz der elektromagnetischen Strahlung ab: Gamma- und Röntgenstrahlen, ultraviolettes und sichtbares Licht sowie Infrarot- und Radiostrahlen. Sie gaben Einstein Denkanstöße zu seiner Speziellen Relativitätstheorie. Und die experimentellen und theoretischen Arbeiten von Faraday und Maxwell führten hundert Jahre später zu einer technischen Revolution auf dem Planeten Erde. Elektrisches Licht, Telefon, Grammophon, Radio, Fernsehen, Kühlzüge, die selbst die entlegensten Gebiete mit frischen Lebensmitteln versorgen, Herzschrittmacher, Wasserkraftwerke, automatische Feuermelder und Sprinkleranlagen, Straßen- und Untergrundbahnen und der elektronische Computer sind nur ein paar Weiterentwicklungen jener geheimnisvollen Laborbasteleien eines Faraday oder jenes ästhetischen Mißbehagens eines Maxwell, der ein paar mathematische Kritzeleien auf einem Blatt Papier anstarrte.

Viele äußerst praktische Anwendungen der Wissenschaft sind auf diese unvorhergesehene Weise entdeckt worden. Man hätte den führenden Wissenschaftlern im Viktorianischen Zeitalter jede Summe bieten können – sie wären nicht imstande gewesen, sich hinzusetzen und meinetwegen das Fernsehen zu erfinden. Sicher, jetzt mag der Einwand kommen, daß diese Entwicklung insgesamt gesehen nicht unbedingt positiv war. Aber mir fällt auf, daß selbst viele der jungen Leute, die sich, oft aus gutem Grund, so ernüchtert gegenüber dem hochtechnisierten Westen zeigen, dennoch eine starke Leidenschaft für bestimmte Technikprodukte entwickeln – elektronische Hi-Fi-Anlagen beispielsweise.

Einige der Erfindungen haben den Charakter unserer gesamten Gesellschaft grundlegend verändert. Die problemlose Kommunikation hat viele Teile der Welt aus ihrem Provinzschlummer geholt, auf der anderen Seite jedoch die kulturelle Vielfalt schrumpfen lassen. Die praktischen Seiten dieser Neuerungen werden eigentlich von allen Gesellschaftsgruppen anerkannt; und es ist bemerkenswert, wie selten sich aufstrebende Nationen um die negativen Auswirkungen der Technisierung kümmern (die Umweltverschmutzung zum Beispiel); sie sind ein für allemal zu dem Schluß gekommen, daß die Vorzüge das Risiko überwiegen. Einer von Lenins Aussprüchen lautete, Sozialismus plus Elektrifizierung sei gleich Kommunismus. Dennoch hat sich die Technik überwiegend im Westen mit aller Macht und Raffinesse ausgebreitet. Das Tempo, in dem sich der Wandel vollzog, wurde so rasend, daß viele von uns einfach nicht mehr Schritt halten können. Heutzutage leben noch eine Reihe von Leuten, die das Licht einer Welt erblickten, in der es keine Flugzeuge gab. Sie wurden Zeugen, wie *Viking* auf dem Mars landete und *Pioneer 10*, die erste interstellare Raumsonde, das Sonnensystem verließ. Und sie erlebten mit, wie beispielsweise die strenge Moralauffassung des Viktorianischen Zeitalters durch die allgemeine Zugänglichkeit zuverlässiger Verhütungsmittel in eine totale sexuelle Freizügigkeit umschlug. Der rasche Wechsel hat viele verunsichert, und so wird der nostalgische Ruf nach einer Rückkehr zu früheren, einfacheren Zeiten leicht verständlich.

Aber der Lebensstandard und die Arbeitsbedingungen der breiten Massen waren früher, beispielsweise im viktorianischen England, menschenunwürdig und entmutigend im Vergleich zur heutigen Industriegesellschaft; die Statistik der Lebenserwartung und Kindersterblichkeit wies erschreckende Zahlen auf. Wissenschaft und Technik mögen für viele der Probleme, mit denen wir heutzutage zu kämpfen haben, verantwortlich sein, aber in der Hauptsache deshalb, weil weite Kreise zu wenig damit vertraut sind (die Technik ist ein Werkzeug, kein Allheilmittel) und weil bisher kaum etwas unternommen wurde, um unsere Gesellschaft über die neuen Technologien aufzuklären. Angesichts dieser Tatsachen finde ich es bemerkenswert, daß wir uns bisher so wacker gehalten haben. Alternativen, welche die Technik verteufeln, bringen keine Lösung. Wäre nicht die hochentwickelte Landwirtschaftstechnik, müßte mehr als eine

Milliarde Menschen der Gegenwart verhungern. Die Technik aufgeben, hieße in diesem Fall die Menschen aufgeben. Wissenschaft und Technik sind vielleicht die Ursache manch unserer Probleme, aber sie bilden auch ein wesentliches Element bei der Lösung eben dieser Probleme – sowohl auf nationaler wie auf weltweiter Ebene.

Ich glaube nicht, daß Wissenschaft und Technik bisher wirksam genug, mit voller Berücksichtigung ihrer letztlich humanen Ziele und einem ausreichend geweckten Verständnis bei der Öffentlichkeit, eingesetzt wurden. Mit ein wenig Mühe hätte man wesentlich mehr erreichen können. Uns ist beispielsweise recht spät gedämmert, daß menschliches Handeln einen ungünstigen Einfluß nicht nur auf die unmittelbare Umwelt, sondern auf die ganze Umwelt haben könnte. Durch Zufall entdeckten ein paar Forschergruppen, die sich mit atmosphärischer Fotochemie befaßten, daß Chlorfluorkarbonate, die als Treibgas in Sprühdosen verwendet wurden, sehr lange in der Atmosphäre bleiben, bis in die Schichten der Stratosphäre aufsteigen und dort teilweise das Ozon vernichten, was eine verstärkte Erdbestrahlung durch ultraviolettes Licht zur Folge hat. Die in der Öffentlichkeit am ehesten bekanntgewordene Auswirkung ist die mögliche Zunahme von Hautkrebs bei Weißen. (Schwarze sind ausreichend gegen stärkeren Einfall von ultraviolettem Licht geschützt.) Aber die Medien befaßten sich kaum mit der viel schwerwiegenderen Folge, daß Mikroorganismen, die ja den Sockel einer komplizierten Nahrungspyramide – mit *Homo sapiens* an der Spitze – bilden, ebenfalls durch das vermehrte ultraviolette Licht vernichtet werden könnten. Man hat, wenn auch zögernd, Schritte unternommen, um die Bestandteile an Chlorfluorkarbonaten in Sprühdosen zu verbieten (obwohl das Vorhandensein der gleichen Gase in Kühlschränken niemanden zu stören scheint), und damit ist die unmittelbar drohende Gefahr vielleicht vorerst gebannt. Was mich bei diesem Vorfall am meisten beunruhigt, ist die Tatsache, daß man dem Problem *rein zufällig* auf die Spur kam. Ein Team befaßte sich damit, weil es die passenden Computerprogramme ausgearbeitet hatte, allerdings in einem völlig anderen Zusammenhang: man stellte Messungen zur chemischen Zusammensetzung der Venus-Atmosphäre an, die Salz- und Flußsäure enthält. Was wir brauchen, wenn wir überleben wollen, ist eine Vielzahl von

Forschergruppen, die sich derartigen Problemen von den verschiedensten Aspekten her nähern. Aber welche anderen, vielleicht noch ernsteren Probleme lauern unerkannt, nur weil noch kein Forscherteam darüber gestolpert ist? Für jedes erkannte Problem wie die Wirkung von Treibgasen auf die Ozonschicht kann es ein Dutzend andere geben, die sich im Hintergrund verbergen. Es ist deshalb schon sehr befremdend, daß nirgends in der Bundesregierung Amerikas, an den großen Hochschulen oder an privaten Forschungsanstalten eine hochqualifizierte, mit weitgehenden Befugnissen ausgestattete und finanziell gut unterstützte Forschergruppe arbeitet, deren Aufgabe es ist, künftige Katastrophen, die sich aus der Entwicklung neuer Technologien ergeben könnten, aufzuspüren und noch rechtzeitig abzuwenden.

Das Einsetzen solcher Forschungs- und Umweltschutzorganisationen erfordert eine Menge politischen Mut, wenn sie wirksam arbeiten sollen. Technisch orientierte Gesellschaften besitzen nämlich ein eng verflochtenes Netz industrieller und wirtschaftlicher Abhängigkeiten. Es ist sehr schwierig, einen Faden aus diesem Netz zu ziehen, ohne das ganze Gewirk zu beschädigen. Das Urteil, daß diese oder jene technische Entwicklung schädliche Folgen für die Menschheit haben könnte, bringt notgedrungen für irgend jemanden einen finanziellen Nachteil. So wehrte sich die DuPont Company, Hauptherstellerin von Chlorfluorkarbonaten, bei öffentlichen Diskussionen beispielsweise mit dem merkwürdigen Argument, die Annahme, daß Treibgase die Ozonschicht zerstören, sei »rein theoretisch«. Hieß das etwa, daß sie die Herstellung von Chlorfluorkarbonaten erst dann einstellen wollte, wenn die Annahme praktisch bewiesen war – mit anderen Worten, erst dann, wenn die Ozonschicht vernichtet war? Es gibt gewisse Probleme, wo wir uns mit theoretischen Folgerungen begnügen müssen – wo es zu spät zum Handeln ist, wenn sich die Katastrophe erst einmal ankündigt.

Ähnlich kann das neue Energieministerium nur dann vernünftig arbeiten, wenn es sich völlig von kommerziellen Interessen freihalten kann, wenn es Entscheidungen ohne Rücksicht auf bestimmte Industriezweige treffen kann, die dadurch vielleicht einen Verlust erleiden. Das gleiche gilt selbstverständlich für die pharmazeutische Forschung, für die Suche nach Alternativen zum Verbrennungsmotor und für viele andere neuen Technikziele. Ich halte es für falsch, die Entwicklung moderner Technologien unter die Kontrolle der althergebrachten zu stellen; die Versuchung, die Konkurrenz zu unterdrücken, ist einfach zu groß. Wenn wir Amerikaner wirklich in einem Land der freien Wirtschaft leben, dann sollten wir dafür sorgen, daß sich die Technologien, von denen vielleicht unsere Zukunft abhängt, unbeeinflußt entwickeln können. Wenn Organisationen, die sich mit technischen Neuerungen und deren Eignungsgrenzen befassen, nicht wenigstens *einige* Machtgruppen herausfordern (und ihnen vielleicht sogar Schaden zufügen), dann erfüllen sie ihren Zweck nicht.

Es gibt eine Reihe von vernünftigen technischen Entwicklungen, die nicht weiterverfolgt werden, weil ihnen die Unterstützung der Regierung fehlt. So qualvoll beispielsweise eine Krankheit wie Krebs ist, ich glaube nicht, daß man behaupten kann, unsere Zivilisation sei davon bedroht. Könnte man Krebs vollständig heilen, so würde sich dadurch die durchschnittliche Lebenserwartung nur um ein paar Jahre verlängern, bis ein anderes Leiden – das sich im Moment bei Krebsopfern noch nicht zeigt – den Organismus zerstört. Andererseits vertrete ich den Standpunkt, daß unsere Zivilisation durch den Mangel an geeigneten Maßnahmen zur Geburtenkontrolle hochgradig gefährdet ist. Wie Malthus schon vor langem erkannte, schnellen die Bevölkerungszahlen exponential nach oben und machen damit alle Anstrengungen zunichte, mit Hilfe moderner Technologien Schritt für Schritt Verbesserungen auf dem Ernährungs- und Rohstoffesektor zu schaffen. Zwar haben einige Industrienationen schon die Wachstumsrate Null erreicht, aber global gesehen liegt noch viel im argen.

Geringfügige Klimaschwankungen können ganze Völker vernichten, wenn sie keine Wirtschaftsreserven besitzen. In vielen Gesellschaften mit unterentwickelter Technik und hoher Sterblichkeitsrate ist eine große Kinderzahl der einzige Schutz vor einer verzweifelten und ungewissen Zukunft. Eine solche Gesellschaft, meinetwegen von Hunger getrieben, hat wenig zu verlieren. In einer Zeit, da Nuklearwaffen gewissenlos verbreitet werden und man eine Atombombe fast im Heimwerkerverfahren basteln kann, stellen Hungersnöte und krasse Wohlstandsunterschiede sowohl für die Industrienationen wie für die

Entwicklungsstaaten ernsthafte Gefahren dar. Die Lösung solcher Probleme erfordert ganz sicherlich eine bessere Ausbildung, zumindest einen gewissen Grad an technischer Unabhängigkeit und, das ganz besonders, eine gerechte Güterverteilung auf der Erde. Aber sie schreit auch nach einer absolut sicheren Geburtenkontrolle – nach besseren Langzeitpillen, sowohl für Männer wie für Frauen, Mittel, die man vielleicht einmal im Monat oder in noch größeren Abständen einnimmt. Eine solche Entwicklung wäre auch bei uns wünschenswert, wo im Moment beträchtliche Bedenken gegen die Nebenwirkungen der üblichen oralen Östrogen-Kontrazeptiva geäußert werden. Weshalb also unternimmt man in dieser Richtung nichts Wesentliches?

Eine Reihe weiterer technischer Anregungen sollte ernsthaft geprüft werden. Sie reichen von ganz billigen bis zu enorm kostenintensiven Vorschlägen. Auf der einen Seite der Skala steht die Möglichkeit, auf bereits Vorhandenem aufzubauen – zum Beispiel die Entwicklung geschlossener ökologischer Systeme einschließlich Algen, Garnelen und Fischen, die man in ländlichen Teichen züchten könnte und die eine enorm preisgünstige und nährstoffreiche Zusatzkost bieten würden. Am anderen Ende haben wir den Vorschlag Gerard O'Neills von der Princeton University, große Orbitalstädte zu konstruieren, die sich mit Baustoffen vom Mond und den Asteroiden beliebig ausdehnen ließen – eine Stadt, die mit Hilfe extraterrestrischer Rohstoffe die nächste errichtet. Solche Städte in der Erdumlaufbahn könnten beispielsweise dazu benutzt werden, Sonnenlicht in Mikrowellen-Energie umzuwandeln und diese Energie zur Erde zu strahlen. Der Gedanke unabhängiger Städte im Raum – jede vielleicht mit einer anderen Sozial-, Wirtschafts- und Politikstruktur oder auch von verschiedenen ethnischen Gruppen ausgehend – ist nicht ohne Reiz, bietet er doch jenen eine Chance, die, zutiefst enttäuscht von den terrestrischen Zivilisationsformen, anderswo ganz von vorne anfangen möchten. Amerika war in seinen Anfängen eine ähnliche Zuflucht für die Rastlosen, die Ehrgeizigen und die Abenteurernaturen. Städte im All entsprächen einem Amerika am Himmel. Sie würden obendrein das Überlebenspotential der Menschheit erheblich vergrößern. Aber das Projekt ist ungeheuer kostspielig; es dürfte sich mindestens auf die Opfer eines Vietnamkrieges belaufen (wenn man rein die Finanzen, nicht die Menschenleben betrachtet). Darüber hinaus hat der Gedanke den etwas unangenehmen Beigeschmack, daß man vor den Problemen auf der Erde flieht – obwohl man hier mit Pioniergeist schließlich auch etwas Neues aufbauen könnte, und das zu weit niedrigeren Kosten.

Fest steht, daß sehr viel mehr Projekte technisch möglich sind, als wir uns leisten können. Einige davon dürften sogar extrem gewinnträchtig sein, haben aber so hohe Anlaufkosten, daß sie praktisch undurchführbar sind. Andere wieder erfordern vermutlich eine kühne Anfangsinvestition an Rohstoffen, was letzten Endes eine soziale Revolution auslösen könnte. Derartige Alternativen müssen mit äußerster Sorgfalt geprüft werden. Die vernünftigste Strategie wäre wohl eine Kombination von Maßnahmen niedrigen Risikos und mittleren Gewinns mit solchen mittleren Risikos und hohen Gewinns.

Damit solche technischen Initiativen verstanden und unterstützt werden, ist es ungeheuer wichtig, daß die Öffentlichkeit sich weit mehr als bisher mit Wissenschaft und Technik auseinandersetzt. Wir sind denkende Wesen. Unser Geist ist ein wesentliches Rassenmerkmal. Wir sind nicht stärker und nicht schneller als viele andere Geschöpfe, die diesen Planeten mit uns teilen. Wir sind nur schlauer. Zu dem enormen praktischen Vorteil einer wissenschaftlich gebildeten Allgemeinheit kommt hinzu, daß wir unsere intellektuellen Talente bis an die Grenzen unserer Fähigkeiten üben können, wenn wir uns mit Wissenschaft und Technik beschäftigen. Wissenschaft bedeutet ein Erforschen des komplizierten, ungeheuer vielschichtigen und ehrfurchtgebietenden Universums, in dem wir leben. Wer sich damit befaßt, weiß, daß sie zumindest hin und wieder jenes Gefühl der Freude auslöst, das nach Sokrates eines der erhabensten menschlichen Vergnügen ist. Um eine aktive Mitentscheidung in technischen Angelegenheiten zu erleichtern, um die Kluft abzubauen, die zwischen Normalbürger und Wissenschaftler besteht, und um der reinen Freude willen, die das bessere Verständnis einer Sache mit sich bringt, brauchen wir eine umfangreichere Ausbildung in Naturwissenschaften, ein tieferes Eindringen in die Macht und die Freude, die sie vermittelt. Ein erster, einfacher Ansatzpunkt wäre hier, dem selbstzerstörerischen Rückgang von Zuschüssen und Stipendien für Forscher, Lehrer und Studenten auf dem Wissenschaftssektor Einhalt zu gebieten.

Die wirksamsten Helfer zur Verbreitung von Forschung und Technik in der Öffentlichkeit wären Film, Fernsehen und die Presse – und gerade hier sind die einschlägigen Angebote oft trocken, ungenau, schwerfällig, grob karikiert oder (wie zum Beispiel bei vielen amerikanischen Kinderprogrammen am Samstagvormittag, die vom Werbefernsehen ausgestrahlt werden) sogar wissenschaftsfeindlich. Man hat in jüngster Zeit auf vielen Gebieten unglaubliche Entdeckungen gemacht: man erforscht die Planeten, hat herausgefunden, welchen großen Einfluß winzige Gehirnproteine auf unser Gefühlsleben haben, untersucht Kontinentkollisionen, die Evolution des Menschen (und das Ausmaß, in dem unsere Vergangenheit die Zukunft vorformt), die Mikrostruktur der Materie (und die Frage, ob es echte Elementarpartikel gibt oder einen unendlichen Zerfall), bemüht sich, mit Zivilisationen fremder Systeme Kontakt aufzunehmen, das Wesen des Gen-Kodes aufzuspüren (der unsere Erbfaktoren bestimmt und unsere Verwandtschaft mit allen Pflanzen und Tieren auf der Erde festlegt), und stellt die Grundfragen nach Ursprung, Natur und Geschick von Leben, Welten und dem Universum als Ganzem. Jeder intelligente Mensch kann die Lösungen verstehen, die in jüngster Zeit zu diesen Fragen gefunden wurden. Warum also diskutiert man sie so selten in Medien und in Schulen oder auch im Alltag?

Zivilisationen lassen sich dadurch charakterisieren, wie sie sich solcher Fragen annehmen – ob sie den Geist und den Körper nähren. Die moderne wissenschaftliche Aufhellung dieser Fragen stellt den Versuch dar, eine allgemeingültige Aussage über unseren Platz im Kosmos zu erlangen. Sie erfordert aufgeschlossene Kreativität, ausgeprägte Skepsis und eine gesunde Neugier. Die vorhin aufgezählten Punkte unterscheiden sich von den praktischen Problemen, die ich zu Beginn ansprach, stehen jedoch eng mit ihnen in Verbindung, und die Ermutigung zur reinen Forschung kann – wie im Falle von Michael Faraday und James Clerk Maxwell – die zuverlässigste Garantie dafür sein, daß wir die nötigen intellektuellen und technischen Mittel besitzen, mit den praktischen Problemen fertig zu werden, die sich vor uns auftun.

Nur ein kleiner Bruchteil der fähigsten jungen Leute schlagen die wissenschaftliche Laufbahn ein. Ich staune oft, wie sehr die Fähigkeit und die Begeisterung für die Naturwissenschaften von der Grundschule zum College hin abflauen. Irgend etwas im Laufe der Schulzeit läßt das Interesse der Kinder schwinden (und es ist bestimmt nicht nur die Pubertät); wir müssen begreifen, worin diese Entmutigung liegt, und ihr entgegenarbeiten. Woher sollen denn die künftigen Führer der Wissenschaften kommen? Es steht fest, daß Albert Einstein trotz und nicht wegen seiner Schulausbildung Forscher wurde (Kapitel 3). In seiner Autobiographie beschreibt Malcolm X einen Mann, der leidenschaftlicher Anhänger des amerikanischen Zahlenlottos »Number Pool« war: Er behielt sein Leben lang alle Transaktionen genau im Kopf, obwohl er sich keine einzige Notiz machte. Welche Beiträge für die Allgemeinheit, fragte Malcolm, hätte dieser Mensch leisten können, wenn er die angemessene Ausbildung und Ermutigung erhalten hätte? Der intelligente Nachwuchs ist für die Nation und für die ganze Welt ein Gewinn. Er braucht besondere Pflege und Förderung.

Viele der Probleme, die sich uns stellen, sind vielleicht zu lösen, aber nur, wenn wir bereit sind, scharfsinnige, wagemutige und komplexe Lösungen zu akzeptieren. Solche Lösungen erfordern scharfsinnige, wagemutige und komplexe Menschen. Ich glaube, daß es davon weit mehr gibt – in jeder Nation, ethnischen Gruppe und sozialen Schicht –, als wir ahnen. Die Ausbildung solcher junger Leute darf sich selbstverständlich nicht auf Wissenschaft und Technik beschränken. Im Gegenteil, die verantwortungsbewußte Anwendung neuer Technologien auf menschliche Probleme erfordert ein tiefes Verständnis der menschlichen Natur und Kultur, eine Allgemeinbildung im weitesten Sinne.

Wir stehen an einem Scheideweg der menschlichen Geschichte. Nie zuvor hat es eine Stelle gegeben, die zugleich so gefährlich und so vielversprechend war. Wir sind die erste irdische Spezies, die ihre Weiterentwicklung selbst in die Hand genommen hat. Zum erstenmal besitzen wir die Mittel, uns selbst zu vernichten, absichtlich oder durch einen dummen Zufall. Aber mir scheint, wir besitzen auch die Mittel, diese Stufe der technischen Sturm-und-Drang-Zeit zu überwinden und zu einer Reife zu gelangen, die der gesamten Menschheit ein langes, reiches und erfülltes Leben bescheren wird. Nur müssen wir bald entscheiden, welchen Weg wir für unsere Kinder und für unsere Zukunft einschlagen wollen.

TEIL II

DIE PARADOXPREDIGER

5
Von Schwindlern und Bauernfängern. Sinn und Unsinn am Rande der Wissenschaft

WISSENSCHAFTLER IN OXFORD LAUSCHEN VERBLÜFFT DEM HERZSCHLAG EINER PFLANZE
Hindu-Gelehrter sorgt für weitere Sensation – er läßt das »Blut« einer Pflanze fließen.

ZUSCHAUER STARR VOR STAUNEN!
Alle beobachten gebannt den Todeskampf eines Löwenmauls.

NEW YORK TIMES, *7. August 1926, Seite 1*

William James pflegte den »Willen zum Glauben« zu predigen. Ich für mein Teil würde eher den »Willen zum Zweifel« predigen . . . Was uns hilft, ist nicht das Streben nach mehr Glauben, sondern der Wunsch, die Wahrheit zu erkennen, also genau das Gegenteil.

BERTRAND RUSSELL, *Sceptical Essays* (1928)

Im zweiten Jahrhundert nach Christus gab es in Griechenland während der Regierungszeit des römischen Kaisers Marc Aurel einen Meisterschwindler namens Alexander von Abonutichus. Gut aussehend, klug und völlig ohne Skrupel, lebte er nach den Worten eines Zeitgenossen »von der Vorspiegelung geheimer Kräfte«. Für sein berühmtestes Schwindelunternehmen »rannte er auf den Marktplatz, nackt bis auf ein mit Goldflitter besetztes

Lendentuch. So angetan, einen Krummsäbel schwingend und das lange Haar schüttelnd wie jene Fanatiker, die im Namen von Kybele Geld sammeln, erklomm er einen hohen Altar und erging sich in Tiraden über die Ankunft eines neuen Gottorakels«. Als nächstes lief Alexander zu einem Platz, auf dem gerade ein Tempel errichtet wurde, gefolgt von einer Schar Neugieriger, und entdeckte ein – zuvor dort verstecktes – Gänseei, in das eine winzige Schlange eingeschlossen war. Er zerbrach die Schale und erklärte, die Schlange sei der prophezeite Gott. Ein paar Tage lang zog sich Alexander in sein Haus zurück, dann gewährte er der atemlosen Menge Einlaß. Um seinen Leib wand sich eine mächtige Schlange: offensichtlich war sie in der kurzen Zeit enorm gewachsen.

In Wirklichkeit handelte es sich bei dem Tier um eine harmlose Riesennatter, die er sich eigens zu diesem Zweck aus Mazedonien beschafft und mit einem menschenähnlichen Stoffkopf versehen hatte. Der Raum lag im Halbdunkel. Wegen des Gedränges konnte kein Besucher lange bleiben oder die Schlange genau betrachten. Das Volk glaubte, der Seher habe in der Tat einen Gott ans Licht der Welt geholt.

Nun verkündete Alexander, der Gott sei bereit, schriftliche Fragen, die in versiegelte Umschläge gesteckt werden sollten, zu beantworten. Sobald er wieder allein war, hob er die Siegel vorsichtig ab, las die Botschaft, verschloß den Umschlag wieder und heftete eine Antwort daran. Aus dem ganzen Reich strömten Leute zu ihm, um das Wunder der Orakelschlange mit dem Menschenkopf zu bestaunen. In den Fällen, wo sich das Orakel später nicht nur als doppelsinnig, sondern als eindeutig falsch erwies, hatte Alexander eine simple Lösung: Er änderte einfach seinen Bericht von der Antwort, die das Orakel erteilt hatte. Und wo die Frage eines wohlhabenden Mannes oder einer reichen Frau eine Schwäche oder geheime Schuld enthüllte, schreckte Alexander auch nicht vor Erpressung zurück. Der Lohn dieser Betrügerei war ein Jahreseinkommen von umgerechnet einigen hunderttausend Dollar und ein Ruhm, wie ihn nur wenige Männer seiner Zeit genossen.

Wir lächeln vielleicht über Alexander und sein Schwindel-Orakel. Natürlich würden wir alle gern in die Zukunft sehen oder mit den Göttern Verbindung aufnehmen. Aber man könnte uns heutzutage nicht mehr auf diese Weise hereinlegen. Oder doch? M. Lamar Keene arbeitete dreizehn Jahre als Spiritisten-Medium. Nach eigenem Geständnis ein Betrüger, vertritt er die Ansicht – und er muß es schließlich wissen –, daß praktisch alle spiritistischen Lesungen und Séancen sowie die Botschaften, die ein Medium von den Toten auffängt, bewußter Betrug sind, ausgeheckt, um den Trennungsschmerz und die Sehnsucht nach verstorbenen Freunden und Verwandten finanziell auszunützen. Keene pflegte wie Alexander Fragen zu beantworten, die ihm in verschlossenen Umschlägen überreicht wurden – in diesem Falle von der Kanzel herab. Er las den Inhalt, indem er den Brief mit einer versteckten starken Lampe durchstrahlte oder das Papier mit Feuerzeugbenzin bestrich. Beides kann einen Umschlag für kurze Zeit transparent machen. Er fand verlorene Gegenstände wieder, verblüffte die Leute mit Enthüllungen aus ihrem Privatleben, die »niemand wissen konnte«, nahm Kontakt mit den Geistern auf und materialisierte Protoplasma in der Dunkelheit einer Séance – alles auf einfachste Tricks gegründet, auf ein unerschütterliches Selbstvertrauen und vor allem auf die ungeheure Leichtgläubigkeit, den totalen Mangel an Skepsis, den er bei Gemeindemitgliedern und Klienten vorfand. Keene ist, wie auch Harry Houdini, davon überzeugt, daß nicht nur alle Spiritisten solche Gaunereien veranstalten, sondern daß sie obendrein eng zusammenarbeiten, um Daten über potentielle Klienten auszutauschen und damit die Enthüllungen noch sensationeller zu gestalten. Wie bei Alexanders Schlangenorakel finden sämtliche spiritistischen Veranstaltungen in abgedunkelten Räumen statt – weil der Betrug bei hellem Licht zu leicht durchschaubar wäre. In seinen eintragsreichsten Jahren verdiente Keene, wenn man die Kaufkraft vergleicht, etwa ebensoviel wie Alexander von Abonutichus.

Von Alexanders Zeit bis in die Gegenwart – ja, vermutlich seit Anbeginn der Menschheit – hat es Leute gegeben, die erkannten, daß man schnell reich werden kann, wenn man den anderen vortäuscht, man sei im Besitz übersinnlicher oder okkulter Kräfte. Ein reizvoll geschriebener und sehr aufschlußreicher Bericht über einige dieser Gaunereien findet sich in einem bemerkenswerten Buch, das Charles Mackay 1852 in London unter dem Titel *Extraordinary Popular Delusions and the Madness of Crowds* (Ungewöhnliche Volksverblendungen und Massenwahn) herausbrachte. Bernard Baruch behauptete, diesem Buch verdanke er Millionen Dollar – vermutlich, weil es ihn daran hinderte, Geld in solche Schwindelmanöver zu stecken. Mackays Beschreibungen reichen von der Alchemie, Prophezeiungen und Glaubensheilungen über Gespensterhäuser und die Kreuzzüge bis zum Einfluß von Politik und Religion »auf Haare und Bart«. Der Wert des Buches liegt wie beim Beispiel von Alexander, dem Orakelbetrüger, darin, daß die Schwindeleien und Vorspiegelungen, die es beschreibt, schon so weit zurückliegen. Viele der Tricks wirken antiquiert und lösen kaum Empörung bei uns aus: Uns wird lediglich klar, wie die Menschen früher übers Ohr gehauen wurden. Wer jedoch von vielen solcher Fälle gelesen hat, fragt sich unwillkürlich, wie die vergleichbaren Fälle der Gegenwart aussehen mögen. Die Gefühle der Menschen sind stark wie eh und je, und skeptische Distanz dürfte heute so selten anzutreffen sein wie zu allen Zeiten. Demgemäß müßte es auch in unseren Tagen Betrügereien *en masse* geben. Und es gibt sie.

In Alexanders wie in Mackays Epoche galt die Religion als Ursprung der meisten anerkannten Meinungen und vorherrschenden Weltanschauungen. Wer daher das Volk begaunern wollte, versuchte das häufig in der Sprache der Religion. Das geschieht zwar auch heute noch, wie man aus Berichten reuiger Spiritisten und anderen, spät an die Öffentlichkeit gedrungenen Nachrichten erfährt. Aber im Laufe des letzten Jahrhunderts hat auch die breite Öffentlichkeit damit begonnen – ob das nun gut oder schlecht ist, sei dahingestellt –, die Geheimnisse des Universums mit Hilfe der Wissenschaft zu durchdringen, und so können wir damit rechnen, daß viele der zeitgenössischen Schwindeleien sich den Anschein der Wissenschaftlichkeit geben. Das ist in der Tat so.

In jüngster Vergangenheit wurden eine Reihe von Behauptungen am Rande der Wissenschaft aufgestellt, Annahmen, die das Interesse der breiten Massen wecken und in vielen Fällen große wissenschaftliche Bedeutung hätten – wenn sie nur stimmen würden. Wir werden in Kürze einen repräsentativen Querschnitt dieser Behauptungen untersuchen. Sie befassen sich oft mit dem Außergewöhnlichen, entrücken uns dem langweiligen Alltag und verkünden meist eine Hoffnung: daß wir beispielsweise über gewaltige ungenutzte Kräfte verfügen, die wir nur anzuzapfen brauchen, daß unsichtbare Mächte uns umgeben, die uns vor uns selbst schützen, oder daß es im Universum eine noch unbekannte Harmonie und Ordnung gibt. Nun, auch die Wissenschaft gibt manchmal solche Erklärungen heraus – so die Erkenntnis, daß die Erbinformationen, die wir von Generation zu Generation weiterleiten, in einem einzigen Molekül namens DNS enthalten sind, so die Entdeckung allgemein der gültigen Gravitationsgesetze oder der Kontinente-Drift, so das Anzapfen der Nuklearenergie und die Forschung nach dem Ursprung des Lebens oder Entstehungsgeschichte des Universums. Wenn hier die eine oder andere Behauptung hinzukommt – daß es beispielsweise möglich ist, allein mit Hilfe der Willenskraft in der Luft zu schweben –, was ist dann so anders daran? Nichts. Mit Ausnahme des Beweises. Wer behauptet, daß Levitation möglich ist, hat die Pflicht, das vor Zweiflern unter kontrollierten Bedingungen nachzuweisen. Die Beweislast liegt bei den Verkündern solcher Nachrichten, nicht bei den Skeptikern. Solche Angelegenheiten sind zu wichtig, als daß man leichtsinnig Falschmeldungen verbreiten dürfte. Man hat im Laufe der letzten hundert Jahre viel über das freie Schweben im Raum gehört, aber es ist noch nie unter kontrollierten Bedingungen ein gestochen scharfer Film über Leute gedreht worden, die ohne Hilfe bis zu fünf Metern in die Höhe schweben. Wäre die Levitation möglich, dann hätte das für die Wissenschaft und für die Menschheit ganz allgemein enorme Auswirkungen. Wer jedoch unkritisch beobachtet oder betrügerische Behauptungen aufstellt, führt uns irre und lenkt uns von unserem eigentlichen Ziel ab, die Welt besser zu erforschen. Deshalb sollte man es durchaus nicht leicht nehmen, wenn jemand mit der Wahrheit Schindluder treibt.

Astralprojektion

Beschäftigen wir uns zuerst mit dem Phänomen, das gelegentlich Astralprojektion genannt wird. In religiöser Ekstase oder in der Halbschlafphase, manchmal auch unter der Einwirkung eines Halluzinogens, beschreiben Menschen die deutliche Empfindung, daß sie den eigenen Körper verlassen und mühelos an einen anderen Ort im Zimmer begeben (meist an die Decke), um sich später wieder mit ihrem Leib zu vereinigen. Wenn solche

Dinge tatsächlich geschehen können, dann sind sie ganz sicher von großer Bedeutung; sie treffen eine Aussage über das Wesen der menschlichen Persönlichkeit und sogar über die Möglichkeit eines »Lebens nach dem Tode«. In der Tat, Menschen, die sich dem Tode nahe fühlten oder die klinisch bereits tot waren und wieder ins Leben zurückgeholt wurden, haben von ähnlichen Gefühlen berichtet. Aber die Schilderung eines Gefühls besagt noch lange nicht, daß alles wirklich so geschehen ist. Es könnte sich beispielsweise um ein Gemeinschaftserleben oder einen Schaltdefekt der menschlichen Neuro-Anatomie handeln, der unter bestimmten Umständen stets zur gleichen Illusion der Astralprojektion führt (s. Kapitel 25).

Es gäbe eine einfache Möglichkeit, der Astralprojektion auf die Schliche zu kommen: Bitten Sie einen Freund, in Ihrer Abwesenheit ein Buch mit dem Titel nach oben auf ein hohes, unzugängliches Brett der Bibliothek zu legen. Dann, falls Sie je eine Astralprojektion erleben, schweben Sie zu dem Buch und lesen den Umschlag. Wenn Sie beim Erwachen den richtigen Titel nennen können, haben Sie zumindest einen Hinweis für die physische Realität der Astralprojektion. Aber Sie dürfen sich die Information selbstverständlich nicht auf andere Weise besorgen, indem Sie beispielsweise mal einen Blick auf das Regal riskieren oder Ihrem Freund beziehungsweise dessen Mitwissern das Geheimnis entlocken. Um die zweite Möglichkeit auszuschließen, könnte man das Experiment doppelt absichern: Jemand, den Sie nicht kennen und der keine Ahnung von Ihnen hat, soll das Buch aussuchen und an einen Platz seiner Wahl legen, um dann später zu beurteilen, ob Ihre Antwort richtig war. Soweit ich weiß, hat bisher noch keine einzige Astralprojektion unter derart kontrollierten Bedingungen – in Anwesenheit von Kritikern – stattgefunden. Ich folgere daraus, daß man eine Astralprojektion bis jetzt zwar nicht ausschließen kann, daß es aber auch kaum Grund gibt, an sie zu glauben. Andererseits hat Ian Stevenson, ein Psychiater an der University of Virginia, eine Reihe von Aussagen gesammelt, nach denen kleine Kinder in Indien und im Vorderen Orient in allen Einzelheiten ein früheres Leben an völlig anderen Orten schildern, die sie nie besucht haben. Nachforschungen ergeben meist, daß eine kurz zuvor verstorbene Person recht genau auf die Beschreibung des Kindes paßt. Aber auch das ist kein Experiment unter kontrollierten

Bedingungen, und man kann zumindest nicht ausschließen, daß die Kinder zufällig oder absichtlich Informationen erhielten, ohne daß es der Befrager merkte. Stevensons Arbeit ist im übrigen die interessanteste aller zeitgemäßen Studien zum Thema »extrasensorische Wahrnehmung«.

Klopfgeister

Im Norden des Staates New York lebten um 1848 zwei kleine Mädchen, Margaret und Kate Fox, von denen man sich die unglaublichsten Geschichten erzählte. In ihrer Gegenwart hörte man geheimnisvolle Klopfgeräusche, die später als verschlüsselte Botschaften aus dem Geisterreich verstanden wurden. Man fragte die Geister irgend etwas – ein Klopfzeichen bedeutete Nein, drei Klopfzeichen bedeuteten Ja. Die Fox-Schwestern galten als Sensation, unternahmen im ganzen Land Reisen, die von ihrer älteren Schwester organisiert wurden, und waren der Mittelpunkt verzückter Aufmerksamkeit bei europäischen Intellektuellen und Literaten wie Elizabeth Barrett Browning. Die »Offenbarungen« der Fox-Schwestern sind die Grundlagen des modernen Spiritismus – jenes Glaubens, daß einige wenige Menschen die besondere Gabe besitzen, mit den Geistern der Toten Verbindung aufzunehmen. Keene und seinesgleichen verdanken den Fox-Schwestern eine ganze Menge.

Vierzig Jahre nach den ersten »Offenbarungen« legte Margaret Fox, von Gewissensbissen gequält, ein eigenhändig unterzeichnetes Geständnis ab. Die Klopfgeräusche kamen dadurch zustande, daß sie – ohne sichtbare Anstrengung oder Bewegung – mit Zehengelenken und Fußknöcheln knackten, ähnlich wie man das von Fingergelenken kennt. »Es fing damit an, daß wir Mutter einen Schrecken einjagen wollten; dann aber, als all die Leute herbeiströmten, um uns zu bestaunen, bekamen wir es mit der Angst zu tun und machten eigentlich nur weiter, damit die Geschichte nicht aufflog. Keiner glaubte, daß wir mit einem Trick arbeiteten, weil wir noch so klein waren. Wir sahen uns zum Weitermachen gezwungen, bewußt von unserer großen Schwester und unbewußt von Mutter.« Die ältere Schwester, welche die Reisen organisierte, scheint den Betrug voll durchschaut zu haben. Ihr Motiv war das Geld.

Das lehrreichste Kapitel dieser Geschichte liegt aber nicht darin, daß so viele Leute angeführt wurden, sondern vielmehr in der Tatsache, daß selbst nach dem Geständnis und nach einem öffentlichen Auftritt von Margaret Fox auf der Bühne eines New Yorker Theaters, wo sie ihre »übernatürliche große Zehe« vorführte, viele, die hereingefallen waren, sich weigerten, den Betrug als solchen zu akzeptieren. Sie erklärten, Margaret sei von einer Art Rationalisten-Inquisition zu dem Geständnis gezwungen worden. Menschen zeigen sich selten dankbar, wenn man ihnen Leichtgläubigkeit nachweist.

Der Riese von Cardiff

1869 buddelte ein Farmer nahe dem Dorf Cardiff im Westen New Yorks beim »Brunnenausschachten« eine überlebensgroße Figur aus der Erde. Geistliche und Wissenschaftler behaupteten gleichermaßen, es handle sich um ein menschliches Fossil aus längst vergangenen Zeiten, vielleicht gar um eine Bestätigung der Bibel, nach der es einst Riesen gegeben hatte. Viele rühmten die Naturtreue der Statue, die anscheinend weit größer war als bei jedem von Künstlerhand geschaffenen Werk. Sogar ein bläuliches Adernetz ließ sich erkennen. Andere dagegen zeigten sich weniger beeindruckt. Zu ihnen gehörte Andrew Dickson White, der erste Präsident der Cornell University, der das Ding als frommen Betrug und miserable Skulptur obendrein bezeichnete. Eine genaue Untersuchung brachte dann ans Licht, daß die Plastik alles andere als alt war. Bei dem Riesen von Cardiff handelte es sich um einen Schabernack, inszeniert von George Hull aus Binghampton, der sich selbst »Tabakwarenhändler, Erfinder, Alchemist und Atheist« nannte – ein vielbeschäftigter Mann. Die »blauen Adern« erwiesen sich als natürliche Struktur im Stein. Das Ziel des Betrugs war es, Touristen zu filzen.

Doch diese unbequeme Entdeckung erschütterte den amerikanischen Wanderzirkus-Direktor P. T. Barnum ganz und gar nicht. Er bot 60000 Dollar als Leihgebühr, falls er den Riesen von Cardiff drei Monate lang mit auf seine Tour nehmen durfte. Als die Besitzer ablehnten (sie verdienten selbst eine Menge Geld damit), ließ er ganz einfach eine Kopie anfertigen und stellte sie zur Schau, zum Staunen der Besucher und zum Nutzen seiner

Brieftasche. Der Riese von Cardiff, den die meisten Amerikaner zu Gesicht bekamen, war diese Kopie. Barnum zeigte also eine gefälschte Fälschung. Das Original verstaubt heute im Farmer-Museum von Cooperstown im Staate New York. Sowohl Barnum wie auch H. L. Mencken sollen die niederschmetternde Feststellung getroffen haben, daß noch keiner dadurch arm wurde, weil er die Intelligenz des amerikanischen Volkes unterschätzt hatte. Diese Beobachtung gilt wohl weltweit. Ich würde jedoch nicht sagen, daß es an der Intelligenz liegt. Davon ist genug vorhanden – was fehlt, ist vielmehr ein systematisches Training im kritischen Denken.

Das Pferd, das rechnen konnte

Anfang des zwanzigsten Jahrhunderts gab es in Deutschland ein Pferd, das lesen und rechnen konnte und eine ganze Menge über weltpolitische Ereignisse wußte. Zumindest schien es so. Das Pferd war bekannt als der Kluge Hans und gehörte Wilhelm von Osten, einem alten Berliner, dessen Charakter nach Ansicht aller, die ihn kannten, einen Betrug einfach ausschloß. Delegationen von Gelehrten besahen sich das Wunderpferd und bestätigten, daß kein Trick zu erkennen war. Hans löste die Rechenaufgaben, die man ihm stellte, indem er mit dem Vorderhuf in einem bestimmten Kode über den Boden scharrte, und nichtmathematische Fragen, indem er nickte oder den Kopf schüttelte. Sagte zum Beispiel jemand: »Hans, wieviel ist zweimal die Wurzel aus neun minus eins?«, hob Hans nach einer kurzen Pause brav die rechte Vorderpfote und tippte den Huf fünfmal auf. »Ist Moskau die Hauptstadt von Rußland?« Kopfschütteln. »Dann vielleicht Petersburg?« Nicken.

Die Preußische Akademie der Wissenschaften schickte eine Kommission, angeführt von Oskar Pfungst, die sich die Sache genauer ansah. Osten, der selbst eisern an die geheimen Kräfte von Hans glaubte, begrüßte diese Untersuchung. Pfungst stellte eine Reihe höchst interessanter Regelmäßigkeiten fest. Je schwieriger die Frage war, desto länger brauchte Hans für die Antwort, oder, wenn Osten die Antwort nicht wußte, bemerkte man bei Hans eine vergleichbare Unwissenheit. Befand sich Osten nicht im Raum oder verband jemand dem Pferd die

Augen, kam manchmal überhaupt keine Antwort. Aber zu anderen Gelegenheiten gab Hans die richtige Antwort, wenn er umringt von Zweiflern war und Osten nicht nur den Raum, sondern sogar die Stadt verlassen hatte. Endlich fand man des Rätsels Lösung. Sobald man Hans eine Rechenaufgabe stellte, spannte sich Osten ein wenig an, aus Angst, Hans würde nicht oft genug mit dem Huf stampfen. Sobald Hans jedoch die richtige Anzahl von Hufschlägen erreicht hatte, nickte Osten unbewußt oder entspannte sich – praktisch unmerklich für alle menschlichen Beobachter, nicht jedoch für Hans, der für die richtigen Antworten mit einem Stück Zucker belohnt wurde. Selbst Untersuchungsgruppen starrten wie gebannt auf das Bein des Pferdes, wenn die Frage gestellt wurde, und reagierten mit Gesten oder einer veränderten Haltung, sobald das Tier die richtige Anzahl erreicht hatte. Hans hatte keine Ahnung vom Rechnen, war jedoch hochsensibel, was nichtverbale »Hilfen« betraf. Ähnliche Zeichen wurden dem Tier unbewußt vermittelt, wenn man ihm Fragen stellte. Der Kluge Hans trug seinen Namen zu Recht: er war nämlich ein Pferd, das sich einen Menschen abgerichtet hatte und dann merkte, daß ihm auch andere Menschen, denen es noch nie zuvor begegnet war, die nötigen Hinweise lieferten. Aber trotz der eindeutigen Beweisführung von Pfungst geistern immer noch ähnliche Geschichten von Pferden, Schweinen und Gänsen, die rechnen und lesen können oder über Politik Bescheid wissen, durch die Köpfe der leichtgläubigen Menschen in aller Welt.*

---

* So beantwortete zum Beispiel *Lady Wonder*, ein Pferd in Virginia, Fragen, indem es mit der Nase Holzlettern in die richtige Reihenfolge schob. Da das Tier auch Fragen löste, die man in seiner Abwesenheit an den Besitzer stellte, behauptete der Parapsychologe J. B. Rhine im *Journal of Abnormal and Social Psychology*, 23, 449, 1929, das Tier sei nicht nur gebildet, sondern obendrein telepathisch. Der Zauberkünstler John Scarne fand schließlich heraus, daß der Besitzer *Lady Wonder* mit einer Peitsche Zeichen machte, wenn sie sich über die Lettern beugte und daran schnupperte. Der Mann schien dabei nicht im Blickfeld des Tieres zu sein, aber Pferde haben einen ungewöhnlich großen Gesichtskreis. Im Gegensatz zum Klugen Hans war *Lady Wonder* die Komplizin eines Betrügers.

Prophetische Träume

Eines der verblüffendsten Beispiele extrasensorischer Wahrnehmung, das wir kennen, ist die Vorahnung – wenn jemand das zwingende Gefühl einer nahen Katastrophe erlebt, den Tod eines geliebten Menschen oder eine Nachricht von einem verschollenen Freund, und das prophezeite Ereignis tritt dann tatsächlich ein. Viele, die derartige Erlebnisse hatten, berichten, daß die Intensität der Vorahnung und ihre Bestätigung ein überwältigendes Gefühl des Kontaktes mit einer fremden Realität schaffen. Ich selbst erwachte vor vielen Jahren mitten in der Nacht, in kalten Schweiß gebadet, mit dem sicheren Wissen, daß ein naher Verwandter plötzlich gestorben war. Ich war so gefesselt von der gespenstischen Macht dieses Erlebens, daß ich nicht wagte, ein Ferngespräch anzumelden, aus Angst, besagter Verwandter könnte über das Telefonkabel (oder sonst etwas) stolpern und ich hätte dann höchstpersönlich für die Erfüllung des Traumes gesorgt. In Wirklichkeit ist der Mann heute noch gesund und munter, und welche psychologischen Wurzeln der Traum auch immer haben mochte, er war kein Reflex eines bevorstehenden Ereignisses in der realen Welt.

Aber nun einmal angenommen, der Verwandte wäre in jener Nacht wirklich gestorben. Kaum jemand hätte mich überzeugen können, daß hier ein Zufall vorlag. Jetzt kann man eine einfache Rechnung aufstellen: Wenn jeder Amerikaner nur ein- oder zweimal im Leben solche Vorahnungen hat, dann ergibt sich rein statistisch, daß irgendwo in unserem Land der eine oder andere Traum wahr werden muß. Wir bekommen sogar heraus, daß dieser Zufall relativ häufig eintritt, alle paar Monate etwa, aber dem Betroffenen, der von der Katastrophe träumt und sie kurz darauf auch miterlebt, ist die Sache unheimlich und furchteinflößend. Er wehrt sich begreiflicherweise gegen die Zufallsversion.

Ich schrieb damals keinen Brief an ein parapsychologisches Institut, um von jenem zwingenden prophetischen Traum zu berichten, der sich nicht erfüllte. Solche Schreiben machen wenig Eindruck und landen im Papierkorb. Wäre es dagegen zu dem geträumten Todesfall gekommen, dann hätte man eine Schilderung davon als Beweis für die Existenz der Wahrträume zu den Akten genommen. Die Treffer werden notiert, die Nieten nicht. Auf diese Weise zettelt die menschliche Natur unbewußt eine Verschwörung gegen eine objektive Zählung solcher Ereignisse an.

All diese Fälle – Alexander und sein Schwindelorakel, Keene, die Astralprojektion, die Fox-Schwestern, der Riese von Cardiff, der Kluge Hans und die Wahrträume – sind typisch für Behauptungen im Grenzbereich der Wissenschaft. Da setzt jemand ein erstaunliches Gerücht in die Welt, erzählt etwas Außergewöhnliches, Wunderbares oder Grauenvolles – zumindest etwas Nichtalltägliches. Das Gerücht besteht die oberflächliche Prüfung durch Laien und manchmal sogar ein eingehenderes Studium durch Kapazitäten und Wissenschaftler und erhält so Nahrung. Diejenigen, die der Behauptung Glauben geschenkt haben, widerstehen allen Versuchen einer konventionellen Erklärung. Dabei gibt es im allgemeinen nur zwei Sorten von Ursachen für ein Wunder: Die erste ist bewußter Betrug, ausgeheckt gewöhnlich durch jene, die einen finanziellen Vorteil davon wittern, wie im Falle der Fox-Schwestern und des Riesen von Cardiff. Die zweite trifft oft zu, wenn die Phänomene ungewöhnlich komplex sind, wenn sich die Natur verwirrender zeigt, als wir erwartet hatten, wenn man einer Sache lange nachgehen muß, um sie zu verstehen. Der Kluge Hans und die Mehrzahl der Wahrträume fallen in diese zweite Kategorie. Hier betrügen wir uns wohl selbst.

Ich habe die zuvor beschriebenen Fälle aus einem bestimmten Grund gewählt. Sie stehen in engem Zusammenhang mit dem Alltagsleben: es gilt, das Verhalten von Menschen und Tieren zu beobachten, Beweismittel abzuschätzen, kurz, den gesunden Menschenverstand einzusetzen. Keines der Beispiele hat mit raffinierter Technik oder schwer durchschaubaren Theorien zu tun. Man braucht, sagen wir es mal so, kein Physik-Diplom, damit sich bei den Vorspiegelungen moderner Spiritisten die Skepsis regt. Dennoch haben Mißverständnisse, Blendwerke und Gaunereien Millionen Leute in ihren Bann gezogen. Wie viel gefährlicher und schwerer abzuschätzen müssen dann erst Theorien sein, die sich mit wenig verbreiteten Wissensgebieten befassen – mit der Klonbildung zum Beispiel, mit kosmischen Katastrophen, versunkenen Kontinenten oder unbekannten fliegenden Objekten?

Ich unterscheide zwischen denen, die Glaubenslehren im Grenzbereich der Wissenschaften aufstellen und verbreiten, und denen, die sie annehmen. Letztere lassen sich oft vom außergewöhnlichen, völlig neuen Charakter dieser Lehren blenden, von dem Gefühl der Erhabenheit und tiefen Einsicht, das sie wecken. Das sind echte wissenschaftliche Haltungen und Ziele. Es fällt leicht, sich menschenähnliche extraterrestrische Besucher vorzustellen, die in Raumfahrzeugen landeten – oder gar in Flugzeugen umherreisten, wie wir es tun – und unseren Vorfahren die Zivilisation brachten. Das strengt unsere Phantasie nicht übermäßig an und hat genug Ähnlichkeit mit den Mythen westlicher Religionen, um uns nicht zu beunruhigen. Die Suche nach Mars-Mikroben mit einer völlig fremdartigen Biochemie oder nach interstellaren Funkbotschaften von vernunftbegabten Wesen, die in biologischer Hinsicht kaum etwas mit uns gemein haben, ist schwerer zu begreifen und lange nicht so bequem. Die erstgenannte Meinung ist weitverbreitet und eingängig – die letztere nicht so sehr. Dennoch werden meiner Ansicht nach viele Menschen, die an die Geschichte mit den Astronauten aus grauer Vorzeit glauben, von wissenschaftlichen (manchmal auch religiösen) Gedanken geleitet. Es gibt in der Öffentlichkeit ein enormes, bisher ungenutztes Interesse an der Aufklärung grundlegender Fragen. Aber für die meisten Leute sind die schlampig zusammengeschusterten pseudowissenschaftlichen Lehren das einzig verständliche Material, an das sie herankommen können. Die Popularität der Pseudowissenschaften stellt einen Tadel an Schulen, Presse und kommerzielles Fernsehen dar, die sich allesamt nur spärlich um die wissenschaftliche Bildung kümmern, und wenn, dann in langweiligen, wirkungslosen Beiträgen; sie ist aber auch ein Vorwurf an uns Wissenschaftler, daß wir so wenig tun, um unsere Arbeit allgemeinverständlich zu erklären.

Vertreter der Astronauten-Theorie – der berühmteste von ihnen ist wohl Erich von Däniken mit seinem Buch *Erinnerungen an die Zukunft* – behaupten, daß es zahlreiche archäologische Funde gibt, die nur dann einen Sinn bekommen, wenn unsere Vorfahren Kontakt mit extraterrestrischen Zivilisationen hatten. Eine eherne Säule in Indien, eine Schmuckplatte im mexikanischen Palenque, die Pyramiden Ägyptens, die Monolithen auf der Osterinsel (die nach Jacob Bronowski alle Ähnlichkeit mit

Benito Mussolini haben) und die geometrischen Figuren in Nazca, Peru, sind angeblich alle das Werk von Extraterrestriern oder zumindest unter ihrer Anweisung entstanden. In sämtlichen Fällen jedoch gibt es für die fraglichen Artefakte logische und viel einfachere Erklärungen. Unsere Vorfahren waren nicht die Marionetten von Fremden. Sie besaßen vielleicht noch keine hochentwickelte Technik, aber sie waren genauso klug wie wir, und sie verbanden gelegentlich Hingabe, Intelligenz und harten Arbeitsaufwand, um Werke zu schaffen, die uns heute noch beeindrucken. Die Theorie, daß einst Astronauten auf der Erde landeten, ist im übrigen im Verwaltungs- und politischen Apparat der Sowjetunion sehr populär, vielleicht weil sie den alten Religionsgedanken in einen annehmbaren modernen Wissenschaftsrahmen stellt. Die allerneueste Version in diesem Zusammenhang ist die Behauptung, daß die astronomische Hinwendung zum Sirius, die im Volk der Dogon in der Republik Mali Tradition ist, nur durch den Kontakt mit einer fremden Zivilisation zustande gekommen sein kann. Das scheint in der Tat die richtige Erklärung zu sein, hat aber nichts mit Astronauten der Vergangenheit oder Gegenwart zu tun (s. Kapitel 6).

Es überrascht nicht, daß die Pyramiden eine Rolle in der Theorie von Fremdweltenbesuchern spielen; seit die Invasionen Napoleons bei den Europäern das Bewußtsein für die alte ägyptische Kultur geweckt haben, waren die Pyramiden Brennpunkt der unsinnigsten Behauptungen. Viel wurde über Zahleninformationen geschrieben, die angeblich in den Maßen der Pyramiden gespeichert sind, besonders in der großen Pyramide von Gizeh; so soll das Verhältnis von Höhe zu Breite in bestimmten Abschnitten die Zeit zwischen Adam und Jesus in Jahren ausdrücken. Berühmt ist der Fall, wo ein Pyramidenforscher dabei ertappt wurde, wie er einen Vorsprung abschliff, der seinen Spekulationen im Wege stand. Die jüngste Demonstration dieses Kultes ist die »Pyramidologie«, die Behauptung, daß wir und unsere Rasierklingen im Innern von Pyramiden besser leben beziehungsweise länger halten, als wir beziehungsweise sie es in würfelförmigen Bauten tun. Vielleicht. Ich lebe wirklich nicht gern in Wohnschachteln, und die Menschheit tut das auch noch nicht allzu lange. Aber die Behauptungen der Pyramidologen haben sich nie bestätigen lassen. Wieder einmal fehlt der zwingende Beweis.

Das »Mysterium« des Bermuda-Dreiecks hat mit dem ungeklärten Verschwinden von Schiffen und Flugzeugen in einem weiten Teil des Meeres rund um Bermuda zu tun. Die vernünftigste Erklärung (wenn es sich in der Tat um ein Verschwinden handelt und nicht, wie in vielen Fällen, um eine glatte Erfindung) wäre wohl, daß die Schiffe gesunken sind. Ich brachte einmal während einer Fernsehdiskussion den Einwand, es sei merkwürdig, daß immer nur Schiffe und Flugzeuge auf geheimnisvolle Weise verschwänden, nie jedoch Züge, worauf der Gastgeber Dick Cavett erwiderte: »Dann haben Sie noch nie auf den Zug nach Long Island gewartet.« Wie die Anhänger der Astronauten-Theorie verwendet die Glaubensgemeinde des Bermuda-Dreiecks lässige Untersuchungsmethoden und rhetorische Fragen. Aber sie sind uns bisher jeden Beweis schuldig geblieben.

Fliegende Untertassen oder UFOs sind uns allen ein Begriff. Aber ein seltsames Licht am Himmel bedeutet noch lange nicht, daß uns Geschöpfe von der Venus oder einer fernen Galaxie namens Spectra einen Besuch abstatten. Es könnte sich zum Beispiel um Autoscheinwerfer handeln, die von einer hohen Wolkenschicht reflektiert werden, um einen Schwarm Leuchtinsekten, ein seltenes Flugzeug oder auch um ein ganz normales Flugzeug mit ungewöhnlicher Beleuchtung – etwa einem Hochleistungsscheinwerfer für meteorologische Beobachtungen. Dann gibt es Fälle, wo der eine oder andere behauptet, er sei an Bord eines fremden Raumschiffes verschleppt, mit unbekannten medizinischen Geräten abgetastet und untersucht und dann wieder freigelassen worden. Aber für diese Vorkommnisse haben wir eben nur die unbestätigten Aussagen von ein oder zwei Leuten, so echt und aufrichtig sie auch klingen mögen. Soviel ich weiß, gibt es unter den Hunderttausenden von UFO-Berichten, die seit 1947 gesammelt wurden, keinen – aber auch keinen einzigen –, bei dem eine Reihe von Beobachtern unabhängig voneinander und zuverlässig eine nahe Begegnung mit einem Objekt schildern, das einwandfrei ein fremder Flugkörper ist.

Es fehlt nicht nur an gutem Berichtmaterial; auch handfeste Beweise gibt es keine. Unsere Labors sind äußerst trickreich ausgestattet. Ein Produkt von einer fremden Welt könnte leicht als solches identifiziert werden. Dennoch hat kein Mensch je auch nur den Splitter eines fremden Raumschiffes angeschleppt, geschweige denn das Logbuch eines Sternenschiffkapitäns. Aus diesen Gründen lehnte 1977 die NASA eine Bitte des Präsidentenbüros ab, eine Untersuchung der UFO-Berichte einzuleiten. Wenn man nämlich Falschmeldungen und unbewiesene Erzählungen ausschließt, scheint nicht mehr viel Material zum Untersuchen übrigzubleiben.

Einmal erspähte ich ein helles »schwebendes« UFO und war, als ich in einem Restaurant ein paar Freunde darauf aufmerksam machte, im Nu der Mittelpunkt von Stammkunden, Bedienungen, Köchen und Wirt, die sich auf dem Gehsteig drängten und unter aufgeregtem Geschrei mit Fingern und Gabeln zum Himmel fuchtelten. Die Stimmung lag irgendwo zwischen Entzükken und Ehrfurcht. Als ich jedoch mein Fernglas holte und unser UFO sich rasch als unkonventionell konstruiertes Flugzeug entpuppte (eine NASA-Wettermaschine, wie sich später herausstellte), herrschte einmütige Enttäuschung. Die einen zeigten sich verlegen, daß sie so leichtgläubig »hereingefallen« waren. Die anderen schienen einfach sauer, daß ihnen da eine gute Story durch die Lappen ging, eine Sensation – ein Besucher von einer fremden Welt.

In vielen solcher Fälle sind wir keine objektiven Beobachter. Unsere Gefühle versuchen den Ausgang zu beeinflussen – vielleicht weil die Theorien der Pseudowissenschaft, falls sie sich als wahr erweisen, die Welt bunter und erlebnisreicher gestalten könnten; vielleicht ist es aber auch etwas anderes, das tiefer in die menschliche Psyche hineinreicht. Wenn die Astralprojektion wirklich existiert, dann ist es möglich, daß ein denkender, fühlender Teil von mir den Körper verläßt und mühelos an einen anderen Ort gelangt – eine herrliche Aussicht. Wenn die Spiritisten recht haben, wird meine Seele nach dem Tod des Leibes weiterleben – gewiß ein tröstlicher Gedanke. Wenn es die extrasensorische Wahrnehmung gibt, dann besitzen viele von uns verborgene Talente, die wir nur anzuzapfen brauchen, um uns stärker und größer zu fühlen, als wir es im Moment sind. Wenn man der Astrologie vertrauen kann, dann sind unsere Persönlichkeit und unser Geschick eng mit dem übrigen Kosmos verknüpft. Wenn Elfen, Kobolde und Feen unter uns weilen (ich kenne da ein hübsches viktorianisches Bilderbuch, wo winzige hüllenlose Damen mit zarten Schmetterlingsflügeln viktorianische Gentlemen umflattern), dann ist die Welt ein freundlicherer Ort, als die meisten Erwachsenen glauben können. Wenn wir von Abgesandten fortschrittlicher und friedfertiger extraterrestrischer Zivilisationen besucht werden oder wurden, dann ist das Los der Menschheit möglicherweise gar nicht so düster, wie es scheint; vielleicht retten uns die fremden Astronauten vor uns selbst. Aber die Tatsache, daß diese Behauptungen uns gefallen oder in ihren Bann schlagen, garantiert nicht, daß sie stimmen. Der Wahrheitsgehalt hängt einzig und allein von Beweisen ab; und ich persönlich neige, wenn auch manchmal zögernd, dazu, daß es zwingende Beweise für diese und viele ähnliche Behauptungen einfach nicht (oder noch nicht) gibt.

Mehr noch – viele dieser Glaubenssätze sind, wenn sie nicht stimmen, äußerst gefährlich. So ordnet die vereinfachte Volks-Astrologie den Menschen je nach seinem Geburtsmonat in einen von zwölf Charaktertypen ein. Falls diese Einteilung falsch ist, tun wir den Leuten unrecht, die wir so klassifizieren. Wir stellen sie in vorherbestimmte Nischen und beurteilen sie nicht so, wie sie wirklich sind – eine Einschränkung, wie sie vom Sexismus und Rassismus bekannt ist.

Die Begeisterung für UFOs und Astronautenlandungen in grauer Vorzeit scheint zumindest teilweise das Ergebnis unerfüllter religiöser Sehnsüchte zu sein. Die Extraterrestrier werden oft als weise, mächtig und gütig beschrieben. Sie haben das Aussehen von Menschen und tragen nicht selten wallende weiße Gewänder. Sie besitzen starke Ähnlichkeit mit Göttern und Engeln, nur daß sie eben nicht auf Schwingen vom Himmel herabschweben, sondern in Raumschiffen von anderen Planeten kommen. Da ist zwar die pseudowissenschaftliche Lackschicht, aber die theologischen Bezüge treten deutlich hervor: in vielen Fällen sind die Astronauten und UFO-Insassen Gottheiten, ein wenig maskiert und aufgepeppt, aber leicht erkennbar. Und eine vor kurzem in Großbritannien durchgeführte Umfrage bestätigt in der Tat, daß mehr Leute an extraterrestrische Besucher glauben als an Gott.

Im klassischen Griechenland wimmelte es von Mythen, nach denen die Götter auf der Erde wandelten und Umgang mit Menschen pflegten. Das Mittelalter war ähnlich reich an Heiligen- und Jungfrauen-Erscheinungen. Götter, Heilige, Jungfrauen – wiederholt haben Leute, die in ihrer Zeit als höchst zuverlässig galten, von ihnen berichtet. Was ist geschehen? Wo sind all die Jungfrauen geblieben? Was treiben die Götter des Olymp? Haben uns diese Wesen in der heutigen skeptischen Zeit einfach den Rücken gekehrt? Oder könnte es sein, daß die Berichte den Aberglauben der damaligen Epochen widerspiegeln, die Leichtgläubigkeit und die Unzuverlässigkeit von Zeugen? Außerdem kommt eine mögliche soziale Gefahr ins Spiel, die sich aus der Verbreitung des UFO-Kultes entwickeln könnte: Wenn wir glauben, daß gütige Extraterrestrier unsere Probleme lösen, dann kann es sein, daß wir unsere Kräfte nicht voll einsetzen, um sie selbst zu lösen – wie dies bei den Religionsbewegungen des Altertums und Mittelalters oftmals der Fall war.

All die wirklich relevanten UFO-Vorkommnisse sind mit der Überzeugung verknüpft, daß einer oder mehrere Zeugen nicht schummelten oder beschummelt wurden. Dennoch sind die Betrugsmöglichkeiten bei Augenzeugenberichten breit gefächert: 1. Für eine Rechtsvorlesung wird ein Raubüberfall simuliert. Nur wenige Studenten sind sich einig über Anzahl der Täter, Kleidung, Waffen oder Worte; die Aufeinanderfolge der Ereignisse wird verwechselt, ja selbst die Zeit, in welcher der Raubüberfall stattfand. 2. Man übergibt Lehrern zwei Gruppen von Kindern, die bei Examen alle gleich gut abgeschnitten haben. Die Lehrer wissen das jedoch nicht, sondern erhalten den Hinweis, daß sich die eine Gruppe aus guten, die andere aus schlechten Schülern zusammensetzt. Die Noten, die anschließend verteilt werden, spiegeln unabhängig von der Leistung der Schüler die anfängliche Fehlinformation wider. 3. Man führt Zuschauern einen Film vor, in dem ein Verkehrsunfall gezeigt wird. Gleich danach stellt man ihnen eine Reihe von Fragen, darunter auch die folgende: »Hat das blaue Auto das Stoppschild überfahren?« Eine Woche später bei einer neuerlichen Befragung behauptet ein Großteil der Zeugen, ein blaues Auto gesehen zu haben – obwohl in dem Film kein Auto vorkam, das auch nur entfernt blau war. Es scheint eine Phase kurz nach dem bezeugten Erlebnis zu geben, wo wir in Worte fassen, was wir gesehen zu haben glauben; diese Version speichern wir danach für immer in unserem Gedächtnis. Wir sind in besagter Phase sehr verwundbar, und jeder Glaube – an, sagen wir, olympische Götter, christliche Heilige oder extraterrestrische Astronauten – kann unbewußt unsere Zeugenaussage beeinflussen.

Der Zweifel an vielen Glaubenslehren im Grenzbereich der Wissenschaften ist nicht unbedingt gleichbedeutend mit Angst vor dem Neuen. So beschäftigen sich viele Kollegen wie ich mit der Möglichkeit, daß es auf anderen Planeten Leben gibt, vernunftbegabt oder nicht. Aber wir müssen streng darauf achten, daß wir dem Kosmos unsere Wünsche und Ängste nicht aufdrängen. Im Gegenteil, die orthodoxe Wissenschaftstradition hat das Ziel, die richtigen Antworten herauszufinden, ob sie sich nun mit unseren emotionellen Schwächen vereinbaren lassen oder nicht. Sind wir allein im Universum, so ist das ebenfalls eine wissenschaftliche Wahrheit. Keiner würde sich mehr freuen als ich, wenn vernunftbegabte Extraterrestrier unseren Planeten besuchten. Es würde mir meine Arbeit enorm erleichtern. In der Tat, ich habe mehr Zeit, als mir lieb ist, dafür aufgewendet, die Theorien von UFOs und Astronauten, die in grauer Vorzeit auf der Erde landeten, zu untersuchen. Und öffentliches Interesse an diesen Dingen kann meiner Ansicht nach nicht schaden. Aber unsere Aufgeschlossenheit gegenüber den schillernden Möglichkeiten, die uns die moderne Wissenschaft bietet, muß durch einen Schuß harter Kritik abgeschreckt werden. Viele gutklingende Theorien erweisen sich schlicht als falsch. Ein offenes Ohr für das Neue ist ebenso notwendig, um unser Wissen zu erweitern, wie die Bereitschaft, bohrend Fragen zu stellen. Und das kritische Durchleuchten von Problemen hat einen günstigen Nebeneffekt: Das politische und religiöse Leben Amerikas ist besonders in den letzten fünfzehn Jahren durch ein Übermaß an Leichtgläubigkeit und eine totale Gleichgültigkeit gegenüber kritischen Stimmen gekennzeichnet. Das wiederum wirkt sich negativ auf das Volkswohl aus. Kritik von seiten der Konsumenten führt zu Qualitätsprodukten. Vielleicht zeigen deshalb Regierungen, Kirchen und Schulen keinen übermäßigen Ehrgeiz, kritische Gedanken zu ermutigen. Sie wissen, daß sie selbst verwundbar sind.

Berufswissenschaftler müssen sich im allgemeinen für ein bestimmtes Arbeitsgebiet entscheiden. Es gibt einige Bereiche, deren Erforschung ungeheuer wichtig wäre, aber die Aussicht auf Erfolg ist so gering, daß keiner den Mut hat, sie anzugehen. (Das war viele Jahre der Fall bei der Suche nach extraterrestrischer Intelligenz. Hier hat sich die Lage vor allem deshalb geändert, weil die Fortschritte in der Funktechnik uns heute gestatten, riesige Radioteleskope mit hochempfindlichen Empfängern zu bauen, denen keine noch so schwache Botschaft entgehen könnte. Noch nie zuvor in der Geschichte der Menschheit war das der Fall.) Auf der anderen Seite stehen wissenschaftliche Ziele, die sich mühelos erreichen lassen, die jedoch von total trivialer Bedeutung sind. Die meisten Wissenschaftler wählen den Mittelweg. Daraus folgt, daß sich nur eine Minderheit von Forschern in die trüben Gewässer der Rand- oder Pseudowissenschaften stürzen, um deren Theorien zu bestätigen oder anzufechten. Die Chance, etwas wirklich Interessantes herauszufinden, scheint gering – wenn man von aufschlußreichen Einblicken in die menschliche Natur absieht –, der erforderliche Zeitaufwand dagegen hoch. Ich bin der Meinung, daß Wissenschaftler sich diesen Themen stärker als bisher widmen sollten, betone jedoch ausdrücklich, daß eine Behauptung, die keine heftige wissenschaftliche Opposition hervorruft, in keiner Weise den Schluß zuläßt, sie sei deshalb logisch und richtig.

Es gibt viele Fälle, in denen die verkündete Theorie so absurd ist, daß Wissenschaftler sie mit einer Handbewegung abtun, ohne jedoch ihre Argumente schriftlich niederzulegen. Das halte ich für einen Fehler. Die Wissenschaft hängt, besonders heutzutage, von der Unterstützung der Öffentlichkeit ab. Da viele Leute leider nur unzureichende Kenntnisse über Wissenschaft und Technik besitzen, fällt es ihnen schwer, die richtigen Entscheidungen zu Streitfragen auf diesem Sektor zu treffen. Manche Pseudowissenschaft ist ein Profitunternehmen, und diejenigen, die stark mit der jeweiligen Theorie identifiziert werden, schlagen ganz schön Kapital daraus. Sie arbeiten demnach mit allen erdenklichen Tricks, um ihre Behauptungen aufrechtzuerhalten. Ein Teil der Forscher hat wohl keine Lust, sich öffentlichen Diskussionen zu Fragen der Pseudowissenschaft zu stellen, weil das erstens Mühe kostet und zweitens die Möglichkeit in sich birgt, daß man sich blamiert. Dabei ist es eine ausgezeichnete Chance, der breiten Masse zu zeigen, daß die Wissenschaft auch an den eher verschwommenen Randgebieten Gültigkeit besitzt. Darüber hinaus bietet sich hier die Möglichkeit, etwas von der Macht und der Freude, die sie bereitet, zu übermitteln.

Leider beobachtet man ein starres und schwerfälliges Verhalten diesseits und jenseits der Grenzlinie. Wissenschaftliche

Arroganz und Widerstand gegen alles Neue sind ebenso ein Problem wie die Naivität der Öffentlichkeit. Ein bekannter Wissenschaftler drohte einmal, mir den damaligen Vizepräsidenten Spiro T. Agnew auf den Hals zu hetzen, als ich eine Diskussion der *American Association for the Advancement of Science* (Amerikanische Gesellschaft zur Förderung der Wissenschaften) organisierte, in der Befürworter und Gegner der Hypothese, UFOs seien extraterrestrische Raumfahrzeuge, zu Wort kommen sollten. Wissenschaftler, die sich über Immanuel Velikovskys Buch *Welten im Zusammenstoß* erregten, weil der Autor eine Reihe bewiesener Naturgesetze einfach außer acht ließ, setzten Velikovskys Verleger in schändlicher Weise, aber mit Erfolg unter Druck, den Band nicht auf den Markt zu bringen – was dann ein anderer Verlag mit großem Profit tat –, und als ich ein zweites AAAS-Symposium vorbereitete, auf dem Velikovskys Ideen diskutiert werden sollten, kritisierte mich ein anderer führender Wissenschaftler mit den Worten, jede öffentliche Aufmerksamkeit, und sei sie noch so negativ, könne Velikovskys Sache nur unterstützen.

Aber die Symposien fanden statt, die Zuhörer schienen die Diskussion mit Interesse zu verfolgen, und inzwischen können junge Leute auch in abgelegenen Bibliotheken das eine oder andere Buch entdecken, das die Gegenseite des Problems darstellt (s. Ende des Kapitels). Wenn die Wissenschaft schon in den Schulen und Medien zu kurz kommt, dann läßt sich vielleicht das öffentliche Interesse durch gut vorbereitete, allgemeinverständliche Diskussionen über die Randgebiete der Wissenschaften wecken. Über Astrologie kommt man vielleicht zur Astronomie, über Alchemie zur Chemie, über die Katastrophen-Theorie und versunkene Kontinente wie Atlantis zur Geologie, und über Spritismus oder Scientologie zu dem weiten Feld von Psychologie und Psychiatrie.

Es gibt immer noch viele Leute in den Vereinigten Staaten, die das gedruckte Wort für das Evangelium halten. Da jedoch von unbewiesenen Spekulationen bis zu blühendem Unsinn nahezu alles in Büchern erscheint, entsteht ein merkwürdig verzerrtes Bild von den Tatsachen. In der Zeit, da der voreilige Presseabdruck eines Buches von H. R. Haldeman, dem früheren Präsidialassistenten und inzwischen verurteilten Verbrecher, viel Staub aufwirbelte, las ich mit Vergnügen, was der Chefredakteur eines der größten Verlagshäuser in der Welt zu dem Thema zu sagen hatte: »Wir glauben, ein Verlag hat die Pflicht, die Richtigkeit gewisser kontroverser Sachbücher nachzuprüfen. Wir schicken so ein Manuskript meist einer anerkannten Kapazität auf dem entsprechenden Gebiet und bitten um ein objektives Lektorat.« Das kommt ausgerechnet von einem Redakteur, in dessen Verlag einige der krausesten pseudowissenschaftlichen Traktate der letzten Jahrzehnte erschienen sind. Aber allmählich erobern auch Bücher den Markt, welche die Gegenseite vertreten, und am Ende des Kapitels habe ich einige der bekannteren pseudowissenschaftlichen Lehrsätze aufgelistet und daneben die Werke gestellt, die versuchen, sie wissenschaftlich zu widerlegen. Eine der kritisierten Theorien – daß Pflanzen ein Gefühlsleben und eine Vorliebe für bestimmte Musik besitzen – flackerte vor ein paar Jahren neu auf. Darauf erschienen in Gary Trudeaus Comic-Serie »Doonesbury« wochenlang Gemüse-Konversationen. Wie das Motto dieses Kapitels zeigt (ich spiele auf den »Todeskampf des Löwenmauls« an), ist die Behauptung längst bekannt. Das einzig Ermutigende an der Geschichte ist vielleicht, daß sie heute skeptischer aufgenommen wird als im Jahre 1926.

Vor einigen Jahren wurde ein Komitee von Wissenschaftlern, Magiern und ähnlichen Leuten ins Leben gerufen, das sich gezielt mit der Pseudowissenschaft auseinandersetzen sollte. Diese ehrenamtliche Gruppe nennt sich »The Committee for the Scientific Investigation of Claims of the Paranormal« und hat ihren Sitz in der Kensington Avenue 923, Buffalo, N.Y. 14215. Sie beginnt bereits, sich energisch durchzusetzen. So weist sie etwa in Veröffentlichungen auf den neuesten Stand der Konfrontation zwischen dem Rationalen und dem Irrationalen hin – eine Konfrontation, die zurückgeht bis auf Alexander, den Orakelbetrüger, und die Epikuräer, die Rationalisten seiner Epoche – und beschwert sich offiziell bei den Sendern sowie der Funk- und Fernsehkommission über besonders unkritische pseudowissenschaftliche Beiträge. Innerhalb des Komitees gibt es übrigens zwei Lager. Die einen sind der Ansicht, daß man alle Behauptungen, die nach Pseudowissenschaft riechen, unterdrücken sollte; die anderen dagegen finden, daß jede einzelne Theorie durchleuchtet werden sollte, daß jedoch die Beweislast bei denen liegt, die sie verbreiten. Ich persönlich zähle mich zur zweiten Gruppe. Meiner Meinung nach sollte das Außergewöhnliche durchaus genau untersucht werden. Aber außergewöhnliche Behauptungen erfordern außergewöhnlich stichhaltige Beweise.

Wissenschaftler sind selbstverständlich auch nur Menschen. Wird ihre Leidenschaft geweckt, kann es geschehen, daß sie zeitweise ihr Berufsideal aus den Augen verlieren. Aber dieses Ideal, die wissenschaftliche Methode, hat sich als ungeheuer wirkungsvoll erwiesen. Man braucht anfangs wohl Ahnungen, Intuition und brillante Kreativität, um herauszufinden, wie die Welt wirklich funktioniert; man muß aber auch in der Lage sein, jeden seiner Schritte kritisch zu prüfen. Eben diese Spannung zwischen Kreativität und Skepsis hat atemberaubende und unerwartete wissenschaftliche Entdeckungen hervorgebracht. Meiner Ansicht nach verblassen die Behauptungen der Pseudowissenschaft angesichts der Vielzahl neuerer Aktivitäten und Erkenntnisse durch die echte Wissenschaft: die Existenz von zwei zur Hälfte unabhängigen Gehirnen in jedem menschlichen Schädel; die Tatsache, daß es Schwarze Löcher gibt; das Driften und Zusammenstoßen von Kontinenten; die Sprache der Schimpansen; starke Klimaveränderungen auf Mars und Venus; das Alter der Menschenrasse; die Suche nach extraterrestrischem Leben; die raffinierte, sich selbst kopierende Molekularstruktur, die unser Erbgut und unsere Evolution steuert; und Beobachtungsmaterial über den Ursprung, die Natur und das Schicksal des Universums als Ganzes.

Aber der Erfolg der Wissenschaft, sowohl ihr intellektueller Reiz wie auch ihre praktische Anwendung, hängt davon ab, daß sie imstande ist, sich zu korrigieren. Es muß möglich sein, jede vernünftige Theorie zu testen. Es muß möglich sein, jedes stichhaltige Experiment zu wiederholen. Der Charakter oder die Ansichten des Wissenschaftlers spielen keine Rolle; von Belang ist nur, ob das Beweismaterial seine Behauptung trägt. Bloße Argumente von Fachleuten zählen nicht; zu viele Fachleute haben sich schon zu oft getäuscht. Ich sähe es gern, wenn die Schulen und Medien diese äußerst wirksamen Prüfverfahren verbreiten würden; und es wäre herzerfrischend, allerdings fast ein Wunder, wenn man sie auch in die Politik einführen könnte. Man weiß, daß Wissenschaftler ihre Ansichten öffentlich total geändert haben, wenn man ihnen neue Beweise oder neue Sachargumente vorlegte. Ich kann mich nicht entsinnen, daß in jüngster Zeit irgendein Politiker eine ähnliche Aufgeschlossenheit und Bereitschaft zur Meinungsumbildung gezeigt hätte.

Viele der pseudowissenschaftlichen Lehren entziehen sich der strengen experimentellen Prüfung. Sie leben von Berichten, vom Hörensagen, und sind deshalb ganz auf die Vertrauenswürdigkeit von Augenzeugen angewiesen; die wiederum muß man in der Regel als unzuverlässig bezeichnen. Ebensowenig aber, wie wir diese Behauptungen auf gut Glauben annehmen dürfen, können wir sie in Bausch und Bogen abtun. Der Gedanke zum Beispiel, daß Felsbrocken vom Himmel fallen könnten, wurde von Wissenschaftlern des achtzehnten Jahrhunderts für absurd gehalten. Thomas Jefferson stellte einmal anläßlich eines solchen Berichtes fest, eher würde er zwei Yankee-Wissenschaftler der Lüge zeihen als sich einreden lassen, daß Steine vom Himmel fielen. Dennoch – es fallen Steine vom Himmel. Man nennt sie Meteoriten, und unsere Vorurteile sind ohne Belang für den Wahrheitsgehalt der ganzen Angelegenheit. Aber die Wahrheit wurde nur dadurch gefunden, indem man Dutzende von unabhängigen Zeugenberichten eines gewöhnlichen Meteoriteneinschlags analysierte und eine Menge Beweismaterial sichern konnte, so etwa Meteoritenteile, die man von Hausdächern holte und aus Ackerfurchen klaubte.

Vorurteil bedeutet ja wörtlich, daß man sich ein Urteil bildet, ehe man die Beweise prüft. Vorurteile sind das Ergebnis starker Emotionen, niemals die Folge vernünftiger Logik. Wenn wir den Wahrheitsgehalt einer Behauptung herausfinden möchten, müssen wir uns so urteilsfrei wie möglich an sie heranpirschen und uns der eigenen Grenzen und Schwächen voll bewußt sein. Wenn wir andererseits die Theorie nach gründlichem und aufgeschlossenem Studium der Beweise ablehnen, ist das kein Vorurteil. Man könnte es eher »Nach«-Urteil nennen. Ganz sicher ist es die Schwelle, die zum Wissen führt.

Auch in den praktischen Dingen des Alltags wird heute kritisch und genau geprüft. Wenn wir beispielsweise einen Neu- oder Gebrauchtwagen kaufen, bestehen wir auf schriftlichen Garantieerklärungen, Probefahrten und genauer Kontrolle der kritischen Teile. Wir mißtrauen Autohändlern, die in diesen Punkten ausweichen. Die Verkünder vieler Pseudowahrheiten dagegen sind beleidigt, wenn man ihre Worte ähnlich gründlich unter die Lupe nimmt. Viele, die sich rühmen, das Talent der extrasensorischen Wahrnehmung zu besitzen, behaupten, ihre Fähigkeiten würden schwinden, wenn man sie genau beobachtet. Der Zauberkünstler Uri Geller verbiegt zwar mit dem größten Vergnügen Schlüssel und Bestecke in Anwesenheit von Wissenschaftlern (die bei ihrer Konfrontation mit der Natur an einen fairen Gegner gewohnt sind), zeigt sich jedoch empört über die Zumutung, einem Publikum kritischer Zauberkünstler seine Kräfte vorzuführen (weil die gut um die menschlichen Grenzen Bescheid wissen und selbst in der Lage sind, ähnliche Effekte mit Tricks und Kniffen zu erzeugen). Wo objektive Beobachtungen und Diskussionen unterdrückt werden, bleibt die Wahrheit verborgen. Die Befürworter von pseudowissenschaftlichen Theorien verweisen Kritiker oft auf die Genies der Vergangenheit, die von ihren Zeitgenossen verlacht wurden. Aber die Tatsache, daß manche Genies verlacht wurden, läßt nicht den umgekehrten Schluß zu, daß alle, die verlacht werden, Genies sind. Man lachte über Kolumbus, Fulton und die Gebrüder Wright. Aber man lachte auch über den Clown Bozo.

Ich jedenfalls glaube fest daran, daß die beste Medizin gegen die Pseudowissenschaft die Wissenschaft selbst ist. Hier einige Beispiele aus ihrem Bereich:

- In Afrika gibt es einen blinden Süßwasserfisch, der ein stehendes elektrisches Feld erzeugt. Je nach Art der Feldstörung unterscheidet er zwischen Angreifern und Beute. Mit potentiellen Paarungspartnern und anderen Fischen seiner Gattung verständig er sich in einer ziemlich hochentwickelten elektrischen Sprache. Dazu benötigt er ein ganzes System von Organen und sensorische Fähigkeiten, die prätechnischen Menschen total unbekannt sind.
- Es gibt eine Form der Mathematik, völlig logisch und in sich widerspruchsfrei, bei der zwei mal eins nicht gleich ein mal zwei ist.
- Tauben – die nicht gerade zu den angesehensten Geschöpfen auf der Erde zählen – reagieren, wie man jüngst herausgebracht hat, noch auf Magnetfelder, die ein Hunderttausendstel des magnetischen Erd-Dipols betragen. Offensichtlich nutzen Tauben dieses erstaunliche Talent zur Navigation und erkennen ihre Umgebung an der magnetischen Signatur: Metall-Gullys,

Stromkabel, Feuerleitern und ähnliches – eine sensorische Ausstattung, wie sie der Mensch in ihrem vollen Ausmaß bisher nicht einmal erahnen kann.

- Quasare scheinen Explosionen von nahezu unvorstellbarer Heftigkeit im Herzen von Galaxien zu sein, die Millionen Welten vernichten, viele davon vielleicht bewohnt.
- In den dreieinhalb Millionen Jahre alten Ascheresten eines Vulkans in Ostafrika fanden sich die Fußabdrücke eines Geschöpfes, das etwa einen Meter zwanzig groß war und zielbewußte, ausgreifende Schritte machte. Es könnte ein gemeinsamer Vorfahre von Affen und Menschen gewesen sein. Ganz in der Nähe entdeckte man die Spuren eines aufrecht gehenden Primaten, den man bisher überhaupt nicht einordnen konnte.
- Jede unserer Zellen enthält Dutzende kleiner Fabriken namens Mitochondrien, die unsere Nahrung mit molekularem Sauerstoff verbinden und daraus Energie in geeigneter Form gewinnen. Jüngste Erkenntnisse deuten darauf hin, daß die Mitochondrien vor Milliarden Jahren freie Organismen waren, die nach und nach eine Symbiose mit der Zelle eingingen. Als sich vielzellige Organismen entwickelten, blieb die Verbindung bestehen. Wir sind demnach nicht ein einzelner Organismus, sondern in einem durchaus realen Sinn zusammengesetzt aus zehn Billiarden Geschöpfen, die nicht alle der gleichen Art angehören.
- Der Mars besitzt einen Vulkan von fast 80000 Fuß (etwa 26670 Meter) Höhe, der vor etwa einer Milliarde Jahren entstand. Einen noch höheren Vulkan gibt es möglicherweise auf der Venus.
- Radioteleskope haben die kosmische Schwarzkörper-Hintergrundstrahlung aufgefangen, das ferne Echo jenes Ereignisses, das man den Urknall (Big Bang) nennt. Der Widerschein des Schöpfungsfeuers flackert noch heute.

Ich könnte meine Liste nahezu endlos fortsetzen. Ich glaube, daß selbst eine oberflächliche Kenntnis solcher Entdeckungen auf dem Gebiet der modernen Naturwissenschaften und der Mathematik weit erregender und zwingender ist als die meisten Lehrsätze der Pseudowissenschaften, deren Vertreter schon im fünften Jahrhundert vor Christus von dem ionischen Philosophen Heraklit als »Schwindler, Gaukler, Bacchuspriester, Priesterinnen der Weinschläuche und Bauernfänger« abgekanzelt wurden. Die Wissenschaft ist raffinierter und vielschichtiger, enthüllt ein sehr viel reicheres Universum und weckt mit Macht unser Staunen und unsere Ehrfurcht. Und sie besitzt obendrein die wichtige Tugend – in welchem Maße auch immer dieses Wort Bedeutung hat –, daß sie wahr ist.

Einige neuere Pseudowissenschaftliche Theorien und ihre Kritiker

Während für viele der neueren pseudowissenschaftlichen Theorien im großen Stil geworben wird, erfährt man verhältnismäßig wenig über die kritische Diskussion und Untersuchung ihrer Schwachstellen und Fehler. Diese Liste soll auf einige der kritischen Werke hinweisen, die sich mit solchen Theorien auseinandersetzen.

Bermuda-Dreieck	Laurence Kusche, *The Bermuda Triangle Mystery – Solved*, Harper & Row, 1975.
Spiritismus	Harry Houdini, *A Magician Among the Spirits*, Harper & Row, 1924.
	M. Lamar Keene, *The Psychic Mafia*, St. Martin's Press, 1976.
Uri Geller	James Randi, *The Magic of Uri Geller*, Ballantine, 1975.
Atlantis und andere »versunkene Kontinente«	Dorothy B. Vitaliano, *Legends of the Earth, Their Geologic Origins*, Indiana University Press, 1973.

L. Sprague de Camp,
Lost Continents (deutsch: *Versunkene Kontinente*),
Gnome Press, 1954.

UFOs

Philipp Klass,
UFOs Explained,
Random House, 1974.

Carl Sagan and Thornton Page, Hrsg.,
UFOs: A Scientific Debate,
Norton, 1973.

Astronautenlandungen in grauer Vorzeit

Ronald Story,
The Space Gods Revealed: A Close Look at the Theories of Erich von Däniken,
Harper & Row, 1976.

L. Sprague de Camp,
The Ancient Engineers, (dt. *Ingenieure der Antike*),
Ballantine, 1973.

(Für den deutschen Leser sei darüber hinaus unbedingt hingewiesen auf:
Wilhelm Selhus,
Und sie waren doch da,
C. Bertelsmann, 1975,
das sich in satirischer Form mit den Hypothesen Dänikens und anderen auseinandersetzt. – *Die Red.*)

Velikovsky: *Welten im Zusammenstoß*

Donald Goldsmith, Hrsg.,
Scientists Confront Velikovsky,
Cornell University Press, 1977.

Das Gefühlsleben von Pflanzen

K. A. Horowitz u.a.,
»Plant ›Primary Perception‹«, *Science*,
189: S. 478–480 (1975).

6

Weiße Zwerge und grüne Männchen

Keine Zeugenaussage reicht je aus,
um ein Wunder zu beweisen, es sei denn… ihre Unrichtigkeit
wäre noch wundersamer als die Tatsache,
die zu unterstreichen sie sich müht.

DAVID HUME, *Of Miracles*

Die Menschheit hat das Zeitalter der interstellaren Raumflüge erreicht. Unterstützt von der Jupiter-Anziehungskraft, gelangten *Pioneer* 10 und 11 sowie die Sonden *Voyager* 1 und 2 in Flugbahnen, die irgendwann das Sonnensystem verlassen und ins Reich der Sterne führen werden. Obwohl es sich um die schnellsten Flugkörper handelt, die unsere Rasse je gestartet hat, kommen sie doch relativ langsam voran. Sie werden Zehntausende von Jahren benötigen, um typische interstellare Entfernungen zurückzulegen. Falls man sie nicht irgendwann umlenkt, werden sie auf ihrem künftigen, Milliarden Jahre währenden Flug durch die Milchstraße nie wieder in ein planetarisches System eindringen. Die Abstände von Stern zu Stern sind zu groß. Die Sonden sind dazu verurteilt, für immer in der Schwärze zwischen den Gestirnen dahinzuwandern. Dennoch – sollte der Riesenzufall eintreten, daß irgendwann in der Zukunft fremde Wesen diese Raumfahrzeuge abfangen und sich fragen, wer sie auf diese gewaltige Reise schickte, so befinden sich an Bord Botschaften, die Auskunft geben über unsere Rasse.

Wenn wir mit unserer vergleichsweise rückständigen Technik imstande sind, solche Flugkörper zu bauen, könnte dann nicht eine Zivilisation, die Tausende oder Millionen Jahre älter ist als die unsere, auf dem Planeten eines anderen Sterns interstellare Raumfahrzeuge entwickelt haben, die schneller sind und sich besser steuern lassen als die unseren? Der interstellare Raumflug ist für uns im Moment noch zeitaufwendig, schwierig und teuer – vielleicht auch für andere Zivilisationen mit wesentlich besseren Voraussetzungen, als wir sie haben. Aber es wäre sicherlich unklug zu behaupten, daß wir nicht irgendwann in der Zukunft neue Wege der Raumfahrtphysik und -technik finden könnten. Der Einwand, daß es wirtschaftlicher, rationeller und bequemer wäre, die interstellare Funkübertragung dem Raumflug vorzuziehen, ist zwar richtig und einer der Hauptgründe, weshalb wir unsere Bemühungen auf diesem Sektor so sehr verstärkt haben. Aber Funkkommunikation ist eindeutig ungeeignet für den Kontakt mit einer prätechnischen Zivilisation oder Rasse. Die Übertragung mag noch so raffiniert, die Signale mögen noch so deutlich sein – vor dem zwanzigsten Jahrhundert hätte auf der Erde kein Mensch eine solche Ätherbotschaft empfangen oder verstanden. Nun gibt es aber auf unserem Planeten seit etwa vier Milliarden Jahren Leben, seit ein paar Millionen Jahren Menschen und seit ungefähr zehntausend Jahren eine Zivilisation.

Es ist nicht auszuschließen, daß eine Art Galaktische Patrouille, die sich aus vielen Zivilisationen der Milchstraße zusammensetzt, aufstrebende Planeten im Auge (oder dem entsprechenden Organ) behält und nach unentdeckten Welten forscht. Aber unser Sonnensystem ist weit weg vom Zentrum der Galaxis und könnte einer solchen Suche bisher leicht entgangen sein. Oder es kamen Expeditionsschiffe vorbei, aber nur, sagen wir, alle zehn Millionen Jahre – und zufällig waren wir in historischer Zeit noch nicht an der Reihe. Allerdings besteht auch die Möglichkeit, daß Suchtrupps in jüngerer Vergangenheit auftauchten und von unseren Vorfahren bemerkt wurden, ja, daß die Geschichte der Menschheit durch den Kontakt beeinflußt wurde.

Der sowjetische Astrophysiker I. S. Schklowskij und ich haben diese Hypothese 1966 in unserem Buch *Intelligent Life in the Universe* erörtert. Wir untersuchten Artefakte, Legenden und Mythen aus einer Reihe von Kulturkreisen und kamen zu dem

Schluß, daß kein einziges Beispiel auch nur einen einigermaßen überzeugenden Beweis für extraterrestrische Kontakte lieferte. Immer gab es eine einfachere, logische Alternativerklärung, die auf bekannten Fähigkeiten und Verhaltensweisen des Menschen beruht. Unter den besprochenen Beispielen waren nicht wenige, die später Erich von Däniken oder andere Autoren als stichhaltige Beweise für extraterrestrische Kontakte anführten: sumerische Legenden und astronomische Rollsiegel, die Bibelerzählungen von Enoch oder von Sodom und Gomorrha, die Tassili-Fresken in Nordafrika, der bearbeitete Metallwürfel, der angeblich in alten geologischen Sedimentschichten gefunden wurde und in einem österreichischen Museum ausgestellt sein soll – und so fort. Im Laufe der Jahre habe ich solche Geschichten immer wieder so sorgfältig wie nur möglich untersucht und bin zu dem Schluß gekommen, daß kaum eine mehr als flüchtige Aufmerksamkeit verdient.

In der langen Litanei archäologischer Funde, welche die volkstümliche Theorie von der Ankunft fremder Astronauten in der Erdvorzeit erhärten sollen, lassen sich die meisten Beispiele völlig normal erklären – falls es sich nicht überhaupt um Falschberichte, simple Tatsachenverdrehungen oder groben Unfug handelt. Das gilt auch für die Diskussion um die Piri-Reis-Karte, die Monolithen der Oster-Insel, die Heldendarstellungen von Nazca und diverse Artefakte aus Mexiko, Usbekistan und China.

Dabei wäre es so leicht für eine fortschrittliche extraterrestrische Zivilisation, eine absolut eindeutige Visitenkarte zu hinterlassen. Viele Nuklearphysiker glauben zum Beispiel, daß es eine »stabile Insel« von Atomkernen in der Nähe eines gedachten superschweren Atoms mit der Protonenzahl 114 und der Neutronenzahl 184 gibt. Alle chemischen Elemente, die schwerer sind als Uran (238 Protonen und Neutronen im Kern) zersetzen sich spontan in kosmisch kurzen Zeiten. Aber man nimmt an, daß sich aufgrund der besonderen Bindungsbeschaffenheit zwischen Protonen und Neutronen stabile Elemente aufbauen ließen, wenn man Kerne mit der Protonenzahl 114 und der Neutronenzahl 184 zusammensetzen könnte. Die Herstellung solcher Kerne ist beim gegenwärtigen Stand der Technik noch nicht zu verwirklichen, für unsere Vorfahren war sie absolut unmöglich. Ein Fund aus Metall, welcher derartige Elemente enthielte, wäre ein zweifelsfreier Beweis für eine fortschrittliche extraterrestrische Zivilisation in unserer Vergangenheit. Oder nehmen wir das chemische Element Technetium, dessen stabilste Erscheinungsform 99 Neutronen und Protonen besitzt. Die Hälfte davon zerfällt im Laufe von etwa 200000 Jahren radioaktiv in andere Elemente, die Hälfte des Restes löst sich nach weiteren 200000 Jahren auf, und so fort. Das heißt, daß inzwischen jede Spur von Technetium, das vor Milliarden Jahren mit den anderen Elementen von Sternen gebildet wurde, zerfallen ist. Auf der Erde vorkommendes Technetium kann, wie schon der Name andeutet, allenfalls künstlich hergestellt sein. Ein Artefakt aus Technetium könnte demnach nur eine Bedeutung haben. Weiter gibt es auf der Erde ganz normale Elemente, die sich nicht vermischen lassen – Aluminium und Blei zum Beispiel. Schmilzt man sie gemeinsam, so sinkt das beträchtlich schwerere Blei und setzt sich ab, während das Aluminium oben schwimmt. In der Schwerelosigkeit des Raumes jedoch würde keine Gravitation das Blei nach unten ziehen, und man könnte exotische Verbindungen wie AlPb produzieren. Mit zu den ersten Raumfähre-Missionen der NASA gehören übrigens Experimente mit solchen Legierungen. Eine Botschaft auf einer Alu-Blei-Legierung, entdeckt bei einer alten terrestrischen Kultur, würde ganz sicher unsere Aufmerksamkeit wecken.

Noch eine Möglichkeit wäre, daß nicht das Material, sondern der Inhalt der Botschaft eindeutig auf eine Wissenschaft oder Technik jenseits der Fähigkeiten unserer Vorfahren hinweist: zum Beispiel die Maxwell-Gleichungen (mit oder ohne magnetische Mono-Pole) in vektorieller Form, die graphische Darstellung des Planckschen Strahlungsgesetzes der Schwarzen Körper oder eine Ableitung der Lorentz-Transformation aus der Speziellen Relativitätstheorie. Selbst wenn man derartige Inschriften in einer Zivilisation der Vergangenheit nicht verstanden hätte, so wäre sie vielleicht doch als heilig verehrt worden. Aber bisher sind keine Beweise dieser Art aufgetaucht – trotz eines eindeutig guten Absatzmarktes für Geschichten von extraterrestrischen Astronauten, die einst oder jetzt auf der Erde landeten. Es hat Debatten über die Reinheit von Magnesiumproben angeblich abgestürzter UFOs gegeben, aber die Reinheit lag durchaus im Rahmen der technischen Möglichkeiten, die unser Land zur Zeit des Vorfalls hatte. Eine Sternenkarte, die aus dem Innern einer Fliegenden Untertasse stammen soll, ähnelt nicht, wie behauptet, den relativen Positionen der erdnächsten Sterne; im Gegenteil, eine genaue Betrachtung vermittelt den Eindruck, daß hier jemand mit einem altmodischen Gänsekiel Tintenspritzer auf ein paar leere Blätter gekleckert hat. Scheinbar bis auf eine Ausnahme gibt es keine Geschichten, die detailliert genug sind, um »normale« Erklärungen auszuschließen, und zutreffend genug, um die moderne Astronomie oder Physik gegen eine präwissenschaftliche oder prätechnische Zivilisation abzuheben. Die eine Ausnahme ist die bemerkenswerte Mythologie, die sich im Volke der Dogon um den Hundsstern Sirius rankt.

Heute leben höchstens einige Hunderttausende von Angehörigen dieses Volkes in der Republik Mali, und erst seit den dreißiger Jahren dieses Jahrhunderts befassen sich Anthropologen intensiv mit ihnen. Gewisse Elemente in ihrer Mythologie erinnern an die Legenden der altägyptischen Kultur, und einige Anthropologen vermuten einen entfernten Bezug der Dogon-Kultur mit dem alten Ägypten. Das Aufsteigen des Sirius am Morgenhimmel bildete den Mittelpunkt des ägyptischen Kalenders und verkündete die alljährlichen Nilüberschwemmungen. Marcel Griaule, ein französischer Anthropologe, der zwischen 1930 und 1940 in Afrika arbeitete, beschäftigte sich ausführlich mit den verblüffenden Aspekten der Dogon-Astronomie. Und obwohl kein Grund dazu besteht, Griaules Bericht anzuzweifeln, halte ich doch die Feststellung für angebracht, daß es keine früheren westlichen Hinweise zum Volksglauben der Dogon gibt und daß sämtliche Informationen über Griaule zu uns gelangten. Erst in jüngster Zeit hat R. K. G. Temple, ein britischer Autor, die Geschichte neu aufgegriffen und populär gemacht.

Im Gegensatz zu nahezu allen anderen präwissenschaftlichen Kulturen glauben die Dogon daran, daß sich die Planeten ebenso wie die Erde um die eigene Achse drehen und gleichzeitig um die Sonne wandern. Natürlich ist das ein Schluß, zu dem man – wie Kopernikus bewies – auch ohne hochentwickelte Technik gelangen kann, aber es handelt sich doch um eine eher seltene Erkenntnis bei den Völkern der Erde. Pythagoras im alten Griechenland vertrat sie ebenso wie Philolaus, der gemäß Laplace sogar behauptet haben soll, »daß die Planeten bewohnt sind und die Sterne im Raum verstreute Sonnen darstellen, welche im Zentrum eigener planetarischer Systeme stehen«. Inmitten einer Vielzahl widersprüchlicher Ideen könnten solche Ansichten einfach vom Glück inspirierte Zufallstreffer sein.

So glaubten die alten Griechen, daß sich das gesamte Universum aus vier Elementen zusammensetzte: Erde, Feuer, Wasser und Luft. In der Zeit vor Sokrates gab es nun Philosophen, die einem bestimmten Element den Vorzug gaben. Hätte sich später herausgestellt, daß tatsächlich ein Element im Übermaß vorhanden war, so wäre es wohl falsch gewesen, den Anhängern dieses Elements besondere Klugheit und Voraussicht zu bescheinigen. Einige von ihnen mußten rein statistisch recht haben. Ähnlich sollten wir uns bei einigen hundert oder gar tausend Kulturen mit eigener Kosmologie nicht wundern, wenn hin und wieder rein zufällig eine Idee auftaucht, die sich nicht nur als richtig erweist, sondern obendrein über den Wissensstand des betreffenden Volkes weit hinausgeht.

Aber nach Temples Schilderung sind die Dogon ein Extremfall. Sie behaupten, daß der Jupiter vier Monde besitzt und Saturn von einem Ring umgeben ist. Vielleicht kann jemand mit enorm scharfen Augen bei absolut klarer Sicht die galileischen Trabanten des Jupiter und die Ringe des Saturn auch ohne Teleskop beobachten. Aber es klingt sehr, sehr unwahrscheinlich. Dazu kommt, daß die Dogon im Gegensatz zu allen Astronomen vor Kepler die Planetenbahnen korrekt als Ellipsen und nicht als Kreise darstellen.

Noch verblüffender ist ihre Aussage in bezug auf Sirius, den hellsten Stern am Himmel. Sie glauben, daß Sirius einen dunklen, unsichtbaren Begleitstern besitzt, der den großen Bruder einmal in fünfzig Jahren umrundet (gemäß Temple auf einer Ellipsenbahn). Dieser Begleiter ist nach ihrer Ansicht sehr klein und sehr schwer und besteht aus einem besonderen Metall namens »Sagala«, das es auf der Erde nicht gibt.

Das Bemerkenswerte daran ist, daß der sichtbare Stern Sirius A in der Tat einen außergewöhnlichen dunklen Begleiter hat, Sirius B, der ihn alle 50,04 (± 0,09) Jahre auf einer Ellipsenbahn umrundet. Sirius B ist das erste Beispiel eines weißen Zwergsterns, das die moderne Astrophysik entdeckt hat. Seine Materie befindet sich in einem »relativistisch degenerierten« Zustand, den man auf der Erde nicht antrifft: Da die Elektronen bei einer derart degenerierten Materie nicht mehr an die Atomkerne gebunden sind, kann man sie durchaus als »metallisch« beschreiben. Sirius B wird im übrigen manchmal »das Hundejunge« genannt, analog zu Sirius A, dem Hundsstern.

Auf den ersten Blick scheint die Sirius-Legende der Dogon einen prächtigen Beweis für die Theorie zu liefern, daß hier früher einmal ein Kontakt mit einer extraterrestrischen, fortschrittlichen Rasse stattgefunden hat. Wenn wir uns die Geschichte jedoch näher ansehen, sollten wir folgendes bedenken: Die astronomischen Lehrsätze der Dogon sind rein mündliche Überlieferung. Wir haben mit Sicherheit erst nach 1930 von ihnen gehört. Und die Diagramme werden mit Stöcken in den Sand gezeichnet. (Zufällig scheinen die Dogon die Eigenart zu besitzen, Bilder mit einer Ellipse einzurahmen, so daß Temple hinsichtlich der Planetenbahnen und des Ellipsenorbits von Sirius B getäuscht worden sein könnte.)

Wenn wir uns die übrige Mythologie der Dogon vornehmen, entdecken wir eine reich gegliederte Sagen- und Legendenstruktur – sehr viel reicher gegliedert, betonen viele Anthropologen, als die ihrer geographischen Nachbarn. Wo es einen so bunten Folklore-Schatz gibt, ist die Chance, daß der eine oder andere Mythos mit einer Entdeckung der modernen Wissenschaft übereinstimmt, besonders groß. Eine spärliche Mythologie dagegen wird nur selten Übereinstimmungen hervorbringen. Die Frage ist, ob wir bei den restlichen Sagen und Legenden der Dogon noch mehr Beispiele finden, die so gespenstisch wie der Sirius-Mythos mit jüngsten Entdeckungen unserer Wissenschaft zusammentreffen.

Die Dogon stellen sich die Entstehung des Universums so vor: Der Schöpfer betrachtete einen Flechtkorb mit runder Öffnung und viereckigem Boden – solche Körbe werden auch heute noch in Mali benutzt –, stülpte ihn um und nahm ihn als Vorbild für das All. Der viereckige Boden stellt den Himmel dar und die runde Öffnung die Sonne. Ich muß gestehen, daß mich diese Legende nicht gerade als Vorahnung modernen kosmologischen Denkens beeindruckt. Was die Erschaffung der Erde betrifft, so erzählen die Dogon, daß der Schöpfer zwei Zwillingspaare, die aus je einem Mann und einer Frau bestanden, in einem Ei einschloß, wo sie heranreifen und zu einem »perfekten« Zwitterwesen verschmelzen sollten. Einer der Zwillinge zerbrach jedoch das Ei vor der Reife, worauf der Schöpfer seinen

Gegenpart opferte, um eine gewisse kosmische Harmonie zu wahren. Das ist eine abwechslungsreiche, interessante Mythologie, aber qualitativ scheint sie sich kaum von den anderen Mythen und Religionen der Menschheit zu unterscheiden.

Die Annahme eines Sirius-Begleitsterns könnte sich ganz natürlich aus der Dogon-Mythologie entwickelt haben, in der Zwillinge eine wichtige Rolle spielen, aber es gibt wohl keine ähnlich einfache Deutung für die Umlaufperiode und Dichte des Sirius-Gefährten. Der Sirius-Mythos der Dogon liegt dem modernen astronomischen Denken zu nahe und ist quantitativ zu exakt, als daß man ihn mit einem Zufall erklären könnte. Dennoch, er ist vorhanden, eingebettet in das mehr oder weniger normale Sagengut einer präwissenschaftlichen Rasse. Wie kann die Lösung aussehen? Ist es möglich, daß die Dogon oder ihre kulturellen Vorfahren Sirius B tatsächlich zu Gesicht bekamen und seinen Weg um Sirius A beobachteten?

Weiße Zwerge wie Sirius B entwickeln sich aus hell leuchtenden roten Riesen. Dichter der Antike beschrieben Sirius in der Tat als rot – eine Farbe, die er heute ganz sicher nicht besitzt. In einer Horaz-Rede mit dem Titel »Hoc Quoque Tiresia« (»Wie man schnell zu Reichtum gelangt«) wird ein nicht genau benanntes früheres Werk zitiert, in dem es heißt: »Die Hitze des roten Hundssterns spaltete die sprachlosen Statuen.« Aufgrund solcher nicht gerade zwingender Quellen aus dem Altertum ziehen manche Astrophysiker die Möglichkeit in Betracht, daß der weiße Zwerg Sirius B in historischer Zeit noch ein roter Riese und mit bloßem Auge erkennbar war, ja, daß sein Schein das Licht von Sirius A vollständig überlagerte. Darauf wäre dann ein Entwicklungsstadium gefolgt, in dem die Helligkeit von Sirius B eine Zeitlang der von Sirius A entsprochen hätte; in dieser Periode wäre die relative Bewegung der beiden Sterne mit bloßem Auge sichtbar gewesen. Aber die jüngsten Erkenntnisse in der Sternen-Evolution schließen das aus. Sirius B hatte einfach nicht genug Zeit, seinen jetzigen Zustand zu erreichen, wenn er ein paar hundert Jahre vor Horaz noch ein roter Riesenstern war. Darüber hinaus wäre es höchst verwunderlich, wenn kein Volk außer den Dogon die beiden Sterne bemerkt hätte. Immerhin ist Sirius eines der hellsten Objekte am Himmel, und die Astronomie war im Altertum in Mesopotamien und Alexandria eine hochentwickelte Wissenschaft – ganz zu schweigen von den

Astronomie-Schulen in China und Korea. Sie hätten eine Veränderung ganz sicherlich wahrgenommen.* Bleibt uns dann nur der Schluß, daß Vertreter einer extraterrestrischen Zivilisation die Vorfahren der Dogon besucht haben?

Das Wissen der Dogon um Sirius ist ohne Hilfe des Teleskops nicht zu erlangen. Daraus leitet sich zwingend ab, daß sie Kontakt mit einer fortschrittlichen technischen Zivilisation hatten. Die Frage ist, mit welcher – extraterrestrisch oder europäisch? Sehr viel glaubhafter als eine Aufklärungsmission von Extraterrestriern bei den Dogon wäre ein verhältnismäßig später Kontakt mit gebildeten Europäern, welche dem afrikanischen Volk die Legende von Sirius und seinem weißen Zwergbegleiter vermittelten, einen Mythos, der alle äußeren Merkmale einer mündlichen Überlieferung aufweist. Vielleicht stammt das Wissen von einem Europäer, der Afrika bereiste, oder von den französischen Schulen, die es dort gab, vielleicht auch von Afrikanern, die im Ersten Weltkrieg für die Franzosen in Europa kämpften.

Die Wahrscheinlichkeit, daß Europäer und nicht Extraterrestrier die Urheber dieser Legende sind, erhärtet sich durch eine astronomische Entdeckung unserer Tage: Ein Forscher-Team der Cornell University, angeführt von James Elliott, das ein fliegendes Observatorium hoch über dem Indischen Ozean einsetzte, fand 1977 heraus, daß auch der Planet Uranus von Ringen umgeben ist – eine Tatsache, die von der Erdoberfläche aus nie beobachtet werden konnte. Extraterrestriern wäre es nun bei der Annäherung an unser Sonnensystem kaum schwergefallen, die Ringe des Uranus zu entdecken. Europäische Astronomen des neunzehnten oder frühen zwanzigsten Jahrhunderts hingegen wußten noch nichts davon. Daß die Dogon nur die Ringe des Saturn kennen, deutet für mich darauf hin, daß sie ihre Informationen von Europäern und nicht von Extraterrestriern bezogen.

1844 beobachtete der deutsche Astronom F. W. Bessel, daß die Bahn von Sirius (Sirius A) leicht um eine Gerade oszillierte.

---

* Die altägyptische Umschreibung für den Planeten Mars lautete »der rote Horus« (Horus ist der Name des falkenköpfigen Sonnengottes). Man kann also davon ausgehen, daß die ägyptische Astronomie besondere Farben von Himmelskörpern durchaus festhielt. In der Sirius-Schilderung findet sich jedoch kein Hinweis bezüglich der Farbe.

Bessel postulierte darauf, daß Sirius einen dunklen Begleiter haben müsse, dessen Gravitationseinfluß die beobachtete sinusförmige Schwankung hervorrief. Da die Oszillationsperiode fünfzig Jahre betrug, schloß Bessel, daß der dunkle Begleitstern das gemeinsame Massezentrum in einem Fünfzig-Jahre-Rhythmus umkreiste.

Achtzehn Jahre später bekam Alvan G. Clark Sirius B zufällig ins Bild, während er ein neues 18,5-Zoll-Refraktionsteleskop erprobte. Mit Hilfe der Newtonschen Gravitationsgesetze können wir aus den relativen Bewegungen die Masse von Sirius A und Sirius B schätzen. Dabei zeigt sich, daß der Begleiter etwa die gleiche Masse besitzt wie unsere Sonne. Aber Sirius B leuchtet nahezu tausendmal schwächer als Sirius A, obwohl ihre Massen fast übereinstimmen und sie beide den gleichen Abstand von der Erde haben.

Diese Fakten lassen sich nur dann in Einklang bringen, wenn Sirius B einen sehr viel kleineren Durchmesser oder eine weit niedrigere Temperatur aufweist. Aber Ende des neunzehnten Jahrhunderts glaubten die Astronomen zu wissen, daß Sterne von der gleichen Masse ungefähr die gleiche Temperatur besitzen mußten, und um die Jahrhundertwende war man allgemein der Ansicht, daß die Temperatur von Sirius B nicht ungewöhnlich niedrig sei. Spektroskopische Analysen durch Walter S. Adams im Jahre 1915 haben diese Annahmen bestätigt. Demnach muß Sirius B sehr klein sein. Wir wissen heute, daß er sich im Ausmaß etwa mit der Erde vergleichen läßt. Wegen seiner Größe und Farbe gehört er in die Kategorie der weißen Zwergsterne. Wenn nun aber Sirius B viel kleiner ist als Sirius A, muß seine Dichte weit höher sein. Dementsprechend stellte man sich Sirius B Anfang unseres Jahrhunderts allgemein als extrem dichten Stern vor.

Die besondere Natur des Siriusbegleiters wurde ausführlich in Büchern und in der Presse vorgestellt. So lesen wir in Sir Arthur Stanley Eddingtons Band *The Nature of the Physical World:* »Aufgrund der astronomischen Daten gibt es praktisch keinen Zweifel mehr daran, daß die Materiedichte der sogenannten *weißen Zwergsterne* alle terrestrischen Erfahrungswerte übersteigt; beim Begleitstern von Sirius beispielsweise beträgt die Dichte etwa eine Tonne pro Kubikzoll. Diese Beschaffenheit erklärt sich aus der Tatsache, daß die hohe Temperatur und die daraus folgende heftige Bewegung der Materie die äußeren Elektronen der Atome freisetzt (ionisiert), so daß die Fragmente noch viel enger zusammengepackt werden können.« Bereits im ersten Jahr der Veröffentlichung (1928) mußten von dem Buch zehn Neuauflagen gedruckt werden. Man übersetzte es in viele Sprachen, auch ins Französische. Der Gedanke, daß sich bei der Materie der weißen Zwergsterne die Elektronen gelöst haben, wurde erstmals 1925 von R. H. Fowler geäußert und fand rasch Anerkennung. Zwischen 1934 und 1937 kam in Großbritannien der indische Astrophysiker S. Chanrasekhar zu der Ansicht, daß sich weiße Zwergsterne aus »relativistisch degenerierter Materie« zusammensetzten; Astronomen, die nicht mit der Quantenmechanik aufgewachsen waren, nahmen die Idee mit beträchtlicher Skepsis auf. Einer der heftigsten Gegner war Eddington. Die Diskussion wurde in der wissenschaftlichen Presse ausgetragen und war für jeden intelligenten Laien zugänglich. All das spielte sich ab, kurz bevor Griaule auf die Dogon-Legende von Sirius stieß.

Vor meinem geistigen Auge entsteht das Bild eines Globetrotters gallischer Abkunft, der Anfang dieses Jahrhunderts im damaligen Französisch-Westafrika auftauchte und den Dogon einen Besuch abstattete. Vielleicht war er Diplomat, vielleicht ein Forscher, Abenteurer oder einer der ersten Anthropologen. Solche Leute – zum Beispiel Richard Francis Burton – hielten sich schon viele Jahrzehnte früher in Westafrika auf. Das Gespräch kommt auf Sternlegenden. Sirius ist das hellste Objekt am Himmel.

Die Dogon erfreuen den Gast mit Erzählungen ihrer Sirius-Mythen. Dann erkundigen sie sich neugierig, erwartungsvoll, nach den Sirius-Legenden *seines* Volkes. Vielleicht liest er, ehe er antwortet, in einem abgegriffenen Buch, das sich in seinem Gepäck befindet. Da der weiße Zwergebegleiter von Sirius *die* astronomische Sensation ist, kann der Besucher eine spektakuläre Geschichte im Austausch für einen ganz normalen Mythos bieten. Nach seiner Abreise wird der Bericht bei den Eingeborenen so oft wiederholt, bis er schließlich ganz in die Dogon-Mythologie eingeht – zumindest in ein Teilgebiet (vielleicht: Sirius-Legenden des Weißen Mannes). Als Marcel Griaule zwischen 1930 und 1940 nach mythologischen Stoffen sucht, setzt man ihm die europäische Version als Volksgut vor.

Dieser Kreislauf eines Mythos, ausgestreut und von einem unachtsamen Anthropologen wieder zurückgebracht zu seiner Ursprungskultur, mag Zweifel hervorrufen, aber es gibt unter Fachleuten genug ähnliche Beispiele. Ich will hier nur einige aufzählen:

Anfang des zwanzigsten Jahrhunderts stellte sich ein frischgebackener Anthropologe die Aufgabe, über Sitten und Gebräuche der amerikanischen Urbevölkerung im Südwesten zu berichten. Ihm ging es darum, die ausschließlich mündlich überlieferten Traditionen niederzuschreiben, ehe sie ganz ausstarben. Die jungen Indianer hatten sich bereits zu weit vom Erbe der Väter entfernt, und so wandte sich der Anthropologe mit seinen Fragen vor allem an ältere Stammesmitglieder. Eines Tages saß er mit einem alten, aber sehr lebhaften und mitteilsamen Eingeborenen vor einem Hogan.

»Welche Zeremonien gab es in deinem Stamm bei der Geburt eines Kindes?«

»Einen Augenblick.«

Der alte Indianer schlurfte in die dunklen Tiefen des Hogans. Nach einer Pause von fünfzehn Minuten kehrte er mit einer erstaunlich genauen und umfangreichen Beschreibung der Geburtsrituale zurück, einschließlich Austreibungsphase, Nachgeburt und erstem Schrei des Kindes. Fieberhaft schreibend, fragte sich der Anthropologe durch sämtliche Rituale von der Pubertät über Heirat und Kinderkriegen bis zum Tode. Jedesmal verschwand sein Gesprächspartner im Hogan und kam eine Viertelstunde später mit einem reichen Wissensschatz wieder. Der Anthropologe war verwirrt. Konnte es sein, daß sich im Innern der Adobe-Behausung ein noch älterer Stammesangehöriger befand, gebrechlich vielleicht und bettlägerig? Endlich faßte er sich ein Herz und fragte den Mann, was er eigentlich tat, wenn er in den Hogan ging. Der Alte lächelte, verschwand ein letztes Mal und kam mit einem abgenutzten Exemplar des *Dictionary of American Ethnology* zurück, das Anthropologen ein Jahrzehnt zuvor zusammengestellt hatten. Der arme Weiße, hatte er wohl gedacht, ist so voller Wißbegier und Lerneifer. Sicherlich besitzt er nicht dieses prächtige Buch, in dem alles über die Traditionen meines Volkes steht. Ich werde ihm Auskunft geben.

Meine beiden anderen Beispiele handeln von den Abenteuern

eines außergewöhnlichen Arztes, Dr. D. Carleton Gajdusek, der sich jahrelang mit *Kuru*, einer seltenen Viruserkrankung bei den Eingeborenen von Neu-Guinea, auseinandersetzte. Für diese Arbeit erhielt er 1976 den Nobelpreis in Medizin. Ich bin Dr. Gajdusek dankbar, daß er sich die Mühe machte, meine Version der Geschichten, die ich vor vielen Jahren von ihm hörte und aus dem Gedächtnis niederschrieb, nachzulesen und zu überprüfen. Neu-Guinea ist eine Insel, deren Gebirgszüge – ähnlich wie im alten Griechenland, aber noch stärker ausgeprägt – die einzelnen Täler und ihre Bewohner völlig von der Umwelt abschneiden. Infolgedessen gibt es auf Neu-Guinea eine bunte Vielfalt kultureller Traditionen.

Im Frühjahr 1957 reisten Dr. Gajdusek und Dr. Vincent Zigas, ein Angehöriger des Gesundheitsministeriums im damaligen Territorium von Papua und Neu-Guinea, zusammen mit einem australischen Verwaltungsbeamten vom Purosa-Tal durch die Gebirgsketten der kulturellen und linguistischen Einheit South Fore zu dem Dorfe Agakamatasa, um »freies Territorium« zu erforschen. Die Bewohner benutzten noch Steinwerkzeuge, und hie und da stieß man innerhalb der Sippe sogar auf Kannibalismus. In diesen entlegensten aller South-Fore-Dörfer gab es einige Fälle von *Kuru*, das durch Kannibalismus verbreitet wird (allerdings selten über den Verdauungstrakt). Gajdusek und seine Begleiter beschlossen, ein paar Tage zu bleiben, und zogen in eines der großen *wa'e* oder Männerhäuser. (Nebenbei bemerkt, wurde Musik aus einem dieser Häuser mit der *Voyager*-Schallplatte auf die Reise zu den Sternen geschickt.) Die fensterlose, strohgedeckte Hütte mit dem niedrigen Eingang war völlig verqualmt und so abgeteilt, daß die Besucher weder aufrecht stehen noch sich richtig ausstrecken konnten. Es gab eine Reihe von Schlafnischen, jede mit einem eigenen kleinen Feuer, um das sich die Männer und Jünglinge in Gruppen zusammendrängten und einander in den frostigen Hochlandnächten (der Ort lag in etwa 2000 Metern Höhe) wärmten. Um es den Besuchern bequem zu machen, rissen die Stammesangehörigen gastfreundlich die Hälfte der Trennwände heraus; während es draußen zwei Tage und Nächte lang in Strömen goß, konnten Gajdusek und seine Begleiter die Hütte auf dem hohen, windgepeitschten und wolkenverhangenen Bergkamm nicht verlassen. Die eben mannbar gewordenen Jünglinge hatten sich Rindenstreifen in das mit Schweinefett eingeriebene Haar geflochten und große Schmuckplatten durch die Nasenflügel gesteckt; sie trugen Armbänder aus Schweinepenissen und die Genitalien von Opossums und Baumkänguruhs an Schnüren um den Hals.

Während der ganzen ersten Nacht und auch am folgenden Regentag sangen die Gastgeber ihre Stammeslieder. »Um die Freundschaft zu vertiefen«, berichtet Gajdusek, »begannen wir ebenfalls zu singen, darunter russische Weisen wie ›Otchi chornye‹ und ›Moi kostyor v tuman svetit‹«... Die Lieder wurden begeistert aufgenommen, und die Dorfbewohner von Agakamatasa verlangten Dutzende von Wiederholungen in dem raucherfüllten, vom Regen eingeschlossenen Langhaus in South Fore.

Ein paar Jahre danach wollte Gajdusek in einem anderen Teil von South Fore Eingeborenenmusik aufnehmen und bat eine Gruppe junger Männer, ihm ihre Stammesgesänge vorzutragen. Zu Gajduseks großem Staunen war darunter eine zwar abgeänderte, aber noch klar erkennbare Version von »Otchi chornye«. Die meisten Sänger glaubten offenbar, das Lied käme aus der eigenen Tradition, und als Gajdusek später in einem abgelegenen Winkel der Region erneut auf das Lied stieß, hatte keiner der Eingeborenen auch nur die leiseste Ahnung, woher es stammte.

Nun stellen wir uns einmal vor, eine Ethnologen-Gruppe kommt in ein von der Zivilisation nahezu unberührtes Gebiet von Neu-Guinea, um die Eingeborenenmusik zu erforschen, und entdeckt dabei einen Gesang, der in Rhythmus, Melodie und Wortlaut verblüffend wie »Otchi chornye« klingt. Wenn die Leute nichts von den früheren Kontakten dieses Volkes mit den Weißen erfahren, stehen sie vor einem unlösbaren Rätsel.

Gegen Ende des gleichen Jahres 1957 erhielt Gajdusek Besuch von einigen australischen Ärzten. Sie wollten mehr über seine Entdeckung erfahren, daß Kuru durch Kannibalismus von Patient zu Patient übertragen wird. Gajdusek hielt ihnen einen Vortrag und erwähnte dabei auch, wie sich die Eingeborenen in South Fore das Entstehen von Krankheiten erklärten: Sie glaubten nicht daran – wie es Bronislaw Malinowski, der erste Anthropologe in dieser Gegend, von den Küstenstämmen Melanesiens behauptet hatte –, daß die Geister der Toten oder verstorbene Angehörige, die eifersüchtig auf die Lebenden waren, die Krankheiten brachten. Vielmehr schrieben die Fore-

Bewohner die meisten Leiden einem bösen Zauber zu, den jeder männliche Stammesangehörige, ob alt oder jung, verhängen konnte, wenn man ihn gekränkt hatte und er sich rächen wollte. Es gab einen eigenen Zauber für Kuru, aber auch für chronische Lungenleiden, Lepra, Yaws* und so fort. Dieser Glaube stammte aus alter Zeit, und man nahm ihn ernst, aber als die Fore-Bewohner miterlebten, wie etwa Yaws-Geschwüre nach Penicillin-Injektionen durch Gajdusek und seine Helfer vollständig schwanden, ließen sie sich rasch überzeugen, daß die Sache mit dem bösen Zauber ein Irrtum war; in den folgenden Jahren tauchte diese Erklärung nie wieder auf. (Ich wollte, Angehörige der westlichen Zivilisation würden sich von veralteten oder falschen Konzepten ebenso schnell trennen wie die Fore in Neu-Guinea!) Auch die moderne Lepra-Behandlung verdrängte den Glauben an Zauberei, wenngleich langsamer, und heute lachen die Fore-Stämme über ihre rückständigen Ansichten bezüglich Yaws und Lepra. Bei Kuru dagegen hielt sich der alte Aberglaube hartnäckig, da es den Vertretern der westlichen Zivilisation nicht gelang, Ursprung und Natur dieser Krankheit zufriedenstellend aufzuzeigen oder Heilung herbeizuführen. So blieben die Fore-Bewohner in diesem Punkt skeptisch gegenüber westlichen Aufklärungsversuchen.

Einer der australischen Ärzte nun besuchte ein nahe gelegenes Dorf, begleitet von einem eingeborenen Helfer Gajduseks, der als Dolmetscher diente, untersuchte einen Tag lang Kuru-Kranke und bemühte sich, ein eigenes Bild von den Zusammenhängen zu gewinnen. Bei seiner Rückkehr am Abend verkündete er, Gajdusek habe sich gründlich getäuscht. Die Leute glaubten sehr wohl, daß die Geister der Toten Krankheiten brachten, und sie hätten auch bei Yaws geäußert, daß ein böser Zauber im Spiel sei. Sie hätten ihm erzählt, fuhr er fort, daß ein Toter sich unsichtbar machen könne und der unsichtbare Geist dann nachts durch eine winzige Verletzung in die Haut eindringe, um im Körper des betreffenden Menschen Yaws hervorzurufen. Einer der Stammesangehörigen, die dem Australier Rede und Antwort standen, hatte sogar das Aussehen des Geistes mit einem Stock in den Sand gezeichnet: ein sorgfältig gezogener Kreis mit ein paar Schnörkeln im Innern. Außerhalb

---

* Frambösie oder Himbeerseuche – *Anm. d. Übers.*

des Kreises, hatten die Leute erklärt, sei alles schwarz; im Innern dagegen herrsche Helligkeit – das Sandporträt eines bösen, krankheitbringenden Geistes.

Gajdusek befragte den jungen Dolmetscher und erfuhr, daß der australische Arzt mit einigen älteren Männern gesprochen hatte, die dem Forscher gut bekannt waren und die ihn oft in seinem Haus und Labor besucht hatten. Sie hatten sich abgemüht, dem Fremden zu erklären, daß der »Keim«, der Yaws hervorrief, die Form einer Spirale hatte – die Spirochäten, die sie oft in Gajduseks Dunkelfeld-Mikroskop betrachtet hatten. Sie mußten zugeben, daß der Keim unsichtbar war – man konnte ihn nur unter dem Mikroskop erkennen –, und als der australische Arzt nachbohrte, ob dies einen Toten darstellen sollte, wiederholten sie Gajduseks Warnung, man könne sich die Krankheit im Schlaf zuziehen, wenn man mit jemand in Kontakt kam, der an Yaws litt.

Ich kann mich noch sehr gut erinnern, wie es war, als ich das erste Mal durch ein Mikroskop schaute. Anfangs waren mir die Wimpern im Wege, und dann starrte ich durch das Okular in das pechschwarze Innere des Tubus, bis ich schließlich weit unten den grellen Lichtkreis entdeckte. Gajduseks Demonstration beeindruckte die Fore-Bewohner so sehr – immerhin ließen sich andere Erklärungen längst nicht so konkret beweisen –, daß sie ihm seine Warnung abnahmen, unabhängig davon, ob er die Krankheit mit Penicillin heilen konnte oder nicht. Vielleicht hielten einige die Spirochäten im Mikroskop für eine Kostprobe der Mythen und Zaubertricks des Weißen Mannes, und als dann ein weiterer Weißer auftauchte und nach dem Ursprung der Krankheit fragte, gaben sie ihm höflich die Erklärung, die er nach ihrer Ansicht am besten verstehen würde. Hätten sich fünfzig Jahre zwischen die beiden Vorfälle geschoben, so wäre der Besucher wohl vor der mysteriösen Tatsache gestanden, daß die Fore-Stämme trotz ihrer weitgehend prätechnischen Zivilisation detaillierte Kenntnisse in medizinischer Mikrobiologie besaßen.

Alle drei Beispiele unterstreichen die beinahe unvermeidlichen Probleme, auf die wir stoßen, wenn wir versuchen, einem »primitiven« Volk seine alten Legenden zu entlocken. Können wir sicher sein, daß nicht schon andere vor uns da waren und die Reinheit der Eingeborenenmythen befleckt haben? Können wir sicher sein, daß sich die Eingeborenen nicht unserer Denkweise anpassen oder gar versuchen, uns auf den Arm zu nehmen? Bronislaw Malinowski glaubte auf den Trobriand-Inseln ein Volk entdeckt zu haben, das den Zusammenhang zwischen Geschlechtsverkehr und Kinderkriegen noch nicht kannte. Als er fragte, wie Kinder gezeugt würden, tischten sie ihm ein verwirrendes Mythengeflecht auf, das in der Hauptsache auf ein himmlisches Eingreifen hinauslief. Erstaunt widersprach Malinowski und lieferte ihnen die übliche westliche Version – einschließlich neunmonatiger Schwangerschaft. »Unmöglich«, entgegneten die Melanesier. »Siehst du nicht die Frau dort drüben mit ihrem sechs Monate alten Kind? Ihr Mann war zwei Jahre lang fort, auf einer anderen Insel.« Was ist wahrscheinlicher – daß die Melanesier keine Ahnung vom Kinderkriegen hatten oder daß sie Malinowski ein wenig aufziehen wollten? Wenn ein komischer Fremder in *meine* Stadt käme und mir die Frage stellen würde, woher die kleinen Kinder stammen, so wäre ich ganz sicherlich versucht, ihm das Märchen vom Storch und dem Zucker auf dem Fensterbrett unterzujubeln. Auch Angehörige prätechnischer Stämme sind Menschen. Die einzelnen sind nicht klüger und nicht dümmer als wir. Das Einfühlen in Angehörige einer anderen Kultur fällt nicht immer leicht.

Ich frage mich, ob die Dogon, nachdem sie von einem Fremden einen ungewöhnlich spannenden Mythos über den Sirius erfahren hatten – einen Stern, der bereits in ihren eigenen Sagen eine große Rolle spielte –, diesen nicht sorgfältig wiederholten, als der französische Anthropologe sie besuchte. Ist das nicht wahrscheinlicher als ein Besuch von Extraterrestriern im alten Ägypten – ein Besuch, von dem eine einzige echte wissenschaftliche Information zeugt, welche im Widerspruch zum gesunden Menschenverstand steht und sich dennoch durch rein mündliche Überlieferung jahrtausendelang erhalten hat, das allerdings nur in Westafrika? Es gibt zu viele Fallstricke, zu viele andere Erklärungsmöglichkeiten an einem solchen Mythos, als daß er ein zuverlässiger Beweis für extraterrestrische Kontakte sein könnte. Wenn es Extraterrestrier gibt, dann halte ich es für weit wahrscheinlicher, daß unbemannte planetarische Raumschiffe und große Radioteleskope sie entdecken werden.

7
Die Venus und Dr. Velikovsky

(Die Philosophen) ...wollen eben nicht gut dafür stehen, ob nicht heute noch ein so böser Comet kömmt, der uns den friedsamen Mond wegraubt, oder der Erde selbst einen Stoß giebt, daß sie zu Trümmern fährt, oder wenigstens einen guten Theil seines Schweifes in unserer Atmosphäre zurückläßt... Copernicus würde sich auf seinen Triumph nicht viel zu gut halten, wenn er wüßte, daß wir nun zu besorgen haben, es möchte ein Comet kommen, und die Erde bis jenseits der Fixsterne mit sich fortschleppen, oder wenigstens uns alle ersäufen, zerquetschen, ersticken, verbrennen, und was dergleichen Unheil mehr ist, das uns die Weltweisen befürchten machen.

J. H. LAMBERT,
Cosmologische Briefe über die Einrichtung des Weltbaues (1761)

Wie gefährlich auch immer der Aufprall eines Cometen sein mag, er könnte so schwach erfolgen, daß er nur jenen Teil der Erde beschädigte, den er in der Tat berührte; vielleicht gäben wir uns auch zufrieden, wenn zwar das eine oder andere Reich verwüstet würde, die übrige Erde aber die Kostbarkeiten genießen könnte, welche ein Himmelskörper aus so weiten Fernen möglicherweise mitbrächte. Vielleicht würden wir zu unserer großen Verwunderung entdecken, daß die Trümmer der von uns verachteten Massen aus Gold und Diamant bestünden; aber wer staunte wohl mehr, wir oder die Cometenbewohner, die auf unserer Erde strandeten? Welch absonderliche Geschöpfe wären wir in ihren Augen und sie in unseren!

MAUPERTIUS
Lettre sur la comète (1752)

Wissenschaftler leben wie andere Menschen mit ihren Hoffnungen und Ängsten, ihren Leidenschaften und ihrer Verzagtheit – und die starken Gefühle, die sie bewegen, können mitunter der logischen Abfolge von Denken und Handeln entgegenwirken. Andererseits aber korrigiert sich die Wissenschaft selbst. Wir haben das Recht, auch die fundamentalen Axiome und Schlüsse anzuzweifeln. Sämtliche gängigen Hypothesen müssen sich die Konfrontation mit Fakten gefallen lassen. Das Pochen auf die Meinung von Kapazitäten ist nicht erlaubt. Die einzelnen Schritte zu einer wohldurchdachten Argumentation müssen so erfolgen, daß jeder sie versteht. Experimente haben nur dann Gültigkeit, wenn sie sich reproduzieren lassen.

In der Geschichte der Wissenschaften gibt es genug Fälle, wo einst anerkannte Theorien und Thesen total umgestoßen und durch Lehren ersetzt wurden, welche die Fakten besser erklären. Trotz einer verständlichen psychologischen Sperre – die im allgemeinen etwa eine Generation dauert – werden solche Revolutionen im wissenschaftlichen Denken von der großen Mehrheit als notwendiges und wünschenswertes Element der fortschrittlichen Forschung anerkannt. Ja, die logisch fundierte Kritik an einer gängigen These ist ein guter Dienst, den man ihren Befürwortern erweist; gelingt es ihnen nicht, ihre Ansichten zu verteidigen, so tun sie besser daran, dieselben aufzugeben. Dieser Aspekt der wissenschaftlichen Methode, der in Frage stellt und Irrtümer korrigiert, ist zugleich ihr verblüffendstes Merkmal und hebt sie von allen anderen Gebieten menschlichen Strebens ab, wo eher Leichtgläubigkeit die Regel ist.

Die Vorstellung, daß die Wissenschaft eher eine Denkweise darstellt als ein Anhäufen von Daten, wird von Außenstehenden, ja selbst von einigen Leuten in den eigenen Reihen, wenig gewürdigt. Aus diesem Grunde haben ich und einige Kollegen von der American Association for the Advancement of Science uns dafür eingesetzt, daß bei den Jahreszusammenkünften der AAAS regelmäßig eine Diskussion über Themen stattfinden soll, die im Grenzbereich der Wissenschaften liegen und ein starkes öffentliches Echo hervorgerufen haben. Der Gedanke dabei ist nicht, solche Streitfragen endgültig zu klären, sondern eher, den Prozeß logischer Disputation zu veranschaulichen und zu zeigen, wie Wissenschaftler ein Problem anpacken, das sich einer eindeutigen experimentellen Klärung entzieht, durch seine vielschichtige Natur unorthodox ist oder ganz einfach starke, die Logik überlagernde Emotionen weckt.

Heftige Kritik an neuen Ideen ist auf dem Gebiet der Wissenschaften normal. Wenngleich der Stil der Kritik mit dem Charakter des Kritikers variiert, nützt übervorsichtige oder allzu höfliche Kritik weder den Befürwortern neuer Ideen noch dem wissenschaftlichen Unterfangen an sich. Jeder echte Einwand ist erlaubt und sollte ermutigt werden – mit einer Ausnahme: Angriffe gegen die Person oder die Motive des Urhebers sind verboten. Es spielt keine Rolle, welchen Grund der Befürworter einer These hat, seine Ideen an die Öffentlichkeit zu bringen, oder was seine Gegner dazu treibt, sie zu kritisieren. Wichtig ist nur, ob die Ideen richtig oder falsch, vielversprechend oder ein Rückschritt sind.

Hier zum Beispiel ist das zusammenfassende Urteil – ein wenig hart, aber durchaus in den Grenzen des Üblichen – zu einem Artikel, welcher der wissenschaftlichen Zeitschrift *Icarus* zur Veröffentlichung angeboten und von einem qualifizierten Sachverständigen gelesen wurde: »Nach Ansicht des Lektors eignet sich das Manuskript auf keinen Fall für eine Veröffentlichung im *Icarus*. Es basiert nirgends auf logischen wissenschaftlichen Untersuchungen und stellt bestenfalls eine unzulässige Spekulation dar. Der Autor hat seine Thesen nicht scharf herausgearbeitet, die Schlußfolgerungen wirken unklar, doppeldeutig und entbehren jeder Grundlage; zudem ist der Autor anscheinend nicht vertraut mit der einfachsten wissenschaftlichen Literatur...« Der Lektor fährt fort, seine Bemerkungen im einzelnen zu begründen. Die Arbeit wurde nicht angenommen. Derartige Ablehnungen gelten im allgemeinen als Segen für die Wissenschaft und als ein Gefallen, den man dem Autor erweist. Die meisten Forscher sind daran gewöhnt, sich mit der (etwas milderen) Kritik eines Fachlektors auseinanderzusetzen, sobald sie einen Artikel an eine wissenschaftliche Zeitschrift einsenden. Fast immer erweist sich die Kritik als hilfreich. Oft wird eine entsprechend der Kritik abgeänderte Arbeit bei einem neuerlichen Einsenden zur Veröffentlichung angenommen. Als ein weiteres Beispiel offener, direkter Kritik an der wissenschaftlichen Literatur kann ich dem interessierten Leser den Band *Comments of the Jupiter Effect* von J. Meeus (1975) und den zugehörigen Kommentar im *Icarus* empfehlen.

Harte Kritik ist in der Wissenschaft konstruktiver als in manchen anderen Bereichen menschlichen Wirkens, weil es in der Wissenschaft angemessene Gültigkeitsmaßstäbe gibt, über die sich kompetente Autoritäten auf der ganzen Welt einig sind. Das Ziel einer solchen Kritik liegt nicht darin, neue Ideen zu unterdrücken, sondern vielmehr, sie zu fördern: Die Thesen, die einer umfassenden, skeptischen Untersuchung standhalten, haben meist eine gute Chance, sich durchzusetzen, oder erweisen sich zumindest als wertvoller Beitrag zu einem bestimmten Themenkreis.

Die Gefühlswogen innerhalb der wissenschaftlichen Gemeinde schwappten hoch, als es um die Diskussion von Immanuel Velikovskys Werk ging, ganz besonders um sein erstes Buch *Worlds in Collision (Welten im Zusammenstoß)*, das 1950 veröffentlicht wurde. Ich weiß, daß einige Wissenschaftler aufgebracht waren, weil die New Yorker Literaturgewaltigen sowie ein Redakteur von *Harper's* Velikovsky mit Einstein, Newton, Darwin und Freud auf eine Stufe stellten, aber dieser Groll entspringt eher einer menschlichen Schwäche als dem wissenschaftlichen Urteil. Beide hausen dicht nebeneinander in einer Person. Andere ärgerten sich über die Verwendung indischer, chinesischer, aztekischer, assyrischer oder biblischer Texte als Beweismaterial für extrem heterodoxe Ansichten in der Himmelsmechanik. Ich hege hier den Verdacht, daß nicht viele Physiker oder Astronomen die genannten Sprachen beherrschen oder mit solchen Texten vertraut sind.

Meine eigene Ansicht lautet, daß es keine Entschuldigung – und erst recht keine für Wissenschaftler – gibt, neue Gedanken zu unterdrücken, ganz gleich, wie unorthodox die Beweisführung ist oder wie unangenehm die Schlußfolgerungen sein mögen. Deshalb war ich hocherfreut, daß die AAAS eine Diskussion über *Welten im Zusammenstoß* abhielt, an der auch Velikovsky teilnahm.

Beim vorbereitenden Sichten der kritischen Literatur war ich überrascht, wie wenig es davon gab und wie selten das Vorhandene bis zum Kern von Velikovskys These vorstieß. In der Tat, weder die Kritiker noch die Befürworter Velikovskys scheinen sein Werk sorgfältig gelesen zu haben, und in einigen Punkten regt sich der Verdacht, daß nicht einmal Velikovsky seinen

Velikovsky genau genug kennt. Vielleicht hilft die ausführliche Veröffentlichung über das AAAS-Symposium (Goldsmith, 1977) ebenso wie dieses Kapitel, dessen wichtigste Schlußfolgerungen bei dem Treffen vorgebracht wurden, die strittigen Punkte klären.

Im vorliegenden Kapitel habe ich mein Möglichstes getan, die These von *Welten im Zusammenstoß* kritisch zu analysieren, mich dem Problem sowohl von Velikovskys wie von meinem Standpunkt zu nähern – mit anderen Worten, ich bezog die alten Schriften, die im Brennpunkt des Konfliktes stehen, voll mit ein, stellte die Schlußfolgerungen Velikovskys aber den Fakten und der Logik gegenüber, die mir zur Verfügung stehen.

Velikovskys Haupt-These ist die, daß wichtige Ereignisse in der Geschichte sowohl der Erde wie auch unseres Planetensystems weniger unter dem Vorzeichen einer gleichförmigen Entwicklung als unter dem Einfluß von Katastrophen abliefen. Uniformitarismus und Katastrophismus heißen die Schlagworte, eingeführt von Geologen, um jenen großen Streit zusammenzufassen, der in den Anfängen ihrer Wissenschaft entbrannte, allem Anschein nach zwischen 1785 und 1830 in den Schriften von James Hutton und Charles Lyell gipfelte und zugunsten der Uniformitarier ausging. Sowohl die Namen wie die Praktiken dieser beiden Sekten erinnern an vertraute theologische Vorläufer. Anhänger der Entwicklungstheorie erklären, die Landformen auf der Erde seien durch Vorgänge entstanden, wie wir sie noch heute beobachten können, vorausgesetzt, sie wirken über unendlich große Zeiträume hinweg. Anhänger der Katastrophen-Hypothese behaupten, daß eine kleine Anzahl gewaltsamer Ereignisse, die sich in sehr viel kürzerer Zeit abspielten, dafür verantwortlich sind. Die Katastrophen-Hypothese entstand vor allem in den Köpfen jener Geologen, die eine wörtliche Auslegung der Genesis und hier insbesondere der Sintflut vertraten. Es hat nicht den geringsten Zweck, ihren Befürwortern vorzuhalten, daß wir in unserer Zeit keinen einzigen Vorfall dieser Art erlebt haben. Die These kommt mit einem Minimum an Katastrophen aus. Wenn uns jedoch der Beweis gelingt, daß Prozesse, wie sie auch heute noch ablaufen, bei ausreichend langem Einwirken die fraglichen Landformen oder sonstigen Veränderungen hervorrufen konnten, dann besteht zumindest keine Notwendigkeit für die Katastrophen-Hypothese. Natürlich können in der Geschichte unseres Planeten Langzeitprozesse *und* Katastrophen eine Rolle gespielt haben – und taten es sicher auch.

Velikovsky behauptet, daß vor relativ kurzer Zeit eine Reihe von Himmelskatastrophen stattgefunden habe, welche sich auf die Erde auswirkten – Fast-Zusammenstöße von Kometen sowie kleinen und großen Planeten. Astronomen der Vergangenheit haben nicht gezögert, sich auf Katastrophen zu berufen, um Naturphänomene zu erklären. Spitzer und Baade zum Beispiel mutmaßten (1951), daß die Ursache extragalaktischer Radioquellen in der Kollision ganzer Galaxien mit Hunderten von Milliarden Sternen zu suchen sei. Diese These hat man inzwischen fallengelassen – nicht weil kosmische Kollisionen undenkbar sind, sondern weil Frequenzen und andere Merkmale solcher Zusammenstöße nicht zu den Fakten passen, die man über derartige Radioquellen gesammelt hat. Eine immer noch populäre Theorie zur Energiequelle von Quasaren ist der Zusammenstoß vieler Sterne im Zentrum von Galaxien – wo Katastrophen gewiß zum Alltag gehören.

Kollisionen und Katastrophen sind in der Astronomie von heute und gestern gängige Themen (siehe Einleitung zu diesem Kapitel). So dürften in der Anfangsgeschichte des Sonnensystems, wo gewiß weit mehr Objekte umherschwirrten als heutzutage – einschließlich Himmelskörper mit sehr exzentrischen Bahnen – Zusammenstöße häufig gewesen sein. Lecar und Franklin (1973) untersuchten Hunderte von Kollisionen, die sich in der Frühgeschichte des Asteroidengürtels während eines Zeitraums von nur einigen tausend Jahren ereignet hatten, um die heutige Struktur dieser Region besser zu verstehen. In einer anderen Arbeit mit dem Titel »Cometary Collisions and Geological Periods« (1973) befaßt sich Harold Urey mit den möglichen Konsequenzen, darunter Erdbeben und das Erwärmen der Meere, welche der Zusammenstoß der Erde mit einem Kometen durchschnittlicher Masse (10^{18} Gramm) hervorrufen könnte. Das Tunguska-Ereignis im Jahre 1908, als ein Wald in Sibirien einfach flachgewalzt wurde, wird oft der Kollision mit einem kleinen Kometen zugeschrieben. Die von Kratern durchsetzten Oberflächen von Merkur, Mars, Phöbos, Deimos und unserem Mond sind deutliche Hinweise auf die Tatsache, daß es in der Geschichte des Sonnensystems mehr als genug Kollisionen gegeben hat. Der Gedanke kosmischer Katastrophen ist für Leute, die sich mit der Physik des Sonnensystems beschäftigen, also durchaus nicht ungewöhnlich und geht zurück bis zu den Untersuchungen der Mondoberfläche, die G. K. Gilbert, der erste Direktor der amerikanischen Geological Survey, Ende des neunzehnten Jahrhunderts anstellte.

Was soll dann all das Getöse um dieses Thema? Es geht um den Zeitmaßstab und die Richtigkeit der vorgelegten Beweise. In der 4,6 Milliarden langen Geschichte des Sonnensystems muß es eine Reihe von Kollisionen gegeben haben. Aber gab es größere Zusammenstöße der Erde mit Himmelskörpern während der letzten dreieinhalbtausend Jahre? Und kann das Studium alter Schriften solche Zusammenstöße nachweisen? Das ist der Kern des Problems.

Velikovsky hat die Aufmerksamkeit auf eine große Zahl von bemerkenswert ähnlichen, ja übereinstimmenden Sagen und Legenden gelenkt, die ihren Ursprung bei den verschiedensten, durch große räumliche Abstände voneinander getrennten Völkern haben. Ich verstehe zwar kaum etwas von den Kulturen und Sprachen der erwähnten Völker, aber ich finde die von Velikovsky zusammengetragenen Legenden und ihre Parallelen atemberaubend. Gewiß, es gibt Experten für diese Kulturen, die sich weniger beeindruckt zeigen. Ich entsinne mich an ein angeregtes Gespräch über *Welten im Zusammenstoß*, das ich mit einem bekannten Hochschulprofessor für Semitistik führte. Dabei sagte er dem Sinne nach: »Die Assyrologie, Ägyptologie, Bibelforschung und all dieses Talmud- und Midrasch-Zeug ist natürlich Quatsch. Was mich beeindruckt hat, war die Astronomie.« Nun, mir erging es eher umgekehrt. Aber ich will mich nicht von der Meinung anderer Leute beeinflussen lassen. Meine Haltung in der Angelegenheit ist die: Wenn auch nur zwanzig Prozent der Legenden-Übereinstimmungen, die Velikovsky aufgespürt hat, echt sind, dann stehen wir vor einer bedeutenden Frage, die nach einer Erklärung verlangt. Zudem gibt es in der Geschichte der Archäologie eine eindrucksvolle Reihe von Beispielen – von Heinrich Schliemann und Troja bis hin zu Yigael Yadin und Masada – wo sich die Beschreibungen in alten Schriften nachträglich als zutreffend herausstellten.

Wenn nun eine Vielzahl weit verstreuter Kulturen Legenden besitzen, die augenfällige Ähnlichkeiten aufweisen – wie ist das zu deuten? Vier Möglichkeiten bieten sich an: gemeinsame Beobachtung, Verbreitung, Gedankenverkettung oder Zufall. Betrachten wir sie der Reihe nach:

Gemeinsame Beobachtung: Eine Erklärung wäre, daß die fraglichen Kulturen alle dasselbe Ereignis beobachteten und die gleichen Schlüsse daraus zogen. Natürlich kann mehr als eine Ansicht dazu bestehen, *was* dieses gemeinsam beobachtete Ereignis darstellte.

Verbreitung: Die Legende entstand innerhalb einer Kultur, verbreitete sich aber im Laufe der zahlreichen, großräumigen Völkerwanderungen und fand so – mit Abwandlungen – Einlaß in vielen Kulturen, die scheinbar nichts miteinander zu tun hatten. Ein primitives Beispiel hierfür ist der amerikanische *Santa-Claus*-Brauch. Er entwickelte sich aus der europäischen Legende vom Heiligen Nikolaus, dem Schutzpatron der Kinder, und diese wiederum hat ihre Wurzeln in vorchristlicher Tradition.

Gedankenverkettung: Eine These, die auch unter den Namen *Rassengedächtnis* oder *das kollektive Unbewußte* bekannt ist. Sie besagt, daß bestimmte Ideen, Urformen, Legendengestalten und Geschichten von Geburt an im Menschen angelegt sind, vielleicht in der gleichen Weise, wie ein Pavianjunges vom ersten Tag an Schlangen fürchtet oder ein Vogel, der abgeschirmt von seinen Artgenossen aufgezogen wird, ein Nest zu bauen vermag. Ganz sicher wird eine Erzählung, die der Beobachtung oder Verbreitung entspringt, mit größerer Wahrscheinlichkeit im Kulturerbe festgehalten, wenn sie mit der Gedankenverkettung im Einklang steht.

Zufall: Aus reinem Zufall können zwei unabhängig voneinander entstandene Legenden einen ähnlichen Inhalt haben. In der Praxis verschmilzt diese These mit der Gedankenverkettung.

Wollen wir die scheinbaren Übereinstimmungen nun kritisch beurteilen, so müssen wir zuerst einige naheliegende Vorsichtsmaßnahmen treffen. Sagen die Geschichten wirklich das gleiche aus? Bestehen sie aus den gleichen Hauptelementen? Wenn man sie der gemeinsamen Beobachtung zuschreibt – stammen sie dann aus der gleichen Zeit? Können wir die Möglichkeit eines persönlichen Kontaktes zwischen Vertretern der fraglichen Kulturen während oder vor der besprochenen Epoche ausschließen? Velikovsky bevorzugt eindeutig die These der gemeinsamen Beobachtung, scheint mir jedoch die Verbreitungs-Theorie viel zu lässig vom Tisch zu fegen. So sagt er: »Wie könnten ausgefallene Folklore-Motive bis auf einsame Inseln vordringen, deren Bewohner keinerlei Möglichkeit haben, das Meer zu überqueren?« Ich bin nicht sicher, auf welche Inseln und auf welche Eingeborenen Velikovsky sich hier bezieht, aber es dürfte jedem klar sein, daß die Bewohner einer Insel ja irgendwie dorthin gelangt sein müssen. Ich glaube nicht, daß Velikovsky an eine eigene Erschaffung etwa der Gilbert- und Ellice-Inseln glaubt. Im Falle von Polynesien und Melanesien gibt es inzwischen umfangreiches Beweismaterial, daß die Insulaner Tausende von Kilometern auf dem Meer zurückgelegt haben – und das vermutlich in einer viel früheren Zeit als bisher angenommen (Dodd, 1972).

Oder wie würde Velikovsky die Tatsache erklären, daß der Tolteken-Name für »Gott« *teo* gewesen zu sein scheint, wie in der großen Pyramidenstadt Teotihuacán (Stadt der Götter) nahe dem heutigen Mexico City? Es gibt kein gemeinsames Himmelsereignis, das diese Übereinstimmung verständlich erklären könnte. Tolteken und Nahuatl besitzen keine indogermanischen Sprachen, und ich halte es auch für unwahrscheinlich, daß das *Wort* für »Gott« in allen Menschengehirnen gleichzeitig vorhanden ist. Dennoch ist *teo* eindeutig verwandt mit der indogermanischen Wurzel für »Gott«, die sich unter anderem in den Begriffen »deus« und »Theologie« erhalten hat. Die bevorzugten Theorien in diesem Fall sind Verbreitung oder Zufall. Es gibt einige Anhaltspunkte dafür, daß in der Zeit vor Kolumbus eine Verbindung zwischen der Alten und der Neuen Welt bestand. Aber auch den Zufall sollte man nicht ganz beiseite schieben: Beim Vergleich von zwei Sprachen – jede zusammengesetzt aus zehntausend und mehr Begriffen, jede gesprochen von Menschen mit dem gleichen Kehlkopf, der gleichen Zunge und den gleichen Zähnen – darf es nicht überraschen, wenn einige Worte zufällig gleich klingen. Ähnliches gilt für Legenden, bei denen das eine oder andere Element übereinstimmt. Ja, ich glaube sogar, daß sich *alle* Übereinstimmungen, die Velikovsky als Beispiele anführt, auf diese Weise erklären lassen.

Sehen wir uns einmal an, wie Velikovsky diese Fragen zu lösen versucht. Er verweist auf gewisse übereinstimmende Berichte, die direkt oder auf Umwegen mit Himmelsereignissen in Zusammenhang stehen und sich meinetwegen auf eine Hexe, eine Maus, einen Skorpion oder einen Drachen beziehen. Seine Erklärung: Mehrere Kometen wurden beim Fast-Zusammenstoß mit der Erde durch die Einwirkung von Gezeiten oder Elektrizität verzerrt und nahmen die Gestalt einer Hexe, einer Maus, eines Skorpions oder eines Drachen an – Formen, die von kulturell voneinander isolierten Völkern mit sehr unterschiedlicher Entwicklung völlig gleich gedeutet wurden. Selbst wenn wir als gegeben annehmen, daß ein Komet fast mit der Erde zusammenstieß, fehlt jeglicher Versuch eines Beweises, wie ein so ausgeprägtes Bild – zum Beispiel eine Frau mit einem Spitzhut, die auf einem Besen reitet – entstehen könnte. Unsere Erfahrung mit Rorschach-Kärtchen und anderen Psycho-Tests geht dahin, daß die befragten Personen ein bestimmtes abstraktes Bild völlig unterschiedlich interpretieren. Velikovsky aber geht noch weiter und behauptet folgendes: Bei der Annäherung eines »Sterns« – den er offensichtlich mit dem Planeten Mars gleichsetzt – an die Erde wird der Himmelsbesucher so verändert, daß er die Formen von Löwen, Schakalen, Hunden, Schweinen und Fischen annimmt. Das erklärt seiner Ansicht nach die Tierverehrung der Ägypter. Ich finde diese Art von Beweisführung nicht gerade eindrucksvoll. Ebensogut könnten wir annehmen, daß die gesamte Menagerie im zweiten Jahrtausend vor Christus fliegen konnte – und damit hätte sich die Sache. Sehr viel wahrscheinlicher ist die Theorie der Verbreitung. Ich habe mich in anderem Zusammenhang ausführlich mit Drachenlegenden auf der Erde befaßt und muß sagen, daß ich beeindruckt bin, wie verschieden diese mythischen Geschöpfe, die von westlichen Schriftstellern alle Drachen genannt werden, in Wirklichkeit sind.

Sehen wir uns als weiteres Beispiel das Argument in Kapitel 8, Teil 2, von *Welten im Zusammenstoß* an. Velikovsky spricht hier von einer weltweiten Tendenz alter Kulturen, das Jahr in 360 Tage und in zehn Monate mit je sechsunddreißig Tagen zu gliedern. Velikovsky bietet keine physikalische Richtigstellung an, sondern meint nur, so schlecht könnten die Astronomen von damals kaum gewesen sein, daß sie sich um fünf Tage im Jahr und um sechs Tage in jedem Mondzyklus irrten. Schon bald hätte in Neumondnächten unser guter Trabant vom Himmel geleuchtet, im Juli wäre Schnee gefallen, und man hätte die

Astrologen an den Ohren aufgehängt. Ich besitze einige Erfahrung mit der modernen Astronomie und glaube nicht so unerschütterlich wie Velikovsky an die mathematische Unfehlbarkeit der Sterndeuter von einst. Velikovsky vertritt die These, daß die abweichenden Kalenderregeln *echte* Veränderungen in der Länge der Tage, Monate und/oder Jahre signalisieren – und daß sie ein Beweis für Fastzusammenstöße des Erde-Mond-Systems mit Kometen, Planeten und anderen Himmelsbesuchern sind.

Es gibt eine andere Erklärung. Sie bezieht sich auf die Tatsache, daß ein Jahr nicht aus einer ganzen Zahl von Mondzyklen und ein Mondzyklus nicht aus einer ganzen Zahl von Tagen besteht. Die komplizierten Restwerte sind sicher lästig für eine Kultur, die zwar vor kurzem die Arithmetik eingeführt hat, aber weder große Zahlen noch Brüche kennt. Selbst heutzutage empfinden es religiöse Moslems und Juden als unangenehm, daß Ramadam oder das Passah-Fest jedes Jahr auf ein anderes Datum des Sonnenkalenders fallen. Die Menschheit bevorzugt eindeutig ganze Zahlen; das merkt man am besten, wenn man einem Vierjährigen die Grundlagen des Rechnens beizubringen versucht. Und das scheint mir eine sehr viel plausiblere Erklärung jener Kalender-Unstimmigkeiten zu sein – wenn sie tatsächlich existierten.

Ein Jahr mit dreihundertsechzig Tagen erweist sich (oder erwies sich) als recht bequem für eine Zivilisation, deren Zahlensystem auf 60 basiert – wie bei den Sumerern, Akkadiern, Assyrern und Babyloniern. Umgekehrt stellten dreißig Tage pro Monat oder zehn Monate pro Jahr ein praktisches Schema für die Anhänger des Dezimalsystems dar. Ich frage mich, ob wir es hier nicht eher mit einem Echo des Zusammenpralls von Chauvinisten des Sechziger-Systems und Chauvinisten des Dezimalsystems zu tun haben als mit einem Zusammenprall von Mars und Erde. Mag sein, daß die Schar der Astrologen in den alten Reichen ein wenig dumm dastand, wenn ihre diversen Kalender schon bald Phasenverschiebungen zeigten, aber das war ein Berufsrisiko, und zudem ersparte es die lästige Gehirnakrobatik mit Brüchen. Genaugenommen erscheint die damalige Auffassung, daß es auf einen Klacks mehr oder weniger nicht ankam, das Kernproblem dieses ganzen Themas zu sein.

Ein Experte für frühere Zeitrechnung (Leach, 1975) stellt fest, daß die ersten acht bis zehn Monate des Jahres in den alten

Zivilisationen benannt waren, während das für die letzten Monate nicht zutraf, weil sie für die landwirtschaftlich orientierte Gesellschaft kaum eine Rolle spielten. Unser Monat Dezember, nach dem lateinischen Wort *decem*, bedeutet der zehnte, nicht der zwölfte Monat. (Das gleiche gilt für September = der siebente, Oktober = der achte, November =der neunte.) Wegen der hohen Zahlen, die man dabei braucht, kümmern sich präwissenschaftliche Völker im allgemeinen nicht um die Tage eines Jahres. Die Monate dagegen registrieren alle mit Beflissenheit. Otto Neugebauer, der sich eingehend mit der Mathematik der alten Kulturen beschäftigt hat, erklärt (1975), daß sowohl in Mesopotamien wie in Ägypten zwei getrennte und einander ausschließende Kalender benutzt wurden: ein Verwaltungskalender, der sich durch glatte, einfache Zahlen auszeichnete, und ein Landwirtschaftskalender, der laufend auf den neuesten Stand gebracht wurde – schwieriger zu durchschauen, aber sehr viel näher an der jahreszeitlichen und astronomischen Realität. Viele alte Kulturen lösten das Kalender-Problem, indem sie am Ende des Jahres einfach fünf Feiertage anhängten. Ich glaube kaum, daß die 360 Tage, die ein Jahr in den Kalendern präwissenschaftlicher Völker hat, ein zwingender Beweis dafür sind, daß die Erde sich damals während einer Rotation um die Sonne 360mal und nicht 365¼ mal um die eigene Achse drehte.

Die Frage läßt sich im Prinzip auch dadurch lösen, daß man die Wachstumsringe von Korallen untersucht. Man weiß heute, daß sie mit einiger Genauigkeit die Anzahl der Tage pro Monat und die Anzahl der Tage pro Jahr anzeigen – ersteres nur bei den Korallen, die dem Rhythmus der Gezeiten ausgesetzt sind. Es scheint keinerlei Anzeichen dafür zu geben, daß in der Vergangenheit der Mond- oder Jahreszyklus anders ablief als heute, und die allmähliche Verkürzung (nicht Verlängerung!) von Tag und Monat im Vergleich zum Jahr, die sich andeutet, wenn wir in der Zeit zurückgehen, steht im Einklang mit der Gezeitentheorie, der Energieerhaltung und dem Drehimpuls innerhalb des Erde-Mond-Systems, ohne daß man zu Kometen- oder sonstigen Fremdeinflüssen Zuflucht nehmen müßte.

Ein weiteres Problem bei Velikovskys Methode ist der Verdacht, daß Legenden, die vage Ähnlichkeit aufweisen, zu ganz verschiedenen Epochen gehören können. Zwar behandelt Velikovsky diese Frage nach der Gleichzeitigkeit von Legenden in einigen seiner späteren Werke, in *Welten im Zusammenstoß* läßt er sie jedoch nahezu ganz außer acht. So stellt er fest, daß die Idee von vier Zeitaltern, die durch Katastrophen beendet werden, sowohl in den religiösen Schriften Indiens wie in denen des Westens auftaucht. Allerdings nennen die *Bhagavad Gita* und die *Veden* weit voneinander abweichende Zahlen solcher Zeitalter, darunter auch unendlich viele; aber, und das ist noch interessanter, die Perioden zwischen den großen Katastrophen werden mit Milliarden Jahren angegeben (siehe zum Beispiel Campbell, 1974). Das paßt nicht so recht zu Velikovskys Chronologie, die von Jahrhunderten oder Jahrtausenden ausgeht. Hier unterscheiden sich Velikovskys Theorie und die Daten, welche sie beweisen sollen, um einen Faktor von etwa einer Million. Oder es werden vage Stellen in der griechischen und mexikanischen Literatur sowie der Bibel zitiert, die sich mit Vulkanismus und Lava-Ausbrüchen befassen. Dabei bemüht sich Velikovsky nicht einmal um den Nachweis, ob sie sich auf annähernd vergleichbare Zeiten beziehen – und da es in jüngerer Zeit in allen drei Gebieten Lavaausbrüche gegeben hat, ist nicht unbedingt ein Ereignis von außen notwendig, um solche Geschichten zu interpretieren.

Trotz umfangreicher Quellenangaben gibt es in Velikovskys Beweisführung meiner Ansicht nach eine Menge bedenklicher und unbewiesener Behauptungen. Lassen Sie mich nur einige erwähnen. Da taucht die höchst interessante Idee auf, daß jede mythologische Bezugnahme jedes Volkes auf jeden Gott, der zufällig ein Gestirn symbolisiert, gleichbedeutend ist mit einer tatsächlichen Beobachtung des entsprechenden Himmelskörpers. Eine kühne These, auch wenn ich nicht sicher bin, was man mit einem Jupiter anfangen soll, der Leda als Schwan und Danae als Goldregen erscheint. An einer Stelle wird die Theorie, daß Götter und Planeten identisch sind, auch dazu benutzt, die Zeit Homers zu bestimmen. Hesiod und Homer jedenfalls, für die Athene voll erwachsen dem Haupte des Zeus entsprang, nimmt Velikovsky beim Wort und behauptet, daß der Himmelskörper Athene aus dem Planeten Jupiter herausgeschleudert wurde. Nur – was *ist* der Himmelskörper Athene? Wiederholt wird er mit dem Planeten Venus gleichgesetzt (Teil 1, Kapitel 9, und an vielen anderen Stellen im Text). Wenn man *Welten im Zusammenstoß* liest, kommt man kaum dahinter, daß die Griechen im allgemeinen *Aphrodite* mit Venus gleichsetzten und daß sie für Athene überhaupt kein Gestirn hatten. Mehr noch, Athene und Aphrodite waren »Zeitgenossinnen«, beide geboren, als Zeus über das Reich der Götter herrschte. Einmal stellt Velikovsky fest, Lucian wisse nicht, »daß Athene die Göttin des Planeten Venus ist«. Der arme Lucian scheint von der Fehlannahme auszugehen, daß Aphrodite die Göttin des Planeten Venus ist. In eine Fußnote dagegen scheint sich ein Fehler eingeschlichen zu haben, denn hier benutzt Velikovsky zum ersten und einzigen Male die Form »Venus (Aphrodite)«. Wieder an einer anderen Stelle hören wir von Aphrodite, der Mondgöttin. Wer ist dann aber Artemis, die Schwester des Sonnengottes Apollo, oder, aus älterer Überlieferung, Selene? Vielleicht gibt es einen guten Grund dafür, Athene mit Venus gleichzusetzen, der mir entgangen ist, aber jedenfalls ist das nicht üblich und war es auch nicht vor zweitausend Jahren – stellt jedoch einen wesentlichen Punkt in Velikovskys Beweisführung dar. Es stärkt nicht gerade unser blindes Vertrauen in weniger bekannte Mythen, die Velikovsky vorstellt, wenn bereits die Himmels-Identifizierung der Athene so lässig erfolgt.

Hier eine Reihe weiterer Behauptungen, für die es kaum eine Rechtfertigung gibt, die jedoch eines oder mehrere von Velikovskys Hauptthemen stützen sollen: der Satz, daß »Meteoriten beim Eintreten in die Erdatmosphäre einen schrecklichen Lärm veranstalten«, obwohl man beobachtet hat, daß sie im allgemeinen lautlos sind; die Aussage, daß »ein Blitz, der in einen Magneten einschlägt, dessen Pole umkehrt«; die Übersetzung von »Barad« in Meteoriten; die Behauptung, daß »Pallas bekanntlich ein anderer Name für Typhon war«. Ferner führt Velikovsky die Regel ein, daß bei zwei Götternamen, die durch Bindestrich zusammengefaßt sind, einer auf ein Gestirn hinweist – wie etwa Ashteroth-Karnaim, eine gehörnte Venus, was Velikovsky als sichelförmige Venus auslegt und als Beweis dafür verwendet, daß die Venus einst nahe genug an der Erde war, daß man ihre Phasen mit bloßem Auge erkennen konnte. Aber was folgt aus dieser Regel für den Gott Ammon-Ra? Sahen die Ägypter die Sonne (Ra) als Widder (Ammon)?

Bei der zehnten Plage im Zweiten Buch Mose sollen statt der »Erstgeborenen« die »Auserwählten« getötet werden. Das ist ein gravierender Schnitzer und weckt den Verdacht, daß an den

Stellen, wo die Bibel Velikovskys Thesen nicht unterstützt, Velikovsky die Bibel neu übersetzt. Mag sein, daß es für all die genannten Dinge einfache Erklärungen gibt, aber in *Welten im Zusammenstoß* sind sie nicht ohne weiteres zu finden.

Ich möchte hier keinesfalls behaupten, daß alle Legendenvergleiche und Zitate aus alten Quellen ähnlich fehlerhaft sind, aber viele scheinen es zu sein, und der Rest könnte sehr gut andere Ursprünge haben, beispielsweise durch Verbreitung.

Da nun die Lage bezüglich der Mythen und Legenden reichlich verschwommen ist, wären die Anhänger Velikovskys sicher dankbar für erhärtende Beweise von anderen Quellen. Was mir auffällt, ist, daß die Kunst überhaupt nicht herangezogen wird. Dabei gibt es eine Vielzahl von Malereien, Bas-Reliefs, Rollsiegeln und anderen Kunstgegenständen, die von der Menschheit geschaffen wurden und mindestens bis ins Jahr 10000 vor Christus zurückgehen. Sie umfassen alle Themen, welche für die Kulturen, die sie schufen, von Bedeutung waren – also auch und vor allem die Mythologie. Astronomische Ereignisse sind nichts Ungewöhnliches in solchen Kunstwerken. Erst vor kurzem hat man auf Höhlenmalereien im amerikanischen Südwesten eindrucksvolle Beweise für zeitgenössische Beobachtungen der Crab-Supernova entdeckt (Brandt, *et al.*, 1974), eines Himmelsereignisses im Jahre 1054, das auch in die Annalen der Chinesen, Japaner und Araber einging. Man hat Archäologen darum gebeten, auch Ausschau nach Darstellungen der noch früheren Gum-Supernova zu halten (Brandt, *et al.*, 1971). Nun sind aber Supernovae lange nicht so eindrucksvoll wie das Näherkommen eines anderen Planeten an die Erde, das mit gewaltigen Blitzentladungen verbunden wäre. Es gibt viele Höhlen, die nicht in der Nähe des Meeres liegen oder so hoch sind, daß sie nicht überflutet werden konnten. Wenn die Katastrophen, die Velikovsky beschreibt, in der Tat geschahen, weshalb gibt es dann keine zeitgenössischen Darstellungen davon? Ich kann deshalb den Legenden-Beweis von Velikovskys These absolut nicht zwingend finden. Vielleicht könnten wir uns dennoch durchringen, seiner Behauptung von planetarischen Zusammenstößen und Weltenkatastrophen Glauben zu schenken, wenn es dafür physikalische Beweise gäbe. Sind aber auch die physikalischen Beweise nicht sehr überzeugend, dann reicht das mythologische Material allein erst recht nicht aus.

Ich möchte an dieser Stelle einmal die wesentlichen Punkte von Velikovskys These zusammenfassen. Ich werde sie neben die im Zweiten Buch Mose erwähnten Ereignisse stellen, obwohl auch die Legenden vieler anderer Kulturen mit den im Exodus beschriebenen Ereignissen übereinstimmen sollen:

Der Planet Jupiter schleuderte einen großen Kometen aus, der die Erde etwa um 1500 vor Christus streifte. Die verschiedenen Plagen und pharaonischen Leiden stammen alle direkt oder indirekt von dieser Begegnung mit dem Kometen. Materie, die aus seinem Innern herabregnete, verwandelte den Nil in Blut. Auch die Ungeziefer-Plagen – Stechfliegen und -mücken und vielleicht sogar Skarabäen – bringt der Komet mit, während seine Hitze die einheimischen terrestrischen Frösche dazu veranlaßt, sich über die Maßen zu vermehren. Erdbeben, hervorgerufen durch den Kometen, walzen die ägyptischen Häuser flach, lassen allerdings die der Hebräer stehen. (Das einzige, was nicht aus dem Kometen zu triefen scheint, ist Cholesterin, das dem Pharao zu einem Schlaganfall verholfen hätte!)

All dies fällt offenbar aus der Nebelhülle des Kometen, denn in dem Moment, da Moses seinen Stab erhebt und die Hand ausstreckt, teilt sich das Rote Meer – entweder aufgrund der Gezeitenanziehung oder einer ungeklärten elektrischen oder magnetischen Wechselwirkung zwischen Komet und Rotem Meer. Nachdem die Juden das Meer glücklich durchquert haben, entfernt sich der Komet wohl weit genug, daß sich die Wasser wieder schließen und das Heer des Pharao verschlingen. Während der nun folgenden vierzigjährigen Wanderschaft durch die Wildnis der Sünde werden die Kinder Israels von Himmels-Manna gespeist, das nichts anderes ist als ein Regen von Hydrokarbonaten aus dem Kometenschweif.

Liest man *Welten im Zusammenstoß* genauer, so gewinnt man den Eindruck, als stellten die Zehn Plagen und das Durchqueren des Roten Meeres zwei verschiedene Passagen des Kometen dar, die etwa einen oder zwei Monate auseinanderliegen. Nach dem Tod von Moses und der Übergabe der Herrschaft an Josua kommt der Komet zurückgeprescht und streift ein zweites Mal die Erde. In dem Moment, da Josua sagt: »Sonne, steh still zu Gibeon, und Mond, im Tal Ajalon!«, hält die Erde gehorsam in ihrer Drehung inne – vielleicht wieder wegen des Gezeiten-Einflusses oder einer nicht näher bekannten magnetischen

Induktion in der Erdkruste –, um Josua den Sieg in der Schlacht zu gewähren. Der Komet rast dann so dicht auf den Planeten Mars zu, daß der aus seiner Bahn gedrängt wird und zwei Fast-Zusammenstöße mit der Erde verursacht: das wiederum führt zur Vernichtung des assyrischen Heeres unter König Sennacherib, der einigen Generationen von Israeliten das Leben schwergemacht hatte. Am Ende gelangt der Mars in seinen gegenwärtigen Orbit und der Komet in eine Kreisbahn um die Sonne, wo er zum Planeten Venus wird, der zuvor – gemäß Velikovsky – nicht existierte. Inzwischen begann sich die Erde wieder irgendwie zu drehen, und zwar etwa in derselben Geschwindigkeit wie zuvor. Ab dem siebenten Jahrhundert vor Christus nahm es dann mit den Planeten-Abweichungen ein für allemal ein Ende, obwohl solche Ereignisse im zweiten Jahrtausend offenbar sehr häufig auftraten.

Daß dies eine verblüffende Geschichte ist, wird niemand – weder Befürworter noch Gegner – bestreiten. Ob sie den Tatsachen entspricht, läßt sich zum Glück durch wissenschaftliche Methoden untersuchen. Velikovskys These beruht auf gewissen Voraussetzungen und Schlüssen: daß Kometen von Planeten ausgestoßen werden; daß Kometen sich Welten nähern oder sie gar streifen; daß sowohl in Kometen wie auch in der Atmosphäre von Jupiter und Venus Ungeziefer lebt; daß man ebendort auch Hydrokarbonate vorfindet; daß genug dieser Hydrokarbonate auf die Halbinsel Sinai fielen, um das Volk Israels während seiner vierzigjährigen Wanderschaft durch die Wüste zu ernähren; daß exzentrische Kometen- oder Planetenbahnen in einer Spanne von hundert Jahren in Kreisbahnen umgewandelt werden können; daß gleichzeitig mit all den Katastrophen Vulkanausbrüche und tektonische Verschiebungen auf der Erde und dem Mond stattfanden, und so fort. Ich möchte im folgenden jeden dieser Gedanken unter die Lupe nehmen und dazu noch einige mehr – zum Beispiel, daß die Oberfläche der Venus heiß ist, was bei Velikovsky eigentlich kein Zentralthema war, im nachhinein aber weithin als Beweis seiner Theorie verkündet wurde. Ich beabsichtige auch, die eine oder andere zusätzliche »Voraussage« von Velikovsky zu überprüfen – zum Beispiel, daß die Polarzonen des Mars aus Kohle oder Hydrokarbonaten bestehen. Mein Eindruck ist der, daß Velikovsky da, wo er eigene Ideen äußert, in den meisten Fällen unrecht hat, und da, wo er recht hat, keine eigenen Ideen zum Ausdruck bringt. Dann sind da noch eine große Anzahl von Stellen, wo er weder recht hat noch eigene Ideen äußert. Die Frage der Originalität ist deshalb wichtig, weil es heißt, daß Velikovsky bestimmte Dinge – wie etwa die hohe Oberflächentemperatur der Venus – zu einer Zeit vorausgesagt habe, da alle anderen Gegensätzliches behaupteten. Wie wir noch sehen werden, ist das nicht ganz der Fall.

Ich will mich bei meiner Untersuchung bemühen, mit einer möglichst einfachen quantitativen Argumentation auszukommen. Die quantitative Beweisführung hat engere Maschen, in denen sich falsche Thesen verfangen, als die qualitative Methode. Wenn ich beispielsweise behaupte, daß eine große Flutwelle über die Erde hinwegspülte, dann ist ein weiter Bereich von Katastrophen möglich – von einer Überflutung der Küstenstreifen bis hin zu einer Welt-Überschwemmung – die ich zugunsten meiner Behauptung auslegen könnte. Wenn ich jedoch von einer hundert Meilen hohen Flutwelle spreche, dann muß ich mich auch an diese Zahl halten; darüber hinaus könnte es den einen oder anderen konkreten Beweis geben, der eine Flut solcher Ausmaße widerlegt oder stützt. Um jedoch die quantitative Beweisführung auch für den Leser durchlässig zu machen, der nicht mit der Elementarphysik vertraut ist, habe ich, vor allem im Anhang, möglichst allgemeinverständliche Argumente gewählt und versucht, den quantitativen Beweis Schritt für Schritt zu entwickeln. Ich muß nicht eigens erwähnen, daß derartige quantitative Untersuchungen von Thesen heute in Physik, Chemie und Biologie gang und gäbe sind. Durch Ausscheiden der Theorien, die einer solchen Analyse nicht standhalten, können wir uns rascher mit den Thesen befassen, die im Einklang mit den Fakten stehen.

Ein Argument hinsichtlich der wissenschaftlichen Methode sollte noch angebracht werden. Nicht alle wissenschaftlichen Aussagen haben das gleiche Gewicht. Die Newtonsche Bewegungslehre etwa steht auf ebenso solidem Untergrund wie der Energie- und Drehimpulserhaltungssatz. Man hat buchstäblich Millionen Einzel-Experimente durchgeführt, die ihre Gültigkeit beweisen – nicht nur auf der Erde, sondern, mit den Beobachtungsmethoden der modernen Astrophysik, überall im Sonnensystem und sogar in fremden Galaxien. Andererseits stehen

Aussagen über die Beschaffenheit von Oberfläche, Atmosphäre und innerem Aufbau eines Planeten auf wackligen Beinen, wie die umfangreichen Experten-Diskussionen in jüngster Zeit deutlich zeigen. Ein gutes Beispiel zur Demonstration dieses Unterschieds ist das Erscheinen des Kometen Kohoutek im Jahre 1975. Der Komet war erstmals in großer Entfernung von der Sonne beobachtet worden. Aufgrund der Ausgangsdaten traf man zwei Vorhersagen. Die erste befaßte sich mit der Bahn des Kohoutek-Kometen: wo man ihn in Zukunft auffinden könnte, wann man ihn vor Sonnenaufgang und nach Sonnenuntergang von der Erde aus beobachten würde – Vorhersagen auf der Grundlage der Newtonschen Bewegungslehre. Die zweite Vorhersage betraf die Helligkeit des Kometen. Diese stützte sich auf die geschätzte Verdampfungsrate der im Kometen enthaltenen Eispartikel und der davon abhängigen Ausbildung des Kometenschweifes, welcher das Sonnenlicht hell reflektiert. Hier ging die Aussage schwer daneben, und der Komet – längst nicht so hell wie beispielsweise die Venus – konnte von den wenigsten Beobachtern mit bloßem Auge gesehen werden. Auch bei der Analyse von *Welten im Zusammenstoß* müssen wir unterscheiden zwischen exakt begründeten wissenschaftlichen Argumenten und Schlußfolgerungen aufgrund physikalischer oder chemischer Zusammenhänge, die wir noch nicht völlig verstehen. Argumenten, die auf der Newtonschen Bewegungslehre oder dem Energieerhaltungssatz beruhen, sollte ein größeres Gewicht zugebilligt werden als denen, die sich beispielsweise von den Eigenschaften einer Planetenoberfläche ableiten. Wir werden sehen, daß Velikovsky sowohl hier wie dort schwer ins Schleudern gerät, aber die Schwierigkeiten der ersten Kategorie fügen seiner These weit mehr Schaden zu als die in der zweiten.

Problem I: Die Entstehung des Planeten Venus durch eine Jupiter-Eruption

Velikovskys These beginnt mit einem Ereignis, das nie von Astronomen beobachtet wurde und einfach nicht übereinstimmt mit den Fakten, die wir über die Himmelsmechanik von Planeten und Kometen gesammelt haben: dem Herausschleudern eines Körpers planetarischer Größe aus Jupiter, möglicherweise aufgrund seines Zusammenstoßes mit einem anderen Riesenplaneten. Übrigens versprach Velikovsky, daß er diese Verkettung und Fortpflanzung von Katastrophen »in einem Folgeband von *Welten im Zusammenstoß* behandeln« wolle. Dreißig Jahre später ist dieser Band immer noch nicht erschienen. Aus der Tatsache, daß der Aphel (Punkt der größten Sonnenferne) bei kurzperiodischen Kometenbahnen die Tendenz zeigt, in der Nähe von Jupiter zu liegen, schlossen Laplace und andere frühe Astronomen, daß Jupiter der Ursprung solcher Kometen sei. Das ist eine unnötige Theorie, da wir inzwischen wissen, daß langperiodische Kometen durch Störungen des Planeten Jupiter in kurzperiodische Bahnen gelenkt werden können. In den letzten ein- bis zweihundert Jahren wurde diese These lediglich von dem sowjetischen Anstronomen V. S. Vsekhsviatsky vertreten, der zu glauben scheint, daß Kometen aus gigantischen Vulkanen der Jupiter-Monde hervorgeschleudert werden.

Um die Anziehungskraft von Jupiter zu überwinden, würde ein solcher Komet eine kinetische Energie von $\frac{1}{2}mv_e^2$ benötigen, wobei m die Kometenmasse darstellt und v_e die Fluchtgeschwindigkeit von Jupiter weg, die ungefähr 60 km/sec beträgt. Was immer dieses Ereignis bewirken mag – sei es ein Vulkanausbruch oder eine Kollision –, ein Teil der kinetischen Energie, den man mit mindestens zehn Prozent ansetzen muß, geht durch die Erwärmung des Kometen verloren. Demnach wäre die kinetische Energie pro ausgestoßener Masseeinheit im Minimum $\frac{1}{2}v_e^2 = 1{,}3 \times 10^{13}$ erg/g; der Anteil, der zur Erwärmung abgeführt wird, beträgt mehr als $2{,}5 \times 10^{12}$ erg/g. Die zum Schmelzen von Gestein benötigte Wärmemenge liegt ungefähr bei 4×10^9 erg/g. Das ist die Wärme, die man zuführen muß, um festes Gestein, das fast auf den Schmelzpunkt erhitzt ist, in flüssige Lava zu verwandeln. Etwa 10^{11} erg/g müssen zugeführt werden, um Gestein von niedriger Temperatur bis zum Schmelzpunkt zu erwärmen. Aus diesen Zahlen ergibt sich, daß jedes Ereignis, das zum Herausschleudern eines Kometen oder Planeten aus Jupiter geführt hätte, ihn auf eine Temperatur von mindestens einigen tausend Grad erhitzt und ihn somit völlig geschmolzen hätte, ganz gleich, ob er aus Gestein, Eispartikeln oder organischen Verbindungen bestand. Es ist sogar möglich, daß die herausgeschleuderte Masse auf einen Regen kleiner Staubpartikel und Atome mit Eigenanziehung reduziert worden wäre, eine Beschreibung, die für die Venus nun wirklich nicht zutrifft. (Zufällig wäre das ein gutes Velikovsky-Argument für die hohe Temperatur der Venus-Oberfläche, aber das war gar nicht sein Argument, wie sich noch zeigen wird.)

Ein weiteres Problem besteht darin, daß die Fluchtgeschwindigkeit von der Sonnenanziehung bei der Entfernung, die Jupiter vom Zentralgestirn besitzt, etwa 20 km/sec ausmacht. Das weiß der Schleudermechanismus von Jupiter natürlich nicht. Wenn sich daher aus dem Planeten ein Komet löst, dessen Geschwindigkeit kleiner ist als etwa 60 km/sec, dann plumpst er zurück auf Jupiter; ist sie größer als etwa $[(20)^2 + (60)^2]^{\frac{1}{2}} \cong 63$ km/sec, verläßt er das Sonnensystem. Es gibt daher nur einen sehr engen und unwahrscheinlichen Geschwindigkeitsbereich, für den Velikovskys These zutreffen könnte.

Eine weitere Schwierigkeit besteht darin, daß die Masse der Venus sehr groß ist: mehr als 5×10^{27} Gramm oder ursprünglich sogar noch größer, ehe sie – gemäß Velikovskys These – nahe an der Sonne vorbeikam. Die totale kinetische Energie, die man benötigen würde, um die Venus auf Jupiter-Fluchtgeschwindigkeit zu beschleunigen, errechnet sich dann leicht auf eine Größenordnung von 10^{41} ergs: Das entspricht der gesamten Energie, welche die Sonne ein ganzes Jahr lang in den Raum hinausstrahlt, und ist hundertmillionenmal stärker als die größte Sonneneruption, die man je beobachtet hat. Man verlangt also von uns, daß wir ohne jeden weiteren Beweis und ohne jeden Widerspruch an eine Jupiter-Aktivität glauben, die weit stärker ist als jede Eruption auf der viel energiereicheren Sonne.

Jeder Prozeß, bei dem ein großer Himmelskörper geformt wird, läßt zugleich eine Vielzahl kleinerer Objekte entstehen. Das gilt ganz besonders in einer Situation, die, wie Velikovsky annimmt, von Kollisionen beherrscht wird. Hier gilt die Zertrümmerungstheorie der Physik, der zufolge Partikel, deren Größe ein Zehntel eines Teilchens beträgt, hundert- oder tausendmal so häufig wie dieses Teilchen anzutreffen sind. In der Tat läßt Velikovsky im Schlepptau seiner angeblichen Planetenzusammenstöße Steine vom Himmel herabfallen und stellt sich vor, daß Venus und Mars Schwärme von Felsbrocken hinter sich herziehen. Der Mars-Schwarm hat seiner Aussage nach sogar das Heer des Sennacherib vernichtet. Aber wenn das stimmt – wenn wir wirklich vor ein paar tausend Jahren Fast-Zusammenstöße mit Objekten planetarischer Größenordnung hatten, dann hätten uns vor Jahrhunderten Objekte von Mondgröße bombardieren müssen; und Brocken, die mittelgroße Krater in die Erde schlagen – sagen wir, von einer Meile Durchmesser oder so – müßten jeden zweiten Dienstag herabstürzen. Dennoch gibt es weder auf der Erde noch auf dem Mond einen Hinweis dafür, daß in jüngerer Zeit verstärkt Kollisionen mit solchen kleinen Masseobjekten stattfanden. Die wenigen Himmelskörper, die als ständige Population in unserem System anzutreffen sind und auf Bahnen kreisen, die irgendwann den Mond kreuzen könnten, reichen geologisch gesehen gerade aus, um die Anzahl der Mond-Meere zu begründen. Das Fehlen ganzer Schwärme von kleinen Himmelsobjekten, die den Erdorbit kreuzen, ist ein weiterer grundlegender Einwand gegen Velikovskys These.

Problem II: Wiederholte Kollisionen zwischen Erde, Venus und Mars

»Daß ein Komet unseren Planeten treffen könnte, ist nicht sehr wahrscheinlich, aber absurd ist der Gedanke nicht.« Das stimmt ganz genau. Um der Aussage jedoch Gewicht zu verleihen, muß man die Wahrscheinlichkeit berechnen, was Velikovsky leider versäumt hat.

Zum Glück ist die dazu benötigte Physik kinderleicht und kommt sogar ohne Einbeziehung der Schwerkraft aus. Objekte auf stark exzentrischen Bahnen, die aus der Umgebung des Jupiters in Erdnähe gelangen, bewegen sich mit so hohen Geschwindigkeiten, daß man die jeweilige Planetenanziehung bei der Bahnbestimmung vernachlässigen kann. Wie wir aus der Berechnung von Anhang 1 erkennen, würde ein einzelner »Komet« mit Aphel (sonnenfernster Punkt) nahe dem Jupiter-Orbit und Perihel (sonnennächster Punkt) innerhalb des Venus-Orbits mindestens dreißig Millionen Jahre brauchen, ehe er gegen die Erde prallt. Mehr noch: falls der Himmelskörper zu den am häufigsten beobachteten Kometen-»Familien« gehört, dann überdauert die Chance eines Zusammenstoßes sogar das Alter des Sonnensystems.

Aber gehen wir einmal von dreißig Millionen Jahren aus, um Velikovsky den größtmöglichen quantitativen Vorteil zu gewähren. Hier stehen die Chancen eines Zusammenstoßes mit der Erde in jedem beliebigen Jahr eins zu 3×10^7 und die Chancen in jedem beliebigen Jahrtausend eins zu 30000. Velikovsky jedoch geht nicht von einem, sondern von fünf bis sechs Fast-Zusammenstößen zwischen Venus, Mars und Erde aus – und es scheint sich dabei um statistisch unabhängige Ereignisse zu handeln. Anders ausgedrückt – so wie er die Sache darstellt, wird die Aufeinanderfolge der Fast-Kollisionen nicht durch die relativen Umlaufperioden der drei Planeten bestimmt. (Wenn es so wäre, müßten wir fragen, mit welchem Wahrscheinlichkeitsgrad ein so bemerkenswertes Planeten-Billardspiel innerhalb der von Velikovsky gesetzten Zeitgrenzen ablaufen konnte.) Setzen wir die Wahrscheinlichkeit für jedes Ereignis gesondert an, dann liegt die Gesamtwahrscheinlichkeit von fünf derartigen Begegnungen im gleichen Jahrtausend bei weniger als $(3 \times 10^7/10^3)^{-5} = (3 \times 10^4)^{-5} = 4{,}1 \times 10^{-23}$ oder etwas mehr als eins zu 25 Trilliarden. Bei sechs Begegnungen im gleichen Jahrtausend verringert sich die Chance auf $(3 \times 10^7/10^3)^{-6} = (3 \times 10^4)^{-6} = 7{,}3 \times 10^{-28}$ oder etwa eins zu zehn Quadrilliarden. In Wirklichkeit sind die Zahlen noch eher zu niedrig angesetzt – aus den bereits genannten Gründen, aber auch wegen der Überlegung, daß bei Fast-Zusammenstößen mit dem Jupiter das nahe vorbeiziehende Objekt vermutlich ganz aus dem Sonnensystem geschleudert würde, so wie es mit der *Pioneer-10*-Sonde geschah. Es handelt sich also um eine Berechnung zur Gültigkeit von Velikovskys These, die alle anderen Probleme unberücksichtigt läßt. Thesen mit so geringen Chancen nennt man im allgemeinen unhaltbar. Nimmt man die oben erwähnten und nachfolgenden Probleme hinzu, dann kann man die Wahrscheinlichkeit, daß die Theorie von *Welten im Zusammenstoß* stimmt, schlichtweg vernachlässigen.

Problem III: Die Erdrotation

Ein Großteil der Entrüstung, die über *Welten im Zusammenstoß* losbrach, scheint daher zu rühren, daß Velikovsky das Buch Josua und verwandte Legenden dahingehend auslegte, daß die Erde in der Tat zum Stillstand kam. Das Bild, das dabei wohl die meisten entrüsteten Gegner vor Augen hatten, war die Filmversion von H. G. Wells' *The Man Who Could Work Miracles (Der*

Mann, der Wunder tun konnte). In dieser Geschichte wird die Erde durch ein Wunder in ihrer Drehbewegung angehalten, aber versehentlich trifft niemand Vorsorge für die Dinge, die nicht niet- und nagelfest sind, so daß sie sich in der gewohnten Geschwindigkeit weiterbewegen und mit tausend Meilen pro Stunde von der Erde geschleudert werden. Aber man erkennt ohne weiteres, daß eine allmähliche Abbremsung (Anhang 2) der Erdrotation bei etwa 10^{-2} G in einem Zeitraum von weniger als einem Tag stattfinden könnte. Dann würde nichts und niemand in den Raum fliegen, und selbst so empfindliche geomorphologische Formen wie Stalaktiten könnten den Vorgang unbeschadet überstehen. Desgleichen sehen wir in Anhang 2, daß die Energie, die man zum Abbremsen der Erde benötigt, zwar nicht hoch genug ist, um unseren Planeten zu schmelzen, die Temperatur allerdings beträchtlich ansteigen würde: die Meere hätten zu sieden angefangen, ein Umstand, der nirgends in Velikovskys alten Quellen verzeichnet zu sein scheint.

Das sind jedoch noch nicht die stärksten Einwände gegen Velikovskys Auslegung des Buches Josua. Die vielleicht wichtigste Frage erhebt sich am anderen Ende der Geschichte: Wie kommt die Erde wieder so in Schwung, daß sie sich ungefähr in der gleichen Geschwindigkeit wie vorher dreht? Von sich aus kann das die Erde nicht – wegen des Drehimpulserhaltungssatzes. Velikovsky scheint sich überhaupt nicht bewußt zu sein, daß hier ein Problem liegt.

Ebensowenig gibt es einen Hinweis darauf, daß das »Anhalten« der Erde durch den Zusammenstoß mit einem Kometen weit weniger wahrscheinlich ist als irgendeine veränderte Drehbewegung. In der Tat, die Chance, daß die Drehbewegung der Erde durch eine Kometenbegegnung exakt aufgehoben wird, ist winzig; und die Wahrscheinlichkeit, daß spätere Kollisionen, falls sie tatsächlich stattfinden, die Erde wieder ankurbeln und das auch noch ungefähr im Vierundzwanzigstunden-Rhythmus – diese Wahrscheinlichkeit ist winzig hoch zwei.

Velikovsky äußert sich nicht näher über den Mechanismus, der die Erdrotation angeblich zum Stillstand gebracht hat. Vielleicht ist es das Gravitationsfeld der Gezeiten, vielleicht ein Magnetfeld. Beide Felder rufen aber Kräfte hervor, die mit der Entfernung rasch abgeschwächt werden. Während die Schwerkraft umgekehrt proportional dem Quadrat zur Entfernung abnimmt, schwinden die Gezeiten umgekehrt proportional zur dritten Potenz und die resultierenden Kräfte umgekehrt proportional zur sechsten Potenz der Entfernung. Das magnetische Dipolfeld nimmt umgekehrt proportional zur dritten Potenz der Entfernung ab, und entsprechende Gezeiten-Magnetfelder sinken mit wachsender Entfernung noch rascher ab als Gravitationsfelder. Deshalb besteht die Bremswirkung praktisch nur dann, wenn der geringste Abstand zwischen Planet und Komet erreicht ist. Die Dauer der stärksten Annäherung beträgt etwa 2R/v, wobei R der Radius der Erde und v die relative Geschwindigkeit von Komet und Erde ist. Wenn wir v mit etwa 25 km/sec ansetzen, ergibt sich die dazugehörige Zeitspanne als knapp zehn Minuten. Das ist die Gesamtdauer, in welcher der Komet seine volle Wirkung auf die Erdrotation ausüben kann. Dabei liegt die Beschleunigung unter 0,1 G, mit anderen Worten, es fliegen keine Gegenstände in den Raum hinaus. Aber die spezifische Zeit für die Schallfortpflanzung im Erdkörper – die Minimalzeit, in der sich ein Außeneinfluß auf der gesamten Erdkugel auswirkt – beträgt fünfundachtzig Minuten. Daraus folgt, daß kein Komet die Sonne über Gibeon zum Stillstand bringen könnte, selbst wenn er die Erde streifen würde.

Velikovskys Bericht vom Hin und Her der Erdrotation läßt sich nur schwer mitverfolgen. Da haben wir einmal eine Beschreibung der Sonnenbewegung am Himmel, die zufällig genau mit dem Bild und der scheinbaren Bewegung der Sonne von Merkur aus gesehen übereinstimmt, nicht aber von der Erdoberfläche. Und später stoßen wir dann auf eine Hintertür, die sich Velikovsky wohl offen gehalten hat – denn nun behauptet er plötzlich, daß sich nicht die Winkelgeschwindigkeit der Erdrotation ändert, sondern die Erdachse so gekippt wird, daß sie ähnlich wie Uranus in der Ebene der Ekliptik liegt. Ganz abgesehen von den physikalischen Problemen, die diese Behauptung aufwirft, ist sie ein Widerspruch zu Velikovskys eigenen Theorien, denn anfangs legte er großes Gewicht auf die Tatsache, daß die Zivilisationen in Eurasien und dem Mittleren Osten von einem verlängerten Tag, die nordamerikanischen Kulturen dagegen von einer verlängerten Nacht berichteten. In der neuen Variante gäbe es keine Erklärung für die Berichte aus Mexiko. Ich meine, in diesem Punkt windet sich Velikovsky um seine eigenen stärksten Argumente aus alten Schriften herum, wenn er sie nicht gar vergißt. Dann taucht noch die unbewiesene Behauptung auf, daß es durchaus möglich gewesen wäre, die Erde durch ein kräftiges Magnetfeld zum Stillstand zu bringen. Die erforderliche Feldstärke wird nicht erwähnt, müßte aber (vgl. Anhang 4) riesig sein. Es gibt in der Magnetisierung terrestrischer Felsschichten nicht den geringsten Hinweis dafür, daß sie je so gewaltigen Feldstärken ausgesetzt waren. Und, was nicht minder zählt, wir haben sowohl durch sowjetische wie durch amerikanische Raumsonden unumstößliche Beweise, daß die Magnetfeldstärke der Venus verschwindend gering ist – noch weit geringer als das Feld der Erdoberfläche, das 0,5 Gauß* beträgt und nicht für Velikovskys These ausreichen würde.

Problem IV: Terrestrische Geologie und Mondkrater

Velikovsky ist der an sich vernünftigen Ansicht, daß eine Fast-Begegnung eines anderen Planeten mit der Erde bei uns dramatische Folgen gehabt haben könnte – durch die Gravitationsfelder von Ebbe und Flut, elektrische oder magnetische Einflüsse (Velikovsky drückt sich da nicht sehr deutlich aus). Er glaubt, daß »in den Tagen des Auszugs aus Ägypten die Erde wankte und schwankte, *alle* Vulkane Lava spien und *alle* Kontinente bebten«. (Was ich ja stets betone!)

Es erscheint ziemlich sicher, daß starke Erdbeben eine derartige Fast-Begegnung begleitet hätten. So haben die Mondseismometer der *Apollo*-Kapsel angezeigt, daß Mondbeben dann am häufigsten auftreten, wenn der Trabant der Erde am nächsten ist, und es gibt zumindest Hinweise, daß zur gleichen Zeit Erdbeben stattfinden. Aber die Behauptung, daß auf der ganzen Welt Lava strömte und »alle« Vulkane ausbrachen, ist wieder eine andere Geschichte. Vulkanlava läßt sich ohne weiteres datieren; was Velikovsky uns vorlegen sollte, wäre ein Histogramm mit der Zahl der Lavaausbrüche auf der Erde, aufgetragen als Funktion der Zeit. Ein derartiges Histogramm würde meiner Ansicht nach zeigen, daß zwischen 1500 und 600 vor

---

* Anstelle von Gauß (G) verwendet man als Einheit für die magnetische Flußdichte bei uns die Einheit Tesla (T), wobei $1\,G = 10^{-4}\,T$, bzw. $1\,T = \frac{wb}{m^2} = \frac{kg}{s^2 A}$ – *Anm. d. Red.*

Christus nicht alle Vulkane aktiv waren, ja, daß sich der Vulkanismus jener Epoche nicht von dem anderer Epochen abhebt.

Velikovsky glaubt, daß Umkehrungen der geomagnetischen Pole durch nahe vorbeiziehende Kometen verursacht werden. Aber die Gesteinsmagnetisierung liefert eindeutige Daten – solche Umkehrungen spielen sich etwa einmal in einer Million Jahre ab. Es fand keine einzige während der letzten paar Jahrtausende statt, und sie wiederholen sich mehr oder weniger mit der Regelmäßigkeit eines Uhrwerks. Sollte es auf dem Jupiter eine große Uhr geben, die nach jeweils einer Million Jahre Kometen in Richtung Erde losschickt? Die allgemein vertretene These geht dahin, daß die Erde eine Umpolung des selbständigen Generators erlebt, der das erdmagnetische Feld hervorruft; das scheint eine logischere Erklärung.

Velikovskys Behauptung, daß vor wenigen tausend Jahren Gebirge entstanden, wird von sämtlichen geologischen Beweisen widerlegt, nach denen diese Ereignisse Zehnmillionen Jahre und länger zurückliegen. Die These, daß Mammuts durch eine schnelle Verschiebung des geographischen Erdpols vor ein paar tausend Jahren »tiefgefroren« wurden, läßt sich überprüfen – beispielsweise durch Altersbestimmungen mit der Kohlenstoff-14-Methode oder anhand der Racemisierungsstufe von Aminosäuren. Es sollte mich sehr überraschen, wenn derartige Untersuchungen in die jüngere Vergangenheit führen würden.

Velikovsky ist der Meinung, daß der Mond, nicht immun gegen die Katastrophen, welche die Erde vor ein paar tausend Jahren befielen, ähnliche tektonische Oberflächenwandlungen mitmachte und daß damals viele seiner Krater entstanden. Auch damit hapert es ein wenig. Die Mondproben, welche sich an Bord der *Apollo*-Kapsel befanden, enthalten kein einziges Gestein, das später als vor ein paar hundert Millionen Jahren geschmolzen wurde.

Und falls sich vor 2700 oder 3500 Jahren eine Fülle von Mondkratern gebildet hätten, wäre es in dieser Zeit auch auf der Erde zur Entstehung von großen Kratern gekommen. Die Erosion auf der Erdoberfläche reicht aber nicht aus, um etwa einen Krater mit dem Durchmesser von mehr als einem Kilometer in 2700 Jahren restlos zu beseitigen. Es gibt auf der Erde nicht viele Krater dieser Größe und dieses Alters; genauer gesagt, es gibt keinen einzigen. Bei diesen Problemen scheint sich Velikovsky nicht um das vorhandene Beweismaterial gekümmert zu haben. Sobald man es mit heranzieht, spricht es stark gegen seine Hypothese.

Velikovsky glaubt, daß der nahe Vorbeizug der Venus oder des Mars an der Erde Gezeiten hervorgerufen hätte, die Tausende von Metern hoch waren; falls diese Planeten, wie er anzunehmen scheint, nur Zehntausende von Kilometern entfernt waren, hätte sich das Wasser wie auch das Land unserer Erde Hunderte von Meilen aufgetürmt. Das läßt sich leicht aus der Höhe der gegenwärtigen Mondgezeiten errechnen, da die Gezeitenhöhe proportional zur Masse des gezeitenverursachenden Objekts und umgekehrt proportional zur dritten Potenz der Entfernung ist. Soweit ich weiß, gibt es keinen geologischen Beleg für eine globale Überschwemmung aller Teile der Erde irgendwann zwischen dem sechsten und fünfzehnten Jahrhundert vor Christus. Eine derartige Flut, und wäre sie noch so kurz gewesen, hätte deutliche geologische Spuren hinterlassen. Und wie steht es mit den archäologischen und paläontologischen Beweisen? Wo haben wir ein Massensterben der Fauna als Folge der Weltüberschwemmung? Und wo bleibt der Beweis für eine umfangreiche Eisschmelze in jüngerer Zeit – an den Stellen, wo die Gezeitenverzerrung am stärksten ist?

Problem V: Chemie und Biologie der terrestrischen Planeten

Velikovskys These hat ein paar besondere biologische und chemische Aspekte, die sich aus der Verwechslung ganz primitiver Dinge herleiten. Er scheint nicht zu wissen, daß Sauerstoff auf der Erde durch die Grünpflanzen-Photosynthese erzeugt wird. Er übergeht die Tatsache, daß sich der Jupiter vor allem aus Wasserstoff und Helium zusammensetzt, während die Atmosphäre der Venus, die ja seiner Ansicht nach aus dem Jupiter herausgeschleudert wurde, fast nur aus Kohlendioxid besteht. Diese Aussagen stehen im Mittelpunkt seiner Theorien und bringen sein Gedankengebäude ernsthaft ins Wanken. Velikovsky behauptet, das Manna, das vom Himmel auf die Sinai-Halbinsel herabregnete, habe seinen Ursprung in einem Kometen, und es gäbe daher sowohl auf dem Jupiter wie auf der Venus

Kohlehydrate. Andererseits führt er eine Unzahl von Quellen dafür an, daß Feuer und Naphtha vom Himmel fiel, nach seiner Interpretation Himmelspetroleum, das in der oxidierenden Erdatmosphäre entzündet wird. Da Velikovsky an der Realität und Gleichzeitigkeit der beiden Ereignisse festhält, macht sich in seinem Buch eine anhaltende Verwechslung von Kohlehydraten und Kohlenwasserstoffen bemerkbar; und an manchen Stellen hat es den Anschein, als ernährten sich die Israeliten auf ihrer vierzigjährigen Wanderschaft durch die Wüste eher von Motoröl als von Himmelsbrot.

Das Lesen wird zusätzlich dadurch erschwert, daß er offenbar den Schluß zieht, die Polzonen des Mars bestünden aus Manna; er beschreibt sie sehr vage als »vermutlich aus Kohlenstoff« bestehend. Nun haben Kohlehydrate eine ausgeprägte Infrarot-Absorptions-Charakteristik bei 3,5 Mikron, die auf der elastischen Schwingung der Kohlenstoff-Wasserstoff-Bindung beruht. In den Infrarot-Spektren, die 1969 von *Mariner-6* und *Mariner-7* angefertigt wurden, entdeckte man jedoch keine Spur dieser Charakteristik, und *Viking-1* und *Viking-2* haben eine Vielzahl überzeugender Beweise für das Vorhandensein von gefrorenem Wasser und gefrorenem Kohlendioxid als Bestandteile der Polzonen erbracht.

Velikovskys Beharren, daß Öl vom Himmel fiel, ist schwer zu begreifen. Einige seiner Quellen, zum Beispiel Herodot, liefern völlig natürliche Erklärungen durch das Beschreiben von Erdölbränden in Mesopotamien und Persien. Wie Velikovsky selbst feststellt, stammen die Legenden über Feuer- und Naphtharegen aus genau jenen Regionen der Erde, wo es natürliche Erdölvorkommen gibt. Wir besitzen also vernünftige Gründe, Erdöl als terrestrisch anzusehen. Außerdem kann ein Petroleumregen in 2700 Jahren nicht sehr tief ins Erdreich einsickern. Die Probleme der Erdölförderung, die uns heutzutage einigermaßen zu schaffen machen, wären weitaus geringer, wenn Velikovskys These den Tatsachen entspräche. Es ist nach seiner Theorie auch schwer einzusehen, weshalb Erdölvorkommen so eng mit chemischen und biologischen Überresten von vor zehn bis hundert Millionen Jahren vermengt sind, wenn Öl im Jahre 1500 vor Christus vom Himmel fiel. Besagter Umstand läßt sich jedoch ohne weiteres erklären, wenn sich Erdöl, wie die meisten Geologen meinen, aus verrottender Vegetation der Karbon-Ära und ähnlich früher geologischer Epochen entwickelt hat – und nicht von Kometen stammt.

Noch eigenartiger sind Velikovskys Thesen bezüglich des extraterrestrischen Lebens. Er glaubt, daß ein Großteil des »Ungeziefers«, ganz besonders aber die Fliegen, auf die im 2. Buch Mose Bezug genommen wird, aus dem Kometen fielen – wohingegen er sich bei der extraterrestrischen Herkunft von Fröschen nicht festlegen will. Gleichzeitig aber zitiert er anerkennend aus dem persischen *Bundahish*, das offenbar von einem Regen kosmischer Frösche ausgeht. Bleiben wir bei den Fliegen. Werden wir bei der künftigen Erforschung der Venus- und Jupiterwolken auf die Hausfliege oder *Drosophila melanogaster* stoßen? Velikovsky ist da sehr explizit: »Die Venus – und somit auch der Jupiter – ist von Insekten bevölkert.« Stirbt Velikovskys These endgültig, wenn man keine Fliegen entdeckt?

Der Gedanke, daß von allen Organismen der Erde einzig und allein Fliegen extraterrestrischer Herkunft sein sollen, erinnert merkwürdig an Martin Luthers erzürnte Schlußfolgerung, daß das Leben zwar von Gott stamme, die Fliegen jedoch vom Teufel geschaffen sein müßten, da sie keinen erkennbaren praktischen Nutzen erfüllen. Aber Fliegen sind ganz und gar respektable Tiere, in Anatomie, Physiologie und Biochemie eng verwandt mit den übrigen Insekten. Die Möglichkeit, daß 4,6 Milliarden Jahre unabhängiger Evolution auf dem Jupiter – selbst wenn der Planet genau die gleichen Voraussetzungen wie die Erde hätte – ein Geschöpf hervorbringen, das sich in nichts von terrestrischen Organismen unterscheidet, hieße die Entwicklungsgeschichte grob mißinterpretieren. Fliegen haben die gleichen Enzyme, die gleichen Nukleinsäuren und selbst den gleichen genetischen Code (der Nukleinsäure-Informationen in Protein-Informationen überträgt) wie alle anderen Organismen auf der Erde. Es gibt zu viele enge Assoziationen und Ähnlichkeiten zwischen Fliegen und anderen terrestrischen Organismen, als daß sie getrennten Ursprungs sein könnten. Das zeigt jede ernsthafte Untersuchung ganz eindeutig.

Im 2. Buch Mose heißt es, daß alles Vieh der Ägypter starb, »aber von dem Vieh der Kinder Israels starb nicht eins«. Im gleichen Kapitel finden wir, daß eine Plage den Flachs und die Gerste zerschlägt, den Weizen und das Korn aber nicht. Diese feine Abstufung ist für einen Kometen, der zuvor keinen biologischen Kontakt mit der Erde hatte, äußerst schwierig zu treffen, läßt sich jedoch ohne weiteres erklären, falls es in Wirklichkeit um terrestrische Getreideseuchen geht.

Dann ist da noch die merkwürdige Tatsache, daß Fliegen molekularen Sauerstoff umwandeln. Es gibt keinen molekularen Sauerstoff auf dem Jupiter – und kann gar keinen geben, weil Sauerstoff bei einem Überschuß von Wasserstoff thermodynamisch instabil ist. Sollen wir uns vorstellen, daß der komplizierte Umwandlungsapparat, den das Leben benötigt, um mit molekularem Sauerstoff fertigzuwerden, zufällig auf dem Jupiter entwickelt wurde, von Organismen, die hofften, eines Tages auf der Erde zu landen? Das wäre ein noch größeres Wunder als Velikovskys ganze Kollisionstheorie. Velikovsky versucht eine lahme Erklärung mit der »Fähigkeit vieler kleiner Insekten ... in einer sauerstofflosen Atmosphäre zu leben«, die das eigentliche Thema nicht trifft. Die Frage ist, wie ein Organismus, der sich auf dem Jupiter entwickelt hat, in einer sauerstoffreichen Atmosphäre leben und den Sauerstoff umwandeln kann.

Als nächstes kommt das Problem des Hitzeschutzes. Kleine Fliegen besitzen in etwa die Masse und Maße von kleinen Meteoren, die in einer Höhe von etwa hundert Kilometern verglühen, wenn sie auf Kometenflugbahnen in die Erdatmosphäre eintauchen: sie würden, wie es Kometen-Meteoren auch heute noch tun, verdampfen und niemals zur Bestürzung des Pharao über Ägypten »schwärmen«. Außerdem wären die Temperaturen, die das Herausschleudern des Kometen aus dem Jupiter begleiten, bereits so hoch, daß Velikovskys Fliegen darin verbrutzeln müßten. Von Anfang an unmöglich, doppelt gebraten und in Atome zerkrümelt, überleben die Fliegen aus dem Kometen eine kritische Untersuchung nicht besonders gut.

Schließlich ist da in *Welten im Zusammenstoß* noch eine seltsame Anspielung auf intelligente extraterrestrische Wesen. So argumentiert Velikovsky, die Begegnungen des Mars mit der Erde und Venus »lassen es höchst unwahrscheinlich erscheinen, daß irgendwelche Formen höheren Lebens auf dem Mars davongekommen wären«. Wenn wir jedoch den Mars im Lichte der Daten betrachten, die *Mariner-9* sowie *Viking-1* und *Viking-2* lieferten, dann entdecken wir, daß mehr als ein Drittel des Planeten abgeschwächtes Kratergelände besitzt, das ein wenig an den Mond erinnert und nicht die Spur spektakulärer Katastrophen aufweist, außer eben Einschlägen in grauer Vorzeit. Der Rest des Planeten, also die Hälfte bis zwei Drittel, weist nicht einmal diese Einschläge auf, dafür aber Anzeichen heftiger tektonischer Aktivitäten wie Lavafluß und Vulkanismus vor etwa einer Milliarde von Jahren. Die wenigen erkennbaren Krater in diesem Gebiet sind mit Sicherheit weit älter als ein paar tausend Jahre. Es gibt keine Möglichkeit, dieses Bild mit einem Planeten in Verbindung zu bringen, der in geschichtlich junger Zeit derart von Kollisionskatastrophen heimgesucht wurde, daß alles intelligente Leben dabei unterging. Es ist außerdem völlig unverständlich, weshalb in einem solchen Fall nicht auch alles Leben auf der Erde vernichtet wurde.

Problem VI: Manna

Das Wort Manna leitet sich, gemäß der Etymologie im Buch Mose, von dem hebräischen *man-hu* ab und bedeutet: »Was ist es?« In der Tat, eine ausgezeichnete Frage! Der Gedanke, daß Nahrung aus Kometen fällt, ist nicht absolut zwingend. Spektroskopische Untersuchungen von Kometenschweifen noch vor der Veröffentlichung von *Welten im Zusammenstoß* (1950) deuteten zwar auf das Vorhandensein einfacher Kohlenwasserstoff-Fragmente hin, aber man fand damals keinerlei Aldehyde, die Bausteine von Kohlehydraten. Möglich, daß sie dennoch in Kometen vorhanden sind. Aber seit dem nahen Vorbeizug des Kometen Kohoutek an der Erde weiß man, daß Kometen große Mengen einfacher Nitrile enthalten – insbesondere Wasserstoffzyanid und Methylzyanid. Das sind Gifte, und man kann somit nicht ohne weiteres sagen, daß Kometen genießbar sind.

Aber verzichten wir auf diesen Einwand, lassen wir Velikovsky seine Hypothese und berechnen wir, was sich daraus ergibt. Wieviel Manna benötigt man, um Hunderttausende von Israeliten vierzig Jahre lang zu ernähren (siehe 2. Buch Mose, 16, 35)?

Im 2. Buch Mose, Kapitel 16, Vers 20, heißt es, daß Manna, welches über Nacht aufbewahrt wurde, am nächsten Tag »voller Würmer und stinkend« war – eine Entwicklung, die bei Kohlehydraten möglich, bei Kohlenwasserstoff aber höchst unwahrscheinlich ist. Moses war vielleicht ein besserer Chemiker als

Velikovsky. Die Geschichte zeigt auch, daß sich Manna nicht aufbewahren ließ. Es fiel gemäß der Bibel vierzig Jahre lang jeden Tag. Wir wollen annehmen, daß die Menge, die täglich fiel, knapp ausreichte, um die Kinder Israels zu sättigen, obwohl Velikovsky uns aus *Midrashim*-Quellen beweisen will, daß die herabfallende Menge eher für zweitausend als für mickrige vierzig Jahre ausreichte. Angenommen, jeder Israelit aß etwa ein Drittel Kilo Manna pro Tag, also etwas weniger als das Existenzminimum. Dann verbrauchte jeder hundert Kilogramm im Jahr oder 4000 Kilogramm in vierzig Jahren. Hunderttausende von Israeliten, eine Zahl, die im 2. Buch Mose ausdrücklich genannt wird, verbrauchten dann während ihrer vierzigjährigen Wanderschaft durch die Wildnis der Sünde etwas mehr als eine Million Kilogramm Manna. Aber wir können uns nicht vorstellen, daß die Materie aus dem Kometenschweif täglich* genau auf den Teil der Wüste fiel, wo sich gerade die Israeliten aufhielten. Das wäre ein neues Wunder der Bibel. Das Gebiet, das ein paar hunderttausend Nomaden einnehmen, wenn sie einem einzigen Führer folgen, beträgt, ganz grob geschätzt, ein paarmal 10^{-7} der Erdfläche. Deshalb muß sich während der vierzigjährigen Wanderschaft auf der ganzen Erde ein paarmal 10^{18} Gramm Manna angesammelt haben – oder genug, um die gesamte Planetenfläche einen Zoll hoch zu bedecken. Wenn das in der Tat geschah, dann wäre es ganz sicher ein denkwürdiges Ereignis gewesen – und vielleicht sogar eine Erklärung für das Lebkuchenhaus in *Hänsel und Gretel*.

Nun besteht aber kein Grund dafür, daß dieses Manna auf die Erde allein fiel. In vierzig Jahren hätte der Schweif eines Kometen, der auf das innere Sonnensystem beschränkt war, einige 10^{10} Kilometer durchstreift. Selbst bei einem bescheidenen Vergleich zwischen dem Volumen von Erde und Kometenschweif entdecken wir, daß die Mannamasse, die durch dieses Ereignis

---

* Genau heißt es im 2. Buch Mose, daß Manna an allen Tagen, ausgenommen am Sabbat fiel. Statt dessen regnete es am Freitag eine doppelte Ration. Das erweist sich als lästig für Velikovskys These. Wie machte das der Komet? In der Tat, hier zeigt sich ein allgemeines Problem in Velikovskys Geschichtsdeutung. Manche Zitate aus seinen religiösen und historischen Quellen sollen wörtlich genommen werden, andere dagegen tut er als »Schnörkel« ab. Nach welchem Maßstab aber wird die Entscheidung getroffen? Ganz sicher sollte ein solcher Maßstab Kriterien enthalten, die unabhängig von unserer Empfänglichkeit für Velikovskys Thesen sind.

im inneren Sonnensystem verteilt wurde, größer als 10^{28} Gramm ist. Das übertrifft die größten bekannten Kometen um beträchtliche Größenordnungen; aber mehr noch – die Masse ist bereits größer als der Planet Venus. Nun bestehen Kometen ganz sicher nicht nur aus Manna. (Wenn man es genau nimmt, wurde bis jetzt überhaupt kein Manna in Kometen entdeckt.) Man weiß, daß sich Kometen in der Hauptsache aus gefrorenen Gasen zusammensetzen, und eine vorsichtige Schätzung des Verhältnisses von der Kometen-Masse zur Manna-Masse ist sehr viel größer als 10^3. Also muß die Masse des Kometen weit größer als 10^{31} Gramm sein. Das ist die Masse von Jupiter. Erkennen wir nun auch noch Velikovskys oben erwähnte *Midrashim*-Quellen an, so müssen wir ableiten, daß die Masse des Kometen vergleichbar ist mit der Masse der Sonne. Im interplanetarischen Raum des inneren Sonnensystems müßte es selbst heute noch von Manna wimmeln. Ich überlasse es dem Leser, sich angesichts dieser Berechnungen ein eigenes Urteil über die Gültigkeit von Velikovskys These zu bilden.

Problem VII: Die Wolken der Venus

Velikovskys Prophezeiung, daß die Venuswolken aus Kohlenwasserstoff oder Kohlehydraten bestehen, ist oft als Beispiel einer erfolgreichen wissenschaftlichen Voraussage gerühmt worden. Aus Velikovskys allgemeiner These und den eben durchgeführten Berechnungen geht klar hervor, daß die Venus mit Manna, einem Kohlehydrat, gesättigt sein müßte. Velikovsky erklärt, daß »das Vorhandensein von Kohlenwasserstoffgasen und Staub in der Wolkenhülle der Venus eine Feuerprobe« für seine Ideen wäre. Es ist nicht klar, ob sich »Staub« im vorhergehenden Zitat auf Kohlenwasserstoffstaub oder ganz gewöhnlichen Silikatstaub bezieht. Gleich darauf heißt es aber: »Aufgrund dieser Untersuchungen nehme ich an, daß die Venus reich an Petrolgasen sein muß«, was ein unzweideutiger Bezug auf die Bestandteile von Erdgas wie Methan, Äthan, Äthylen und Azetylen zu sein scheint.

An dieser Stelle müssen wir einen kleinen geschichtlichen Rückblick einschieben. In den dreißiger und frühen vierziger Jahren gab es nur einen Astronomen auf der ganzen Welt, der sich mit planetarischer Chemie beschäftigte, nämlich den inzwischen verstorbenen Rupert Wildt, der erst in Göttingen und später in Yale arbeitete. Wildt war es, der als erster Methan in der Atmosphäre von Jupiter und Saturn identifizierte, und er war es, der als erster das Vorhandensein von höheren Kohlenwasserstoffen in der Atmosphäre der beiden Planeten voraussagte. So hat den Gedanken, daß auf dem Jupiter »Petrolgase« existieren könnten, nicht eigentlich Velikovsky als erster geäußert. Ebenso war es Wildt, der vermutete, daß Formaldehyd ein Bestandteil der Venusatmosphäre sein könnte und daß ein Kohlehydrat-Polymer von Formaldehyd die Wolken bilden könnte. Der Gedanke, daß sich Kohlehydrate in den Venus-Wolken befinden könnten, stammt also auch nicht von Velikovsky, und es erscheint wenig glaubhaft, daß jemand, der so gründlich wie er die astronomische Literatur der dreißiger und vierziger Jahre studierte, nichts von den Arbeiten Wildts wußte, die eng verwandt mit seinem Zentralthema waren. Dennoch wird Wildts Werk nirgends im Jupiter-Abschnitt erwähnt; es gibt nur eine Fußnote über Formaldehyd ohne Referenzen, und nirgends steht, daß Wildt Kohlehydrate auf der Venus vermutet hatte. Wildt war sich im Gegensatz zu Velikovsky sehr wohl im klaren über den Unterschied zwischen Kohlenwasserstoffen und Kohlehydraten; darüber hinaus unternahm er auf der Suche nach dem vermuteten Formaldehyd-Monomer Spektralanalysen in der Nähe des ultravioletten Bereichs, und als es ihm nicht gelang, einen Beweis für seine Theorie zu erbringen, gab er sie 1942 auf. Velikovsky tat das nicht.

Wie ich bereits vor vielen Jahren erklärte (Sagan, 1961), müßten einfache Kohlenwasserstoffe in den Venuswolken durch den Dampfdruck nachzuweisen sein, der in der Umgebung der Wolken herrscht. Das gelang damals nicht, und bis heute konnten trotz einer Vielfalt neuer analytischer Techniken weder Kohlenwasserstoffe noch Kohlehydrate gefunden werden. Man benutzte Bodenstationen mit hochauflösenden spektroskopischen Geräten, einschließlich einem Fourier-Analysator; das Experiment, das die Universität von Wisconsin mit dem erdumkreisenden astronomischen Observatorium OAO-2 (Orbiting Astronomical Observatory) hinaufschickte, befaßte sich mit spektroskopischen Untersuchungen im ultravioletten Bereich; und sowjetische wie amerikanische Sonden drangen direkt in die Wolkenschicht ein. Man fand nicht ein einziges der gesuchten Moleküle. Die typische Obergrenze für die einfachsten Kohlenwasserstoffe und Aldehyde, die Bausteine von Kohlehydraten, liegt bei einigen Teilchen pro Million (Connes, *et al.*, 1967; Owen und Sagan, 1972). Die entsprechende Obergrenze für den Mars beträgt ebenfalls einige Teilchen pro Million (Owen und Sagan, 1972). Sämtliche Beobachtungen ergeben übereinstimmend, daß sich der Großteil der Venus-Atmosphäre aus Kohlendioxid zusammensetzt. Im Gegenteil, wegen des Vorhandenseins von Kohlenstoff in oxidierter Form konnten höchstens Spurenbestandteile einfacher reduzierter Kohlenwasserstoffe erwartet werden. Beobachtungen am Rande des kritischen 3,5-Mikron-Bandes zeigen nicht die geringste Spur der C-H-Absorptions-Charakteristik, die sowohl Kohlenwasserstoffen wie Kohlehydraten gemein ist (Pollack, *et al.*, 1974). Alle anderen Absorptionsbänder im Venus-Spektrum, von Ultraviolett bis hin zu Infrarot, kennt und versteht man inzwischen; keine davon geht auf Kohlenwasserstoffe oder Kohlehydrate zurück. Bis heute ist es noch ein Rätsel, welches spezifische organische Molekül auf das bis jetzt bekannte Infrarot-Spektrum der Venus passen könnte.

Darüber hinaus wurde die Frage nach der Zusammensetzung der Venuswolken – jahrhundertelang das große Fragezeichen – vor nicht allzu langer Zeit gelöst (Young und Young, 1973; Sill, 1972; Young, 1973; Pollack, *et al.*, 1974). Die Venuswolken bestehen aus einer etwa 75prozentigen Lösung von Schwefelsäure. Diese Entdeckung paßt zur Chemie der Venus-Atmosphäre, in der man außerdem Fluß- und Salzsäure gefunden hat; sie verträgt sich mit dem polarimetrisch festgestellten Brechungsindex, der auf den ersten drei Stellen übereinstimmt (1,44), mit den Absorptions-Charakteristika bei 11,2 und 3 Mikron (und inzwischen auch im entfernten Infrarotbereich); und mit der Diskontinuität des Wasserdampfes, der unterhalb der Wolkenschicht reichlich, darüber jedoch fast gar nicht vorhanden ist. Die beobachteten Fakten passen hingegen nicht zur These von Kohlenwasserstoff- oder Kohlehydrat-Wolken.

Wenn nun die Existenz von »organischen« Wolken so gründlich angezweifelt wurde, weshalb heißt es dann ständig, daß die Raumforschung Velikovskys These erhärtet hat? Auch dazu gehört eine Geschichte. Am 14. Dezember 1962 flog die erste erfolgreiche amerikanische Raumsonde *Mariner-2* an der Venus vorbei. Konstruiert im *Jet Propulsion Laboratory*, hatte sie neben anderen, wichtigeren Instrumenten auch ein Infrarot-Radiometer an Bord, das von vier Experimentatoren betreut wurde. Einer davon war zufällig ich. Das alles spielte sich lange vor dem Start der ersten erfolgreichen *Ranger*-Mondsonde ab, und die NASA hatte noch relativ wenig Erfahrung im Veröffentlichen wissenschaftlicher Daten. Man hielt also in Washington eine Pressekonferenz ab, auf der die Ergebnisse diskutiert werden sollten. Dr. L. Kaplan, einer der Experimentatoren aus unserem Team, hatte die Aufgabe, sich den Reportern zu stellen. Als er an die Reihe kam, begann er etwa so (es sind nicht genau seine Worte): »Unser Experiment umfaßte auch Messungen mit einem Zweikanal-Infrarot-Radiometer, wobei ein Kanal auf das 10,4-Mikron-Thermalband abgestimmt war und der andere ein 8,4-Mikron-Fenster in der Gasschicht der Venus-Atmosphäre abdecken sollte. Unser Ziel bestand darin, absolute Temperaturen bei Helligkeit und die Transmissionsdifferenz zwischen den beiden Kanälen aufzuzeichnen. Wir entdeckten, daß die Radiowellen sich zum Rand hin verdunkeln, und stellten eine Gesetzmäßigkeit fest, nach der sich die Intensität in Normalrichtung ändert wie My hoch Alpha; My stellt dabei den Arkuskosinus zwischen der Normalen auf der Planetenoberfläche und der Beobachtungsrichtung dar...«

Irgendwo unterbrachen ihn ungeduldige Reporter, die sich mit den Feinheiten der Naturwissenschaften nicht so recht auskannten, und sagten in etwa: »Nun überspringen Sie mal das Fachchinesisch und sagen Sie im Klartext, was los ist! Wie dick sind die Wolken, wie hoch sind sie, und woraus bestehen sie?« Kaplan erwiderte wahrheitsgemäß, daß unser Infrarot-Radiometer-Experiment weder dazu bestimmt noch geeignet war, solche Fragen zu lösen. Aber dann fügte er sinngemäß an: »Ich kann Ihnen ja mal erzählen, was ich persönlich dazu denke.« Und er äußerte die Ansicht, daß der Treibhaus-Effekt, bei dem die Atmosphäre das sichtbare Sonnenlicht durchläßt, die Infrarotstrahlung von der Venusoberfläche, die den Planeten wärmt, aber zurückhält, auf der Venus möglicherweise nicht funktionierte, weil die atmosphärischen Bestandteile in der Umgebung von 3,5 Mikron transparent zu sein schienen. Wenn es allerdings in der Venus-Atmosphäre für diese Wellenlänge eine Absorptionssubstanz gäbe, könnte das »Fenster« geschlossen und der Treibhauseffekt aufrechterhalten werden – und man hätte eine Erklärung für die hohe Oberflächentemperatur. Er fuhr fort, daß sich beispielsweise Kohlenwasserstoff-Moleküle ausgezeichnet dafür eignen würden.

Kaplans Einschränkungen wurden von der Presse übergangen, und am nächsten Tag fand man in vielen amerikanischen Zeitungen Schlagzeilen wie: »*Mariner-2* entdeckt Kohlenwasserstoffwolken auf der Venus.« Inzwischen waren im *Jet Propulsion Laboratory* ein paar Leute damit beschäftigt, unter dem Titel: »Mariner – Mission zur Venus« einen populärwissenschaftlichen Bericht zu schreiben. Man stelle sich vor, wie sie am nächsten Vormittag in einer Arbeitspause die Zeitung in die Hand nehmen und ausrufen: »He! Habt ihr gewußt, daß wir Kohlenwasserstoffwolken auf der Venus gefunden haben?« Und in der Tat meldet diese Publikation Kohlenwasserstoffwolken als eine der Hauptentdeckungen von *Mariner-2*: »In ihrer untersten Schicht haben die Wolken eine Temperatur von ungefähr 95°C. Sie bestehen vermutlich aus kondensierten Kohlenwasserstoffen in einer öligen Suspension.« (Der Bericht spricht sich im übrigen für den Treibhaus-Effekt aus, aber Velikovsky wählte nur den Abschnitt, den er für seine Theorie gebrauchen konnte.)

Und nun war die Sache im Rollen: Der NASA-Verwaltungsrat gab die frohe Botschaft im Jahresbericht an seinen Präsidenten weiter; der händigte sie dem Kongreß aus; und die Autoren von astronomischer Hausmannskost, stets ängstlich darauf bedacht, die allerneuesten Ergebnisse miteinzuschließen, nahmen die »Entdeckung« in ihre Bücher auf. Bei so vielen scheinbar zuverlässigen, von hohen Stellen abgesegneten und sich gegenseitig stützenden Berichten, daß *Mariner-2* auf der Venus Kohlenwasserstoff-Wolken gefunden habe, ist es kein Wunder, daß Velikovsky und mit ihm eine Reihe aufrechter Wissenschaftler, die mit den rätselhaften Methoden der NASA nicht vertraut waren, zu dem Schluß gelangen konnten, daß sie hier vor dem klassischen Test einer wissenschaftlichen Theorie standen: eine scheinbar bizarre Vorhersage, aufgestellt vor der Beobachtung, die verblüffenderweise durch das Experiment bestätigt wird.

Die wahre Sachlage ist aber ganz anders, wie wir gesehen haben. Weder *Mariner-2* noch spätere Untersuchungen der

Venus-Atmosphäre erbrachten Beweise für das Vorhandensein von Kohlenwasserstoffen oder Kohlehydraten in gasförmigem, flüssigem oder festem Zustand. Man weiß heute (Pollack, 1969), daß Kohlendioxid und Wasserdampf das 3,5-Mikron-Fenster hinreichend füllen. Die *Pioneer*-Mission zur Venus Ende 1978 fand genau den benötigten Wasserdampf, zusammen mit dem schon lange vorher festgestellten Kohlendioxid, die für die hohe Oberflächentemperatur aufgrund des Treibhaus-Effektes verantwortlich sind. Es ist eine Ironie, daß das *Mariner-2*-»Argument« zugunsten der Kohlenwasserstoff-Wolken auf der Venus im Grunde von dem Versuch herrührt, den Treibhaus-Effekt als Erklärung für die hohe Oberflächen-Temperatur zu retten, eine Theorie, die Velikovsky nicht unterstützt. Eine ähnliche Ironie wollte es, daß Professor Kaplan später Mitverfasser einer Arbeit war, die Spuren von Methan, einem »Petrolgas«, durch spektroskopische Untersuchungen in der Venus-Atmosphäre nachwies (Connes, *et al.*, 1967).

Zusammenfassend wäre zu sagen, daß Velikovskys Idee, die Venuswolken würden sich aus Kohlenwasserstoffen oder Kohlehydraten zusammensetzen, weder neu noch richtig ist. Die experimentelle Bestätigung schlug fehl.

Problem VIII: Die Temperatur der Venus

Ein weiterer merkwürdiger Umstand betrifft die Oberflächentemperatur der Venus. Während man die hohe Temperatur der Venus oft als Beweis für eine richtige Voraussage Velikovskys wertet, scheinen die Logik hinter seiner Schlußfolgerung und die Zusammenhänge seiner Argumente weniger bekannt zu sein.

Beginnen wir mit Velikovskys Ansichten zur Marstemperatur. Er glaubt, daß der Mars als verhältnismäßig kleiner Planet bei seinen Begegnungen mit den massiveren Planeten Venus und Erde schwerer als diese getroffen wurde und daß er daher eine hohe Temperatur haben müßte. Er spricht in diesem Zusammenhang von einer »Umwandlung der Bewegungsenergie in Wärmeenergie«. Was ein wenig vage ausgedrückt ist, da Wärme im Grunde nichts anderes als eine Molekülbewegung ist, oder, noch grotesker, von »elektrischen Entladungen zwischen den

Planeten, welche Atomspaltungen auslösen« könnten, »die ihrerseits zu Radioaktivität und Wärmeausstrahlung führen«.

Im gleichen Abschnitt stellt er lapidar fest: »Der Mars sendet mehr Wärme aus, als er von der Sonne erhält«, was offenbar mit seiner Kollisionstheorie in Einklang stehen soll. Die Feststellung ist jedoch total falsch. Die Marstemperatur wurde wiederholt von Bodenstationen sowie von sowjetischen und amerikanischen Raumsonden gemessen, und die Temperaturen aller Gebiete des Mars stimmen genau mit dem überein, was die Oberfläche an Sonnenstrahlung aufnimmt. Mehr noch, das war bereits in den vierziger Jahren, ehe Velikovsky sein Buch veröffentlichte, sehr wohl bekannt. Und wenngleich er vier prominente Wissenschaftler erwähnt, die sich noch vor 1950 mit Temperaturmessungen der Marsoberfläche befaßten, bezieht er sich nicht auf ihre Arbeiten und stellt fälschlich fest, daß sie zu dem Schluß gelangten, der Mars gäbe mehr Strahlung ab, als er von der Sonne erhält.

Diese Anhäufung von Irrtümern ist schwer zu verstehen, und die großzügigste These, die ich dazu anbieten kann, ist die, daß Velikovsky den sichtbaren Teil des elektromagnetischen Spektrums, wo das Sonnenlicht den Mars erwärmt, mit dem Infrarot-Teil verwechselt, wo der Mars größtenteils Strahlung in den Raum abgibt. Aber die Schlußfolgerung ist klar. Gemäß Velikovsky müßte der Mars, mehr noch als die Venus, ein »heißer« Planet sein. Hätte sich wider Erwarten gezeigt, daß dies den Tatsachen entsprach, so wäre das erneut als Bestätigung von Velikovskys Thesen gewertet worden. Umgekehrt jedoch sprach niemand von einer Widerlegung seiner Thesen, als sich herausstellte, daß der Mars genau die Temperatur besaß, mit der jedermann gerechnet hatte. Hier wird eindeutig mit zweierlei Maß gemessen.

Gehen wir nun zur Venus weiter, so erkennen wir, daß ganz ähnliche Argumente ins Spiel gebracht werden. Ich finde es merkwürdig, daß Velikovsky die Temperatur der Venus nicht ihrem Herausschleudern aus dem Jupiter zuschreibt (siehe Problem I), aber ihn stört das weniger. Statt dessen erfahren wir, daß sich die Venus bei ihrer nahen Begegnung mit der Erde und dem Mars aufgeheizt haben muß und daß der Kopf des Kometen »kurz zuvor nahe an der Sonne vorbeigezogen« war und sich »in einem Zustand der Weißglut« befand. Später, als der Komet sich in den Planeten Venus verwandelte, war er angeblich immer noch »sehr heiß« und muß »Wärme abgegeben haben«. Wieder wird Bezug auf astronomische Beobachtungen vor 1950 genommen, die zeigen, daß die Nachtseite der Venus fast ebenso heiß ist wie die Tagseite, zumindest auf der Stufe, welche die mittlere Infrarotstrahlung erfaßt. Hier zitiert Velikovsky die Astronomie-Forscher richtig und schließt aus ihrem Werk, daß »die Nachtseite Hitze ausstrahlt, weil die Venus heiß ist«. Natürlich!

Was Velikovsky damit zum Ausdruck bringen will, ist wohl, daß seine Venus ähnlich wie sein Mars mehr Hitze abgibt, als sie von der Sonne empfängt, und daß die gemessenen Temperaturen sowohl auf der Nacht- wie auf der Tagseite eher auf die »Weißglut« zurückzuführen sind als auf die Strahlung, welche die Venus heutzutage von der Sonne aufnimmt. Aber das ist ein schwerer Irrtum. Die bolometrische Albedo (der Teil des Sonnenlichts, der von einem Gegenstand auf allen Wellenlängen reflektiert wird) der Venus beträgt ungefähr 0,73, was völlig im Einklang mit der gemessenen Infrarot-Temperatur der Venuswolken von ca. 240 K ist. Mit anderen Worten: die Venuswolken befinden sich in genau dem Temperaturzustand, den man aufgrund des dort absorbierten Sonnenlichts erwarten kann.

Velikovsky behauptete, daß sowohl die Venus wie auch der Mars mehr Hitze abstrahlen, als sie von der Sonne empfangen. Das ist für beide Planeten falsch. 1949 äußerte Kuiper die Vermutung, daß der *Jupiter* mehr Wärme abgibt, als er empfängt, und spätere Messungen haben ihm recht gegeben. Aber von Kuipers These ist in *Welten im Zusammenstoß* kein Wort zu lesen.

Velikovsky behauptet ferner, daß die Venus aufgrund ihrer Begegnungen mit dem Mars und der Erde und dem nahen Vorbeizug an der Sonne heiß ist. Da der Mars nicht anormal heiß ist, muß die hohe Oberflächentemperatur der Venus vor allem ihrem Vorbeizug an der Sonne – in der Kometen-Inkarnation – zugeschrieben werden. Aber es läßt sich leicht berechnen, wieviel Energie die Venus während ihres nahen Vorüberziehens an der Sonne erhalten und wie lange es gedauert hätte, bis diese Energie in den Raum abgestrahlt war. Die Berechnung hierzu wird in Anhang 3 durchgeführt, und wir entdecken, daß die gesamte aufgenommene Energie Monate oder höchstens Jahre nach dem nahen Vorbeizug an der Sonne verlorengegangen wäre. Es besteht nicht die geringste Möglichkeit, daß heutzutage noch etwas von dieser Wärme erhalten geblieben ist. Velikovsky erwähnt nicht, wie nahe die Venus an der Sonne vorbeigezogen sein soll, aber ein sehr geringer Abstand vermehrt die bereits extrem starken Probleme der Kollisionsphysik, die in Anhang 1 dargelegt werden. Im übrigen klingt in der einen oder anderen Bemerkung von *Welten im Zusammenstoß* an, daß Velikovsky glaubt, Kometen würden durch ausgestrahltes und nicht durch reflektiertes Licht leuchten. Wenn ich die Stellen richtig interpretiere, so könnten sie die Ursache einiger seiner Irrtümer in Bezug auf die Venus sein.

Velikovsky nennt nirgends die Temperatur, welche die Venus seiner Ansicht nach um 1950 hatte. Wie bereits erwähnt, stellt er einmal vage fest, daß sich der *Komet*, der später zur Venus wurde, in einem »Zustand der Weißglut« befand, aber im Vorwort seiner späteren Ausgabe (1965) schreibt er dann, er habe vorausgesagt, daß sich die Venus in einem glühenden Zustand befinde. Das ist wegen der raschen Abkühlung nach der angeblichen Begegnung mit der Sonne ganz und gar nicht dasselbe (Anhang 3). Darüber hinaus erklärt Velikovsky selbst, daß sich die Venus im Laufe der Zeit abkühlt. Was er also genau damit meint, wenn er die Venus als »heiß« bezeichnet, bleibt einigermaßen obskur.

In seinem Vorwort von 1965 schreibt Velikovsky ferner, daß seine These einer hohen Oberflächentemperatur »völlig von dem abwich, was man 1946 wußte«. Wie sich zeigen wird, stimmt das nicht ganz. Die herausragende Gestalt des Rupert Wildt wirft erneut ihre Schatten über die astronomischen Aussagen Velikovskys. Wildt, der im Gegensatz zu Velikovsky den Kern des Problems verstand, sagte richtig vorher, daß die Venus und *nicht* der Mars »heiß« sein müßte. In einem Artikel, der 1940 im *Astrophysical Journal* erschien, vertrat Wildt den Standpunkt, daß die Oberfläche der Venus wegen eines Kohlendioxid-Treibhauseffekts sehr viel heißer sein müsse, als Astronomen bis dahin angenommen hatten. Kurz zuvor hatte man auf spektroskopischem Wege Kohlendioxid in der Venus-Atmosphäre entdeckt, und Wildt folgerte richtig, daß die große Menge CO_2, die man gemessen hatte, die Infrarotstrahlung, die vom Planeten ausging, festhalten würde, bis die Oberflächentemperatur so hoch anstieg, daß das einfallende sichtbare Sonnenlicht die

Infrarot-Emission des Planeten gerade ausglich. Wild berechnete, daß die Temperatur fast 400 K betragen würde, was in etwa dem Siedepunkt von Wasser entspricht (373 K = 212°F = 100°C). Es besteht kein Zweifel daran, daß diese Aussage zur Oberflächentemperatur der Venus exakter war als alles andere, was vor 1950 geäußert wurde, und wieder erscheint es merkwürdig, daß Velikovsky, der sämtliche Artikel zu kennen schien, welche in den zwanziger, dreißiger und vierziger Jahren im *Astrophysical Journal* zum Thema Venus und Mars herausgekommen waren, diese historisch bedeutsame Arbeit übersah.

Wir wissen inzwischen durch Radiomessungen von Bodenstationen und die überaus erfolgreichen Venussonden der Sowjetunion, daß die Oberflächentemperatur der Venus um 750 K schwankt (Marov, 1972). Die Atmosphäre lastet mit einem Druck auf dem Planeten, der etwa neunzigmal stärker ist als der auf der Erde, und sie besteht hauptsächlich aus Kohlendioxid. Dieser hohe Kohlendioxidgehalt plus kleinere Mengen Wasserdampf, die auf der Venus entdeckt wurden, reichen aus, um die Oberfläche mittels Treibhaus-Effekt auf die gemessene Temperatur aufzuheizen. Das *Venera-8*-Landemodul, das erste Raumschiff, das auf der Tag-Hemisphäre der Venus aufsetzte, entdeckte, daß das Sonnenlicht bis an die Oberfläche durchdrang, und die sowjetischen Experimentatoren schlossen, daß die auftreffende Menge an Sonnenlicht zusammen mit der atmosphärischen Beschaffenheit ausreichten, um den erforderlichen radiativ-konvektiven Treibhaus-Effekt in Gang zu halten (Marov, *et al.*, 1973). Diese Folgerungen wurden auch durch die Missionen von *Venera-9* und *Venera-10* bestätigt, bei denen man klare Fotografien von Oberflächenfelsen im Sonnenlicht erhielt. Velikovsky täuscht sich daher ganz sicher, wenn er behauptet, daß »kein Licht die Wolkendecke durchdringt«, und er täuscht sich wahrscheinlich, wenn er sagt, daß der »Treibhaus-Effekt eine so hohe Temperatur nicht erklären« könne. Darauf deuten auch die Ergebnisse der amerikanischen *Pioneer*-Mission zur Venus hin, die Ende 1978 durchgeführt wurde.

Wiederholt erklärt Velikovsky, daß sich die Venus mit der Zeit abkühlt. Wie wir gesehen haben, schreibt er ihre hohe Temperatur der Erwärmung durch die Sonne während eines nahen Vorbeizugs am Zentralgestirn zu. In vielen Artikeln zieht Velikovsky Vergleiche zwischen Temperaturmessungen der Venus,

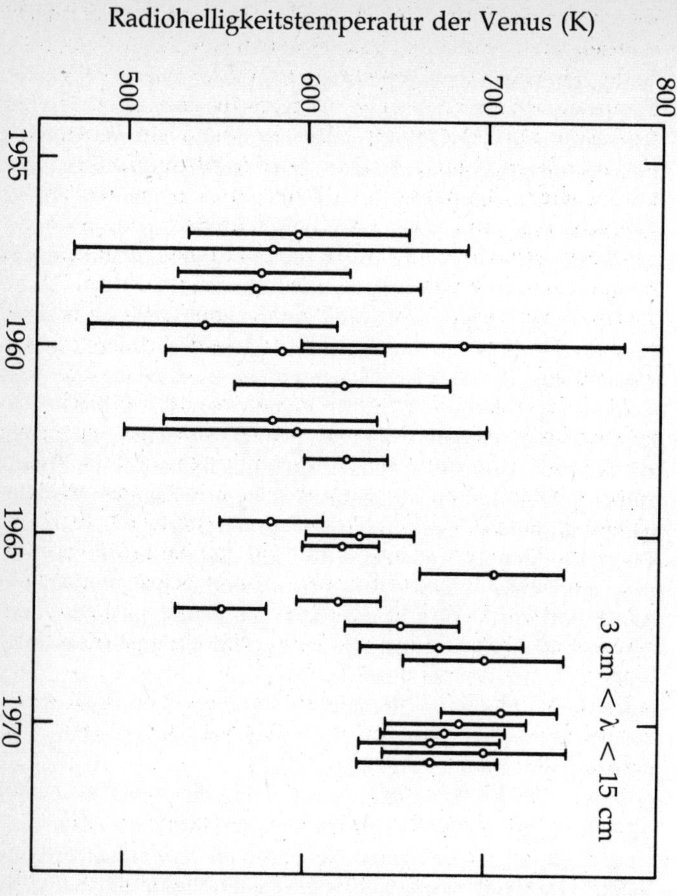

Abbildung 1: Mikrowellen-Helligkeits-Temperaturen der Venus als Funktion der Zeit (nach einer Zusammenstellung von D. Morrison). Es ergibt sich ganz sicher kein Beweis für eine sinkende Oberflächentemperatur. Die Beobachtungs-Wellenlänge wird mit λ bezeichnet. Zeichnung: Rosemarie Jeschke

die zu verschiedenen Zeiten durchgeführt und veröffentlicht wurden, und versucht zu beweisen, daß eine Abkühlung stattfindet. Eine objektive Darstellung der Mikrowellen-Helligkeits-Temperaturen auf der Venus – übrigens die einzigen Daten zur Oberflächentemperatur des Planeten, die nicht durch eine Raumsonde gewonnen wurden – wird in Abbildung 1 gezeigt. Die Fehlergrenzen haben ihre Ursache in Ungenauigkeiten des Meßvorgangs und wurden von den Beobachtern selbst geschätzt. Wir sehen auch nicht die Spur eines Absinkens der Temperatur im Verhältnis zur Zeit (wenn überhaupt, dann erkennen wir bei fortschreitender Zeit eine leichte Zunahme, aber die Toleranz ist so groß, daß man keine Schlüsse daraus ziehen darf).

Ähnliche Ergebnisse gelten für Messungen der Wolkentemperaturen im infraroten Bereich des Spektrums: Sie haben ein geringeres Ausmaß und werden im Laufe der Zeit nicht kälter. Darüber hinaus verrät ein Blick auf die eindimensionale Wärmeableitungsgleichung, daß in Velikovskys »Drehbuch« die Temperaturminderung durch Abstrahlen in den Raum im wesentlichen längst stattgefunden haben müßte. Selbst wenn Velikovsky mit dem Ursprung der hohen Venus-Oberflächentemperaturen recht hätte, wäre seine Vorhersage einer jahrhundertelangen Temperaturminderung falsch.

Die hohe Oberflächentemperatur der Venus ist ein weiterer sogenannter »Beweis« für die Velikovsky-Hypothese. Wir sehen, daß

1. die fragliche Temperatur nie genau angegeben wurde;

2. der Erklärungsversuch für diese Temperatur grobe Fehler enthält;

3. die Planetenoberfläche sich nicht, wie angekündigt, mit der Zeit abkühlt; und

4. der Gedanke einer hohen Oberflächentemperatur auf der Venus mit einem im wesentlichen richtigen Argument zehn Jahre vor dem Erscheinen von *Welten im Zusammenstoß* in der führenden astronomischen Zeitschrift jener Zeit veröffentlicht wurde.

Problem IX: Die Krater und Berge der Venus

1973 machten Dr. Richard Goldstein und seine Mitarbeiter im Goldstone-Radarobservatorium des *Jet Propulsion Laboratory* eine wichtige Neuentdeckung bezüglich der Venusoberfläche, die später von vielen anderen Beobachtern bestätigt wurde. Sie fanden mit Hilfe von Radarstrahlen, welche die Venuswolken durchdringen und von der Oberfläche reflektiert werden, daß der Planet an manchen Stellen gebirgig ist und eine Unzahl von Kratern besitzt; ja, man nimmt sogar an, daß wie auf manchen Teilen des Mondes eine Sättigung vorliegt, d.h. die Oberfläche ist so dicht mit Kratern bedeckt, daß einer den anderen überlagert. Da jedoch bei Vulkanismus für die einzelnen Ausbrüche meist der gleiche Lavakanal benutzt wird, ist eine Kratersättigung eher für Meteoreneinschläge als für Vulkaneinbrüche charakteristisch. Das hat Velikovsky nicht vorhergesagt; aber darum geht es im Moment gar nicht. Derartige Krater werden, wie die Mond-Meere, wie die Senken auf dem Merkur und auf manchen Gebieten des Mars, fast ausschließlich durch den Aufprall interplanetarischer Materie verursacht. Große kraterbildende Objekte werden bei ihrem Eintritt in die Atmosphäre nicht zersplittert, trotz deren hoher Dichte. Die Objekte können aber unmöglich während der letzten zehntausend Jahre gegen die Venus geprallt sein, sonst wäre die Erde in der gleichen Weise wie der Schwesterplanet von Kratern gezeichnet. Die wahrscheinlichste Quelle für diese Zusammenstöße sind Apollo-Objekte (Asteroiden, deren Bahnen den Erdorbit kreuzen) und kleine Kometen, über die wir bereits gesprochen haben (Anhang 1). Wenn sie jedoch so viele Krater hervorgerufen haben, dann muß sich der Prozeß über Milliarden Jahre hingezogen haben. Eine andere Möglichkeit wäre, daß die Krater zwar in einem kürzeren Zeitraum entstanden sind, dann aber in der Frühgeschichte des Sonnensystems, als es noch weit mehr Gesteinsschutt gab. Doch es ist ganz und gar unmöglich, daß die Oberfläche ihre jetzige Form erst in jüngerer Zeit erhielt. Wenn sich andererseits die Venus vor ein paar tausend Jahren noch tief im Innern des Jupiter befand, dann kann sie dort nicht von Kratern zerlöchert worden sein. Der eindeutige Schluß aus den Venuskratern lautet deshalb, daß die Venus seit Milliarden Jahren ein Himmelskörper ist, der interplanetarischen Kollisionen ausgesetzt war – was im direkten Widerspruch zur Grundvoraussetzung von Velikovskys These steht.

Die Venuskrater sind deutlich erodiert. Einige der Felsen auf der Planetenoberfläche sind, wie Aufnahmen durch *Venera-9* und *Venera-10* enthüllten, relativ jung, andere dagegen stark verwittert. Ich habe mich an anderer Stelle (Sagan, 1976) mit möglichen Erosionsvorgängen auf der Venusoberfläche befaßt – einschließlich chemischer Verwitterung und langsamer Deformierung bei hohen Temperaturen. Diese Dinge haben jedoch keinerlei Bedeutung für die Velikovsky-Hypothese: Neuere vulkanische Tätigkeit auf der Venus muß nicht dem nahen Vorbeizug an der Sonne zugeschrieben werden, ebensowenig der Tatsache, daß die Venus in einem verschwommenen Sinn »jung« ist. Sie hat vielmehr die gleichen Ursachen wie die vulkanische Tätigkeit, die wir auch auf der Erde erleben.

1967 schrieb Velikovsky: »Es steht fest, daß der Planet, wäre er Milliarden Jahre alt, seine ursprüngliche Wärme nicht hätte beibehalten können; ein radioaktiver Prozeß aber, der so große Hitze hervorruft, muß von raschem Verfall sein *(sic!)* und auch das paßt nicht zu einem Planetenalter von Milliarden Jahren.« Leider hat Velikovsky zwei grundlegende und klassische geophysikalische Erkenntnisse nicht begriffen. Wärmeleitung ist ein sehr viel langsamerer Prozeß als Strahlung oder Konvektion, und die Ur-Wärme leistet – im Falle der Erde – einen erkennbaren Beitrag zum geothermalen Temperaturgradienten und zum Wärmefluß im Erdinnern. Das gleiche gilt für die Venus. Außerdem sind die Arten von Zerfallsatomen, welche für die radioaktive Erwärmung der Erdkruste sorgen, langlebige Isotope von Uran, Thorium und Kalium – Isotope mit Halbwertszeiten, die sich mit dem Alter des Planeten vergleichen lassen. Wenn die Venus, wie Velikovsky annimmt, noch vor ein paar tausend Jahren völlig geschmolzen war, könnte sich aufgrund der Wärmeableitung im günstigsten Fall eine dünne äußere Kruste von maximal hundert Metern Dicke gebildet haben. Aber die Radarmessungen enthüllen gewaltige Bergketten, Ringgebirge und eine Grabensenke mit Ausmaßen von Hunderten bis Tausenden von Kilometern. Es ist höchst unwahrscheinlich, daß derart ausgeprägte Verschiebungs- oder Aufprallcharakteristika bei einer so dünnen, zerbrechlichen Kruste über einem flüssigen Innern stabil bleiben würden.

Problem X: Die Umwandlung des Venus-Orbits in eine Kreisbahn. Welche Kräfte wirken neben der Gravitation im Sonnensystem?

Der Gedanke, daß die Venus innerhalb einiger tausend Jahre von einem langgezogenen oder exzentrischen Orbit in ihre gegenwärtige Bahn gebracht wurde, die wie bei allen Planeten – mit Ausnahme des Neptun – nahezu kreisförmig ist, verträgt sich nicht mit dem, was wir über das Dreikörperproblem in der Himmelsmechanik wissen.* Es muß jedoch zugegeben werden, daß dieses Problem noch nicht vollständig gelöst ist und daß in diesem Punkte die Fakten zwar stark, aber nicht absolut gegen Velikovsky sprechen. Wenn Velikovsky jedoch darüber hinaus elektrische oder magnetische Kräfte anruft, ohne sich die Mühe zu machen, ihre Größenordnung zu berechnen oder ihre Wirkung im Detail zu beschreiben, dann fällt es uns schwer, seine Gedanken objektiv zu beurteilen. Simple Betrachtungen über die magnetische Energiedichte, die erforderlich wäre, um einen Kometen in eine Kreisbahn zu lenken, zeigen, daß die damit verbundenen Feldstärken unmäßig hoch sind (Anhang 4). Studien über Feldmagnetisierung stehen in einem krassen Gegensatz dazu.

Wir können uns dem Problem auch empirisch nähern. Die normale Newtonsche Mechanik vermag mit bemerkenswerter Genauigkeit die Flugbahnen von Raumschiffen vorherzuberechnen – so gelang es beispielsweise, den *Viking*-Orbiter innerhalb einer 100-Kilometer-Toleranz auf seine vorbestimmte Bahn zu plazieren: *Venera-8* wurde präzise auf die sonnenbeleuchtete Seite der Äquatortrennlinie gesteuert, und *Voyager-1* schleuste man genau in jenen Eintrittskorridor nahe dem Jupiter, der die Sonde so dicht wie möglich an Saturn vorbeiführte. Man traf dabei auf keinerlei geheimnisvolle elektrische oder magnetische Einflüsse. Die Newtonsche Mechanik reicht aus, damit man sehr präzise etwa den Augenblick vorhersagen kann, in dem sich die Galileischen Monde des Jupiter gegenseitig verfinstern.

---

* Die Aussage über die relative Bewegung dreier Körper, die durch die Anziehungskraft miteinander in Verbindung stehen.

Kometen besitzen zwar etwas schlechter berechenbare Bahnen, aber das kommt mit großer Wahrscheinlichkeit daher, daß ihre Eismaterie schmilzt und verdampft, wenn sich diese Himmelskörper der Sonne nähern, was einen schwachen Raketeneffekt auslöst. Der »Komet« Venus hätte, falls es ihn überhaupt gab, auch eine derartige Verdampfung von Eis durchmachen können, aber der Raketeneffekt hätte ihn deshalb noch lange nicht in die Nähe der Erde oder des Mars gebracht. Der Halleysche Komet, den man seit ungefähr zweitausend Jahren beobachtet, bleibt auf einem stark exzentrischen Kurs und zeigt nicht die geringste Tendenz, eine Kreisbahn einzuschlagen; dennoch ist er etwa so alt wie Velikovskys »Komet«. Es ist äußerst unwahrscheinlich, daß Velikovskys Komet, falls er je existierte, sich in den Planeten Venus verwandelte.

Eine Reihe weiterer Probleme

Die zehn Punkte, die ich eben besprach, sind, soweit ich das sehen kann, die wichtigsten naturwissenschaftlichen Fehler in Velikovskys Hypothese. Ich habe bereits früher angedeutet, welche Schwierigkeiten sich aus seiner Benutzung der alten Schriften ergeben. Lassen Sie mich hier noch ein paar Dinge aufzählen, die mir bei meiner Lektüre von *Welten im Zusammenstoß* aufgefallen sind.

Da heißt es einmal, die Marsmonde Deimos und Phobos »rissen womöglich einen Teil der ... Marsatmosphäre mit sich« und erschienen dadurch sehr hell – »mit glühenden Mähnen«. Aber es ist auf den ersten Blick klar, daß die Fluchtgeschwindigkeit dieser Objekte – etwa 20 Meilen pro Stunde – so gering ist, daß sie auch nicht vorübergehend in der Lage sind, Atmosphäre festzuhalten; Nahaufnahmen der *Viking*-Sonden zeigen weder Atmosphäre noch Frostflecken; außerdem sind die beiden Trabanten so ziemlich die dunkelsten Objekte im Sonnensystem.

Etwas später wird das Buch Joel mit einigen Hymnen aus den *Veden* verglichen, welche die »Maruts« beschreiben. Velikovsky vermutet, daß die »Maruts« ein Schwarm von Meteoriten waren, die dem Mars bei seiner Annäherung an die Erde vorauseilten und folgten – eine Ansicht, die er ebenfalls im Buche Joel zu finden glaubt. Er schreibt: »Joel schrieb nicht von den *Veden* ab und nicht die *Veden* von Joel.« Dennoch findet es Velikovsky gleich darauf »befriedigend, feststellen zu können, daß der philologische Zusammenhang (zwischen den Wörtern ›Mars‹ und ›Marut‹) tatsächlich bereits nachgewiesen ist«. Aber wie kann da ein Zusammenhang bestehen, wenn die Verse bei Joel und die *Veden* nichts miteinander zu tun haben?

Dann entdecken wir, daß Jesaia eine exakte Vorhersage für die Wiederkehr des Mars zu einer erneuten Begegnung mit der Erde traf, weil »Jesaia auf Grund der Erfahrungen bei früheren Begegnungen zwischen Erde und Mars wohl eine Schätzung abgeben konnte«. Wenn das stimmt, muß Jesaia in der Lage gewesen sein, das ganze Dreikörper-Problem mitsamt elektrischen und magnetischen Kräften zu lösen, und es ist jammerschade, daß uns das Alte Testament nicht auch diese Kunst übermittelte.

Einmal stoßen wir auf das Argument, daß Venus, Mars und Erde bei all ihren Begegnungen die Atmosphären ausgetauscht haben müssen. Falls große Mengen terrestrischen Molekular-Sauerstoffs (20 Prozent unserer Atmosphäre) vor 3500 Jahren auf den Mars und die Venus umgeschichtet wurden, dann müßten sie heute noch in erheblichen Mengen vorhanden sein. Die Zeitskala für eine Umgruppierung von O_2 in der Erdatmosphäre beträgt 2000 Jahre, und das geschieht durch einen biologischen Prozeß. Beim Fehlen einer ausgeprägten biologischen Atmung müßte der gesamte Sauerstoff, der vor 3500 Jahren auf den Mars und die Venus befördert wurde, noch da sein. Wir wissen aber durch spektroskopische Untersuchungen, daß O_2 bestenfalls ein winziger Bestandteil der bereits extrem dünnen Marsatmosphäre ist (und sich auch auf der Venus rar macht). *Mariner-10* fand zwar Spuren von Sauerstoff in der Atmosphäre der Venus – aber winzige Mengen atomaren Sauerstoffs in den oberen Schichten und keine Riesenmengen molekularen Sauerstoffs in den unteren Schichten.

Der Mangel an O_2 auf der Venus entzieht auch Velikovskys Glauben an Petroleumfeuer in der unteren Venus-Atmosphäre jeglichen Boden – weder der Brennstoff noch das Oxydationsmittel sind in ausreichender Menge vorhanden. Diese Feuer, so glaubte Velikovsky, würden Wasser produzieren, welches dann durch Photodissoziation O freigäbe. Velikovsky benötigt also beträchtliche Mengen O_2 aus den unteren Atmosphäreschichten, um eine Erklärung für das O der oberen Schichten zu bekommen. Dabei ist das gefundene O durchaus erklärlich, wenn man von der photochemischen Aufspaltung des wichtigsten atmosphärischen Bestandteils CO_2 in CO und O ausgeht. Diese Dinge scheinen keinen Eindruck auf einige von Velikovskys Anhänger zu machen; sie sahen in den Entdeckungen von *Mariner-10* eine Rechtfertigung für *Welten im Zusammenstoß*.

Da es in der Mars-Atmosphäre nur verschwindend kleine Mengen Sauerstoff und Wasserdampf gibt, folgert Velikovsky, daß noch andere Bestandteile vorhanden sein müssen, die von der Erde stammen. Dieses Argument ist, so leid es mir tut, ein *Non sequitur*. Velikovsky entscheidet sich für Argon und Neon, obwohl diese beiden Substanzen eher seltene Komponenten der Erdatmosphäre sind. Bereits in den vierziger Jahren hatte Harrison Brown vermutet, daß Argon und Neon Hauptbestandteile der Mars-Atmosphäre darstellen. Inzwischen weiß man, daß es höchstens Spuren davon gibt; die *Viking* entdeckte etwa ein Prozent Argon. Aber selbst wenn man große Mengen Argon auf dem Mars vorgefunden hätte, so wäre das immer noch kein Beweis für Velikovskys Theorie vom Atmosphärenaustausch gewesen – denn die am häufigsten vorkommende Form von Argon, ^{40}Ar, entsteht beim radioaktiven Zerfall von Kalium-40, einem Stoff, den man in der Marskruste vermutet.

Eine noch stärkere Schwierigkeit für Velikovsky besteht darin, daß N_2 (molekularer Stickstoff) in der Mars-Atmosphäre mehr oder weniger fehlt. Diese Substanz ist der Hauptbestandteil der Erdatmosphäre, macht aber nur ein Prozent der Marsatmosphäre aus. Wenn in der Tat ein Gasaustausch stattfand, wo ist dann all der Mars-Stickstoff geblieben? Die von Velikovsky vertretene These eines Atmosphäreaustausches zwischen dem Mars und der Erde gehört mit zu den schwächsten Argumenten in seinem Werk; außerdem widerlegen Messungen seine Theorie.

Welten im Zusammenstoß stellt einen Versuch dar, Bibelmythen und Volkslegenden als historische Ereignisse zu legitimieren. Ich habe mich bemüht, das Buch ohne Vorurteile zu lesen. Ich finde die mythologischen Übereinstimmungen faszinierend und einer näheren Untersuchung wert, aber sie lassen sich vermutlich durch die Verbreitungstheorie und ähnliches erklären. Der wissenschaftliche Teil des Textes hat trotz vieler angeblicher »Beweise« mit enormen Schwierigkeiten zu kämpfen.

Unter den zehn eben beschriebenen Punkten in Velikovskys Werk gibt es nicht einen einzigen, wo seine Gedanken selbständig und zugleich vereinbar mit den Fakten oder den einfachsten physikalischen Theorien wären. Darüber hinaus haben einige der Einwände – das gilt vor allem für die Probleme I, II, III und X – besonderes Gewicht, weil sie auf den physikalischen Gesetzen der Energieerhaltung beruhen. Die wissenschaftliche Methode verlangt, daß ein annehmbares Argument durch eine klar herausgearbeitete Beweiskette untermauert wird. Reißt ein einziges Glied der Kette, so hat das Argument versagt. Bei *Welten im Zusammenstoß* erleben wir den umgekehrten Fall: Nahezu alle Glieder der Kette sind kaputt. Zur Rettung der Hypothese werden Ausreden gebraucht, verschwommene neue physikalische Gesetze eingeführt und die Augen vor widersprüchlichem Material verschlossen. Velikovskys Grundthese erscheint mir daher von der Physik aus unhaltbar.

Im übrigen ergibt sich aus dem mythologischen Material ein potentielles Problem, das äußerst gefährlich werden könnte. Die angeblichen Ereignisse werden aus Sagen und Legenden rekonstruiert. Aber es handelt sich um Weltkatastrophen, die längst nicht in den Geschichtsaufzeichnungen oder der Folklore aller Kulturen erscheinen. Solche verwunderlichen Lücken werden, wenn überhaupt, mit einem »kollektiven Erinnerungsverlust« begründet. Velikovsky geht kein Risiko ein. Wo Übereinstimmungen existieren, zieht er die kühnsten Schlüsse daraus. Wo keine Übereinstimmungen existieren, löst er das Problem, indem er sich auf den »kollektiven Erinnerungsverlust« beruft. Mit so laschen Verfahren kann man praktisch alles »beweisen«.

Ich sollte vielleicht noch erwähnen, daß es für die meisten Ereignisse des Exodus eine weit plausiblere Erklärung gibt als die von Velikovsky, eine Erklärung, die auch besser mit der Physik in Einklang steht. Im Ersten Buch der Könige wird der Exodus zeitlich angeordnet: Er vollzog sich 480 Jahre vor dem Baubeginn des Salomon-Tempels. Nimmt man weitere Daten zu Hilfe, so läßt sich errechnen, daß der biblische Exodus etwa im Jahre 1447 vor Christus stattfand (Covey, 1975). Andere Bibelforscher halten diese Berechnung für falsch, aber sie paßt zu Velikovskys Chronologie und kommt erstaunlich nahe an die

Daten heran, die man mittels einer Vielzahl wissenschaftlicher Methoden für die letzte kolossale Vulkan-Explosion der Insel Thera (Santorin) errechnet hat, eine Explosion, die möglicherweise die minoische Kultur auf Kreta vernichtete und bestimmt starke Auswirkungen auf Ägypten hatte, das keine dreihundert Meilen südlich der Insel liegt. Die exakteste Kohlenstoff-14-Bestimmung des Ereignisses, die man an einem in Vulkanasche verschütteten Baum auf Thera vornahm, liegt bei 1456 vor Christus, mit einer Fehlerschranke von plus oder minus 43 Jahren.

Die großen Massen Vulkanstaub reichen ohne weiteres aus, um drei Tage lang die Sonne zu verfinstern, und Begleiterscheinungen könnten Erdbeben, Hungersnöte, Ungezieferplagen (als Folge von Überschwemmungen) und noch manche anderen vertrauten Velikovskyschen Katastrophen erklären. Das Ereignis könnte zudem eine gewaltige *Tsunami* oder Flutwelle im Mittelmeer ausgelöst haben, die Angelos Galanopoulos (1964) – er vor allem hat das geologische und archäologische Interesse an Thera neu geweckt – auch für die Teilung des Roten Meeres verantwortlich macht.*

In gewisser Weise ist die Erklärung von Galanopoulos für die Geschehnisse während des Exodus noch provokativer als die Velikovsky-Version; Galanopoulos legt nämlich – auch nicht überall überzeugende – Beweise dafür vor, daß Thera in nahezu allen wesentlichen Einzelheiten mit der legendären Kultur von Atlantis identisch ist. Wenn er recht hat, dann lag es am Untergang von Atlantis und nicht an der Erscheinung eines Kometen, daß die Israeliten Ägypten verlassen konnten.

Es gibt viele merkwürdige Ungereimtheiten in *Welten im Zusammenstoß*, doch auf der vorletzten Seite des Buches wird ganz nebenbei ein geradezu atemberaubender Abstecher von der Grundthese gewagt. Wir lesen von einer altehrwürdigen, aber falschen Analogie zwischen dem Aufbau von Sonnensystemen und Atomen. Unvermittelt sehen wir uns mit der Hypothese konfrontiert, daß die vermuteten Abweichungen in den Planetenbahnen nicht durch Kollisionen verursacht werden,

---

* Eine informative und unterhaltsame Diskussion über Thera sowie den Fragenkomplex von Mythen in Verbindung mit geologischen Ereignissen findet sich in dem Buch von Vitaliano (1973); siehe auch de Camp (1975).

sondern vielmehr das Ergebnis von Veränderungen im Quantenenergie-Niveau von Planeten sind, vergleichbar der Absorption eines oder vielleicht mehrerer Photonen. Sonnensysteme werden durch *Gravitationskräfte* zusammengehalten, Atome durch *elektrische Kräfte*. Und obschon beide Kräfte vom umgekehrten Quadrat der Entfernung abhängen, besitzen sie grundverschiedene Eigenschaften und Größen: als Beispiel sei nur genannt, daß es positive und negative elektrische Ladungen gibt, aber nur ein Vorzeichen der Gravitationsmasse. Wir wissen genug von Sonnensystemen wie von Atomen, um zu erkennen, daß Velikovskys vorgeschlagene »Quantensprünge« von Planeten auf einer Fehlinterpretation sowohl der Theorie wie auch des Augenscheins beruhen.

Nach meinem besten Wissen gibt es in *Welten im Zusammenstoß* nicht eine einzige korrekte astronomische Vorhersage, die so präzise ist, daß man sie von einem Glückstreffer unterscheiden kann – dagegen gibt es, wie ich aufzuzeigen versuchte, eine ganze Flut beweisbar falscher Behauptungen. Das Vorhandensein einer starken Radiostrahlung von Jupiter wird gelegentlich als Paradebeispiel für eine richtige Vorhersage von Velikovsky angeführt, aber alle Objekte geben Radiowellen ab, wenn sie Temperaturen über dem absoluten Nullpunkt besitzen. Die wesentlichen Eigenschaften der Jupiter-Radiostrahlung – daß es sich um eine nicht-thermale, polarisierte, intermittierende Emission handelt, die in Verbindung mit den breiten Gürteln geladener Teilchen steht, welche Jupiter mit seinem starken Magnetfeld eingefangen hat – diese Eigenschaften werden an keiner Stelle in *Welten im Zusammenstoß* vorhergesagt. Außerdem steht Velikovskys Prognose in keinem Zusammenhang mit dem Kern seiner Thesen.

Wenn man etwas richtig errät, beruht das nicht notwendigerweise auf bestimmten Vorkenntnissen oder einer korrekten Theorie. In einem Science Fiction-Roman, der bereits 1949 erschien, stellte sich Max Ehrlich eine Fast-Kollision der Erde mit einem anderen kosmischen Objekt vor, das den Himmel ausfüllte und die Erdbewohner in Angst und Schrecken versetzte. Am entsetzlichsten war die Tatsache, daß sich auf dem vorüberziehenden Planeten eine Oberflächenform befand, die Ähnlichkeit mit einem riesigen Auge hatte. Es handelt sich hier um einen – von vielen phantastischen wie seriösen – Vorläufer von Velikovskys Idee der Planetenbegegnung. Aber darum geht es mir nicht. Anläßlich einer Diskussion zu der Frage, weshalb die erdzugewandte Seite des Mondes große glatte »Meere« aufweist, während die abgewandte Hälfte nahezu keine besitzt, stellte John Wood vom *Smithsonian Astrophysical Observatory* die These auf, daß die Seite des Mondes, die heute der Erde zugewandt ist, sich einst am Rande des Mondes befand, auf der vorlaufenden Hemisphäre bei der Rotation um die Erde. In dieser Position schleuderte er vor Milliarden Jahren einen Ring von Gesteinstrümmern aus, welche die Erde umgaben und vielleicht an der Bildung des Erde-Mond-Systems beteiligt waren. Nach den Eulerschen Gesetzen muß der Mond dann seine Rotationsachse so geändert haben, daß sie sich seinem neuen Hauptträgheitsmoment anpaßte und die vorlaufende Hemisphäre zur Erde wies. Die bemerkenswerte Folgerung liegt darin, daß es gemäß Wood eine Zeit gegeben haben muß, in welcher der heutige Ostrand des Mondes der Erde gegenüberlag. Aber der Ostrand des Mondes besitzt ein gewaltiges Kollisionsmerkmal, Milliarden Jahre alt, genannt das *Mare Orientale*, das starke Ähnlichkeit mit einem Riesenauge aufweist. Niemand kam auf den Gedanken, daß sich Ehrlich auf die Kollektiverinnerung eines drei Milliarden Jahre alten Ereignisses stützte, als er *The Big Eye* schrieb. Es war ein reiner Zufall. Aber wenn man genug Romane schreibt und genug wissenschaftliche Theorien aufstellt, *muß* es früher oder später Übereinstimmungen geben.

Wie ist es nun bei all den Schwächen des Buches möglich, daß *Welten im Zusammenstoß* ein solcher Erfolg wurde? Hier kann ich nur raten. Erstens stellt es einen Versuch dar, der Religion mehr Gewicht zu verleihen. Velikovsky redet uns ein, daß die alten biblischen Geschichten wörtlich stimmen, wenn wir sie nur richtig interpretieren. Das jüdische Volk beispielsweise, durch brave Kometen vor ägyptischen Pharaonen, assyrischen Königen und zahllosen anderen Katastrophen gerettet, hatte seiner Ansicht nach wohl jedes Recht, sich auserwählt vorzukommen. Aber Velikovsky versucht nicht nur die Religion, sondern auch die Astrologie zu retten: der Ausgang von Kriegen, das Geschick ganzer Völker, wird durch die Positionen der Planeten bestimmt. In gewissem Sinne enthält sein Werk eine Verheißung, daß die Menschheit mit dem Kosmos verbunden ist – ein

Gefühl, mit dem ich selbst sympathisiere, wenngleich in einem etwas anderen Zusammenhang (siehe *Cosmic Connection*; dt.: *Nachbarn im Kosmos*) – sowie den Trost, daß die alten Völker und fremden Kulturen doch nicht ganz barbarisch waren.

Der Sturm der Entrüstung, der viele sonst eher friedfertige Wissenschaftler bei der »Begegnung« mit *Welten im Zusammenstoß* erfaßt zu haben scheint, zog eine Kette von Konsequenzen nach sich. Einige Leute fühlen sich – nicht ganz zu Unrecht – abgestoßen von der gelegentlichen Überheblichkeit der Experten oder machen sich Sorgen wegen der vermeintlichen Gefahren von Wissenschaft und Technik, oder es fällt ihnen ganz einfach schwer, die Naturwissenschaften zu durchschauen. Sie finden vielleicht einen gewissen Trost darin, wenn die Wissenschaftler ihr Fett abkriegen.

Der einzige Aspekt an der ganzen Velikovsky-Geschichte, der noch schlimmer anmutet als die billige, ignorante und doktrinäre Hypothese von Velikovsky und seinen Anhängern, war der schändliche Versuch einiger sogenannter Fachleute, seine Schriften zu unterdrücken. Das hat dem Ansehen der gesamten Wissenschaft geschadet. Velikovsky erhebt gar keinen ernsthaften Anspruch auf Objektivität oder Unfehlbarkeit. Er ist zumindest kein Heuchler, wenn er starrsinnig den Berg von Daten einfach zurückweist, der seine Argumente widerlegt. Aber Wissenschaftler sollten sich eigentlich im klaren darüber sein, daß Ideen nur dann richtig beurteilt werden können, wenn man eine freie Meinungsäußerung und Diskussion zuläßt.

Im gleichen Maße, in dem die Wissenschaftler sich geweigert haben, Velikovskys Werk mit Vernunft entgegenzutreten, tragen sie die Verantwortung für die Verbreitung seiner wirren Ideen. Aber Wissenschaftler können sich nicht mit allen Grenzgebieten befassen. Die Gedanken, Berechnungen und Vorbereitungen zu diesem Kapitel nahmen mir beispielsweise eine Menge Zeit, die ich dringend für eigene Forschungen benötigt hätte. Auf der anderen Seite hat diese Arbeit allerdings auch Spaß gemacht, und ich lernte dabei so manche prächtige Legende kennen.

Der Versuch, die Religionen des Altertums zu retten, in einer Zeit, die offenbar verzweifelt nach religiösen Wurzeln sucht, nach einer kosmischen Bedeutung der Menschheit, kann anerkennenswert sein. Ich persönlich finde, daß die alten Religionen viel Gutes, aber auch viel Schlechtes enthalten. Was ich nicht begreife, ist das Stehenbleiben auf halbem Wege. Wenn man uns zwingt, zwischen den beiden Möglichkeiten zu wählen – sprechen die Beweise dann nicht eher für den Gott eines Moses, für Jesus und für Mohammed als für den Kometen Immanuel Velikovskys?

8
Gottesverkünder Norman Bloom

Diderot weilte auf Einladung der Zarin am russischen Hof. Er war sehr frei in seinen Äußerungen und gab den jüngeren Mitgliedern des Hofzirkels kräftige Kostproben seines atheistischen Denkens. Die Zarin amüsierte sich darüber, doch einige ihrer Ratgeber fanden es wünschenswert, seine Reden etwas einzudämmen. Da die Zarin jedoch ihrem Gast nicht unbedingt einen Maulkorb verpassen wollte, griff man zu folgender List: Man erzählte Diderot, ein Mathematik-Gelehrter sei im Besitz einer algebraischen Formel, welche die Existenz Gottes beweise, und er würde sie ihm gern zur öffentlichen Beurteilung vorlegen. Diderot erklärte sich sofort einverstanden. Der Name des Mathematikers wird zwar nicht genannt, aber es war Euler. Er näherte sich Diderot und sagte mit ernstem, völlig überzeugtem Tonfall: »*Monsieur,* $(a + b^n)/n = x$, *donc Dieu existe; répondez!*« [Monsieur, da $(a + b^n)/n$ gleich x ist, gibt es Gott. Was sagen Sie dazu?] Diderot, für den Algebra-Ausdrücke böhmische Dörfer waren, zeigte sich verlegen und aus der Fassung gebracht; ringsum prusteten die Höflinge los. Kurz nach dem Vorfall äußerte er den Wunsch, Abschied nehmen und nach Frankreich zurückkehren zu dürfen – eine Bitte, die ihm sofort gewährt wurde.

AUGUSTUS DE MORGAN,
A Budget of Paradoxes (1872)

Immer wieder im Laufe der Menschheitsgeschichte hat es Versuche gegeben, Skeptiker durch logische Argumente von der Existenz eines Gottes oder mehrerer Götter zu überzeugen. Aber die meisten Theologen sind der Ansicht, daß die letzte Realität göttlichen Seins eine Sache des Glaubens und von der Vernunft her nicht greifbar sei. Der heilige Anselmus argumentierte so: Wenn wir uns ein perfektes Wesen vorstellen können, dann muß es auch eines geben – denn es wäre nicht perfekt ohne die zusätzliche Perfektion des Seins. Dieser sogenannte ontologische Gottesbeweis wurde bald angegriffen, und zwar vor allem aus zwei Gründen: 1. *Können* wir uns ein vollkommen perfektes Wesen vorstellen? 2. *Ist* es logisch, daß Perfektion durch das Sein erhöht wird? Im Ohr des modernen Menschen klingt das alles nach frommen Haarspaltereien, die mit der äußeren Realität wenig zu tun haben.

Vertrauter ist da das Argument vom großen Plan – ein Beweisversuch, der tief in wissenschaftliche Streitfragen eindringt. David Hume hat diese Lehre in bewundernswerter Weise zusammengefaßt: »Blickt euch doch um in der Welt: Betrachtet das Ganze und jeden Teil davon; ihr werdet erkennen, daß sie nichts anderes ist als ein großes Räderwerk, unterteilt in eine Unzahl von Einzelrädchen... All diese Rädchen sind mit einer Präzision ineinander verzahnt, welche die Menschen, die sich mit dem Problem befaßt haben, in Verzückung geraten läßt. Dieses Anpassen von Mittel und Zweck hat – wenngleich es sie weit übertrifft – Ähnlichkeit mit der Erfindungsgabe, dem Geist, der Weisheit und der Intelligenz des Menschen. Da nun die Wirkungen einander ähneln, sind wir nach allen Regeln der Analogie geneigt, daraus zu folgern, daß sich auch die Ursachen ähneln und daß der Schöpfer der Natur dem Genius des Menschen ein wenig verwandt ist, obschon er angesichts der Größe des Werks, das er vollbracht hat, weit höhere Fähigkeiten besitzen muß.«

Hume unterwirft nun dieses Argument, wie es nach ihm Immanuel Kant tat, einer vernichtenden und zwingenden Kritik, ungeachtet der Tatsache, daß es sich um eine im frühen neunzehnten Jahrhundert weitverbreitete These handelte – die beispielsweise ihren Niederschlag in den Werken von William Paley fand. Eine typische Passage bei Paley lautet: »Es gibt keinen Plan ohne Planer; keine Erfindung ohne Erfinder; keine

Ordnung ohne ordnendes Element; keinen Bezug und kein Streben auf ein Ziel hin ohne jemanden, der ein Ziel ersinnt; kein Mittel, das seinen Zweck erfüllt, und keinen Auftrag, diesen Zweck zu erfüllen, hätte nicht jemand über den Zweck oder das dazugehörige Mittel nachgesonnen. Ordnung, das Ineinandergreifen von Teilen, Unterwerfung gegenüber einem Ziel, das Abstimmen von Instrument und Zweck – all dies läßt auf das Vorhandensein von Geist und Intelligenz schließen.«

Erst die Entwicklung der modernen Naturwissenschaften, ganz besonders aber die brillante Theorie einer Evolution durch natürliche Auslese, 1859 formuliert von Charles Darwin und Alfred Russel Wallace, haben diesen scheinbar plausiblen Argumenten den Todesstoß versetzt.

Es gibt natürlich keine Widerlegung der Existenz Gottes – besonders, wenn es sich um einen einigermaßen raffinierten Gott handelt. Aber man tut weder der Wissenschaft noch der Religion einen Gefallen, wenn man unzulängliche Argumente für die Existenz Gottes unwidersprochen hinnimmt. Außerdem machen Diskussionen zu solchen Fragen Spaß und tragen zumindest dazu bei, den Geist für nützliche Aufgaben zu schärfen. Heutzutage hört man selten Dispute zu diesem Thema, vielleicht weil neue Argumente, welche die Existenz Gottes auf verständliche Weise untermauern, außerordentlich rar sind. Eine moderne Version des Argumentes, vom Plan auf die Existenz Gottes zu schließen, wurde mir freundlicherweise von ihrem Verfasser zugesandt, vielleicht in der Hoffnung auf eine konstruktive Kritik.

Norman Bloom ist ein zeitgenössischer Amerikaner, der sich nebenbei für den zweiten menschgewordenen Jesus Christus hält. Bloom erkennt in der Heiligen Schrift und im Alltagsleben numerische Übereinstimmungen, die jeder andere für bedeutungslos halten würde. Aber es gibt so viele davon, daß man sie nach Blooms Ansicht nur einer unsichtbaren Intelligenz zuschreiben kann; und die Tatsache, daß keiner außer ihm in der Lage zu sein scheint, diese Übereinstimmungen zu sehen oder richtig zu deuten, hat in Bloom die Überzeugung geweckt, daß er auserwählt wurde, die Existenz Gottes zu enthüllen. Bloom gehört zum festen Bestandteil einiger wissenschaftlicher Veranstaltungen, wo er sich den von Sitzung zu Sitzung hastenden

Teilnehmern in den Weg stellt und bombastische Reden hält. Hier einige Beispiele typischer Bloom-Rhetorik: »Und wenngleich ihr mich zurückweist, verachtet und leugnet, WIRD DOCH ALLES NUR DURCH MICH SEINEN LAUF NEHMEN. Mein Wille wird geschehen, denn ich habe euch aus dem Nichts geformt. Und ich werde meine Schöpfung und meinen Zweck vollenden, wie ich es von Urbeginn an geplant hatte. ICH BIN, DER ICH BIN. ICH BIN DER HERR, EUER WAHRER GOTT.« An Bescheidenheit leidet er nicht, und die Großschreibung stammt von ihm, nicht von mir.

Bloom hat ein faszinierendes Pamphlet herausgegeben, in dem er feststellt: »Der gesamte Lehrkörper der Princeton University (von Assistenten über Dozenten bis hin zu Fakultätsdekanen) erklärt hiermit, daß er sich nicht in der Lage sieht, den Gottesbeweis in meinem Buch *The New World*, September 1974, zu widerlegen oder in ihm grundsätzliche Fehler zu entdecken. Besagter Lehrkörper bestätigt per 1. Juni 1975, daß er DEN UNWIDERLEGBAREN BEWEIS, WONACH GOTTES GEIST UND GOTTES HAND ÜBER JAHRTAUSENDE HINWEG DIE GESCHICHTE DER WELT GEFORMT UND GESTEUERT HABEN, als Wahrheit anerkennt.« Liest man genauer nach, so erfährt man, daß Bloom sein Beweismaterial an über tausend Fakultätsmitglieder der Princeton University verteilt hatte und trotz seines Angebots, demjenigen, der ihn widerlegen könne, 1000 Dollar zu zahlen, keine einzige Antwort erhielt. Nach einer Wartezeit von einem halben Jahr zog er den Schluß, daß Princeton glaubte, weil Princeton nicht antwortete. Da ich mit den Gewohnheiten von Universitätsmitgliedern vertraut bin, kann ich mir zwar durchaus noch eine andere Erklärung denken, aber wie dem auch sei, ich glaube nicht, daß das Ausbleiben einer Antwort einen unwiderlegbaren Beweis für Blooms Argumente darstellt.

Princeton war offensichtlich nicht die einzige Universität, die den Gottesverkünder Bloom mit Nichtachtung strafte. »Ja, es stimmt, daß mich unzählige Male die Polizei gehetzt hat, weil ich euch das Geschenk meiner Schriften darbringen wollte... Ist es nicht so, daß Universitätsprofessoren die Reife, die Urteilskraft und die Klugheit besitzen müßten, ein Manuskript zu lesen und den Wert seines Inhalts zu erkennen? Benötigen sie eine GEDANKENKONTROLLPOLIZEI, die ihnen sagt, was sie lesen und denken sollen und was nicht? Aber selbst aus der Astronomie-Fakultät von Harvard wurde ich vertrieben, mit Polizeigewalt, weil ich das Verbrechen begangen hatte, Auszüge von NEW WORLD zu verteilen, mit dem unwiderlegbaren Beweis dafür, daß das Erde-Mond-System von Gottes Geist und Gottes Hand geformt wurde. Ja, und MIT GEFÄNGNIS BEDROHT, FALLS ICH ES WAGE, DAS HARVARD-GELÄNDE NOCH EINMAL MIT MEINER GEGENWART ZU BESUDELN ... UND DAS IST DIE UNIVERSITÄT, DIE AUF IHREM WAPPEN DAS WORT VERITAS:VERITAS:VERITAS TRÄGT – Wahrheit, Wahrheit, Wahrheit! Oh, was seid ihr für Heuchler!«

Der angeblichen Beweise gibt es eine Menge, und sie enthalten alle numerische Übereinstimmungen, die nach Blooms Ansicht unmöglich Zufall sein können. Sowohl im Stil wie im Inhalt erinnern seine Argumente an talmudische Textkommentare und die kabbalistische Lehre des jüdischen Mittelalters: So beträgt beispielsweise der Winkel, unter dem Mond und Sonne von der Erde aus betrachtet erscheinen, einen halben Grad. Das ist genau $\frac{1}{720}$ des Himmelskreises (360°). Nun ist aber 720 das gleiche wie 6!, also $6 \times 5 \times 4 \times 3 \times 2 \times 1$. Daraus ergibt sich, daß Gott existiert. Das mag eine Verbesserung gegenüber dem Eulerschen Gottesbeweis vor Diderot sein, aber die Denkweise mutet vertraut an und durchzieht die gesamte Religionsgeschichte. Im Jahre 1658 verkündete der Jesuitenpater Caspar Schott in seinen *Magia Universalis Naturae et Artis*, daß die Anzahl der Gnaden, welche die Jungfrau Maria besäße, 2^{256} sei. Das ist 2^{2^8} oder ungefähr $1{,}2 \times 10^{77}$ (was im übrigen, grob geschätzt, der Anzahl der Elementarteilchen im Universum entspricht).

Ein weiteres Bloom-Argument gilt als »unwiderlegbarer Beweis, daß der Gott der Bibel der gleiche ist, der die Geschichte der Welt seit Jahrtausenden formt und lenkt«. Die Logik lautet wie folgt: Gemäß Kapitel 5 und 11 des Ersten Buches Mose wurde Abraham 1948 Jahre nach Adam geboren, zu einer Zeit, da Abrahams Vater Terah siebzig Jahre alt war. Nun wurde aber der Zweite Tempel von den Römern im Jahre 70 nach Christus zerstört und der Staat Israel im Jahre 1948 gegründet. Man kann sich kaum des Eindrucks erwehren, daß irgendwo in dem Beweis eine Lücke klafft. »Unwiderlegbar« ist immerhin ein starkes Wort. Aber er wirkt erfrischend, vergleicht man ihn mit den Lehrmeinungen des heiligen Anselmus.

Blooms Hauptargument jedoch, auf das sich fast alles andere gründet, ist die angebliche Übereinstimmung, daß 235 Neumonde mit spektakulärer Genauigkeit neunzehn Jahre ergeben. Daher: »Hört auf mich, ihr Menschenkinder, denn ich sage euch, daß ihr alle in einer Uhr lebt! Die Uhr hält ihre Zeit präzise ein, mit der Genauigkeit von einer Sekunde pro Tag... Wie könnte eine solche Himmelsuhr entstehen ohne die Existenz eines Wesens, das, ausgestattet mit scharfem Verstand, mit einem Plan und großer Macht, diese Uhr erbauen könnte?«

Eine faire Frage. Um sie zu beantworten, müssen wir wissen, daß in der Astronomie verschiedene Jahres- und Monatsperioden benutzt werden. Das *siderische Jahr* ist die Zeit, welche die Erde benötigt, um im Bezugssystem der Fixsterne einmal um die Sonne zu gelangen. Es entspricht 365,2564 Tagen. (Wir wollen hier ebenso wie Norman Bloom den sogenannten »mittleren Sonnentag« verwenden.) Dann gibt es das *tropische Jahr*, das die Wiederkehr der Jahreszeiten berücksichtigt. Es ist mit 365,242199 Tagen etwas kürzer als das siderische Jahr, was auf der Präzession der Herbst- und Frühlingspunkte beruht, der langsamen Kreiselbewegung der Erde, hervorgerufen durch die Gravitationskräfte von Sonne und Mond, die auf ihre abgeplattete Form wirken. Schließlich haben wir noch mit 365,2596 Tagen das *anomalistische Jahr*. Es stellt die Zeitspanne zwischen zwei Punkten dar, in denen Erde und Sonne den kürzesten Abstand voneinander haben, und unterscheidet sich vom siderischen Jahr aufgrund einer langsamen Schwankung der elliptischen Erdbahn in ihrer eigenen Ebene, hervorgerufen durch Gravitationskräfte der nahegelegenen Planeten.

Ebenso gibt es verschiedene Monate. Das Wort »Monat« leitet sich natürlich von »Mond« ab. Der *siderische Monat* ist die Umlaufzeit des Mondes in einem nach den Fixsternen orientierten Koordinatensystem und beträgt 27,32166 Tage. Der *synodische Monat* ist die Durchschnittszeit zwischen zwei Neumonden oder Vollmonden und hat eine Länge von 29,530588 Tagen. Der synodische Monat unterscheidet sich vom siderischen Monat, weil im Laufe einer siderischen Drehung des Mondes um die Erde das Erde-Mond-System gemeinsam ein Stück (etwa ein Dreizehntel) seines Weges um die Sonne vorgerückt ist. Deshalb hat sich der Winkel, in dem die Sonne den Mond beleuchtet, von unserem terrestrischen Aussichtspunkt her verändert. Nun schneidet die Mondbahn-Ebene um die Erde die Erdbahn-Ebene um die Sonne an zwei Stellen – die sich gegenüberliegen – und die man die *Knoten* der Mondbahn nennt. Ein *Knoten-* oder *drakonitischer Monat* ist die Periode zwischen zwei Durchgängen des Mondes durch den aufsteigenden Mondbahnknoten, der infolge seiner rückläufigen Bewegung dem Mond langsam entgegenkommt. Er beträgt 27,21220 Tage. Die Knotenpunkte verändern sich und bilden in 18,6 Jahren einen scheinbaren Kreis, was auf Gravitationseinflüsse vor allem der Sonne zurückgeht. Schließlich haben wir noch den *anomalistischen Monat* von 27,55455 Tagen. Das ist die Zeit zwischen zwei Monddurchgängen im Perigäum, dem Punkt, wo sich Mond und Erde am nächsten stehen. Um die Unterschiede noch einmal klarzumachen, habe ich sämtliche Definitionen in einer Tabelle zusammengefaßt:

Die Jahres- und Monatsperioden im Erde-Mond-System

	Jahre	
Siderisches Jahr	365,2564	mittlere Sonnentage
Tropisches Jahr	365,242199	Tage
Anomalistisches Jahr	365,2596	Tage
	Monate	
Siderischer Monat	27,32166	Tage
Synodischer Monat	29,530588	Tage
Drakonitischer Monat	27,21220	Tage
Anomalistischer Monat	27,55455	Tage

Nun hängt Blooms wichtigster Gottesbeweis davon ab, daß er eines der Jahre wählt, es mit 19 multipliziert und dann durch einen der diversen Monate teilt. Da siderisches, tropisches und anomalistisches Jahr ziemlich die gleiche Länge haben, ist es mehr oder weniger egal, für welches wir uns entscheiden. Das Ergebnis wird im Grunde dasselbe bleiben. Das gilt allerdings nicht für die Monate. Wir haben verschiedene Monate, und für jeden ergibt sich eine andere Lösung. Wenn wir fragen, wie viele *synodische* Monate ein siderisches Jahr hat, lautet die Antwort 235,00621 wie angegeben; und nur weil dieses Ergebnis nahe an eine ganze Zahl herankommt, bildet es die fundamentale Übereinstimmung bei Blooms These. Bloom hält das Ganze selbstverständlich nicht für einen Zufall.

Würden wir jedoch statt dessen fragen, wie viele *siderische* Monate neunzehn *siderische* Jahre haben, kämen wir auf 254,00622; bei *drakonitischen* wären es 255,02795 und bei *anomalistischen* 251,85937 Monate. Es stimmt zwar, daß sich der synodische Monat vom Beobachter am leichtesten mitverfolgen läßt, aber ich werde das Gefühl nicht los, daß man ähnlich raffinierte theologische Spekulationen wie für 235 auch für die Zahlen 252, 254 und 255 finden würde.

Als nächstes müssen wir fragen, wie überhaupt die Zahl 19 ins Spiel kommt. Ihre einzige Rechtfertigung ist Davids wunderschöner Neunzehnter Psalm, der mit den Worten beginnt: »Die Himmel erzählen die Ehre Gottes, und die Feste verkündigt seiner Hände Werk. Ein Tag sagt's dem anderen, und eine Nacht tut's kund der anderen...« Das scheint ein durchaus geeignetes Zitat zur Ableitung eines astronomischen Gottesbeweises. Aber das Argument *setzt voraus*, was es zu beweisen beabsichtigt. Es ist also nicht außergewöhnlich. Wenden wir uns beispielsweise dem Elften Psalm zu, auch von David geschrieben. Darin finden wir folgende Worte, die ebenfalls mit dem Problem zu tun haben könnten: »Der Herr ist in seinem heiligen Tempel, des Herrn Thron ist im Himmel. Seine Augen sehen herab, seine Blicke prüfen die Menschenkinder...«, was im nächsten Psalm fortgesetzt wird mit: »...und gläubig sind wenige unter den Menschenkindern. Einer redet mit dem andern Lug und Trug, sie heucheln und reden aus zwiespältigem Herzen.« Wenn wir nun fragen, wie viele synodische Monate elf siderische Jahre (oder 4017,8204 mittlere Sonnentage) haben, so lautet die Antwort 136,05623. Es scheint demnach ebenso wie zwischen neunzehn Jahren und 235 Neumonden eine Verbindung zwischen elf Jahren und 136 Neumonden zu geben. Nun glaubte aber der berühmte englische Astronom Sir Arthur Stanley Eddington, die gesamte Physik ließe sich von der Zahl 136 ableiten. (Ich schlug Bloom einmal vor, daß man mit obiger Information und einem Hauch von Intellekt ebenso in der Lage sein müßte, die Geschichte Bosniens zu rekonstruieren.)

Ein numerischer Zusammenhang übrigens, der wirklich eine tiefere Bedeutung besitzt, war den Babyloniern, den Zeitgenossen der Israeliten, wohlbekannt. Man nennt ihn den *Saros-Zyklus* und meint damit die Periode zwischen zwei aufeinanderfolgenden Mond- oder Sonnenfinsternissen. Bei einer Sonnenfinsternis muß der Mond, der von der Erde aus genauso groß erscheint wie die Sonne (1/2°), sich vor diese schieben. Bei einer Mondfinsternis liegt der Erdschatten auf dem Mond. Bei jeder Sonnenfinsternis muß Neumond, bei jeder Mondfinsternis Vollmond sein, weil nur dann Erde, Mond und Sonne in einer Geraden angeordnet sind. Deshalb steht der synodische Monat möglicherweise im Zusammenhang mit der periodischen Wiederkehr von Mond- und Sonnenfinsternissen. Im Falle einer Verfinsterung muß sich der Mond aber auch in der Nähe eines seiner Knotenpunkte befinden. Deshalb spielt auch der drakonitische Monat eine Rolle. Es zeigt sich, daß 233 synodische Monate gleich 241,9989 (oder ungefähr 242) drakonitischen Monaten sind. Das entspricht etwas mehr als achtzehn Jahren und zehn oder elf Tagen (je nach der Menge der eingeschobenen Schalttage) und umfaßt den Saros-Zyklus. Zufall?

Ähnliche numerische Übereinstimmungen kommen in der Tat im gesamten Sonnensystem vor. Beim Merkur beträgt das Verhältnis von einer Eigenrotation zu einer Drehung um die Sonne 3 zu 2. Die Venus schafft es, bei jeder ihrer Rotationen um die Sonne der Erde im Moment der stärksten Annäherung die gleiche Seite zuzuwenden. Ein Partikel in der Lücke zwischen den beiden großen Ringen des Saturn, genannt Cassinische Trennung, würde den Planeten genau in der Hälfte der Zeit von Mimas, dem zweiten Trabanten, umrunden. Ähnlich gibt es im Asteroidengürtel auffällige Lücken, bekannt unter dem Namen Kirkwood-Lücken; sie passen zu nichtexistenten Asteroiden, welche die halben Umlaufzeiten von Jupiter besitzen oder ein Drittel, zwei Fünftel, drei Fünftel und so fort.

Keiner dieser numerischen Zusammenhänge beweist die Existenz Gottes – oder wenn ja, führt der Beweis um mehrere Ecken herum, denn die eben genannten Effekte lassen sich auf Resonanzen zurückführen. Ein Asteroid beispielsweise, der in eine der Kirkwood-Lücken wandert, erfährt ein periodisches Ansaugen durch die Jupiter-Schwerkraft. Immer wenn der Asteroid die Sonne zweimal umkreist, vollendet Jupiter genau eine Bahn.

Da steht er dann und zerrt bei jedem Umlauf an der gleichen Stelle des Asteroiden-Orbits. Bald wird der Asteroid dazu »überredet«, die Lücke wieder zu verlassen. Solche irrationalen Verhältnisse ganzer Zahlen sind eine allgemeine Folge der Gravitations-Resonanz im Sonnensystem. Es handelt sich um eine Art natürliche Auslese durch Bahnstörungen. Setzt man genügend Zeit voraus – und Zeit hat das Sonnensystem im Übermaß – dann ergeben sich solche Resonanzen ganz von selbst.

Daß das allgemeine Ergebnis planetarischer Perturbationen stabile Resonanzen sind und keine Kollisionskatastrophen, wurde erstmals von Pierre Simon Marquis de Laplace aus der Newtonschen Gravitationslehre bewiesen. Er beschrieb das Sonnensystem als »ein mächtiges Pendel der Ewigkeit, das Zeitalter anzeigt, wie ein normales Pendel Sekunden«. Nun könnte man durchaus die Eleganz und Einfachheit der Newtonschen Schwerkraft als Argument für die Existenz Gottes verwenden. Wir könnten uns ein anderes Universum mit anderen Schwerkraftgesetzen und eher chaotischen Wechselwirkungen der Planeten vorstellen. Aber in einem solchen Universum hätten wir uns wohl nicht entwickeln können – eben wegen des Chaos. Derartige Gravitationsresonanzen beweisen zwar nicht die Existenz Gottes; wenn es ihn jedoch gibt, dann beweisen sie, um mit Einstein zu sprechen, daß der Herrgott vielleicht raffiniert ist, aber nicht boshaft.

Bloom läßt nicht locker. Er hat beispielsweise die Vorherrschaft der Vereinigten Staaten von Amerika durch das Vorherrschen der Zahl 13 in wichtigen Liga-Baseballergebnissen vom 4. Juli 1976 bewiesen. Er hat meine Herausforderung angenommen und einen interessanten Versuch gemacht, einen Teil der bosnischen Geschichte aus der Numerologie abzuleiten – zumindest die Ermordung von Erzherzog Ferdinand in Sarajewo, jenes Ereignis, das den Ausbruch des Ersten Weltkriegs beschleunigte. Eines seiner Argumente bezieht sich auf das Datum, an dem Sir Arthur Stanley Eddington an der Cornell University (wo auch ich einen Lehrstuhl innehabe) eine Rede über die mystische Zahl 136 hielt. Und er hat sogar einige numerische Spielereien mit meinem Geburtsdatum veranstaltet, um zu beweisen, daß auch ich Teil des kosmischen Plans bin. Diese und ähnliche Fälle zeigen mir, daß Bloom praktisch alles beweisen kann.

Norman Bloom ist in der Tat so etwas wie ein Genie. Wenn man nur genug Einzelphänomene studiert und nach Korrelationen sucht, findet man sie. Und wenn wir nur von den Übereinstimmungen erfahren, aber nichts von der ungeheuren Mühe und den vielen Fehlschlägen, die der Entdeckung vorausgingen, dann könnten wir in der Tat glauben, daß hier eine wichtige Entdeckung gemacht wurde. In Wirklichkeit handelt es sich um das, was Statistiker »den Trugschluß einer Aufzählung günstiger Umstände« nennen. Aber wer so viele Übereinstimmungen wie Norman Bloom findet, besitzt ein großes Geschick und noch größeren Eifer. Es ist in gewisser Weise ein aussichts- und hoffnungsloses Unterfangen – einer gleichgültigen, um nicht zu sagen, einer mathematisch ungebildeten Öffentlichkeit die Existenz Gottes durch numerische Übereinstimmungen zu beweisen. Man kann sich unschwer vorstellen, daß Bloom mit seinen Talenten auf einem anderen Gebiet Hervorragendes geleistet hätte. Aber es steckt, so finde wenigstens ich, doch eine gewisse Größe in seiner fanatischen Hingabe – und beträchtliche mathematische Intuition. Das ist eine Verquickung von Talenten, die man fast gottgegeben nennen könnte.

9

Science Fiction – eine Ansichtssache

Des Dichters Aug', in schönem Wahnsinn rollend,
Blitzt auf zum Himmel, blitzt zur Erd' hinab,
Und wie die schwang're Phantasie Gebilde
Von unbekannten Dingen ausgebiert,
Gestaltet sie des Dichters Kiel, benennt
Das luft'ge Nichts und gibt ihm festen Wohnsitz.

WILLIAM SHAKESPEARE,
Ein Sommernachtstraum, V. Akt, 1. Szene

Mit zehn war ich – in völliger Unkenntnis der vielschichtigen Problematik – zu dem Schluß gelangt, daß es im Universum kein freies Plätzchen mehr gibt. Ich konnte einfach nicht glauben, daß von all den Welten nur die unsere bewohnt sein sollte. Und weil ich von der Vielfalt des Lebens auf der Erde ausging (die Bäume, auf die ich bei Freunden kletterte, sahen völlig anders aus als die in meiner Umgebung), stellte ich mir das Leben auf fremden Welten exotisch vor. Ich gab mir gewiß Mühe, das richtige Bild zu gewinnen, aber trotz aller Anstrengungen kam immer eine Art terrestrische Chimäre dabei heraus, zusammengesetzt aus bekannten Pflanzen und Tieren.

Etwa zur gleichen Zeit machte mich ein Freund mit den Mars-Abenteuern von Edgar Rice Burroughs bekannt. Ich hatte mir zuvor kaum Gedanken über den Mars gemacht, aber nun tat sich vor mir in den Abenteuern John Carters eine bewohnte, extraterrestrische Welt auf, die atemberaubend echt wirkte: ausgetrocknete Meeresbecken, große Kanalpumpstationen und ein

Gewimmel von Wesen, einige davon – wie die achtbeinigen Lasttiere – mehr als fremdartig.

Diese Romane waren eine erfrischende Lektüre. Anfangs. Aber dann begannen mich Zweifel zu quälen. Das erste John-Carter-Abenteuer, das ich las, bezog seine Spannung daraus, daß der Held die längere Dauer des Mars-Jahres nicht berücksichtigt hatte. Ich aber fand, daß es bei einer Reise auf einen fremden Planeten mit zu den ersten Dingen gehört, sich nach der Länge des Tages und des Jahres zu erkundigen. (Übrigens kann ich mich nicht erinnern, daß Carter die bemerkenswerte Übereinstimmung in Mars- und Erdrotation auch nur mit einem Wort erwähnte. Es war, als *erwartete* er die vertrauten Züge seines Heimatplaneten anderswo.) Dann tauchten beiläufige Bemerkungen auf, die anfangs verblüfften, bei näherem Hinsehen jedoch enttäuschten. So stellt Burroughs ganz nebenbei fest, daß es auf dem Mars zwei Grundfarben mehr gäbe als auf der Erde. Ich verbrachte lange Minuten mit fest geschlossenen Augen und versuchte mir mit Gewalt eine neue Grundfarbe vorzustellen. Aber ich sah nichts außer einem trüben Braun und einem dunklen Pflaumenblau. Wie konnte es eine weitere Grundfarbe auf dem Mars geben – oder gar zwei? Was war eine Grundfarbe? Hatte das etwas mit Physik zu tun oder mit Physiologie? Ich kam zu dem Schluß, daß Burroughs vielleicht nicht gewußt hatte, wovon er sprach, daß er aber jedenfalls seine Leser zum Nachdenken anregte. Und in den vielen Kapiteln, wo es nichts zum Nachdenken gab, tummelten sich genug böse Feinde und schwerterschwingende Helden, um das Interesse eines zehnjährigen Stadtkindes den Brooklyn-Sommer über zu fesseln.

Ein Jahr später stieß ich in einem Süßwarenladen in der Nachbarschaft zufällig auf ein Magazin mit dem Titel *Astounding Science Fiction*. Ein Blick auf den Umschlag und ein flüchtiges Durchblättern verrieten mir, daß es genau das war, wonach ich gesucht hatte. Ich kratzte mit Mühe den Kaufpreis zusammen, schlug das Ding in der Mitte auf, setzte mich keine zwanzig Schritt vom Süßwarenladen entfernt auf eine Bank und las meine erste moderne Science Fiction-Kurzgeschichte. Sie hieß *Pete Can Fix It* von Raymond F. Jones, eine sanfte Zeitreisengeschichte, die sich mit den Folgen eines Atomkrieges auseinandersetzte. Ich hatte von der Atombombe gehört – ich erinnere mich, wie mir ein Freund aufgeregt erklärte, sie bestünde aus Atomen – aber nun erhielt ich erstmals einen Einblick in die Folgen, welche die Entwicklung von Atomwaffen für die Zivilisation haben konnte. Irgendwie brachte mich das zum Nachdenken. Das kleine Ding, das der Automechaniker Pete Vorüberfahrenden an ihre Wagen heftete, damit sie kurze Abschreckungsreisen in die Verwüstung der Zukunft machen konnten – woraus bestand es? Wie stellte man es her? Wie gelangte man in die Zukunft, und wie fand man wieder zurück? Wenn Raymond F. Jones es wußte, so verriet er es jedenfalls nicht.

Ich hing an der Angel. Monat für Monat wartete ich sehnsüchtig auf das Neuerscheinen von *Astounding*. Ich las Jules Verne und H. G. Wells, verschlang die ersten beiden Science Fiction-Anthologien, derer ich habhaft werden konnte, legte mir Punktetabellen ähnlich wie beim Baseball an, in denen ich eintrug, wie mir die einzelnen Geschichten gefallen hatten. Viele der Geschichten standen ganz oben, wenn es um interessante Probleme ging, aber ganz unten, weil die Probleme nicht gelöst wurden.

Etwas von dem Zehnjährigen wohnt immer noch in mir. Aber allmählich werde ich älter. Meine Kritikfähigkeit und mein literarischer Geschmack sind gereift. Als ich wieder einmal L. Ron Hubbards *The End Is Not Yet* in die Hand nahm, das ich mit vierzehn zum erstenmal gelesen hatte, war ich so erstaunt über die Diskrepanz zwischen Erinnerung und Wirklichkeit, daß ich allen Ernstes überlegte, ob es von dem Autor zwei Romane mit dem gleichen Titel gab. Ich nehme nicht mehr leichtgläubig hin, was man mir vorsetzt. In Larry Nivens *Neutron Star* (dt.: *Neutron Star*) hängt die Handlung von den erstaunlichen Gezeitenkräften ab, die durch ein starkes Gravitationsfeld ausgeübt werden. Aber man will uns einreden, daß in ein paar hundert oder tausend Jahren, zu einer Zeit, da der interstellare Raumflug etwas Selbstverständliches geworden ist, die Gezeitenkräfte in Vergessenheit geraten sind. Man will uns einreden, daß die erste Erforschung eines Neutronensterns durch ein bemanntes und nicht durch ein unbemanntes Raumschiff erfolgt. Man verlangt zuviel von uns. In einem Ideen-Roman müssen die Ideen funktionieren.

Ähnlich beunruhigende Gefühle hatte ich viele Jahre früher, als ich bei Jules Verne las, daß die Schwerelosigkeit während einer Fahrt zum Mond nur an dem Punkt im Raum eintritt, wo sich die Gravitationskräfte zwischen Erde und Mond aufheben, oder als ich bei Wells das Antischwerkraftmineral Cavorit kennenlernte: Weshalb sollte sich noch eine Cavorit-Ader auf der Erde befinden? Hätte sie nicht längst in den Raum entweichen müssen? In Douglas Trumbulls technisch hervorragendem Science Fiction-Film *Silent Running* sterben die Bäume großer Ökosysteme, die sich im Raum befinden. Nach wochenlangen mühseligen Studien und Untersuchungen quer durch die Botanik entdeckt man die Ursache: Pflanzen benötigen Sonnenlicht zum Leben. Trumbulls Helden sind in der Lage, interplanetarische Städte zu errichten, haben jedoch vergessen, daß die Lichtintensität mit dem Quadrat der Entfernung abnimmt. Ich war noch gewillt, die Darstellung der Saturnringe als pastellfarbene Gase zu übersehen, aber das hier erschien mir dann doch zuviel.

Ähnliche Probleme hatte ich mit *Star Trek*, das meines Wissens nach ungeheuer populär ist. Wohlmeinende Freunde haben mir geraten, die Serie nicht so wörtlich zu nehmen, sondern eher als Allegorie zu sehen. Aber wenn Astronauten von der Erde auf einem fernen, fernen Planeten landen und entdecken, daß die dortigen Menschen sich mitten in einem Konflikt zwischen zwei Atomgroßmächten befinden – die sich auch noch Yanks und Coms nennen –, dann weicht die Spannung der Ungläubigkeit. In einer global-terrestrischen Gesellschaft, die Jahrhunderte in der Zukunft liegt, wirken die Schiffsoffiziere peinlich angloamerikanisch. Nur zwei der zwölf oder fünfzehn interstellaren Schiffe tragen nichtenglische Namen, *Kongo* und *Potemkin* (*Potemkin* und nicht *Aurora?*). Und der Gedanke einer erfolgreichen Verbindung zwischen »Vulkanern« und terrestrischen Wesen schiebt einfach beiseite, was wir über Molekularbiologie wissen. (Wie ich an anderer Stelle einmal sagte, ist die Aussicht auf einen Erfolg etwa so groß wie bei einer Kreuzung zwischen einem Menschen und einer Petunie.) Gemäß Harlan Ellison wurden selbst so brave biologische Neuheiten wie Mister Spocks spitze Ohren und permanent grimmige Augenbrauen von den Fernsehgewaltigen als zu gewagt betrachtet; derart gewaltige Unterschiede zwischen Vulkanern und Menschen würden die Zuschauer nur verwirren, fanden sie, und man überlegte allen Ernstes, sämtliche physiologisch abweichenden Züge der Vulkaner auszumerzen. Ich habe ähnliche Probleme mit Filmen, in denen vertraute Geschöpfe, leicht abgewandelt – zehn Meter große Spinnen zum Beispiel – die Städte der Erde bedrohen: Da Insekten und Arachniden eine Tracheenatmung besitzen, müßten diese Riesenräuber ersticken, ehe sie ihre erste Stadt verwüsten könnten.

Ich glaube, daß in meinem Innern immer noch die Liebe zum Wunder steckt, die den Zehnjährigen kennzeichnete. Aber inzwischen weiß ich etwas besser, wie die Welt wirklich zusammengesetzt ist. Mir hat die *Science Fiction* den Weg zur *Science*, der echten Wissenschaft gewiesen. Für mich persönlich ist die Wissenschaft raffinierter, komplexer und ehrfurchtgebietender als ein Großteil der Science-fiction. Denken wir nur an einige der wissenschaftlichen Erkenntnisse, die wir in den letzten Jahrzehnten gewannen: daß der Mars von gewaltigen ausgetrockneten Stromtälern durchzogen ist; daß Affen dazu fähig sind, Sprachen mit vielen hundert Wörtern zu erlernen, abstrakte Begriffe zu verstehen und neue grammatikalische Formen zu erfinden; daß es Teilchen gibt, die mühelos durch die ganze Erde fliegen, so daß zu unseren Füßen ebenso viele aufsteigen wie vom Himmel herunterkommen; daß es im Sternbild des Schwans einen Doppelstern gibt, von denen einer eine so hohe Gravitationsbeschleunigung besitzt, daß kein Licht von ihm entweichen kann: es ist möglich, daß er im Innern vor Strahlung glüht, aber nach außen bleibt er unsichtbar. Angesichts all dieser Tatsachen wirken viele Standardideen der Science Fiction eher blaß. Meiner Meinung nach werden ungeheure Möglichkeiten verschenkt, weil die Science-fiction solche Dinge nicht erwähnt und das wissenschaftliche Denken zudem verzerrt. Die echte Wissenschaft läßt sich ebenso spannend und mitreißend verarbeiten wie die erfundene, und ich halte es für wichtig, daß jede Möglichkeit genutzt wird, wissenschaftliche Ideen zu verbreiten – in einer Gesellschaft, die zwar auf die Wissenschaft gegründet ist, aber nichts tut, um sicherzustellen, daß die Allgemeinheit diese Wissenschaft versteht.

Allerdings sind die besten unter den Science Fiction-Werken keineswegs zu verachten. Da gibt es so straff durchdachte Geschichten, so spannende Details von fremden Gesellschaftsformen, daß sie mich mitreißen, ehe ich zur Kritik ansetzen kann. Dazu gehören Robert Heinleins *The Door into Summer* (dt.:

Tür in die Zukunft), Alfred Besters *The Stars My Destination* (dt.: *Die Rache des Kosmonauten*) und *The Demolished Man* (dt.: *Demolition*), Jack Finneys *Time and Again*, (dt. *Das andere Ufer der Zeit*), Frank Herberts *Dune* (dt.: *Der Wüstenplanet*) und Walter M. Millers *A Canticle for Leibowitz* (dt.: *Lobgesang auf Leibowitz*). Man kann über die Ideen in diesen Büchern nachgrübeln. Heinleins Nebenbemerkungen zu den Einsatzmöglichkeiten und der wirtschaftlichen Nutzung von Haushaltsrobotern haben auch heute noch Gültigkeit. Die Einsichten in die terrestrische Ökologie, die man durch angenommene extraterrestrische Ökologien wie etwa in *Dune* erhält, leisten meiner Meinung nach einen wichtigen sozialkritischen Beitrag. *He Who Shrank* von Harry Hasse stellt eine hinreißende kosmologische Spekulation dar, die im Moment wieder allen Ernstes erwogen wird: der Gedanke eines unendlichen Kleinerwerdens des Universums, wo jedes unserer Elementarteilchen eine »Etage« tiefer ein eigenes Universum darstellt und wo andererseits unser All ein Elementarteilchen des nächsthöheren Universums ist.

Ganz wenige Science Fiction-Romane verbinden mit außergewöhnlichem Geschick eine tiefe menschliche Sensibilität mit einem Standard-Thema der Science Fiction. Ich denke hier etwa an Algis Budry's *Rogue Moon* (dt.: *Projekt Luna)* und an viele der Werke von Ray Bradbury und Theodore Sturgeon – etwa Sturgeons *To Here and the Easel*, ein atemberaubendes Porträt der Schizophrenie, wenn man sie von innen heraus erlebt, ebenso wie eine provokative Einführung zu Ariostos *Orlando Furioso*.

Dann gab es eine herrliche Science Fiction-Geschichte des Astronomen Robert S. Richardson über die kontinuierliche Entstehung von kosmischer Strahlung. Isaac Asimovs Story *Breeds There a Man* (dt.: *Brutkästen*, auch: *Die Experimentatoren*) vermittelt mit beißendem Spott Einblicke in den emotionalen Streß und das Gefühl der Isolation, das gerade die Besten unter den theoretischen Wissenschaftlern manchmal empfinden. Arthur C. Clarkes *The Nine Billion Names of God* (dt.: *Die neun Milliarden Jahre Gottes*) führen viele westliche Leser in eine spannende Spekulation über orientalische Religionen.

Einer der größten Vorteile der Science Fiction ist, daß sie hier einen Hinweis und dort einen Satz über Wissen einflechten kann, das dem Leser unbekannt oder zumindest schwer zugänglich ist. Heinleins *And He Built a Crooked House* (dt.: *Das 4-*

D-Haus) bot vermutlich vielen Lesern die erste Gelegenheit, sich mit einer vierdimensionalen Geometrie zu befassen, die wenigstens in den Ansätzen verständlich war. Es gibt ein Science Fiction-Werk, das die Mathematik von Einsteins Versuch einer Vereinigten Feldtheorie behandelt; ein anderes stellt eine wichtige Gleichung der Populationsgenetik vor. Asimovs Roboter waren »positronisch«, weil man kurz zuvor das Positron entdeckt hatte. Der Autor blieb zwar die Erklärung schuldig, auf welche Weise Positronen Roboter steuern sollten, aber seine Leser kannten nun wenigstens den Begriff »Positron«. Jack Williamsons rhodomagnetische Roboter bestanden aus Ruthenium, Rhodium und Palladium, den Metallen der Gruppe VIII, die im Periodischen System noch nach Eisen, Nickel und Kobalt kommen. Dabei verwendete er eine Analogie zum Ferromagnetismus. Vermutlich gibt es heutzutage Science Fiction-Roboter, die mit Hilfe von Quarks funktionieren und so zumindest einen verbalen Ausflug in das aufregende Reich der Elementarteilchen-Physik gestatten. L. Sprague de Camps *Lest Darkness Fall* (dt.: *Vorgriff auf die Vergangenheit*) bietet eine ausgezeichnete Einführung in das Rom zur Zeit der Goteneinfälle, und Asimovs *Foundation*-Trilogie (dt.: *Der Tausendjahresplan, Der galaktische General, Alle Wege führen nach Trantor*) ist, auch wenn das nicht eigens erklärt wird, eine sehr nützliche Zusammenfassung über das Kräftespiel des riesigen Römischen Imperiums. Zeitreise-Geschichten – so etwa die drei bemerkenswerten Erzählungen von Heinlein *All You Zombies,* (dt.: *Entführung in die Zukunft), By His Bootstraps* (dt.: *Im Kreis*) und *The Door into Summer* (dt.: *Tür in die Zukunft)* zwingen den Leser, über das Gesetz der Kausalität und den Pfeil der Zeit nachzudenken. Es sind Bücher, die einem im Kopf herumspuken, während man das Wasser aus der Badewanne laufen läßt oder durch den ersten Schnee eines Winterwaldes stapft.

Ein weiterer großer Pluspunkt der modernen Science Fiction besteht darin, daß sie Eingang in die darstellende Kunst gefunden hat. Es ist eine Sache, vor dem geistigen Auge ein verschwommenes Bild von der Oberfläche eines fremden Planeten zu formen, und eine ganz andere, die gleiche Szene in einem detaillierten Gemälde von Chesley Bonestell vorgesetzt zu bekommen. Das Gefühl für die Wunder der Astronomie wird uns von einigen der besten zeitgenössischen Maler übermittelt –

Don Davis, Jon Lomberg, Rick Sternbach, Robert McCall und viele andere. Auch in den Science Fiction-Gedichten von Diane Ackerman begegnen wir poetischen Bildern, die an Reife und Schönheit ihresgleichen suchen.

Science Fiction-Ideen werden heutzutage in vielfältiger Verpackung angeboten. Wir haben Science Fiction-Autoren wie Isaac Asimov und Arthur C. Clarke, die hervorragende Sachbeiträge zu vielen Aspekten der Wissenschaft und Soziologie schreiben. Sogar einige zeitgenössische Wissenschaftler werden durch die Science Fiction einer breiteren Öffentlichkeit vorgestellt. In dem besinnlichen Roman *The Listeners* (dt.: *Die Horcher*) von James Gunn, der fünfzig Jahre weiter in der Zukunft angesiedelt ist, finden wir folgende Bemerkung über einen Kollegen von mir, den Astronomen Frank Drake: »Drake! Was wußte er?« Eine ganze Menge, wie sich herausstellt. Leider entdecken wir Science Fiction-Ideen auch in den weitverbreiteten pseudowissenschaftlichen Schriften, in den Lehren von Sekten und Glaubensorganisationen – und dort werden sie als Tatsachen angeboten.

Ein Science Fiction-Autor, L. Ron Hubbard, hat eine erfolgreiche Sekte*, die sogenannte Scientology Church, gegründet, angeblich aufgrund einer Wette, daß er ebenso wie Freud eine Religion erfinden und Geld damit machen könne. Klassische Science Fiction-Ideen sind auch feste Glaubensbestandteile von Anhängern der UFO-Religion und der Lehre, daß in grauer Vorzeit Astronauten auf der Erde landeten – obwohl ich mir nur ungern die Bemerkung verkneife, daß ein Stanley Weinbaum diese Gedanken (in *The Valley of Dreams*) besser und früher darstellte als etwa Erich von Däniken. R. De Witt Miller greift mit *Within the Pyramid* sowohl Velikovsky wie von Däniken vor und liefert eine weit verständlichere These über die angeblich extraterrestrische Herkunft der Pyramiden als sämtliche anderen Schriften über fremde Astronauten und Pyramidologie. In *Wine of the Dreamers* (dt.: *Planet der Träumer*) von John D. MacDonald (einem Science Fiction-Autor, der sich inzwischen zu einem der besten zeitgenössischen Krimi-Schriftsteller gemausert hat) finden wir den Satz: »Und es gibt Spuren in der Mythologie der

---

* Seine geschäftstüchtigen Jünger beharren darauf, daß sie einer »Kirche«, keiner »Sekte« angehören. – *Anm. d. Red.*

Erde . . . von großen Schiffen und Kampfwagen, die den Himmel überquerten.« Die Geschichte *Farewell to the Master* von Harry Bates wurde zu dem Film *The Day the Earth Stood Still* (dt.: *Der Tag, an dem die Erde stillstand*) verarbeitet. (In diesem Film ging übrigens das Kernproblem verloren, wonach auf dem extraterrestrischen Raumschiff nicht der Mensch, sondern der Roboter das Kommando führte.) Er enthielt eine Szene, in der eine Fliegende Untertasse über New York erscheint. Nüchterne Beobachter halten diese Szene für den Auslöser der UFO-Hysterie, die 1952 kurz nach Uraufführung des Films in Washington, D. C., ausbrach. Im übrigen kann man die meisten modernen Groschenkrimis und Spionageromane mit ihrer flachen Charakterisierung und ihren technischen Tricks praktisch nicht von der Science Fiction der dreißiger und vierziger Jahre unterscheiden.

Das Ineinandergreifen von Wissenschaft und Science Fiction führt manchmal zu seltsamen Ergebnissen. Es ist nicht immer auszumachen, ob das Leben den Roman imitiert oder umgekehrt. So hat beispielsweise Kurt Vonnegut, Jr., einen anspruchsvollen erkenntnistheoretischen Roman geschrieben, *The Sirens of Titan* (dt.: *Die Sirenen des Titan*), in dem eine einigermaßen erträgliche Welt auf Saturns größtem Mond vorausgesagt wird. Als in jüngster Zeit einige Wissenschaftler (darunter auch ich), die sich mit unserem Planetensystem befassen, Unterlagen veröffentlichten, nach denen Titan eine dichte Atmosphäre und möglicherweise höhere Temperaturen als erwartet besitzt, sprachen mich viele Leute wegen der Vorahnung von Kurt Vonnegut, Jr., an. Aber Vonnegut hatte auf der Cornell University Physik studiert und war natürlich mit den neuesten Erkenntnissen der Astronomie vertraut. (Viele der besten Science Fiction-Autoren kommen aus dem Gebiet der Naturwissenschaft oder Technik, so Poul Anderson, Isaac Asimov, Arthur C. Clarke, Hal Clement und Robert Heinlein.) Man hatte bereits 1944 eine Methan-Atmosphäre auf Titan entdeckt. Er ist der erste Mond des Sonnensystems, von dem man weiß, daß er eine Atmosphäre besitzt. In diesem wie in vielen anderen Fällen hat also die Kunst das Leben imitiert.

Probleme entstehen vor allem deshalb, weil unser Wissen um andere Planeten sich rascher gewandelt hat als die Science

Fiction-Darstellungen. Eine milde Dämmerzone auf einem synchron rotierenden Merkur, eine von Sümpfen und Dschungeln durchsetzte Venus und die Marskanäle sind klassische Science Fiction-Klischees, die alle auf früheren fehlerhaften Annahmen von Astronomen beruhen. Die Fehler werden getreu in die Science Fiction-Stories übernommen und von einer Vielzahl junger Leute gelesen, aus denen sich dann die nächste Generation von Planetenforschern rekrutieren soll – und je stärker das Interesse der Jugend gefesselt ist, desto schwerer fällt es, Irrtümer der Alten zu korrigieren. Aber mit zunehmendem Wissen über die Planeten verändern sich allmählich auch die Landschaften der einschlägigen Science Fiction-Stories. Man findet heute nur noch selten eine Handlung, in der von Algenfarmen auf der Venus die Rede ist. (Leider stellen sich die Anhänger der UFO-Mythologien langsamer um, und so entdecken wir immer noch Berichte von Fliegenden Untertassen, die von der Venus kommen, und von weißgewandeten Geschöpfen, die dort in einer Art Paradies leben. Die erwiesenen 480°C auf der Venus sind ein guter Prüfstein für solche Geschichten.) Auch der Gedanke der »Raumverzerrung« bleibt ein Science Fiction-Requisit, obwohl er nicht von der Science Fiction ausgebrütet wurde. Er hatte seinen Ursprung in Einsteins Allgemeiner Relativitätstheorie.

Die Verbindung zwischen Science Fiction-Schilderungen vom Mars und der eigentlichen Erforschung dieses Planeten ist so eng, daß wir nach der *Mariner*-9-Mission einige Marskrater nach verstorbenen Science Fiction-Größen benennen konnten (s. Kapitel 11). So gibt es seit kurzem auf dem Mars Krater zum Gedenken an H. G. Wells, Edgar Rice Burroughs, Stanley Weinbaum und John W. Campbell, Jr. Die Internationale Astronomische Gesellschaft hat diese Namen offiziell gebilligt. Zweifellos werden im Laufe der Zeit noch mehr Science Fiction-Persönlichkeiten auf diese Weise zu Ehren kommen.

Das Interesse der Jugend an Science Fiction spiegelt sich in Filmen, Fernsehprogrammen und Comics wider; Science Fiction-Vorlesungen an High Schools und Colleges sind stets voll belegt. Meiner Erfahrung nach können solche Vorlesungen herrliche Unterrichtserlebnisse oder mittlere Katastrophen sein – je nachdem, wie man sie aufzieht. Kurse, in denen die Lektüre von den Studenten ausgewählt wird, bieten den Teilnehmern keine Möglichkeit, sich mit neuen, unbekannten Stoffen zu befassen. Und Kurse, in denen kein Versuch gemacht wird, die Science Fiction-Themen auf die zugehörige Wissenschaft auszudehnen, verpassen eine große Ausbildungschance. Aber gut vorbereitete Science Fiction-Vorlesungen, in denen Wissenschaft oder Politik ihren festen Platz haben, dürften in den Lehrplänen zu den Rennern zählen.

Die größte Bedeutung der Science Fiction für die Menschheit könnte darin liegen, daß man sie als Zukunftsexperimente betrachtet, als Erforschung alternativer Schicksale, als Versuch, den Schock vor der Zukunft abzubauen. Das ist mit ein Grund, weshalb die Science Fiction ein so großes Echo bei der Jugend findet: Schließlich müssen die jungen Leute in der Zukunft leben. Ich bin der festen Überzeugung, daß keine unserer gegenwärtigen Gesellschaftsformen angepaßt ist für die Welt in ein- bis zweihundert Jahren (wenn wir die Klugheit oder das Glück haben, so lange zu überleben). Wir brauchen unbedingt eine Erforschung von Zukunftsalternativen, sowohl durch das Experiment wie vom Konzept her. Eric Frank Russell hat sich in seinen Romanen und Kurzgeschichten stark mit diesem Thema beschäftigt. Er zeigte uns verständliche alternative Wirtschaftssysteme oder die ungeheure Wirksamkeit eines vereinten passiven Widerstands gegenüber einer Besatzungsmacht. Auch nützliche Hinweise für eine Revolution in einer computerisierten technischen Gesellschaft finden wir in der modernen Science Fiction, wie etwa in Heinleins *The Moon Is a Harsh Mistress (Revolte auf Luna)*.

Wenn man als junger Mensch mit solchen Ideen in Berührung kommt, können sie das spätere Verhalten durchaus beeinflussen. Viele Wissenschaftler, die sich ganz mit der Erforschung des Sonnensystems befassen, wurden (wie ich) durch die Science Fiction auf diesen Weg geführt. Und die Tatsache, daß nicht alle Science Fiction-Werke Spitzenqualität waren, spielt keine Rolle. Zehnjährige haben nun mal keinen Zugang zu wissenschaftlicher Literatur.

Ich weiß nicht, ob eine Zeitreise in die Vergangenheit möglich ist. Die Kausalitätsprobleme, die sie mit sich bringen würde, machen mich sehr skeptisch. Aber es gibt Leute, die allen Ernstes darüber nachdenken. Sogenannte geschlossene, zeitähnliche Linien – Wege im Raum-Zeit-Kontinuum, die eine ungehinderte Zeitreise gestatten – erscheinen in manchen Feldgleichungen der Relativitätstheorie. Eine neuere Behauptung, vielleicht falsch, geht dahin, daß geschlossene, zeitähnliche Linien in der Umgebung eines großen, rasch rotierenden Zylinders auftreten. Ich frage mich, in welchem Ausmaß Experten der Allgemeinen Relativität durch die Science Fiction dazu veranlaßt wurden, an solchen Problemen zu arbeiten. Ähnlich könnten Science Fiction-Begegnungen mit alternativen Kulturen eine wichtige Rolle spielen, wenn es darum geht, einen fundamentalen Wandel der Sozialstruktur herbeizuführen.

In der langen Geschichte unserer Welt gab es noch nie zuvor eine Zeit, die so viele bedeutende Wechsel mitgemacht hat. Das In-Frage-Stellen des Gewohnten, das gedankliche Durchspielen von Zukunftsalternativen sind Schlüssel zum Überleben unserer Zivilisation und vielleicht unserer Rasse. Wir sind die erste Generation, die mit der Science Fiction groß geworden ist. Ich kenne viele junge Leute, die zwar aufhorchen werden, wenn wir eine Botschaft von einer extraterrestrischen Zivilisation erhalten, aber keineswegs Überraschung zeigen. Sie haben sich allmählich an solche Möglichkeiten gewöhnt. Ich glaube, es ist keine Übertreibung, wenn ich sage, daß im Falle unseres Überlebens die Science Fiction einen wesentlichen Beitrag zur Fortdauer und Evolution unserer Zivilisation geleistet haben wird.

TEIL III

UNSERE NACHBARN IM RAUM

10
Die Sonnen-Familie

Wie ein Sternenschauer wirbeln die Welten mit den Himmelswinden durch die unermeßlichen Weiten; immerwährend verwandeln Sonnen, Erden, Monde, Kometen, Sternschnuppen, Menschheiten, Wiegen, Gräber, Atome des Unendlichen, Sekunden der Ewigkeit die Geschöpfe und die Dinge.

CAMILLE FLAMMARION,
Popular Astronomy

Man stelle sich vor, ein aufmerksamer und ungemein geduldiger extraterrestrischer Betrachter beobachtet die Erde. 4,6 Milliarden Jahre ist es her, seit sie sich endgültig aus interstellarem Gas und Staub verdichtet hat: die letzten Planetoidenbrocken schwirren umher und verursachen gewaltige Aufschlagkrater; der Planet heizt sich auf durch den radioaktiven Zerfall und die potentielle Gravitationsenergie aus der Verdichtung; der flüssige Eisenkern setzt sich ab vom Silikatmantel und der Erdkruste; wasserstoffreiche Gase und Kondenswasser aus dem Planeteninnern steigen an die Oberfläche; eine eher langweilige organische Kosmos-Energie liefert komplexe Moleküle, die zu extrem primitiven, sich selbst reproduzierenden Molekularsystemen führen – den ersten terrestrischen Organismen; mit dem Nachlassen der Asteroiden-Zusammenstöße beseitigen Wasserläufe, Gebirgsfaltungen und andere geologische Vorgänge die Geburtsnarben der Erde; eine gewaltige planetarische Konvektion kommt in Gang; in den Meeresbecken sammelt sich Schwemmaterial, das von den Kontinentalrändern abgetragen wird; Erdschollen stoßen aneinander und schieben mächtige Gebirgsketten hoch; die allgemeine Gliederung in Land und Meer, in Gletscher- und Tropenzonen wechselt ständig. Inzwischen bestimmt eine natürliche Auslese, welche aus der breiten Palette der Molekularsysteme sich am besten für die stets im Wandel begriffene Umgebung eignen; Pflanzen entwickeln sich, die das sichtbare Licht nutzen, um Wasser in Wasserstoff und Sauerstoff zu spalten; dabei entweicht der Wasserstoff in den Raum und verändert die chemische Zusammensetzung der Atmosphäre so, daß sich ihre reduzierende Wirkung zur Oxidation hin verlagert; die ersten komplexen Organismen entstehen, und schließlich reift eine gewisse Intelligenz heran.

Was unseren hypothetischen Beobachter in der langen Spanne von 4,6 Milliarden Jahren jedoch immer wieder verblüfft, ist die Isolation der Erde. Der Planet empfängt Sonnenlicht und kosmische Strahlung – beides von großer Bedeutung für die Biologie – und wird hin und wieder von interplanetarischer Materie getroffen, aber in all den Äonen geht nichts von ihm selbst aus. Dann beginnt die Erde unvermittelt winzige Splitter ins Sonnensystem abzufeuern, anfangs in eine Bahn um den Planeten selbst, dann hinaus zu dem einzigen natürlichen Satelliten, dem öden, unbewohnten Mond. Sechs Kapseln – klein, aber doch größer als alle vorhergegangenen – landen auf der Mondoberfläche, und jeder entsteigen zwei winzige Zweifüßler, die in aller Hast ihre Umgebung begutachten, um dann, nachdem sie zögernd einen Zeh in den kosmischen Ozean getaucht haben, heim zur Erde zu flüchten. Elf kleine Raumsonden dringen in die Atmosphäre der Venus ein, jener glühenden Hölle von einer Welt, und sechs davon halten an die zehn Minuten durch, ehe sie verschmoren. Acht Sonden werden zum Mars losgeschickt. Drei davon umkreisen den Planeten jahrelang. Eine weitere fliegt an der Venus vorbei dem Merkur entgegen, und zwar auf einer Bahn, die allem Anschein nach mit Bedacht so gewählt wurde, daß sie mehrmals dicht am innersten Planeten vorbeiführt. Vier Sonden durchqueren mit Erfolg den Asteroidengürtel, nähern sich Jupiter und werden durch die Schwerkraft des größten Planeten in den interstellaren Raum geschleudert. Es ist unverkennbar: Auf dem Planeten Erde tut sich in jüngster Zeit etwas.

Könnte man die 4,6 Milliarden Jahre Erdgeschichte in ein einziges Jahr zusammenpressen, so würde diese hektische Aktivität der Raumerforschung die allerletzte Zehntelsekunde umfassen; und die fundamentalen Fortschritte in Wissenschaft und Technik, die verantwortlich sind für diese bemerkenswerte Wandlung, dauerten nicht länger als ein paar Sekunden. Im siebzehnten Jahrhundert kamen erstmals einfache Linsen und Spiegel für astronomische Zwecke zur Anwendung. Mit dem soeben erfundenen astronomischen Teleskop beobachtete Galilei staunend und voller Freude die Sichel der Venus sowie die Berge und Krater des Mondes. Johannes Kepler glaubte noch, die Krater seien das Werk intelligenter Wesen, die den Trabanten bewohnten. Aber der holländische Physiker Christianus Huygens, der ebenfalls im siebzehnten Jahrhundert lebte, widersprach ihm, weil er fand, daß es unendliche Mühe kosten würde, solche Krater künstlich anzulegen; zudem glaubte er, daß es bessere Erklärungen für diese Vertiefungen gab.

Huygens verkörperte die Synthese aus technisch fortschrittlichem Denken, experimentellem Geschick, wachem, kritischem Verstand und Aufgeschlossenheit gegenüber neuen Ideen. Er behauptete als erster, daß die Venus von einer Atmosphäre und Wolken umhüllt sei; er begriff als erster die wahre Natur der Saturn-Ringe (die Galilei als »zwei Henkel« bezeichnet hatte); er skizzierte als erster eine auffällige Formation der Mars-Oberfläche (Syrtis Major) und fertigte als zweiter nach Robert Hooke eine Zeichnung vom Großen Roten Fleck des Jupiters an. Die beiden letztgenannten Leistungen sind noch heute von großer wissenschaftlicher Bedeutung, weil sie beweisen, daß bestimmte Planeten-Charakteristika mindestens dreihundert Jahre lang unverändert geblieben sind. Selbstverständlich war auch Huygens kein durch und durch moderner Astronom. Er konnte sich nicht vollständig der Denkweise seiner Zeit entziehen. So legte er beispielsweise ein kurioses Argument vor, aus dem wir das Vorhandensein von Hanf auf dem Jupiter ableiten könnten: Galilei hatte entdeckt, daß der Jupiter vier Monde besitzt. Huygens stellte dazu eine Frage, die wenige moderne Astronomen stellen würden: *Warum* besitzt der Jupiter vier Monde? Eine Lösung dieses Problems, fand er, ließe sich dadurch erlangen, daß man die gleiche Frage in bezug auf den Erdmond stellte und dann Vergleiche zog. Die Aufgabe unseres

Mondes bestand vor allem darin – abgesehen davon, daß er nachts ein wenig Licht spendete und die Gezeiten in Gang hielt – den Seeleuten die Navigation zu erleichtern. Wenn Jupiter nun vier Monde besaß, dann mußte es auf diesem Planeten besonders viele Seeleute geben. Seeleute aber setzten Schiffe voraus; auf Schiffen brauchte man Segel; Segel benötigten eine Takelage; und keine Takelage kam ohne Hanfstricke aus. Nun – ich frage mich, wie viele unserer gegenwärtigen hochgelobten wissenschaftlichen Argumente in dreihundert Jahren ebenso seltsam wirken werden wie das eben genannte.

Ein nützlicher Index unseres Wissens über einen Planeten ist die Anzahl von Informations-Bits, mit denen wir ihn charakterisieren können. Stellen wir uns einmal eine Planetenoberfläche als eine Art Raster aus schwarzen und weißen Punkten vor, das wir auf Armlänge von uns weghalten. In Huygens Epoche hätten etwa zehn Informations-Bits, gewonnen aus kurzen Teleskop-Beobachtungen, unser ganzes Wissen über die Marsoberfläche dargestellt. Bis zum Zeitpunkt der engsten Annäherung von Mars und Erde im Jahre 1877 hätte sich diese Zahl vielleicht auf ein paar tausend erhöht, wenn wir eine Reihe von Fehlinformationen abziehen – zum Beispiel Skizzen von den »Marskanälen«, die, wie wir heute wissen, völlig illusorisch sind. Mit der Verbesserung der Beobachtungsinstrumente und der Entwicklung der astronomischen Fotografie von Bodenstationen aus wuchs die Informationsmenge langsam, aber stetig an, um dann dramatisch hochzuschnellen, als die ersten Sonden und künstlichen Satelliten in den Raum vordrangen.

Die zwanzig Aufnahmen, die *Mariner-4* 1965 bei seinem Vorbeiflug am Mars schoß, enthielten fünf Millionen Bits – eine Zahl, die grob vergleichbar war mit dem gesamten, bis dahin gesammelten Informationsmaterial. Dabei hatte man nur einen winzigen Bruchteil des Planeten erfaßt. Beim doppelten Vorbeiflug von *Mariner-6* und *Mariner-7* im Jahre 1969 wurde diese Anzahl um den Faktor 100 vergrößert, und der *Mariner-9*-Orbiter in den Jahren 1971 und 1972 ließ sie noch einmal um den Faktor 100 anwachsen. Die Foto-Ergebnisse der *Mariner-9*-Mars-Mission entsprachen in etwa dem Zehntausendfachen des gesamten Materials, das die Menschheit bis dahin über den Mars zusammengetragen hatte. Ähnliche Verbesserungen gelten für die *Mariner-9*-Spektroskopiedaten im infraroten und ultravioletten Bereich, wenn man sie mit den besten, durch Bodenstationen erlangten Ergebnissen vergleicht.

Hand in Hand mit der quantitativen Zunahme unserer Informationen geht eine spektakuläre qualitative Verbesserung. Vor dem Flug von *Mariner-4* hatten die kleinsten Gebiete auf dem Mars, die man noch zuverlässig erkennen konnte, ein Ausmaß von einigen Quadratkilometern. Nach *Mariner-9* konnte man einige Prozent des Planeten mit einer effektiven Auflösung von 100 Metern betrachten, was einer Steigerung um den Faktor 1000 während der letzten zehn Jahre und um den Faktor 10 000 seit Huygens Epoche entsprach. Weitere Verbesserungen brachte die *Viking*. Es ist allein dem Fortschritt auf dem Sektor der fotografischen Auflösung zu verdanken, daß wir heute auf der Marsoberfläche riesige Vulkane, Polschichten, gewundene, vielfach verästelte Kanäle, große Senkungsgräben, Dünenfelder, kraterabhängige Staubzonen und viele andere Merkmale, aufschlußreich und geheimnisvoll zugleich, kennen.

Um einen neu erforschten Planeten ganz zu begreifen, benötigt man aber neben der hohen Auflösung eine große Reichweite. So wollte es eine Verkettung unglücklicher Umstände, daß beispielsweise *Mariner-4, Mariner-6* und *Mariner-7* trotz ihrer hervorragenden Auflösung nur den alten, kraterübersäten und relativ uninteressanten Teil des Mars fotografierten und keinerlei Einblicke in das junge, geologisch aktive Drittel des Planeten gaben, das *Mariner-9* entdeckte.

Das Leben auf der Erde läßt sich mittels Orbitalaufnahmen erst bei einer Auflösung von etwa hundert Metern erkennen; an diesem Punkt wird die städtische und landwirtschaftliche Geometrie unserer technischen Zivilisation augenfällig. Hätte es auf dem Mars eine Zivilisation vergleichbarer Größe und Entwicklung gegeben, so wäre sie fotografisch erst durch die *Mariner-9-* und *Viking*-Missionen entdeckt worden. Es gibt zwar keinen Grund zu der Annahme, daß sich auf unserem Nachbarplaneten eine derartige Zivilisation befindet, aber der Vergleich führt klar vor Augen, daß wir erst am Beginn einer echten Erforschung der übrigen Welten stehen.

Ohne Frage können wir mit Überraschungen und kleinen Wundern rechnen, je mehr die Auflösung und die Reichweite in der

Fotografie zunehmen, begleitet von Verbesserungen in der Spektroskopie und ähnlichen Methoden.

Die größte professionelle Organisation von Wissenschaftlern, die sich mit unserem Planetensystem befaßt, ist die *Division for Planetary Sciences of the American Astronomical Society*. Die Vitalität dieses jungen Wissenszweiges wird bei den Treffen der Organisation besonders deutlich. Anläßlich der Jahresversammlung von 1975 beispielsweise erfuhr man Näheres über die Entdekkung von Wasserdampf in der Jupiter-Atmosphäre und von Äthan auf dem Saturn; man sprach über mögliche Kohlenwasserstoffe auf dem Asteroiden Vesta, berichtete von einem erdähnlichen Atmosphäredruck des Saturn-Mondes Titan, Radiowellenschübe im Zehnmeterbereich, die von Saturn ausgingen; der Radaruntersuchung des Jupiter-Mondes Ganymed; der Auswertung des Radio-Emissions-Spektrums vom Jupiter-Mond Callisto – ganz zu schweigen von den spektakulären Merkur- und Jupiter-Bildern (sowie ihrer Magnetsphären), die bei den *Mariner-10-* und *Pioneer-11*-Experimenten entstanden waren. Ähnliche Entdeckungen wurden in späteren Versammlungen vorgetragen.

Bei all der Hektik und Aufregung um die jüngsten Ergebnisse hat man noch keine allgemeine These zum Ursprung und der Evolution des Planeten formuliert, aber das Thema ist reich an provokativen Andeutungen und klugen Mutmaßungen. Es zeigt sich, daß die Beschäftigung mit dem Einzelplaneten unser Wissen über das ganze System erweitert, und wenn wir die Erde von Grund auf begreifen wollen, müssen wir uns ausgiebig mit den anderen Planeten befassen. So ist seit kurzem eine These in Mode gekommen, die ich bereits 1960 vorbrachte und die davon ausgeht, daß die hohen Temperaturen auf der Venus einem unaufhaltsamen Treibhauseffekt entspringen: Wasserdampf und Kohlendioxid in der planetarischen Atmosphäre verhindern die Abgabe der infraroten Wärmestrahlung von der Oberfläche in den Raum; das führt dazu, daß die Oberflächentemperatur ansteigt, bis ein Gleichgewicht zwischen dem einfallenden sichtbaren Licht und der abgegebenen Infrarotstrahlung erreicht ist; die höhere Oberflächentemperatur wiederum führt zu einem stärkeren Dampfdruck der »Treibhaus«-Gase Kohlendioxid und Wasserdampf und so fort, bis sich das gesamte Kohlendioxid und Wasser im Dampfzustand befindet und wir einen Planeten mit extrem hohem atmosphärischem Druck und hoher Oberflächentemperatur haben.

Nun scheint der Grund dafür, daß die Venus eine solche Atmosphäre besitzt und die Erde nicht, in einem relativ kleinen Mehr an Sonnenlicht zu liegen. Könnte sich die Erde in eine Kopie der klassischen Höllenvision verwandeln, wenn die Sonne ein wenig stärker auf die Erdoberfläche fiele und die Wolken dichter wären? Die Venus sollte für unsere technische Zivilisation, die sehr wohl in der Lage ist, tiefgreifend die Umwelt zu verändern, eine ernste Warnung sein.

Entgegen den Erwartungen fast aller Planetenforscher hat sich herausgestellt, daß der Mars von Tausenden gewundener, vielfach verästelter Kanäle überzogen ist, die vermutlich vor sieben Milliarden Jahren entstanden. Ob nun von fließendem Wasser oder CO_2 gebildet, die meisten dieser Kanäle dürften sich kaum unter den gegenwärtigen atmosphärischen Bedingungen entwickelt haben; ihr Vorhandensein läßt auf sehr viel höhere Drücke und vermutlich auch höhere Poltemperaturen schließen. Es ist denkbar, daß die Kanäle – ebenso wie die Polschichten des Mars – Zeugnis ablegen für mindestens eine, möglicherweise aber mehrere Epochen, in denen ein weit milderes Klima als heute herrschte. Daraus folgt, daß es in der Geschichte des Planeten krasse klimatische Veränderungen gegeben hat. Wir wissen nicht, ob diese Veränderungen durch innere oder äußere Einflüsse hervorgerufen wurden. Waren es innere Einflüsse, so bleibt abzuwarten, ob die Erde einmal durch die Aktivitäten des Menschen eine Klimaschwankung vom Ausmaß des Mars erleben wird – das heißt, eine Schwankung, die bei weitem größer ist als das, was die Erde bis jetzt durchgemacht hat. Wurde der klimatische Wandel des Mars von außen herbeigeführt – zum Beispiel durch Veränderungen in der Sonnenhelligkeit –,dann erscheint ein Vergleich der marsianischen und terrestrischen Paläoklimatologie angebracht und notwendig.

Mariner-9 erreichte den Mars mitten in einem planetenweiten Staubsturm; die Daten der Sonde lassen eine Untersuchung zu, ob solche Stürme eine Planetenoberfläche auskühlen oder erwärmen. Jede Theorie, die für sich in Anspruch nimmt, die klimatischen Auswirkungen vermehrter Aerosole in der Erdatmosphäre vorherzusagen, sollte die Auswertung der Staubstürme, die von *Mariner-9* beobachtet wurden, mit einbeziehen.

James Pollack vom NASA Ames Research Center, Brian Toon von der Cornell University und ich berechneten mit Hilfe unseres *Mariner-9*-Experiments die Auswirkung einzelner sowie mehrfacher Vulkanexplosionen auf das Klima der Erde und konnten die beobachteten klimatischen Veränderungen – unter Berücksichtigung der möglichen Meßfehler – nach größeren Vulkanausbrüchen auf unserem Planeten bestätigen. Die Perspektive der planetarischen Astronomie, die es uns gestattet, einen Planeten als Ganzes zu sehen, scheint mir ein sehr gutes Training für Studien der Erde zu sein. Als weiteres Beispiel für einen Rückschluß von planetarischen Beobachtungen auf terrestrische Studien sei erwähnt, daß eines der Teams, die sich intensiv mit dem Effekt von Aerosolen aus Sprühdosen auf unsere Ozonschicht befassen, unter der Leitung von M. B. McElroy (Harvard University) tief in die Meteorologie der Venus eingestiegen ist, um dieses Problem in den Griff zu bekommen.

Wir wissen inzwischen durch Satelliten- und Sondenbeobachtungen etwas über die Oberflächendichte verschieden großer Einschlagkrater auf dem Merkur, dem Erdmond, dem Mars und seinen Trabanten; Radaruntersuchungen liefern erste Informationen auch für die Venus-Krater, und obwohl die Erde durch den Einfluß des Wassers und tektonische Aktivitäten stark erodiert ist, besitzen wir auch einige Daten über die Krater unseres Planeten. Wären nun sämtliche Objekte, die solche Einschläge hervorrufen, für alle Planeten gleich, dann könnte man vielleicht eine absolute und eine relative Chronologie kraterbedeckter Oberflächen aufstellen. Aber wir wissen nicht, ob die Objekte einen gemeinsamen Ursprung haben – etwa den Asteroidengürtel – oder lokal angesiedelt waren, zum Beispiel Materietrümmer, die in der letzten Phase der Verdichtung die Planeten in großen Ringen umgaben.

Die stark von Kratern gezeichneten Hochflächen des Mondes erzählen von einer frühen Epoche in der Geschichte des Sonnensystems, als Einschläge noch sehr viel häufiger waren als heute; die gegenwärtige Anzahl interplanetarischer Gesteinstrümmer würde bei weitem nicht für diese ungeheure Menge von Hochlandkratern ausreichen. Auf der anderen Seite sind die »Meere« weit weniger von Kratern durchsetzt; ihre Anzahl entspricht in etwa der heutigen Menge interplanetarischer Materie, die vor allem aus Asteroiden und möglicherweise auch aufgelösten

Kometen besteht. Bei Planetenoberflächen, die nicht so stark von Kratern übersät sind, kann man einiges über das absolute Alter, eine Menge über das relative Alter und in manchen Fällen sogar etwas über die Größenordnung der aufprallenden Objekte aussagen. Auf dem Mars beispielsweise sind die Flanken der großen Vulkanberge nahezu frei von Einschlagkratern, was darauf schließen läßt, daß sie relativ jung sind: Es gibt sie noch nicht lange genug, daß sie Einschlagnarben sammeln konnten. Diese Tatsache bildet die Grundlage für die Annahme, daß Vulkane auf dem Mars ein vergleichsweise junges Phänomen sind.

Das Endziel der vergleichenden Planetologie wäre wohl etwas wie ein riesiges Computerprogramm, dem wir einige Parameter eingeben – vielleicht Trägheitsmasse, Zusammensetzung, Drehimpuls und Bestand der benachbarten Aufschlagobjekte – und heraus kommt die Zeitentwicklung des Planeten. Wir sind im Moment noch sehr weit von einem derart tiefen Verständnis der planetarischen Evolution entfernt, aber die Lücken haben sich doch schneller geschlossen, als wir es noch vor ein paar Jahrzehnten für möglich hielten.

Jede neue Entdeckungsserie wirft eine Unmenge neuer Fragen auf, die uns früher überhaupt nicht in den Sinn gekommen wären. Ich will hier nur ein paar davon anschneiden. Wir sind allmählich in der Lage, die Zusammensetzung von Asteroiden mit der von Meteoriten auf der Erde zu vergleichen (siehe Kapitel 15). Asteroiden scheinen sich in zwei Gruppen zu unterteilen: solche, die vor allem Silikate enthalten, und solche, die reich an organischer Materie sind. Nun hat sich gezeigt, daß der Asteroid Ceres allem Anschein nach homogen ist, während der weniger massive Asteroid Vesta aus verschiedenen Stoffen besteht. Wie wir heute wissen, taucht eine planetarische Differenzierung aber erst über einer bestimmten kritischen Masse auf. Könnte Vesta daher der Überrest eines sehr viel größeren Planetoiden sein, der sich nicht mehr im Sonnensystem befindet? Die ersten Radaruntersuchungen der Venus-Krater zeigen, daß sie außergewöhnlich flach sind. Aber es ist wenig wahrscheinlich, daß es auf der Venus flüssiges Wasser gibt, das die Oberfläche erodieren könnte, und die unteren Atmosphäreschichten bewegen sich vermutlich so langsam, daß kein Staub die Krater auffüllt. Könnte der Grund für das Auffüllen der

Venus-Krater das allmähliche Einsinken einer zähen, noch nicht völlig erstarrten Oberfläche sein?

Die populärste Theorie zur Entstehung von planetarischen Magnetfeldern geht von rotationsabhängigen Konvektionsströmen in einem leitenden Planetenkern aus. Danach dürfte Merkur, der sich nur einmal in neunundfünfzig Tagen um die eigene Achse dreht, kaum ein nennenswertes Magnetfeld besitzen. Da jedoch eindeutig ein Merkur-Magnetfeld vorhanden ist, muß man die Theorien zum planetarischen Magnetismus völlig neu überdenken. Nur Saturn und Uranus besitzen Ringe*. Warum? Auf dem Mars gibt es ein weites Feld längsgerichteter Sanddünen, die sich gegen die Innenwände eines großen, erodierten Kraters schmiegen. Und in der Nähe von Alamosa, Colorado, gibt es beim *Großen Dünen-Nationalmonument* ein ganz ähnliches Dünenfeld, das sich in die Krümmung der *Sangre-de-Christo*-Berge schmiegt. Die Dünen vom Mars und von der Erde haben die gleiche Gesamtausdehnung, den gleichen Kammabstand und die gleiche Kammhöhe. Dennoch beträgt auf dem Mars der Atmosphäredruck nur den zweihundertsten Teil von dem der Erde, der Wind, der nötig ist, um die Sandwanderung einzuleiten, ist zehnmal so stark wie bei uns, und die einzelnen Sandkörner auf den beiden Planeten können durchaus verschieden groß sein. Wie ist es dann möglich, daß derart gleiche Dünenfelder entstehen? Oder: Welchen Ursprung hat die Dekameter-Radiostrahlung auf dem Jupiter, die von festen Punkten der Planetenoberfläche periodisch in den Raum hinausgeht?

Beobachtungen von *Mariner-9* aus lassen den Schluß zu, daß die Mars-Stürme zumindest hin und wieder um die Hälfte über die lokale Schallgeschwindigkeit hinausgehen. Gibt es noch höhere Werte? Wie sieht eine Überschall-Meteorologie aus? Man hat auf dem Mars Pyramiden mit einem Basisdurchmesser von drei und einer Höhe von einem Kilometer entdeckt. Es ist höchst unwahrscheinlich, daß sie von Mars-Pharaonen errichtet wurden. Die Abtragungsrate durch sturmgetriebene Sandkörnchen auf dem Mars (eine Art Sandstrahlen) ist mindestens zehntausendmal größer als auf der Erde, wegen der höheren Windgeschwindigkeiten und der dünneren Mars-Atmosphäre. Könn-

---

* Inzwischen wurde festgestellt, daß auch der Jupiter von einem – allerdings vergleichsweise massearmen – Ring umgeben ist. – *Anm. d. Red.*

ten die Seiten der marsianischen Pyramiden in Millionen Jahren durch Abschmirgeln aus mehreren Windrichtungen erzeugt worden sein?

Die Monde des äußeren Sonnensystems sind ganz gewiß keine Kopien unseres eher langweiligen Trabanten. Viele besitzen so niedrige Dichten, daß sie zum Großteil aus Methan, Ammoniak oder gefrorenem Wasser zusammengesetzt sein müssen. Wie mögen ihre Oberflächen aus der Nähe aussehen? Wie erodieren die Einschlagkrater einer Eisoberfläche? Könnte es Vulkane aus festem Ammoniak mit einer Lava aus flüssigem NH_3 geben? Warum ist Io, der innerste große Jupiter-Mond, in eine Wolke gasförmigen Natriums gehüllt? In welcher Weise hilft Io die synchrotone Emission des Jupiter-Strahlungsgürtels, in dessen Bereich er sich befindet, modulieren? Warum ist die eine Seite von Iapetus, einem Saturn-Mond, sechsmal heller als die andere? Wegen eines Unterschieds in der Partikelgröße? Wegen einer chemisch anderen Struktur? Wie kam dieser Unterschied zustande? Warum auf Iapetus und nirgends sonst im Sonnensystem auf so symmetrische Weise?

Die Schwerkraft des größten Mondes im Sonnensystem, Titan, ist enorm niedrig, die Temperatur der oberen Atmosphäreschicht aber so hoch, daß Wasserstoff ungeheuer rasch in den Raum entweichen müßte, in einem Vorgang, der dem »Abdampfen« entspricht. Aber spektroskopische Auswertungen lassen darauf schließen, daß sich eine beträchtliche Menge Wasserstoff auf dem Titan befindet. Die Atmosphäre von Titan ist ein Rätsel. Und wenn wir über das Saturn-System hinausgehen, nähern wir uns einer Region im Sonnensystem, über die wir praktisch nichts wissen. Unseren schwachen Teleskopen ist es bisher nicht gelungen, die Rotationsperioden von Uranus, Neptun und Pluto exakt zu bestimmen, geschweige denn die Natur ihrer Wolken und Atmosphären sowie ihre Trabantensysteme. Die Lyrikerin Diane Ackerman von der Cornell University schreibt: »Neptun ist wie ein graugescheckter Hengst im Nebel. Zähflüssig? Ringgeschmückt? Dunstumflort? Kalt? Zu klein ist unser Wissen selbst für Lemurenfäuste.«

Eines der quälendsten Probleme, an das wir uns erst allmählich heranwagen, ist die Frage nach der Chemie und Biologie anderswo im Sonnensystem. Die Marswelt ist keineswegs so unwirtlich, daß sie Leben ausschließt; aber wir wissen nicht genug über den Ursprung und die Entwicklung von Leben, um sein Vorhandensein dort oder anderswo zu gewährleisten. Die Frage nach großen oder kleinen Organismen auf dem Mars ist selbst nach den *Viking*-Missionen völlig offen. Die wasserstoffreichen Atmosphären von Himmelskörpern wie Jupiter, Saturn, Uranus und Titan haben in wichtigen Einzelheiten Ähnlichkeit mit dem Zustand, den die Erdatmosphäre hatte, als das erste Leben entstand. Aus Laborsimulationen wissen wir, daß unter solchen Bedingungen eine Vielzahl organischer Moleküle entstehen kann. In den Atmosphären von Jupiter und Saturn werden solche Moleküle wohl vom Rand ins heiße Innere umgeschichtet. Aber selbst dort kann eine derartige »Steady-State«-Ansammlung organischer Moleküle bedeutsam sein. Bei allen simulierten Experimenten ließ die Anwendung von Energie auf solche Atmosphären eine bräunliche, polymere Substanz entstehen, die in mancher Hinsicht dem bräunlichen Farbstoff in ihren Wolkenschichten ähnelt. Titan könnte sogar völlig mit einer braunen organischen Substanz bedeckt sein. Es ist möglich, daß die nächsten Jahre große und unerwartete Entdeckungen auf dem jungen Gebiet der Exobiologie bringen werden.

Die wichtigste Hilfe bei der weiteren Erkundung des Sonnensystems während der nächsten ein oder zwei Dekaden ist ganz sicher die unbemannte planetarische Raummission. Man hat inzwischen mit Erfolg Sonden und andere Raumschiffe zu allen Planeten gestartet, die unseren Vorfahren bekannt waren. Es gibt eine Reihe noch nicht genehmigter Missionen, die bereits in Einzelheiten ausgearbeitet sind (siehe Kapitel 16). Falls die Mehrzahl dieser Missionen in die Tat umgesetzt werden sollen, dann findet das gegenwärtige Zeitalter planetarischer Erforschung eindeutig eine brillante Fortsetzung. Aber noch steht keineswegs fest, daß diese herrlichen Entdeckungsreisen weitergeführt werden, zumindest von den USA. Eine einzige größere planetarische Mission, das Galilei-Projekt zum Jupiter, ist in den letzten sieben Jahren bewilligt worden – und selbst seine Durchführung ist in Gefahr.*

---

* Inzwischen mußten eine ganze Reihe dieser geplanten Missionen gestrichen werden, da Präsident Reagan verfügt hat, das Budget der NASA von 7 Milliarden jährlich auf 6 Milliarden Dollar zu kürzen. – *Anm. d. Red.*

Doch auch eine Vorerkundung des gesamten Sonnensystems bis hinaus zum Pluto sowie eine genauere Erforschung einzelner Planeten, beispielsweise durch Mars-Rover oder Jupiter-Sonden, die in die Atmosphäre eindringen, werden das fundamentale Problem vom Ursprung des Sonnensystems nicht lösen; dazu müssen wir fremde Sonnensysteme betrachten und Vergleiche anstellen. Fortschritte in der Beobachtungstechnik sowohl von Bodenstationen wie von Raumfahrzeugen aus könnten uns den Weg zu Dutzenden von Planetensystemen zeigen, die um nahegelegene Sterne kreisen. Die jüngsten Studien, die Helmut Abt und Saul Levy vom Kitt Peak National Observatory an sternreichen Systemen durchgeführt haben, lassen den Schluß zu, daß mindestens ein Drittel der Sterne am Himmel Planetenbegleiter haben könnten. Wir wissen nicht, ob solche Planetensysteme wie das unsere aufgebaut sind oder nach ganz anderen Prinzipien funktionieren.

Nahezu unmerklich sind wir in ein Zeitalter der Forschung und Entdeckung geglitten, das höchstens in der Renaissance seine Parallele findet. Der praktische Nutzen der vergleichenden Planetologie für die Erdwissenschaften; das Gefühl des Abenteuers, das durch die Erforschung anderer Welten geweckt wird, in einer Zeit, die echte Abenteuer kaum noch kennt; die philosophischen Aspekte der Suche nach einer kosmischen Perspektive – das sind, meiner Meinung nach, die Dinge, die eines Tages unsere Epoche kennzeichnen werden. Jahrhunderte später, wenn unsere sehr realen politischen und sozialen Probleme vielleicht so abstrakt erscheinen mögen wie die Probleme des Österreichischen Erbfolgekrieges, wird man sich unserer Epoche vor allem einer Tatsache wegen entsinnen: War das nicht die Zeit, so wird man fragen, in der die Bewohner der Erde erstmals in den Kosmos aufgebrochen sind?

11
Ein Planet namens George

...und lehrtest
Das große Licht mich nennen und das kleine,
Die brennen tags und nachts...

WILLIAM SHAKESPEARE
Der Sturm, 1. Akt, 2. Szene

»Sie hören natürlich auf ihre Namen?«
bemerkte die Schnake leichthin.
»Nicht, daß ich wüßte.«
»Wozu brauchen sie denn die Namen«, sagte die Schnake,
»wenn sie nicht darauf hören?«

LEWIS CARROLL
Alice hinter den Spiegeln

Es gibt auf dem Mond einen Einschlagkrater namens Galilei. Er hat einen Durchmesser von etwa neun Meilen, was ungefähr der Größe von Elizabeth, New Jersey, entspricht, und ist so klein, daß man ein einigermaßen gutes Teleskop benötigt, um ihn überhaupt zu sehen. Dagegen liegt fast im Zentrum der erdzugewandten Mondseite die prachtvolle Ruine eines Kraters, der einen Durchmesser von 115 Meilen hat und Ptolemäus heißt; man erkennt ihn ohne weiteres mit einem billigen Feldstecher oder, wenn man gut sieht, sogar mit bloßem Auge.

Ptolemäus (im zweiten Jahrhundert nach Christus) war der Hauptverfechter der Ansicht, daß unsere Erde unbeweglich im Mittelpunkt des Universums ruhe; er stellte sich vor, daß die

Sonne und die Planeten, eingebettet in Kristallsphären, sie einmal am Tage umkreisten. Galilei (1564–1642) dagegen setzte sich für die Lehre des Kopernikus ein, nach der die Sonne im Zentrum eines Planetensystems steht und die Erde einer von mehreren Planeten ist, die sie umkreisen. Galilei war es auch, der die Sichelphase der Venus beobachtete und damit den ersten praktischen Beweis zugunsten der Lehre des Kopernikus lieferte. Und Galilei machte als erster darauf aufmerksam, daß es auf unserem Trabanten Krater gab. Warum also ist dann der Mondkrater Ptolemäus so sehr viel größer als der Krater Galilei?

Die Sitte, Mondkratern Namen zu verleihen, stammt von dem Danziger Bierbrauer und Stadtverordneten Johannes Höwelcke, besser bekannt unter seinem latinisierten Namen Hevelius. Er widmete einen Großteil seiner Zeit der Mond-Kartographie und veröffentlichte 1647 unter dem Titel *Selenographia* ein Buch, das sehr berühmt wurde. Als Hevelius die handgeätzten Kupferplatten mit den Teleskopansichten des Mondes vor sich liegen sah, überlegte er, wie er die eingetragenen Landschaften benennen sollte. Die einen rieten zu biblischen Namen, andere schlugen Philosophen und Wissenschaftler vor. Hevelius fand, daß es keinen logischen Zusammenhang zwischen den Mondlandschaften und den Patriarchen und Propheten der Vorzeit gab; andererseits fürchtete er, daß die Benennung nach Philosophen und Wissenschaftlern (besonders, wenn sie noch lebten) zu Kontroversen führen könnte. Diplomatisch nannte er daher die wichtigsten Mondgebirge und -täler nach vergleichbaren terrestrischen Landschaften. So kommt es, daß wir auf dem Mond Apenninen, Pyrenäen, den Kaukasus, den Jura, das Atlasgebirge und sogar ein Alpental vorfinden – Namen, die sich bis heute erhalten haben.

Galileis Eindruck war, daß es sich bei den dunklen, flachen Gebieten auf dem Mond um Meere handelte, echte, mit Wasser gefüllte Ozeane, und daß die hellen, zerklüfteten, dicht mit Kratern übersäten Regionen Kontinente darstellten. Diese »maria« (lateinisch für »Meere«) wurden vor allem nach Gemüts- oder Naturzuständen benannt: Mare Frigoris (Meer der Kälte), Lacus Somniorum (See der Träume), Mare Crisium (Meer der Krisen), Sinus Iridum (Regenbogen-Bucht), Mare Serenitatis (Meer der Heiterkeit), Oceanus Procellarum (Ozean der Stürme), Mare Nubium (Meer der Wolken), Mare Fecunditatis

(Meer der Fruchtbarkeit), Sinus Aestuum (Wellenbucht), Mare Imbrium (Regen-Meer) und Mare Tranquillitatis (Meer der Ruhe) – eine poetische und gefühlvolle Sammlung von Ortsnamen, besonders bei so unwirtlichen Verhältnissen, wie sie auf dem Mond vorherrschen. Leider sind die lunaren Meere knochentrocken, und Bodenproben, die im Laufe der *Apollo*- und *Luna*-Missionen zur Erde gebracht wurden, lassen darauf schließen, daß sie auch in der Vergangenheit nie mit Wasser gefüllt waren. Es gab keine Meere, Buchten, Seen oder Regenbogen auf dem Mond. Dennoch haben diese Bezeichnungen überlebt. *Luna-2*, das erste Raumschiff, das Daten auf der Mondoberfläche sammelte, landete im Mare Imbrium; und die ersten Menschen, die ihren Fuß auf unseren Trabanten setzten, die Astronauten von *Apollo-11*, taten das zehn Jahre später im Mare Tranquillitatis. Galilei wäre vermutlich hocherfreut gewesen.

Trotz der Einwände von Hevelius bekamen die Mondkrater doch noch Wissenschaftler- und Philosophennamen. Giovanni Battista Riccioli brachte 1651 ein Buch mit dem Titel *Almagestum Novum* heraus, was nichts anderes heißt als »Der Neue Almagest« und auf dem Lebenswerk des Ptolemäus aufbaut. (»Almagest«, ein bescheidener Titel, ist arabisch und bedeutet »der Größte«.) Riccioli veröffentlichte einfach eine Karte, in die er seine persönlich bevorzugten Namen für Mondkrater eintrug, und ein Großteil dieser Benennungen wurde von späteren Astronomen ohne lange Fragen übernommen. Ricciolis Buch erschien neun Jahre nach dem Tode von Galilei; es war also mehr als genug Zeit vorhanden, die Krater »gerechter« zu bezeichnen. Dennoch behielten die Astronomen die peinliche Herabwürdigung von Galilei aufrecht. Doppelt so groß wie der Krater Galilei ist ein Krater Hell, benannt nach dem Jesuitenpater Maximilian Hell.

Einer der auffälligsten Krater dürfte Clavius mit einem Durchmesser von 142 Meilen sein, übrigens der Sitz einer fiktiven Mondbasis in dem Film *2001 – A Space Odyssey*. Clavius ist der latinisierte Name von Christoffel Schlüssel, ebenfalls ein Jesuit und Anhänger der ptolemäischen Lehre. Mit einem weiteren Mitglied dieses Ordens, Christopher Scheiner, führte Galilei eine lange Kontroverse darüber, wer als erster die Sonnenflekken und ihre Beschaffenheit entdeckt hatte; der Streit artete in eine erbitterte persönliche Feindschaft aus, die nach Ansicht vieler naturwissenschaftlicher Historiker dazu beitrug, daß Galilei unter Hausarrest gestellt wurde, seine Bücher auf den Index kamen und er unter Androhung der Folter die Lehre des Kopernikus, daß die Erde sich drehe, als »häretisch« zurücknahm. Scheiner wird durch einen Mondkrater von 70 Meilen Durchmesser geehrt. Und selbst Hevelius, der sich dagegen zur Wehr setzte, Landschaften auf dem Mond nach Personen zu benennen, bekam als Denkmal einen ansehnlichen Krater.

Drei der hervorstechendsten Mondkrater bedachte Riccioli mit den Namen Tycho, Kepler und – man staune – Kopernikus. Riccioli selbst und sein Schüler Grimaldi erhielten große Krater am sichtbaren Rand des Mondes, wobei der von Riccioli einen Durchmesser von 106 Meilen besitzt. Ein weiterer großer Krater heißt Alphonsus, nach Alphonso X. von Kastilien, einem spanischen Monarchen des dreizehnten Jahrhunderts, der beim Betrachten des komplizierten ptolemäischen Systems gesagt haben soll, wäre er bei der Schöpfung zugegen gewesen, hätte er Gott ein paar nützliche Tips zum Ordnen des Universums gegeben. (Es ist amüsant, sich Alphonsos Reaktion auszumalen, hätte er erfahren, daß siebenhundert Jahre später ein Volk jenseits des Westmeeres eine Maschine, genannt *Ranger-9*, zum Mond schicken würde, wo sie beim Landeanflug automatisch Bilder der Mondoberfläche aussandte, bis sie schließlich in einer Senke zerschellte, die den Namen Seiner kastilischen Majestät, Alphonsus, trug.) Ein etwas weniger berühmter Krater ist nach Fabricius benannt, dem latinisierten Namen von David Goldschmidt, der 1596 entdeckte, daß der Stern Mira periodischen Helligkeitsschwankungen unterlag – ein weiterer Schlag gegen Aristoteles und die Kirche, welche die Ansicht vertraten, daß das Firmament unveränderlich sei.

So setzte sich das Vorurteil, das im Italien des siebzehnten Jahrhunderts gegen Galilei herrschte, in der Astronomie wenigstens nicht konsequent zugunsten von Kirchenvätern und -lehren durch. Bei insgesamt etwa siebentausend bezeichneten lunaren Formationen fällt es schwer, überhaupt ein konsequentes Schema zu entdecken. Es gibt Krater, benannt nach politischen Größen, die wenig direkte oder augenfällige Verbindungen zur Astronomie hatten, wie etwa Julius Cäsar oder Kaiser Wilhelm I. Andere wiederum beziehen sich auf Leute, deren Berühmtheit in Vergessenheit geraten ist: hier denke ich an

Krater Wurzelbaur (50 Meilen Durchmesser) oder Krater Billy (31 Meilen Durchmesser). Viele Bezeichnungen kleinerer Krater leiten sich von ihren großen Nachbarn ab, so etwa die Krater Mösting A, Mösting B, Mösting C etc. in der Umgebung von Krater Mösting. Das weise Verbot, Krater nach noch lebenden Berühmtheiten zu benennen, wurde nur gelegentlich durchbrochen, zum Beispiel, als man den amerikanischen Astronauten der *Apollo*-Missionen zum Mond ein paar bescheidene Krater zuwies; selbstverständlich bekamen, wie es sich in einer Ära der Entspannung gehört, auch die russischen Kosmonauten, obwohl sie nur im Erdorbit blieben, ihre Krater.

Erst in unserem Jahrhundert machte man den Ansatz, Himmelskörper und ihre Oberflächendetails konsequent und einheitlich zu benennen: Man übertrug diese Aufgabe besonderen Ausschüssen der International Astronomical Union (IAU), jener Organisation, in der alle Berufsastronomen der Welt vereinigt sind. Eine bis dahin namenlose Bucht in einem der Mond-»Meere«, die von der amerikanischen *Ranger*-Sonde näher untersucht wurde, erhielt offiziell die Bezeichnung Mare Cognitum (Bekanntes Meer). Das ist erstmals ein Name, der nicht so sehr satte Zufriedenheit, sondern Freude zum Ausdruck bringt. Die IAU hatte es nicht immer leicht. Als beispielsweise die historisch bedeutsame *Luna-3*-Mission die ersten – ein wenig unscharfen – Fotos von der erdabgewandten Seite des Mondes lieferte, wollten die sowjetischen Entdecker eine langgestreckte, helle Markierung auf ihren Fotos unbedingt *Sowjet-Berge* nennen. Da es auf der Erde keine größere Gebirgskette dieses Namens gibt, stand der Vorschlag im Widerspruch zu den Hevelius-Bezeichnungen. Man akzeptierte ihn dennoch, in Anerkennung der bemerkenswerten Leistung von *Luna-3*. Leider deuten neuere Daten darauf hin, daß die Sowjet-Berge gar keine Berge sind.

In einem ähnlich gelagerten Fall schlugen sowjetische Delegierte vor, eines der zwei »Meere« auf der erdabgewandten Mondseite (beide winzig im Vergleich zu jenen, die man auf der erdnahen Seite beobachten kann) Mare Moscoviense (Moskau-Meer) zu nennen. Westliche Astronomen gaben zu bedenken, daß auch dies von der Tradition abweiche, da Moskau weder ein Natur- noch ein Gemütszustand sei. Dagegen wurde angeführt, daß die Kommission sich bei den jüngsten Benennungen von lunaren »Meeren« – vor allem bei jenen am Rand, die mit Bodenteleskopen schwer auszumachen sind – auch nicht immer an die Tradition gehalten habe, wie das Mare Marginis (Rand-Meer), das Mare Orientale (Ost-Meer) und das Mare Smythii (Smith-Meer) bewiesen. Da also die Konsequenz bereits durchbrochen war, entschied man sich zugunsten des sowjetischen Vorschlags. Und somit faßte im Jahre 1961 die IAU-Versammlung in Berkeley, Kalifornien, unter Leitung von Audouin Dollfus aus Frankreich den offiziellen Beschluß, daß Moskau ein Gemütszustand ist.

Mit dem raschen Vordringen der Menschheit in das Sonnensystem haben sich die Probleme der Nomenklatur vervielfacht. Ein interessantes Beispiel des gegenwärtigen Trends läßt sich in der Benennung der marsianischen Topographie erkennen. Helle und dunkle Oberflächenmerkmale auf dem Roten Planeten werden seit Jahrhunderten beobachtet, registriert und in Karten eingetragen. Obwohl die Natur der Formationen unbekannt war, bestand dennoch ein unwiderstehlicher Drang, sie näher zu bezeichnen. Nach mehreren gescheiterten Versuchen, sie nach Astronomen zu nennen, die den Mars studiert hatten, führten G. V. Schiaparelli aus Italien und E. M. Antoniadi, ein griechischer Astronom, der in Frankreich arbeitete, um die Jahrhundertwende die Sitte ein, marsianische Oberflächenmerkmale nach Gestalten und Orten der klassischen Mythologie zu bezeichnen. So haben wir Thoth-Nepenthes, Memnonia, Hesperia, ein Mare Boreum (Nord-See) und ein Mare Acidalium (Sauer-Meer) ebenso wie Utopia, Elysium, Atlantis, Lemuria, Eos (Morgenröte) und Uchronia (was man, glaube ich, mit »Guten Zeiten« übersetzen kann). Um 1890 pflegten eben die gebildeten Leute noch sehr viel mehr Umgang mit der Klassik als heutzutage.

Die kaleidoskopartig wechselnde Oberfläche des Mars wurde erstmals durch amerikanische Raumsonden der *Mariner*-Serie aufgeschlüsselt, ganz besonders von *Mariner-9*, die Mars ab November 1971 fast ein Jahr lang umkreiste und mehr als 7200 Nahaufnahmen von seiner Oberfläche zurück auf die Erde funkte. Eine Fülle unerwarteter und exotischer Details zeigte sich, darunter hoch aufragende Vulkanberge, Krater ähnlich wie auf dem Mond, aber viel stärker erodiert, und rätselhafte, gewundene Täler, die vermutlich durch fließendes Wasser in früheren Epochen der Planetengeschichte entstanden waren. Diese neuen Charakteristika schrien geradezu nach Namen, und die IAU ernannte pflichtgetreu einen Ausschuß unter Leitung von Gerard de Vaucouleurs (University of Texas), der eine neue marsianische Nomenklatur ausarbeiten sollte. Eine kleine Gruppe von uns bemühte sich in zähem Ringen, die neuen Namen zu »entprovinzialisieren«. Es ließ sich zwar nicht verhindern, daß die größten Krater nach Astronomen benannt wurden, die den Mars studiert hatten, aber die Berufsgruppen und Nationalitäten konnten doch beträchtlich erweitert werden. So haben wir nun marsianische Krater mit Durchmessern über 60 Meilen, die nach den chinesischen Astronomen Li Fan und Liu Hsin benannt sind, nach Biologen wie Alfred Russel Wallace, Wolf Wischniak, S. N. Vinogradsky, L. Spallanzani, F. Redi, Louis Pasteur, H. J. Muller, T. H. Huxley, J. B. S. Haldane und Charles Darwin, nach einer Handvoll Geologen wie Louis Agassiz, Alfred Wegener, Charles Lyell, James Hutton und E. Suess; und selbst nach ein paar Science Fiction-Autoren wie Edgar Rice Burroughs, H. G. Wells, Stanley Weinbaum und John W. Campbell, Jr. Außerdem benannte man zwei große Mars-Krater nach Schiaparelli und Antoniadi.

Aber es gibt viel mehr Kulturen auf dem Planeten Erde – selbst solche mit feststellbaren astronomischen Traditionen –, als in jeder dieser Namenslisten vertreten sind. In dem Bemühen, diesen kulturellen Überhang wenigstens zum Teil auszugleichen, akzeptierte der Ausschuß einen Vorschlag von mir, die gewundenen Täler nach den Namen des Kriegsgottes Mars in anderen, größtenteils nichteuropäischen Sprachen zu bezeichnen. Die bekanntesten davon sind weiter unten in Tabelle 1 zusammengefaßt. Durch einen kuriosen Zufall liegen übrigens Ma'adim (hebräisch) und Al Qahira (arabisch: der Kriegsgott, nach dem Kairo benannt ist) dicht nebeneinander. Und der Landeplatz für die erste *Viking*-Sonde befand sich in Chryse, nahe dem »Zusammenströmen« der Täler Ares, Tiu, Simud und Shalbatana.

Ein Vorschlag, die gewaltigen Mars-Vulkane zu bezeichnen, lautete, sie nach den großen terrestrischen Vulkanen wie Ngorongoro oder Krakatoa zu nennen; dadurch wollte man auch einigen Kulturen einen Platz einräumen, die keine schriftliche

Tabelle 1
Die Bezeichnungen der ersten Mars-Kanäle

Name	*Sprache*
Al Qahira	Ägyptisch/Arabisch
Ares	Griechisch
Auqakuh	Quechua (Inkas)
Huo Hsing	Chinesisch
Ma'adim	Hebräisch
Mangala	Sanskrit
Nirgal	Babylonisch
Kasei	Japanisch
Shalbatana	Akkadisch
Simud	Sumerisch
Tiu	Altenglisch

astronomische Überlieferung besitzen. Die Einwände gründeten sich darauf, daß in diesem Falle beim Vergleich terrestrischer und marsianischer Vulkane ein Durcheinander entstehen könnte. Über welchen Ngorongoro sprechen wir gerade? Nun, das gleiche potentielle Problem gibt es bei terrestrischen Städten, aber wir scheinen durchaus in der Lage zu sein, Portland in Oregon von Portland in Maine zu unterscheiden, ohne heillos in Verwirrung zu geraten. Ein europäischer Wissenschaftler schlug vor, jeden Vulkan »Mons« (Berg) zu nennen und den Namen einer bedeutenden römischen Gottheit, natürlich im lateinischen Genitiv, anzufügen: Mons Martes, Mons Jovis, Mons Veneris und so fort. Ich wandte ein, daß zumindest letzterer bereits einer völlig anderen »Topographie« zugeordnet sei. Die Antwort lautete: »So? Das wußte ich gar nicht.« Am Ende wurde der Entschluß gefaßt, die Mars-Vulkane nach hellen und dunklen Orten der Klassik zu bezeichnen. Wir haben seitdem einen Pavonis Mons, Elysium Mons und – glücklicherweise für den größten Vulkan des Sonnensystems – einen Olympus Mons. Während die Vulkannamen noch stark dem westlichen Denken verhaftet bleiben, stellt die neuere Mars-Nomenklatur im großen und ganzen aber doch eine bedeutsame Abkehr von der Tradition dar: Viele hervorstechende Merkmale wurden weder nach berühmten Personen und Orten der Klassik noch nach der europäischen Geographie oder berühmten Astronomen des Westens benannt.

Einige Mars- und Mondkrater haben den gleichen »Namenspatron«. Das ist wieder der Portland-Fall, aber ich glaube nicht, daß er in der Praxis zu großen Komplikationen führt. Zumindest hat die Sache einen begrüßenswerten Nebeneffekt: Auf dem Mars gibt es endlich einen großen Krater namens Galilei. Er hat etwa die gleichen Ausmaße wie der Krater Ptolemäus. Und es gibt auf dem Mars *keine* Krater mit der Bezeichnung Scheiner oder Riccioli.

Eine weitere unerwartete Folge der *Mariner-9*-Mission liegt darin, daß man die ersten Nahaufnahmen von den Monden eines anderen Planeten erhielt. Wir besitzen nun Karten, die etwa die Hälfte der Oberfläche der beiden Mars-Monde Phobos und Deimos (die Begleiter des Kriegsgottes Mars) zeigen. Ein Unterausschuß für die Nomenklatur der Mars-Trabanten, dessen Vorsitz man mir übertrug, wies die Krater auf Phobos Astronomen zu, die sich mit den Monden beschäftigt hatten. Ein auffälliger Krater am Südpol von Phobos ist nach Asaph Hall benannt, dem Entdecker der beiden Mars-Monde. Eine Anekdote in Astronomenkreisen will übrigens wissen, daß Hall schon drauf und dran war, seine Suche nach den beiden Monden aufzugeben, als ihm seine Frau befahl, ans Teleskop zurückzukehren. Prompt entdeckte er die beiden Trabanten und nannte sie »Furcht« (Phobos) und »Schrecken« (Deimos). Entsprechend erhielt der größte Krater auf Phobos den Mädchennamen von Mrs. Hall, Angelina Stickney. Wäre das Einschlagobjekt, das den Krater Stickney schuf, etwas größer gewesen, hätte es vermutlich Phobos zerschellen lassen.

Deimos ist Romanschreibern und ähnlichen Leuten reserviert, die in irgendeiner Weise Spekulationen über die Mars-Monde anstellten. Die beiden hervorstechendsten Merkmale sind nach Jonathan Swift und Voltaire bezeichnet, die in ihren phantastischen Werken *Gullivers Reisen* und *Micromegas* die Existenz zweier Mars-Monde bereits vor der eigentlichen Entdeckung beschrieben. Ich hätte es übrigens gern gesehen, wenn ein dritter Deimon-Krater nach René Magritte benannt worden wäre, dem belgischen Surrealisten, dessen Gemälde »Le Château des Pyrénées« und »Le Sens de Réalité« große Felsbrocken am Himmel zeigen, die erstaunliche Ähnlichkeit mit den beiden Mars-Monden haben – wenn man einmal davon absieht, daß sich auf dem erstgenannten Bild ein Schloß ausbreitet, was unseres Wissens nach für Phobos nicht zutrifft. Leider wurde der Vorschlag als frivol abgelehnt.

Dies ist der Augenblick in der Geschichte, da die topographischen Bezeichnungen des Planeten ein für allemal festgelegt werden. Ein Kratername stellt durchaus ein imposantes Denkmal dar: das geschätzte Lebensalter großer Krater auf Luna wird in Milliarden Jahren gemessen. Wegen des gewaltigen Anstiegs von Oberflächenstrukturen, die man in jüngster Zeit erforscht hat und die alle einen Namen benötigen – aber auch, weil es nicht mehr viele Astronomen gibt, die man durch ein Himmelsobjekt »verewigen« kann –, muß man sich unbedingt etwas Neues einfallen lassen. Anläßlich der IAU-Versammlung, die 1973 in Sydney, Australien, stattfand, wurden verschiedene Ausschüsse ins Leben gerufen, die sich mit der planetarischen Nomenklatur auseinandersetzen sollen. Das Hauptproblem besteht darin: Gehen wir davon ab, neuentdeckte Krater nach berühmten Persönlichkeiten zu benennen, so lebt auf dem Mond und auf den Planeten nur die Erinnerung an den Klan der Astronomen fort – von einer Handvoll anderer Leute einmal abgesehen. Es wäre sicher bezaubernd, die Merkur-Krater nach Vögeln oder Schmetterlingen zu benennen, vielleicht auch nach Städten oder den ersten Raumschiffen. Wenn wir jedoch diesen Kurs einschlagen, hinterlassen wir auf Weltkugeln, in Büchern und in Karten den Eindruck, daß wir nur Astronomen und Physiker hochschätzen und uns keinen Deut um Dichter, Komponisten, Maler, Historiker, Archäologen, Stückeschreiber, Mathematiker, Anthropologen, Bildhauer, Ärzte, Psychologen, Molekularbiologen, Ingenieure und Sprachwissenschaftler scheren. Der Vorschlag andererseits, dieser Leute mit einem bis dahin unbenannten Krater auf dem Mond zu gedenken, würde dazu führen, daß wir Berühmtheiten wie Dostojewski, Mozart oder Hiroshige Krater zuweisen, die vielleicht eine Zehntelmeile Durchmesser haben, während ein Krater Pitiscus 52 Meilen mißt. Ich glaube nicht, daß dies für die Weitsicht und intellektuelle Kollegialität der Namensgeber sprechen würde.

Nach langen Debatten – und der energischen Unterstützung sowjetischer Astronomen – hat der Nomenklaturausschuß für Merkur unter Vorsitz von David Morrison (University of Hawaii) beschlossen, die Einschlagkrater auf dem Merkur nach Komponisten, Dichtern und Schriftstellern zu benennen. So gibt es seit kurzem bedeutende Krater namens Johann Sebastian Bach, Homer und Murasaki. Da es für einen Ausschuß, der im wesentlichen aus Astronomen des westlichen Kulturkreises besteht, nicht leicht ist, Namen auszuwählen, die repräsentativ für die ganze Welt sind, erbat und erhielt Morrisons Ausschuß die Hilfe von Musik- und Literaturkritikern. Am schwierigsten zu erforschen sind in diesem Zusammenhang die Namen derer, die etwa die Musik der Han-Dynastie komponierten, Benin-Bronzereliefs gossen, Kwakiutl-Totempfähle schnitzten und melanesische Sagen sammelten. Aber selbst wenn solche Informationen langsam hereintröpfeln, so besteht kein Grund zur Panik: Die *Mariner-10*-Aufnahmen vom Merkur umfaßten nur die eine Hälfte der Planetenoberfläche, und es wird viele Jahre dauern, ehe man die Krater auf der anderen Hemisphäre fotografieren und benennen kann.

Dazu kommt, daß man für einige Objekte auf dem Merkur besondere, den Gegebenheiten angepaßten Namen vorgeschlagen hat. Die Linie, die als 20. Längengrad festgelegt wurde, schneidet einen kleinen Krater, für den die Bild-Experimentatoren von *Mariner-10* den Namen Hun Kal vorgeschlagen haben; das bedeutet in der Sprache der Azteken »zwanzig« und ist zugleich die Basis der aztekischen Mathematik. Von der gleichen Gruppe kam der Gedanke, eine ausgedehnte Vertiefung, die in mancher Hinsicht an ein Mond-Meer erinnert, Caloris-Becken zu nennen: auf dem Merkur ist es nämlich sehr heiß.

Schließlich gelten all diese Namen nur für die topographischen Auffälligkeiten des Merkur; die hellen und dunklen Flecken, die seit Generationen mit Hilfe von Bodenteleskopen beobachtet werden, konnten noch nicht zuverlässig in Karten eingetragen werden. Ist das erst einmal geschehen, kommen vermutlich neue Bezeichnungsvorschläge. Antoniadi machte den Anfang, und einige seiner Favoriten – wie zum Beispiel »Solitudo Hermae Trismegisti« (die Einsamkeit des dreifach berühmten Hermes) – wirken so klangvoll, daß man sie letzten Endes vielleicht beibehalten wird.

Von der Oberfläche der Venus existieren keine Fotokarten, da der Planet ständig von undurchdringlichen Wolken umhüllt ist. Dennoch lassen sich Oberflächen-Charakteristika durch Boden-Radarstationen aufzeichnen. Schon steht fest, daß es Krater und Berge sowie eine Reihe weiterer, noch unbekannter topographischer Eigenheiten gibt. Der Erfolg, den *Venera-9* und *Venera-10* mit ihren Aufnahmen von der Planetenoberfläche hatten, läßt darauf hoffen, daß man eines Tages mit Hilfe von Ballons oder Flugzeugen, die in die unteren Schichten der Venus-Atmosphäre eindringen, Fotos machen könnte.

Die ersten auffälligen Regionen auf der Venus, Gebiete, welche die Radarstrahlen stark reflektierten, erhielten anspruchslose Bezeichnungen wie Alpha, Beta und Gamma. Der gegenwärtige Nomenklatur-Ausschuß für die Venus unter Leitung von Gordon Pettengill (Massachusetts Institute of Technology) schwankt noch zwischen zwei Namengruppen für die Venus-Oberfläche. Die eine enthält Pioniere auf dem Sektor der Funktechnik, deren Arbeiten zur Entwicklung des Radar führten, zum Beispiel Faraday, Maxwell, Heinrich Hertz, Benjamin Franklin und Marconi. Die andere Gruppe, inspiriert durch den Namen des Planeten, sind Frauen. Auf den ersten Blick mag die Absicht, einen ganzen Planeten den Frauen zu widmen, sexistisch erscheinen. Aber ich glaube, genau das Gegenteil ist der Fall. In der Vergangenheit blieb es Frauen zum größten Teil versagt, wissenschaftliche Berufe einzuschlagen. Und so ist die Zahl der Frauen, nach denen bisher Krater benannt wurden, verschwindend gering: Sklodowska (der Mädchenname von Madame Curie), Stickney, die Astronomin Maria Mitchell, die Atomphysikerin Lise Meitner, Lady Murasaki und vielleicht eine oder zwei mehr. Während im Interesse einer einheitlichen Nomenklatur auch in Zukunft die Weiblichkeit auf anderen Planeten schwach vertreten bleiben wird, würde man mit der Benennung der Venus-Charakteristika nach berühmten Frauen endlich deren historischen Beitrag zur Forschung angemessen ehren. (Ich freue mich allerdings, daß man diese Idee nicht mit letzter Konsequenz durchzusetzen gedenkt; mir wäre es nämlich auch nicht recht, wenn Merkur mit den Namen von Geschäftsleuten und Mars mit den Namen von Generälen übersät wäre.)

Frauennamen begegnete man bisher eigentlich nur im Asteroidengürtel (siehe Kapitel 15), jener Ansammlung von metallhaltigen Felsbrocken, welche die Sonne zwischen Mars und Jupiter umkreisen. Mit Ausnahme einer Gruppe, die nach Helden des Trojanischen Krieges benannt sind, pflegte man sämtliche Asteroiden nach Frauen zu bezeichnen. Anfangs waren es vor allem weibliche Gestalten aus der klassischen Mythologie, wie Ceres, Urania, Circe und Pandora. Als die Zahl der Göttinnen schrumpfte, erweiterte man die Möglichkeiten auf Sappho, Dike, Virginia und Sylvia. Dann, als sich die Schleusen der Raumerforschung öffneten und selbst die Namen von Astronomengattinen, -müttern, -schwestern, -geliebten und -erbtanten knapp wurden, ging man dazu über, Asteroiden nach echten oder auch nur erträumten Sponsoren zu benennen und ihnen eine weibliche Endung anzuhängen – zum Beispiel Rockefelleria. Inzwischen kennt man mehr als zweitausend Asteroiden, und die Lage ist einigermaßen prekär. Aber da man sich bisher vor allem im westlichen Kulturkreis umgesehen hat, bieten sich noch eine Vielzahl weiblicher Namen aus exotischen Lebensräumen wie Anhari, Ainu, Dobu oder Kung an. Eleanor Helin vom California Institute of Technology schlug aus Freude über die ägyptisch-israelische Entspannungspolitik vor, einen Asteroiden, den sie entdeckt hatte, Ra-Shalom zu taufen. Ein zusätzliches Problem – oder eine gute Gelegenheit, ganz wie man es betrachtet – liegt darin, daß wir vielleicht bald im Besitz von Nahaufnahmen der Asteroiden sein werden, deren Oberflächendetails dann ebenfalls nach Bezeichnungen schreien.

Auf den Planeten und großen Monden des äußeren Sonnensystems jenseits des Asteroidengürtels hat man bisher noch keine »Denkmale errichtet«. So besitzt Jupiter zwar einen Großen Roten Fleck und eine nördliche Äquatorialzone, aber keine topographische Besonderheit, die, sagen wir, Smedley hieße. Das liegt wohl daran, daß wir beim Betrachten Jupiters nichts außer einer Wolkenhülle sehen, und es wäre kein geziemendes oder zumindest kein sehr langlebiges Andenken an Smedley, eine Wolke nach ihm zu benennen. Wichtig in diesem Sektor erscheint im Moment vor allem die Nomenklatur der Jupiter-Monde. Die Monde von Saturn, Uranus und Neptun besitzen zufriedenstellende, wenn auch gelegentlich obskure klassische Namen (siehe Tabelle 2). Aber für die vierzehn Monde des Jupiter liegt die Sache anders.

Tabelle 2
Bezeichnungen für die Monde der äußeren Planeten

Saturn	*Neptun*	*Uranus*	*Pluto*
Janus	Triton	Miranda	Charon
Mimas	Nereid	Ariel	
Enceladus		Umbriel	
Tethys		Titania	
Dione		Oberon	
Rhea			
Titan			
Hyperion			
Iapetus			
Phoebe			

Die vier großen Monde des Jupiter wurden von Galilei entdeckt, dessen Zeitgenossen, gestützt auf Aristoteles und die Bibel, die Existenz von Monden im Umfeld anderer Planeten als der Erde ablehnten. Der Gegenbeweis durch Galilei scheuchte die fundamentalistisch eingestellten Kleriker seiner Epoche auf. Vielleicht in dem Versuch, der Kritik zu entrinnen, benannte Galilei seine Monde nach den Medici, die ihn finanziell unterstützten. Aber die Nachwelt besann sich eines Besseren: Heute heißen die Trabanten die Galileischen Monde. Ähnliches spielte sich ab, als William Herrschel in England den siebenten Planeten entdeckte und vorschlug, ihn George zu nennen. Hätten sich nicht vernünftigere Leute durchgesetzt, so besäßen wir heute statt Uranus einen großen Planeten, benannt nach George III.

Die Galileischen Monde erhielten ihre Namen aus der griechischen Mythologie von Simon Marius (dem auf unserem Mond mit einem Krater von 27 Meilen Durchmesser ein Denkmal gesetzt wurde). Er war ein Zeitgenosse von Galilei und führte mit diesem einen recht heftigen Streit darüber, wer nun die Monde als erster entdeckt hatte. Marius fand es, ebenso wie Johannes Kepler, höchst unklug, Himmelsobjekte nach Menschen oder gar nach Persönlichkeiten aus der Politik zu benennen. So schrieb Marius: »Ich möchte, daß dies ohne Aberglauben und mit Billigung der Theologen geschieht. Zeus wird von den

Dichtern vor allem im Zusammenhang mit der sündigen Liebe genannt. Am besten bekannt sind wohl die drei Jungfrauen, deren Gunst Jupiter heimlich suchte und empfing: Io ... Callisto ... und Europa... Aber noch glühender liebte er den schönen Knaben Ganymed... und so glaube ich, daß ich nicht unrecht daran tat, den ersten Mond Io zu nennen, den zweiten Europa, den dritten, wegen seiner strahlenden Helle, Ganymed und den vierten schließlich Callisto.«

Im Jahre 1892 entdeckte E. E. Barnard jedoch einen fünften Jupitermond, dessen Orbit sich noch weiter innen als der von Io befand. Barnard pochte entschieden darauf, diesen Mond Jupiter-V und sonst nichts zu nennen. Seit damals hat sich Barnards Bezeichnung gehalten, und von den inzwischen bekannten vierzehn Jupitermonden besaßen bis vor kurzem nur die Galilei-Monde von der IAU abgesegnete Eigennamen. So unlogisch es auch erscheinen mag, im allgemeinen ziehen Menschen Namen den Zahlen vor. (Das kommt zum Ausdruck in dem Widerstreben von College-Studenten, bei der Verwaltung »nur als Nummer« geführt zu werden, in der Empörung vieler Staatsbürger, daß die Regierung sie einzig und allein unter ihrer Sozialversicherungsnummer kennt und in den systematischen Versuchen von Haftanstalten und Gefangenenlagern, die Insassen zu demoralisieren und herabzuwürdigen, indem man ihnen als einzige Identität eine Nummer zugesteht.) Bald nach Barnards Entdeckung schlug Camille Flammarion den Namen Amalthea für Jupiter-V vor. (Amalthea war der Sage nach die Ziege, die Zeus säugte.) Obwohl eine Ziegen-Amme nicht gerade als sündige Liebschaft bezeichnet werden kann, erschien der Begriff Flammarion doch einigermaßen verwandt.

Der IAU-Ausschuß für die Jupiter-Nomenklatur unter Vorsitz von Tobias Owen (State University of New York at Stony Brook) hat eine Reihe von Namen für Jupiter VI bis XIII vorgeschlagen. Zwei Gedanken leiteten die Auswahl: Der Name sollte jeweils eine Jupiter-Geliebte darstellen, aber eine weniger bekannte, welche den fleißigen Leutchen, die sich auf der Suche nach Asteroidennamen durch die Klassik wühlen, bislang entgangen war. Und er sollte mit einem *a* oder *e* enden, je nachdem, ob sich der betreffende Mond im oder entgegen dem Uhrzeigersinn um Jupiter dreht. Aber nach Meinung zumindest einiger Klassik-Experten sind diese Namen so obskur, daß sie eher verwirren,

Tabelle 3
Namensvorschläge für die Jupiter-Monde

Mond	*Namen des IAU-Ausschusses*	*Alternativ-Vorschläge*
J V	Amalthea	Amalthea
VI	Himalia	Maia
VII	Elara	Hera
VIII	Pasiphae	Alkmene
IX	Sinope	Leto
X	Lysithea	Demeter
XI	Carme	Semele
XII	Anake	Danae
XIII	Leda	Leda
XIV	–	–

und viele der berühmtesten Zeus-Geliebten bleiben dadurch im Jupitersystem völlig unberücksichtigt. Besonders störend wirkt, daß Hera (Juno), Jupiters so oft mit Geringschätzung behandelte Gemahlin, überhaupt nicht vertreten ist. Offensichtlich war sie nicht sündig genug. Eine Liste mit Alternativ-Vorschlägen, welche die Mehrzahl der berühmten Geliebten und Hera obendrein einschließt, findet sich in Tabelle 3.

Würde man diese Namen verwenden, gäbe es zwar »Doppelgänger« im Asteroidengürtel. Das trifft aber auch für die vier Galileischen Monde zu, und ich muß sagen, daß sich die Verwechslung bisher in Maßen gehalten hat. Auf der anderen Seite gibt es eine Reihe von Leuten, die Barnards Ansicht teilen, daß Zahlen ausreichen; der bekannteste davon ist Charles Kowal* vom California Institute of Technology, der Entdecker von Jupiter XIII und Jupiter XIV. Alle drei Parteien scheinen in irgendeiner Weise recht zu haben, und ich bin gespannt, wie die

* Kowal hat jüngst ein neues Objekt entdeckt, das die Sonne zwischen den Bahnen von Uranus und Saturn umkreist. Es könnte sich um den größten Materiebrocken eines neuen Asteroidengürtels handeln. Kowal möchte ihn gern Chiron nennen, nach dem Kentaur, der viele Götter und Heroen der griechischen Mythologie erzog. Sollten weitere Asteroiden jenseits von Saturn entdeckt werden, kann man sie nach anderen Kentauren benennen.

Debatte letzten Endes ausgehen wird. Wenigstens sind wir noch nicht soweit, daß wir uns wegen der Benennung der Oberflächenstrukturen auf den Jupitermonden herumzanken müssen.

Aber lange wird das auch nicht mehr dauern. Es gibt insgesamt einunddreißig bekannte Monde von Jupiter, Saturn, Uranus und Neptun. Vor kurzem ist nun die Entscheidung gefallen, Oberflächenmerkmale auf den Monden des äußeren Sonnensystems nach mythologischen Gestalten aller Kulturen zu benennen. Die Gesamtoberfläche der kleinen Objekte im äußeren Sonnensystem übersteigt bei weitem die Oberfläche von Merkur, Venus, der Erde, unserem Mond, Mars, Phobos und Deimos zusammen. Letztlich werden alle Berufsgruppen und Kulturen vertreten sein, und ich wage sogar zu behaupten, daß man auf andere Lebensformen als den Menschen zurückgreifen wird. Vermutlich gibt es heutzutage mehr Astronomen als in der gesamten, bisher aufgezeichneten Geschichte der Menschheit. Ich nehme an, daß auch viele von uns im äußeren Sonnensystem ein Denkmal erhalten werden – einen Krater auf Callisto, einen Vulkan auf Titan, eine Gebirgskette auf Miranda, einen Gletscher auf dem Halleyschen Kometen. (Kometen werden übrigens nach ihren Entdeckern benannt.) Manchmal frage ich mich, wie das eines Tages aussehen mag – ob man Erzrivalen auch räumlich trennt, indem man sie auf verschiedenen Welten ansiedelt, und ob jene, die gemeinsam eine Entdeckung machten, eng zusammenbleiben werden, sozusagen Kraterrand an Kraterrand. Es hat Einwände gegen die Benennung nach politischen Erneuerern gegeben, weil deren Lehren oft zu kontrovers seien. Ich persönlich fände es herrlich, zwei riesige benachbarte Krater nach Adam Smith und Karl Marx zu benennen. Man kennt sogar genug Himmelsobjekte, um verstorbenen Staatsmännern und Militärführern einen Platz einzuräumen. Und jemand schlug vor, Krater meistbietend an Leute zu verhökern, die ihren Namen gern verewigt sähen, um dann mit dem Geld die notleidende Astronomie zu unterstützen. Aber das geht wohl einen Schritt zu weit.

Was die Namen im äußeren Sonnensystem betrifft, so erhebt sich ein zusätzliches, ganz eigenartiges Problem. Viele der Objekte dort draußen besitzen eine extrem niedrige Dichte, als würden sie aus Eis bestehen, große, lockere Schneebälle mit einem Durchmesser von zehn bis hundert Meilen. Zwar ist einigermaßen sicher, daß Objekte, die mit diesen Gebilden zusammenstoßen, Krater verursachen, aber Eiskrater bleiben bestimmt nicht ewig erhalten. Zumindest für einige Himmelskörper des äußeren Sonnensystems könnten Bezeichnungen etwas Vergängliches darstellen. Und vielleicht ist das gar nicht schlecht: Es gäbe uns die Möglichkeit, unsere Ansichten über gewisse Politiker und andere Leute zu revidieren und das Gleichgewicht da wieder etwas zurechtzurücken, wo nationaler oder ideologischer Eifer allzu deutlich in der Nomenklatur zum Ausdruck kommt. So schlug im Jahre 1688 Erhard Weigel in Jena eine Revision der gewohnten Tierkreis-Konstellationen vor – Löwe, Jungfrau, Fisch und Wassermann, eben die Figuren, die Leute im Sinn haben, wenn sie sich erkundigen, unter welchem Zeichen man geboren ist. Weigel beantragte statt dessen einen »heraldischen Himmel«, in dem die Herrschergeschlechter Europas durch ihre Wappentiere vertreten sein sollten: ein Löwe und ein Einhorn für England beispielsweise. Ich mag mir gar nicht ausdenken, was aus der Sternbezeichnung heute geworden wäre, hätte man diesen Vorschlag im siebzehnten Jahrhundert in der Tat umgesetzt. Der Himmel wäre wohl in zweihundert winzige Felder aufgeteilt, eines pro Staat und Nation.

Im Grunde ist die Benennung des Sonnensystems keine Aufgabe der exakten Wissenschaften. Man begegnet an jeder Ecke Vorurteilen, Chauvinismus und Mangel an Weitsicht. Aber wenngleich es vielleicht noch zu früh ist, sich selbst auf die Schulter zu klopfen, muß doch gesagt werden, daß die Astronomie in jüngster Zeit einige entscheidende Schritte unternommen hat, um die Nomenklatur zu entprovinzialisieren und sie zum Spiegel der gesamten Menschheit zu machen. Es gibt sicher Leute, die eine solche Aufgabe für witzlos oder zumindest für undankbar halten. Aber einige unter uns finden sie doch sehr wichtig. Unsere Nachfahren werden *unsere* Nomenklatur zur Bezeichnung ihrer Heimatwelten verwenden – auf der brodelnden Oberfläche Merkurs, entlang den Mars-Tälern, an den Hängen der Titan-Vulkane oder auf der Eislandschaft des Pluto, wo die Sonne als heller Lichtpunkt an einem schwarzen Himmel scheint. Was sie über uns denken werden, über uns und das, was wir schätzen und lieben, könnte mit davon abhängen, wie wir heute die Monde und Planeten benennen.

12
Leben im Sonnensystem

»Auf der Straße sehe ich niemand«, sagte Alice.
»Ach, wer solche Augen hätte!« bemerkte der König wehmütig, »mit denen man selbst Niemand sehen kann! Noch dazu auf die Entfernung! Und *ich* muß schon froh sein, wenn ich in diesem Licht noch die wirklichen Leute sehen kann!«

LEWIS CARROLL
Alice hinter den Spiegeln

Vor mehr als dreihundert Jahren erforschte Anton van Leeuwenhoek aus Delft eine neue Welt. Durch eines der ersten Mikroskope beobachtete er einen abgestandenen Heuaufguß und fand zu seiner Verblüffung, daß er von winzigen Geschöpfen wimmelte:

Als ich am 24. April 1676 dieses Wasser durch Zufall betrachtete, erblickte ich darin mit großer Verwunderung unglaublich winzige Tierchen der vielfältigsten Art; einige waren darunter, die drei- bis viermal so lang wie breit aussahen. Insgesamt waren sie meiner Schätzung nach nicht viel größer als eines der Härchen, die den Leib einer Laus bedecken. Diese Geschöpfe hatten kurze dünne Beinchen vor dem Kopfe (obschon ich keinen eigentlichen Kopf erkennen kann, sage ich so, weil sich jener Teil des Körpers bei der Fortbewegung vorne befand)... Dicht am Hinterende befand sich ein durchsichtiges Kügelchen, und ich glaube, daß das Hinterende selbst schwach gespalten war. Diese Tierchen sehen niedlich aus, wie sie sich umherbewegen und oftmals auch dahinpurzeln.

»Diese Tierchen« hatte noch nie zuvor ein Menschenauge erblickt. Dennoch fiel es Leeuwenhoek in keiner Weise schwer, in ihnen Lebewesen zu erkennen.

Zweihundert Jahre später entwickelte Louis Pasteur aus Leeuwenhoeks Entdeckung die Theorie der Krankheitskeime und legte damit einen wichtigen Grundstein zur modernen Medizin. Leeuwenhoeks Ziele dagegen waren keineswegs pragmatisch; er forschte aus reiner Lust und Freude am Entdecken und ahnte nichts von den künftigen praktischen Anwendungen seiner Arbeit.

Im Mai 1974 hielt die *Royal Society* von Großbritannien ein Kolloquium zu dem Thema »Wie erkennen wir extraterrestrisches Leben?« Das Leben auf der Erde hat sich in einer quälend langsamen Abfolge Schritt für Schritt entwickelt, die wir als Evolution durch natürliche Auslese bezeichnen. Zufallsfaktoren spielen bei diesem Prozeß eine wesentliche Rolle – welches Gen beispielsweise zu welchem Zeitpunkt durch ein ultraviolettes Photon oder einen kosmischen Strahl aus dem Raum mutiert oder verändert wurde. All die Organismen auf der Erde sind ausgezeichnet an die Launen ihrer natürlichen Umgebung angepaßt. Auf einem anderen Planeten, unter der Einwirkung von anderen Zufallsfaktoren und einer extrem fremdartigen Umgebung, könnte sich das Leben völlig anders entwickelt haben. Falls wir mit einem Raumschiff beispielsweise auf dem Planeten Mars landeten, wären wir dann überhaupt in der Lage, die einheimischen Lebensformen als »lebendig« zu erkennen?

Ein Thema, das während der Diskussion der *Royal Society* betont wurde, war, daß man Leben anderswo schon durch seine Unwahrscheinlichkeit erkennen müßte. Nehmen wir Bäume. Bäume sind lange, dünne Strukturen, die über dem Boden aufragen und zur Spitze hin meist breiter sind als unten. Man kann sich leicht vorstellen, daß bei jahrtausendelangem Einfluß von Wind und Wasser die meisten Bäume umgestürzt sein müßten. Sie befinden sich in einem mechanischen Ungleichgewicht. Ihre Struktur ist unwahrscheinlich. Aber nicht alle ›kopflastigen‹ Strukturen sind biologischen Ursprungs. In der Wüste gibt es beispielsweise mächtige Felsen auf dünnen Sockeln. Aber sollten wir eine große Anzahl kopflastiger Strukturen sehen, die sich stark ähneln, wäre es einigermaßen logisch, daraus zu folgern, daß sie biologisch entstanden sind. Das gilt auch für

Leeuwenhoeks Wimpertierchen. Es gibt viele davon, sie sehen fast gleich aus, sind komplex aufgebaut und extrem unwahrscheinlich. Ohne sie je zuvor gesehen zu haben, erraten wir richtig, daß sie biologischer Art sind.

Es hat tiefsinnige Debatten über die Natur und Definition des Lebens gegeben. Die erfolgreichsten Definitionen berufen sich auf den Evolutionsprozeß. Aber es ist ja nicht so, daß wir auf einem Planeten landen und abwarten, ob sich in der Nähe das eine oder andere Objekt weiterentwickelt. Dazu fehlt uns die Zeit. Die Suche nach Leben muß in diesem Fall von praktischeren Aspekten ausgehen. Das kam bei dem Kolloquium der *Royal Society* sehr schön zum Ausdruck, als sich nach einer Diskussion mit viel verschwommenem metaphysischem Blabla Sir Peter Medawar erhob und sagte: »Meine Herren, jeder in diesem Saal kennt den Unterschied zwischen einem lebendigen und einem toten Pferd. Ich bitte Sie deshalb, unterlassen wir es, letzteres zu schinden!« Medawar und Leeuwenhoek hätten sich gut verstanden.

Aber gibt es Bäume oder mikroskopisch kleine Geschöpfe auf den anderen Welten unseres Sonnensystems? Die einfache Antwort darauf lautet, daß es bis heute keiner weiß. Von den Aussichtspunkten der nächstgelegenen Planeten wäre es unmöglich, durch Fotos das Vorhandensein von Leben auf unserem eigenen Planeten zu erkennen. Selbst bei den Orbitalbeobachtungen, die bis jetzt von den amerikanischen Raumsonden *Mariner-9* sowie *Viking-1* und *Viking-2* durchgeführt wurden, blieben Mars-Details, die kleiner als hundert Quadratmeter sind, unsichtbar. Da selbst die glühendsten Verfechter von extraterrestrischem Leben kaum mit hundert Meter großen Mars-Elefanten rechnen, stehen uns noch eine Reihe wichtiger Tests bevor.

Im Moment können wir nur die äußeren Bedingungen der anderen Planeten abschätzen und überlegen, ob sie zu hart für die Entstehung von Leben sind – auch für Geschöpfe, die andere Eigenschaften besitzen als die Erdbewohner – oder, wenn die Umgebung nicht allzu unwirtlich ist, welcher Art von Lebensformen wir begegnen könnten. Nicht berücksichtigt sind hier die Ergebnisse der *Viking*-Landesonden, die ich noch kurz besprechen werde.

So könnte ein Ort zu heiß oder zu kalt für die Entstehung von

Leben sein. Sind die Temperaturen sehr hoch – sagen wir, einige tausend Grad Celsius – dann zerfallen die Moleküle, aus denen ein Organismus besteht. Es ist daher üblich, die Sonne als den Sitz von Leben auszuschließen. Sind auf der anderen Seite die Temperaturen zu niedrig, dann verlaufen die chemischen Reaktionen, die den Stoffwechsel des Organismus steuern, zu träge. Aus diesem Grunde schließt man im allgemeinen die Eiswüsten des Pluto als Sitz von Leben aus. Es könnte jedoch Reaktionen geben, die auch bei tiefen Temperaturen einigermaßen schnell ablaufen, die jedoch hier auf der Erde noch nicht erforscht sind, weil kein Chemiker Lust hat, sich in ein Labor von -230°C zu stellen. Wir müssen also auch hier darauf achten, daß wir nicht zu eng und chauvinistisch denken.

Die gigantischen äußeren Planeten des Sonnensystems, Jupiter, Saturn, Uranus und Neptun werden manchmal als Lebensträger ausgeschlossen, weil ihre Temperaturen sehr niedrig liegen. Allerdings handelt es sich bei den Werten um Meßergebnisse der oberen Wolkenschichten. Tiefer im Innern der Atmosphäre von solchen Planeten trifft man vermutlich wie auf der Erde sehr viel mildere Bedingungen an. Und die genannten Planeten scheinen reich an organischen Molekülen zu sein. Man darf sie also keineswegs außer acht lassen.

Obwohl wir Menschen vom Sauerstoff leben, ist das noch lange keine allgemeine Empfehlung für dieses Element, da es viele Organismen gibt, die davon vergiftet werden. Wenn die dünne schützende Ozonschicht in unserer Atmosphäre, vom Sonnenlicht aus Sauerstoff geschaffen, nicht existierte, würden wir rasch im ultravioletten Licht der Sonne verbrutzeln. Aber auf anderen Welten kann man sich UV-Abschirmungen oder biologische Moleküle, denen die Strahlung im nahen ultravioletten Bereich nichts anhaben kann, ohne weiteres vorstellen. Derartige Gedankengänge führen uns nur vor Augen, wie wenig wir auf diesem Gebiet wissen.

Ein wichtiges Unterscheidungsmerkmal bei den übrigen Welten unseres Sonnensystems ist die Atmosphäre. Fehlt eine Atmosphäre völlig, so kann man sich Leben auf dem Planeten nur sehr schwer vorstellen. Wie auf der Erde muß die Biologie auf anderen Welten, so glauben wir, vom Sonnenlicht in Schwung gebracht werden. Auf unserem Planeten ernähren sich die Pflanzen von Sonnenlicht und die Tiere von Pflanzen.

Wären alle Organismen der Erde (durch irgendeine unvorstellbare Katastrophe) in eine unterirdische Existenz gezwungen, würde das Leben zu Ende gehen, sobald die angesammelten Nahrungsvorräte aufgebraucht wären. Die Pflanzen, die fundamentalen Organismen auf jedem Planeten, müssen die Sonne sehen. Aber wenn ein Planet keine Atmosphäre besitzt, fallen nicht nur die UV-Strahlen, sondern auch Röntgen- und Gammastrahlen sowie geladene Sonnenwindpartikel ungehindert auf die Planetenoberfläche und versengen die Pflanzen.

Darüber hinaus braucht man die Atmosphäre zum Materialaustausch, damit die biologischen Grundmoleküle nicht alle aufgezehrt werden. Auf der Erde beispielsweise scheiden Grünpflanzen Sauerstoff – ein Abfallprodukt also – in die Atmosphäre aus. Viele atmende Lebewesen wie der Mensch nehmen den Sauerstoff auf und geben Kohlendioxid ab, einen Stoff, den wiederum die Pflanzen absorbieren. Ohne dieses raffinierte (und mühsam entwickelte) Gleichgewicht zwischen Pflanzen und Tieren würde uns bald der Sauerstoff oder das Kohlendioxid ausgehen. Aus diesen beiden Gründen – Strahlungsschutz und Molekülaustausch – erscheint daher eine Atmosphäre zum Leben notwendig.

Einige Welten in unserem Sonnensystem besitzen eine äußerst dünne Atmosphäre. Unser Mond zum Beispiel hat einen atmosphärischen Oberflächendruck, der weniger als einem Billionstel des Luftdruckes auf der Erdoberfläche (in Meereshöhe) entspricht. Sechs Gebiete auf der erdzugewandten Seite des Mondes wurden von Apollo-Astronauten untersucht. Man entdeckte weder ›kopflastige‹ Strukturen noch umherstrolchende Tiere. An die vierhundert Kilogramm Bodenproben wurden vom Mond zur Erde geschafft und in unseren Labors aufs sorgfältigste untersucht. Es fanden sich keine noch so winzigen Tierchen, keine Mikroben, nahezu keine organische Materie und auch kein Wasser. Wir haben damit gerechnet, daß der Mond ohne Leben ist, und unsere Spekulationen scheinen zu stimmen. Merkur, der sonnennächste Planet, ähnelt dem Mond. Seine Atmosphäre ist äußerst dünn, und man darf annehmen, daß auch auf ihm kein Leben gedeiht. Im äußeren Sonnensystem gibt es viele Trabanten von der Größe Merkurs oder unseres eigenen Mondes, die sich aus Felsengemisch (wie der Mond oder Merkur) und Eis zusammensetzen. Io, der zweite Jupiter-mond, fällt in diese Kategorie. Seine Oberfläche scheint von einer Art rötlichen Salzablagerung bedeckt zu sein, über die wir noch so gut wie nichts wissen. Aber wegen des sehr niedrigen atmosphärischen Druckes rechnen wir eigentlich nicht mit Leben auf Io.

Dann gibt es Planeten mit einer mittleren Atmosphäre. Die Erde ist das uns vertrauteste Beispiel dafür. Hier hat das Leben eine entscheidende Rolle bei der Zusammensetzung unserer Atmosphäre gespielt. So wird der Sauerstoff durch die Grünpflanzen-Fotosynthese gewonnen, aber auch vom Stickstoff nimmt man an, daß er durch Bakterien freigesetzt wird. Sauerstoff und Stickstoff bilden zusammen 99 Prozent unserer Atmosphäre, die ganz offensichtlich durch das Leben auf unserem Planeten in gewaltigem Umfang neu gestaltet wurde.

Der Gesamtdruck auf dem Mars beträgt etwa ein halbes Prozent des Luftdrucks auf der Erdoberfläche, aber die Atmosphäre setzt sich größtenteils aus Kohlendioxid zusammen. Es gibt kleine Mengen Sauerstoff, Wasserdampf, Stickstoff und andere Gase. Die Marsatmosphäre wurde offensichtlich nicht durch die Biologie umgestaltet, aber wir kennen den Planeten nicht gut genug, um Leben auszuschließen. Er hat zu manchen Zeiten und an manchen Orten erdverwandte Temperaturen, eine ausreichende Atmosphäre und genug Wasser, das im Boden und an den Polkappen gebunden ist. Selbst einige Abarten terrestrischer Mikroorganismen können auf dem Mars ohne weiteres überleben. *Mariner-9* und *Viking* fanden Hunderte ausgetrockneter Flußbetten, die darauf hindeuten, daß vor nicht allzulanger Zeit in der geologischen Geschichte des Planeten Wasser floß. Mars ist eine Welt, die darauf wartet, erforscht zu werden.

Ein drittes und weniger bekanntes Beispiel für einen Himmelskörper mit mittlerer Atmosphäre ist Titan, der größte Saturnmond. Titan scheint eine Atmosphäre zu besitzen, die zwischen der des Mars und der Erde liegt. Diese Atmosphäre ist jedoch zum Großteil aus Wasserstoff und Methan zusammengesetzt und wird von einer geschlossenen rötlichen Wolkenschicht umhüllt – vermutlich komplexe organische Moleküle. Wegen seiner großen Entfernung hat Titan das Interesse der Exobiologen erst in jüngster Zeit geweckt, aber auf lange Sicht dürfte er ein vielversprechendes Forschungsobjekt sein.

Die Planeten mit einer sehr dichten Atmosphäre stellen ein besonderes Problem dar. Wie auf der Erde sind ihre Atmosphären in der Höhe kalt und zum Boden hin wärmer. Aber wenn die Atmosphäre sehr dicht ist, werden die Temperaturen in Bodennähe zu heiß für biologische Prozesse. Im Falle der Venus betragen die Oberflächentemperaturen an die 480°C, auf dem Jupiter und seinen Trabanten viele tausend Grad. All diese Atmosphären besitzen, wie wir glauben, eine Konvektion mit heftigen Vertikalströmungen, die Material nach oben und nach unten befördern. Auf der Oberfläche kann man sich Leben wegen der hohen Temperaturen kaum vorstellen. Die Bedingungen in der Wolkenschicht sind zwar durchaus günstig, aber durch die Konvektion werden hypothetische Wolken-Organismen wohl in die Tiefe gezogen und verbrennen dort. Zwei Möglichkeiten bieten sich an. Es könnte kleine Organismen geben, die sich so rasch reproduzieren, daß trotz des Absterbens in der Oberflächen-»Bratpfanne« das Gleichgewicht erhalten bleibt. Oder die Organismen besitzen einen Auftrieb. Die Fische auf der Erde haben zu ähnlichen Zwecken eine Schwimmblase, und man könnte sich sowohl auf der Venus wie auf Jupiter und seinen Trabanten Organismen vorstellen, die im wesentlichen wasserstoffgefüllte Ballons sind. Damit sie bei mittleren Temperaturen schweben könnten, würden sie auf der Venus einen Durchmesser von mindestens einigen Zentimetern benötigen, auf dem Jupiter dagegen einen Durchmesser von mehreren Metern – also einmal die Größe von Tischtennisbällen, das andere Mal die von Wetterballons. Wir wissen nicht, ob solche Geschöpfe existieren, aber ich finde es schon einen Fortschritt, wenn man sich etwas Derartiges vorstellen kann, ohne der bekannten Physik, Chemie oder Biologie Gewalt anzutun.

Unsere totale Unwissenheit darüber, ob andere Planeten unseres Sonnensystems Leben beherbergen oder nicht, könnte noch in diesem Jahrhundert beendet werden. Pläne zur chemischen und biologischen Untersuchung der erfolgversprechendsten »Anwärter« liegen bereits in den Schubladen. Der erste Schritt war getan, als im Laufe der beiden amerikanischen *Viking*-Missionen zwei raffinierte automatische Labors auf dem Mars abgesetzt wurden – im Sommer 1976, fast dreihundert Jahre nach Leeuwenhoeks Entdeckung der Wimpertierchen. Die *Viking*-Sonden fanden weder »kopflastige« Strukturen, die in der Nähe des Landeplatzes standen (oder umhersausten), noch als solche erkennbare organische Moleküle. Von drei Oberflächen-Experimenten, die sich mit dem Stoffwechsel von Mikroben befaßten, lieferten zwei wiederholt Resultate, die positiv schienen. Die Dinge, die sich daraus ableiten, werden im Moment noch heftig diskutiert. Zudem müssen wir bedenken, daß die beiden *Viking*-Landeeinheiten auch aus der Nähe nicht einmal ein Millionstel der Planetenoberfläche fotografierten. Man benötigt noch viel mehr Daten: das bedeutet einmal verbesserte Instrumente (einschließlich Mikroskope) und zum zweiten Robotfahrzeuge, die ein größeres Gebiet absuchen können. Aber trotz der mehrdeutigen Natur der Ergebnisse stellen die *Viking*-Missionen zum erstenmal in der Menschheitsgeschichte den Versuch dar, auf einem anderen Planeten als der Erde ernsthaft nach Leben zu forschen.

Es sieht so aus, als wolle man in den nächsten Jahrzehnten Schwebesonden in die Atmosphären von Venus, Jupiter und Saturn entsenden, sowie Landegefährte auf Titan absetzen und die Oberfläche des Mars in Einzelheiten studieren. Ein neues Zeitalter planetarischer Erforschung und Exobiologie dämmert seit den siebziger Jahren des zwanzigsten Jahrhunderts herauf. Wir leben in einer Zeit intellektueller Spannung und Abenteuer, aber auch – wie der Schritt von Leeuwenhoek zu Pasteur hin verdeutlicht – inmitten eines Bemühens, das große praktische Erfolge verspricht.

13

Titan, der rätselhafte Saturnmond

Auf Titan, warm eingehüllt in Wasserstoff,
speien eisgepanzerte Vulkane Ammoniak,
hochgezerrt aus einem Gletscherherz.
Flüssig und gefroren sind die Schätze dieses Reiches,
das größer ist als Merkur,
und selbst der primitiven Erde etwas ähnelt:
Asphalt und Teiche aus brodelndem Gestein.
Aber wie könnte ich die Wasser Titans lieben,
unter dem dampfgeschwängerten Himmel,
wo das Land verschwimmt in rotem Nebel,
und sich hoch droben Wolkenschwärme türmen.
Schwebender Schoß, aus dem rötliche Urtropfen regnen.
Und Leben harrt in den Schwingen.

DIANE ACKERMAN,
The Planets (New York, Morrow, 1976)

Titan ist weder ein geläufiger Name noch eine geläufige Welt. Wir vergessen ihn meist, wenn wir die bekannteren Objekte des Sonnensystems aufzählen. Aber in den letzten Jahren bietet sich dieser Saturnmond als hochinteressanter und bedeutsamer Ort für künftige Forschungen an. Unsere jüngsten Studien haben ergeben, daß Titan eine Atmosphäre besitzt, die der Erde – zumindest was die Dichte betrifft – stärker ähnelt als die Atmosphären aller anderen Körper im Sonnensystem. Allein diese Tatsache verleiht ihm ein neues Gewicht, jetzt, da wir ernsthaft darangehen, andere Welten zu erkunden.

Abgesehen davon, daß Titan der größte Trabant des Saturn ist, ist er nach den jüngsten Arbeiten von Joseph Veverka, James Elliott und anderen (Cornell University) auch der größte Mond des Sonnensystems; sein Durchmesser beträgt 5800 Kilometer. Titan ist damit größer als Merkur und fast so groß wie Mars. Und doch befindet er sich in einem Orbit um Saturn.

Wir könnten einige Rückschlüsse auf die Natur von Titan ziehen, wenn wir die beiden Hauptwelten des äußeren Sonnensystems, Jupiter und Saturn, untersuchen. Beide haben eine rote bis bräunliche Färbung. Das heißt, vor allem die obere Wolkenschicht, die wir von der Erde aus sehen, hat diese Färbung. Irgend etwas in der Atmosphäre und den Wolken dieser Planeten schluckt die blaue und die ultraviolette Strahlung in hohem Maße, und das restliche Licht, das zu uns reflektiert wird, wirkt dann rot. Das äußere Sonnensystem besitzt auffallend viele Objekte, die uns rot erscheinen. Obwohl wir keine Farbaufnahmen von Titan besitzen, weil er 800 Millionen Meilen entfernt ist und seine Winkelgröße kleiner ist als die der Galileischen Jupitermonde, enthüllen fotoelektrische Daten, daß er in der Tat sehr rot ist. Astronomen, die sich über das Problem Gedanken machten, glaubten früher, Titan sei aus dem gleichen Grunde rot wie Mars: weil er eine rötliche *Oberfläche* besitzt. Aber dann müßte der Grund für die rote Farbe von Titan ein anderer sein als für die rote Farbe von Jupiter und Saturn, denn bei diesen Planeten können wir nicht bis auf die Oberfläche hinuntersehen.

1944 entdeckte Gerard Kuiper mittels spektroskopischer Untersuchungen eine Methan-Atmosphäre um Titan – der erste Mond überhaupt, bei dem eine Atmosphäre gefunden wurde. Seit damals hat sich die Beobachtung bestätigt; zusätzlich fand Lawrence Trafton von der University of Texas ein paar einigermaßen aussagekräftige Hinweise für das Vorhandensein von molekularem Wasserstoff.

Da wir wissen, welche Gasmengen nötig sind, um das beobachtete spektrale Absorptionsverhalten hervorzurufen, und wir anhand von Masse und Radius auch die Oberflächenschwerkraft von Titan kennen, können wir daraus den atmosphärischen Mindestdruck* ableiten. Es ergibt sich ein Wert von etwa

* Der tatsächliche Atmosphäredruck kann weit höher liegen, und das ist bei Titan auch der Fall. Siehe Fußnote S. 231 – *Anm. d. Red.*

10 Millibar; das ist ungefähr ein Prozent des Luftdrucks der Erde und das Doppelte der des Mars. Titan hat von allen Körpern des Sonnensystems den atmosphärischen Druck, der unserer Erde am nächsten kommt.

Nicht nur die besten, sondern auch die einzigen visuellen teleskopischen Unterlagen von Titan stammen von Audouin Dollfus am Meudon-Observatorium in Frankreich. Es handelt sich dabei um Skizzen, die in Momenten atmosphärischer Stabilität neben dem Teleskop angefertigt wurden. Aus den variablen Flecken, die er beobachtete, schloß Dollfus, daß sich auf Titan Dinge abspielen, die nicht mit der Rotationsperiode des Trabanten übereinstimmen. (Man glaubt, daß Titan, ebenso wie der Erdmond der Erde, dem Saturn immer die gleiche Seite zuwendet.) Dollfus vermutete, daß es auf Titan Wolken, zumindest in aufgelockerter Form, geben könnte.

Unser Wissen über Titan hat in den letzten Jahren ein paar gewaltige Quantensprünge nach vorn getan. So gelang es Astronomen, die Polarisationskurven von kleinen Objekten zu erstellen. Sie gingen von dem Gedanken aus, daß anfänglich unpolarisiertes Sonnenlicht auf Titan einfällt und während der Reflexion polarisiert wird. Die Polarisation läßt sich mit Hilfe eines Gerätes bestimmen, das im Prinzip den Polaroid-Sonnenbrillen ähnelt, obwohl es natürlich raffinierter aufgebaut ist und empfindlicher anspricht. Die Polarisationsmenge wird gemessen, während Titan eine kleinere Anzahl von Phasen – zwischen »Voll«-Titan und »Buckel«-Titan – durchläuft. Die entstehende Polarisationskurve gibt, wenn man sie mit Labor-Polarisationskurven vergleicht, Informationen über Größe und Zusammensetzung der Materie, die für die Polarisation verantwortlich ist.

Die ersten Polarisationsmessungen von Titan, die Joseph Veverka durchführte, deuteten darauf hin, daß das vom Titan abstrahlende Sonnenlicht höchstwahrscheinlich von Wolken und nicht von einer festen Oberfläche reflektiert wird. Offenbar gibt es auf Titan eine Oberfläche und tiefere Atmosphäreschichten, die wir nicht sehen; darüber liegt eine undurchsichtige Wolkendecke und eine Atmosphäre, die wir beide sehen; und ganz außen haben wir wieder aufgelockerte Wolken. Da Titan rot erscheint und wir seine Wolkenschicht betrachten, muß der Trabant also rote Wolken besitzen.

Zusätzlich unterstützt wird diese Annahme durch Messungen

des erdumkreisenden Observatoriums, das für Titan einen extrem niedrigen Bestandteil reflektierten ultravioletten Lichts feststellte. Titans ultraviolette Strahlung kann aber nur dann eingedämmt werden, wenn sich die Materie, die den UV-Bereich absorbiert, hoch droben in der Atmosphäre befindet. Andernfalls würde die Rayleighsche Streuung durch die Atmosphäremoleküle selbst Titan im ultravioletten Bereich hell machen. (Die Rayleighsche Streuung ist die stärkere Streuung von blauem als von rotem Licht, ein Phänomen, dem wir unseren blauen Himmel verdanken.)

Aber Materie, die im ultravioletten und violetten Bereich absorbiert, erscheint im reflektierten Licht rot. So gibt es zwei unabhängige Beweisketten (oder drei, wenn wir die Skizzen von Dollfus hinzunehmen) für eine ausgedehnte Wolkenschicht auf Titan. Was bedeutet ausgedehnt? Mehr als neunzig Prozent von Titan sollte von Wolken verhüllt sein, wenn die Polarisationsdaten stimmen. Titan scheint von dichten roten Wolken umgeben.

Eine zweite erstaunliche Entwicklung zeigte sich 1971, als D. A. Allen (Cambridge University) und T. L. Murdock (University of Minnesota) herausfanden, daß die Infrarot-Emission von Titan bei einer Wellenlänge von 10 bis 14 Mikron doppelt so groß ist, als man es von der Sonnenerwärmung her erwarten konnte. Titan ist zu klein, um eine starke innere Energiequelle zu besitzen wie Jupiter oder Saturn. Die einzige Erklärung schien der Treibhaus-Effekt zu sein, bei dem die Oberflächentemperatur ansteigt, bis die ausgesandte Infrarotstrahlung die hereinkommende absorbierte Strahlung im sichtbaren Bereich ausgleicht. So hält der Treibhaus-Effekt die Oberflächentemperatur der Erde über dem Gefrierpunkt und läßt die Temperatur der Venus auf 480°C ansteigen.

Aber was könnte einen Treibhaus-Effekt auf dem Titan verursachen? Wohl kaum Kohlendioxid und Wasserdampf wie auf der Erde und Venus, denn diese Gase müßten auf Titan größtenteils fehlen. Ich habe ausgerechnet, daß ein paar hundert Millibar Wasserstoff (1000 Millibar entsprechen dem gesamten Erdatmosphäredruck in Meereshöhe) für einen angemessenen Treibhaus-Effekt sorgen würden. Da dies mehr ist als der auf Titan beobachtete Anteil dieses Elements, müßten die Wolken bei bestimmten kurzen Wellenlängen undurchdringlich und in bestimmten längeren Bereichen fast durchlässig sein. James

Pollack vom NASA Ames Research Center hat berechnet, daß ein paar hundert Millibar Methan ebenfalls genügen und darüber hinaus einige Besonderheiten des Infrarot-Emissionsspektrums auf Titan erklären würden. Diese große Methanmenge müßte sich ebenfalls unter den Wolken verbergen. Beide Treibhaus-Modelle haben den Vorteil, daß sie nur von Gasen ausgehen, die auf Titan tatsächlich existieren könnten; selbstverständlich ist es auch möglich, daß *beide* Gase eine Rolle spielen.

Ein Alternativmodell der Titan-Atmosphäre wurde von dem inzwischen verstorbenen Robert Danielson und seinen Mitarbeitern (Princeton University) vorgeschlagen. Sie meinen, daß kleine Mengen einfacher Kohlenwasserstoffe – wie Äthan, Äthylen und Azetylen – die man in der oberen Atmosphäre von Titan entdeckt hat, ultraviolettes Licht von der Sonne absorbieren und die höheren Atmosphäreschichten aufheizen. Diesem Modell zufolge sehen wir die heiße obere Atmosphäre und nicht die Oberfläche von Titan im Infrarotbereich. Es kommt zudem ohne warme Oberfläche, ohne Treibhaus-Effekt und ohne atmosphärischen Druck von einigen hundert Millibar aus.

Welche Meinung ist richtig? Im Moment kann es niemand sagen. Die Situation erinnert an Untersuchungen der Venus Anfang der sechziger Jahre, als man zwar wußte, daß die Radiohelligkeitstemperatur des Planeten hoch war, man aber im wahrsten Sinn des Wortes »heiße« Debatten darüber führte, ob die Emission nun von einer heißen Oberfläche oder von einer heißen Region der Atmosphäre herrührte. Da Radiowellen alles bis auf die dichtesten Atmosphären und Wolken durchdringen, ließe sich das Titan-Problem lösen, wenn wir eine zuverlässige Messung der Radiohelligkeitstemperatur des Trabanten besäßen. Die erste Messung dieser Art wurde von Frank Briggs (Cornell University) mit dem riesigen Interferometer des National Radio Astronomy Observatory in Green Banks, West Virginia, durchgeführt. Briggs kommt bei Titan auf eine Oberflächentemperatur von -140°C, mit einem Unsicherheitsfaktor von 45°C. Nun wird die Temperatur bei Nichtvorhandensein eines Treibhaus-Effekts auf etwa -185°C geschätzt.* Briggs' Beobachtungen

* Die von den *Voyager*-Sonden gemessene Temperatur an der Oberfläche beträgt -180° C, mit einer Differenz von nur 3° zwischen Äquator und Polargebieten. – *Anm. d. Red.*

scheinen auf einen einigermaßen ausgeprägten Treibhaus-Effekt und eine dichte Atmosphäre hinzudeuten, aber die potentiellen Meßfehler sind so groß, daß man auch das Fehlen eines Treibhaus-Effekts nicht ganz ausschließen kann.

Spätere Messungen durch zwei andere Teams von Radioastronomen erbrachten Werte, die einmal höher und einmal tiefer als die Ergebnisse von Briggs liegen. Die höheren Meßwerte nähern sich erstaunlicherweise sogar Temperaturen, wie sie in kalten Regionen der Erde anzutreffen sind. Die Situation erscheint im Moment, wie die Atmosphäre von Titan, sehr trübe. Das Problem ließe sich lösen, wenn wir die Größe der festen Titanoberfläche mit Hilfe von Radar messen könnten. (Optische Messungen geben uns den Abstand von Wolkenbuckel zu Wolkenbukkel.) Die Angelegenheit muß vermutlich bis zur Beendigung der Auswertung der beiden *Voyager*-Missionen vertagt werden.

Unabhängig, für welches Modell wir uns entscheiden – die roten Wolken würde jedes erklären. Aber woraus bestehen sie? Wenn wir einer Atmosphäre aus Methan und Wasserstoff Energie zuführen, werden wir eine Reihe organischer Verbindungen erhalten, sowohl einfache Kohlenwasserstoffe (wie jene, die man benötigt, um Danielsons Inversionsschicht in der oberen Atmosphäre zu bekommen) wie auch sehr komplexe. In unserem Labor in Cornell haben Bishun Khare und ich die Atmosphäre-Typen, die im äußeren Sonnensystem vorkommen, simuliert. Die durch Synthese entstandenen komplexen organischen Moleküle besitzen optische Eigenschaften, die jenen der Titanwolken ähneln. Wir sind der Meinung, daß manches für eine Fülle organischer Verbindungen auf Titan spricht, und zwar sowohl für einfache Gase in der Atmosphäre wie auch für komplexere organische Stoffe in den Wolken und auf der Oberfläche.

Ein Problem bei einer ausgedehnten Titan-Atmosphäre besteht darin, daß das leichte Wasserstoffgas wegen der niedrigen Schwerkraft in den Raum entweichen müßte. Ich kann die Situation nur damit erklären, daß der Wasserstoff ständig von einer inneren Quelle – wahrscheinlich von Vulkanen – ersetzt wird und so eine Art Gleichgewicht erhalten bleibt. Titans Dichte ist so gering, daß sein Inneres fast ganz aus Eismaterie zusammengesetzt sein muß. Wir können uns den Mond als einen gigantischen Kometen aus Methan-, Ammoniak- und

Wasser-Eis vorstellen. Dazu kommen ganz sicher kleine Bestandteile radioaktiver Elemente, die während ihres Zerfalls die Umgebung erwärmen. Das Problem der Wärmeleitung wurde von John Lewis (MIT) ausgearbeitet, und man kann mit einiger Sicherheit sagen, daß das Innere von Titan dicht unter der Kruste »sulzig« ist. Methan, Ammoniak und Wasserdampf steigen vermutlich als Gase aus dem Innern auf und werden durch das ultraviolette Sonnenlicht zerlegt, wobei atmosphärischer Wasserstoff und zugleich organische Verbindungen in den Wolken entstehen. Es könnte Oberflächenvulkane geben, die aus Eis statt aus Felsen bestehen und in gelegentlichen Eruptionen kein flüssiges Gestein, sondern verflüssigtes Eis hochschleudern – eine Lavamasse aus Methan, Ammoniak und vielleicht Wasser.

Das Entweichen von Wasserstoff hat eine weitere Folge. Ein Atmosphäre-Molekül, das eine ausreichende Fluchtgeschwindigkeit besitzt, um Titan zu entkommen, hat noch lange nicht die Fluchtgeschwindigkeit, um sich der Anziehungskraft von Saturn zu erwehren. So wird der Wasserstoff, der Titan entströmt, wie Thomas McDonough und der inzwischen verstorbene Neil Brice von Cornell feststellten, vermutlich einen verschwommenen Toroid oder Wulst von Wasserstoffgas um Saturn bilden. Das ist eine sehr interessante Voraussage, die erstmals für Titan getroffen wurde, gewiß aber auch für andere Monde gilt. *Pioneer-10* hat einen solchen Wasserstoff-Toroid um Jupiter in der Nachbarschaft von Io aufgespürt. Wenn *Pioneer-11* sowie *Voyager-1* und *Voyager-2* in der Nähe Titans vorbeifliegen, werden sie vielleicht ebenfalls den Titan-Toroid entdecken.*

---

* Ein Wasserstoff-Halo, das den Mond umgibt, wurde tatsächlich von den *Voyager*-Sonden entdeckt; darüber hinaus stellte man fest, daß die Titan-Atmosphäre erheblich voluminöser und dichter ist als bisher angenommen. Auf jedem Quadratmeter der Mondoberfläche lastet das Zehnfache der Gasmenge wie auf einem Quadratmeter der Erde. Diese Gasmenge enthält u.a. Methan (CH_4), Wasserstoff (H_2), Propan (C_3H_8), Acetylen (C_2H_2), Ethylen (C_2H_4), Cyanoacethylen (HC_3N) und Cyanwasserstoff (HCN = Blausäure, eine Verbindung, die bei der Bildung komplexer organischer Stoffe bei der Lebensentstehung auf der Erde eine wichtige Rolle spielte). Hauptanteil ist Stickstoff (N_2) mit 82 bis 84 Prozent und Argon (Ar) mit 12 Prozent. Der Druck an der Oberfläche dürfte (bei einer Anziehungskraft von 0,14 g (ein Siebentel der Erde) ca. 1.5 Bar betragen, die Temperatur 94 Kelvin, wobei der Unterschied zwischen Äquator und Polen nur 3 Grad beträgt. An der Obergrenze der Atmosphäre wurden 175 Kelvin gemessen.

Die Hauptwolkenschicht in etwa 200 km Höhe erwies sich für die Kameraaugen als undurchdringlich. Über ihr ließen sich in verschiedenen Höhen zwischen 250 und 400 km drei deutlich voneinander abgegrenzte Dunstschichten ausmachen. Die Undurchsichtigkeit der tieferen Atmosphäre ist mit großer Wahrscheinlichkeit auf Schwebeteilchen zurückzuführen, die durch die Einwirkung von ultraviolettem Sonnenlicht aus Stickstoff und Methan entstehen. Die N-N-Bindung der Stickstoffmoleküle wird aufgebrochen, die Atome reagieren mit anderen Bestandteilen der Atmosphäre – vornehmlich Methan. Dabei entstehen Molekülfragmente und Verbindungen, die sich zu Polymeren zusammensetzen und in Form fester Teilchen feinverteilt in der Atmosphäre schweben. Diese Aerosole lagern sich mit der Zeit aneinander an, werden dadurch schwerer und sinken nach unten ab. Auf die Oberfläche des Mondes geht wahrscheinlich ein ständiger leichter »Schneefall« aus stickstoff- und kohlenstoffhaltigen Partikeln nieder. Sollte dieser Niederschlag schon seit der Entstehung des Planetensystems und seiner Monde im Gange sein, müßte sich dieses »himmlische Manna« auf den Kontinenten in mächtigen Schichten abgelagert haben, wobei sich schätzungsweise eine 100 bis 500 Meter dicke Schicht Kohlenwasserstoffe und eine von einigen Dutzend Metern an Stickstoffverbindungen ergeben haben könnte.

Bei 94 Kelvin (ca. -180° C) ist Methan (wir kennen es als Erdgas) flüssig, dürfte also Ozeane bilden. Möglicherweise spielt Methan auf Titan die gleiche Rolle, die das Wasser auf der Erde spielt, mit Wolkenbildung, Methanregen, Methanflüssen usw.

»Welcher Anblick würde sich wohl einem Besucher bieten«, spekuliert Tobias Owen in seiner Zusammenfassung der vorläufigen Ergebnisse der Titanforschung nach Vorbeiflug der *Voyager*-Sonden, »der mit einem Boot über einen Methansee auf Titan führe? Zum Horizont hin hätte er gute Sicht, denn ... [es] ... fallen normalerweise nur ganz vereinzelt große Aerosolteilchen aus der Atmosphäre herunter. Während eines Methanregens wäre die Sicht natürlich wesentlich schlechter. In jedem Fall aber würde er feststellen, daß es auf Titan ziemlich dunkel ist. Einmal deshalb, weil dieser Saturn-Mond ungefähr zehnmal weiter von der Sonne entfernt ist als die Erde und daher die Intensität der einfallenden Sonnenstrahlung hundertmal schwächer ist als auf der Erdoberfläche, außerdem aber, weil ein Teil des Lichts in der Aerosolschicht verschluckt wird. Und wenn zufällig Methanwolken am Himmel vorüberziehen, wird es noch dunkler. Doch es ist schwer abzuschätzen, wie stark sich das Licht insgesamt abschwächt. [Womöglich] ... ist die Sicht auf Titan selbst zur Mittagszeit nicht besser als bei einer mondhellen Nacht auf der Erde. Die Navigation des Bootes wäre also eine schwierige Angelegenheit, denn man könnte sich weder nach der Sonne noch nach den Sternen richten – einfach weil sie nicht zu sehen sind –, und auch ein Kompaß wäre nutzlos, da Titan den Voyagermessungen zufolge kein Magnetfeld besitzt.

In welcher Art von Boot könnte man nun eine Fahrt auf dem Methansee wagen? Ein Segelboot wäre wohl ungeeignet – denn auf Titan wehen wahrscheinlich nur sehr schwache Winde, weil in der Atmosphäre keine ausgeprägten Temperaturunterschiede auftreten, die Winde entfachen könnten. Würde man mit einem Außenbordmotor weiterkommen? Die Antwort verdeutlicht den Unterschied zwischen Erde und Titan: Auf der Erde steht das für den Betrieb eines Verbrennungsmotors erforderliche Oxidationsmittel als Sauerstoff in der Atmosphäre frei zur Verfügung; allerdings müssen wir für den Treibstoff sorgen. Auf dem Titan wäre es umgekehrt: Das Boot würde auf einem See aus Treibstoff schwimmen, aber diesmal wäre das Oxidationsmittel schwierig zu beschaffen. Hier müßte man also nicht nach Erdgas bohren, sondern versuchen, Wassereis aus dem Mondinneren zu fördern und daraus Sauerstoff zu gewinnen. Möglicherweise gibt es aber auf Titan sogar ganze Kontinente aus Wassereis, die von Kohlenwasserstoffen und Stickstoffpolymeren aus der Aerosolschicht bedeckt sind.« Was die Wissenschaftler an diesem Saturnmond ganz besonders interessiert, ist seine Ähnlichkeit mit der jungen Erde, was die Zusammensetzung der Atmosphäre betrifft, vor allem das Fehlen von freiem Sauerstoff. Die Entstehung von Leben ist in einer oxidierenden Atmosphäre sicherlich nicht möglich. Titan stellt in fast idealer Weise ein Labor dar, in dem man die Entstehung von Leben studieren könnte. »Gelänge es, ein paar tausend Quadratmeter der kalten Titanoberfläche aufzuwärmen, sollte mehr ›Ursuppe‹ entstehen, als viele Forschergenerationen auf der Erde experimentell erzeugen könnten.« (Zit. nach Tobias Owen, *Titan – ein Mond mit Atmosphäre*, in: »Spektrum der Wissenschaft« April 4/1982, S. 64–75, Zitat S. 71f. und S. 75.) – *Anm. d. Red.*

Titan ist wohl der Himmelskörper des äußeren Sonnensystems, der am leichtesten erforscht werden kann. Nahezu atmosphärefreie Welten wie Io oder die Asteroiden stellen uns vor ein Landeproblem, weil wir keine Atmosphäre zum Abbremsen benutzen können. Bei Riesenplaneten wie Jupiter und Saturn stehen wir vor der entgegengesetzten Schwierigkeit: Die Anziehung aufgrund der Schwerkraft ist so groß, und die atmosphärische Dichte nimmt so rasch zu, daß es problematisch ist, eine Atmosphärensonde zu konstruieren, die beim Eintritt nicht verglüht. Titan hingegen besitzt eine Atmosphäre, die dicht genug, und eine Schwerkraft, die niedrig genug ist. Wäre er ein wenig näher, hätten wir wohl längst Atmosphärensonden ausgesandt.

Titan ist eine schöne, verwirrende und lehrreiche Welt, die unvermittelt zur Erforschung zugänglich wurde: Sonden, die an dem Saturn-Mond vorbeifliegen, können die groben globalen Parameter bestimmen und nach Lücken in der Wolkenhülle suchen; später werden dann Landesonden folgen und eine Oberfläche studieren, wie wir sie bisher nie sahen. Titan bietet die großartige Chance, die Art von organischer Chemie zu studieren, die auf der Erde zum Ursprung des Lebens geführt haben könnte. Trotz der niedrigen Temperaturen sind biologische Prozesse auf dem Saturn-Mond keineswegs ausgeschlossen. Die Oberflächen-Geologie könnte einmalig im gesamten Sonnensystem sein. Titan wartet...

14
Die Planeten und ihr Klima

Ist es nicht der Gipfel lautlosen Humors,
eine Veränderung des Erdklimas zu verursachen,
ohne es zu merken?

ROBERT GRAVES
The Meeting

Man nimmt an, daß in der Zeit vor 30 bis 10 Millionen Jahren die Temperaturen auf der Erde allmählich sanken – nur um einige Grade. Aber der Lebenszyklus vieler Pflanzen und Tiere ist sorgfältig auf die Temperatur abgestimmt, und so wichen riesige Wälder nach und nach in die eher tropischen Breiten aus. Dadurch verlor eine Rasse von kleinen Pelzgeschöpfen, höchstens ein paar Pfund schwer, die sich in den Wipfeln von Ast zu Ast hangelten, ihre Heimat. Nach dem Verschwinden der Wälder traf man nur noch jene unter den Pelzgeschöpfen an, die es geschafft hatten, sich an Steppe und Savanne anzupassen. Etwa zehn Millionen Jahre später hatte sich diese Rasse in zwei Gruppen geteilt: zu der einen gehört beispielsweise der Pavian, die andere entwickelte sich zum Menschen hin. Es kann also durchaus sein, daß wir unser Entstehen einem Klimawechsel verdanken, der im Durchschnitt nicht mehr als ein paar Grad betrug. Verschiebungen dieser Art lassen einige Lebensformen neu entstehen und vernichten andere. Der Charakter des Lebens auf unserem Planeten wurde von solchen Schwankungen sehr stark beeinflußt – und es kristallisiert sich immer deutlicher heraus, daß auch heute das Klima nicht unverändert bleibt.

Es gibt eine Reihe von Spuren, die auf vergangene Klimawechsel hinweisen. Manche reichen weit in die Vorzeit, andere lassen sich nur im begrenzten Rahmen anwenden. Auch die Zuverlässigkeit der Beweise schwankt. Eine Meßmethode, die möglicherweise noch Zeitalter im Jahrmillionenbereich erfaßt, stützt sich auf das Verhältnis der Isotope Sauerstoff-18 zu Sauerstoff-16 in den Schalen-Karbonaten fossiler Foraminiferen. Diese Tiere, von denen es heute noch ganz ähnliche Arten gibt, verändern das Verhältnis Sauerstoff-18/Sauerstoff-16 entsprechend der Temperatur des Wassers, in dem sie leben. Parallel dazu gibt es eine Methode, die auf dem Verhältnis der Isotope Schwefel-34/Schwefel-32 basiert. Wir besitzen aber auch andere, eher direkte Fossil-Indikatoren. So weist die große Verbreitung von Korallen, Feigen und Palmen auf hohe Temperaturen hin, während gehäufte Funde von Überresten großer, behaarter Tiere wie Mammuts auf kalte Temperaturen schließen lassen. Die Geologie bietet eine Überfülle von Vergletscherungszeugnissen: die großen wandernden Eisschichten haben charakteristische Felsen sowie Erosionsspuren hinterlassen. Außerdem gibt es eindeutige geologische Beweise für Verdampfungsmulden – Regionen, in denen solehaltiges Wasser nach und nach verdunstete und Salzrückstände hinterließ. Solche Verdampfungsmulden findet man vor allem in warmen Gebieten.

Setzt man all die klimatischen Einzelinformationen zusammen, ergibt sich ein komplexes Gebilde von Temperaturschwankungen. Zu keiner Zeit beispielsweise sinkt die Durchschnittstemperatur auf der Erde unter den Gefrierpunkt von Wasser, und zu keiner Zeit erreicht sie auch nur annähernd den normalen Siedepunkt von Wasser. Aber Veränderungen um einige Grade sind die Regel, und in lokal begrenzten Regionen kommen selbst Unterschiede von zwanzig bis dreißig Grad vor. Schwankungen um einige Grade spielen sich in charakteristischen Zeitabständen von etwa zehntausend Jahren ab: Der uns aus jüngerer Vergangenheit bekannte Wechsel von Eis- und Zwischeneiszeiten beispielsweise hält diesen Rhythmus und diese Temperaturwerte ein. Aber es gibt auch klimatische Veränderungen über sehr viel längere Perioden hinweg, wobei die längste in einer Größenordnung von ein paar hundert Millionen Jahren liegt. Ausgeprägte Warmperioden scheint es vor etwa 650 Millionen und 270 Millionen Jahren gegeben zu haben. Falls die klimatischen Wechsel nach einer gewissen Gesetzmäßigkeit ablaufen, befinden wir uns im Moment mitten in einer Eiszeit. Während des Großteils der Erdgeschichte gab es keine »permanenten« Eiskappen, wie das heute in der Arktis und Antarktis der Fall ist. Zwar haben wir uns im Laufe der letzten Jahrhunderte wieder teilweise aus dieser Eiszeit gelöst, wohl aufgrund einer bis jetzt ungeklärten kleineren Klimaschwankung. Aber es gibt gewisse Anzeichen dafür, daß wir wieder in die globale Kälte zurückrutschen, die charakteristisch für unsere Epoche ist – aus der umfassenden Sicht geologischer Zeitalter betrachtet. Es ist eine ernüchternde Tatsache, daß vor zwei Millionen Jahren der Fleck, auf dem sich Chikago erhebt, unter einer Eisschicht begraben lag, die eine Meile dick war.

Was bestimmt die Temperatur auf der Erde? Aus dem Raum betrachtet, ist unser Planet eine rotierende blaue Kugel, gemasert von unterschiedlichen Wolkenstreifen, mit rötlichbraunen Wüsten und strahlendweißen Polkappen. Die Energie, welche die Erde erwärmt, kommt fast ausschließlich vom Sonnenlicht; was aus dem heißen Erdinnern an die Oberfläche dringt, macht weniger als ein Tausendstel Prozent dessen aus, was in Form von sichtbarem Licht von der Sonne zu uns dringt. Aber die Erde absorbiert das Sonnenlicht nicht vollständig. Ein Teil davon wird wieder in den Raum reflektiert, vom Polareis, von den Wolken sowie den Felsen und Wasserflächen der Erde. Das durchschnittliche Relexionsvermögen oder die Albedo der Erde beträgt, direkt von Satelliten aus gemessen und indirekt durch den Erdschein, der von der dunklen Mondseite reflektiert wird, etwa 35 Prozent. Die 65 Prozent Sonnenlicht, die von der Erde absorbiert werden, erwärmen sie auf eine Temperatur, die sich leicht errechnen läßt. Diese Temperatur liegt bei etwa –18°C, also unter dem Gefrierpunkt von Meereswasser und an die 30°C kälter als die tatsächlich gemessene Durchschnittstemperatur.

Die Unstimmigkeit läßt sich dadurch erklären, daß die Berechnung den sogenannten Treibhaus-Effekt nicht berücksichtigt. Sichtbares Licht von der Sonne dringt in die klare Erdatmosphäre ein und wird bis zur Oberfläche weitergeleitet. Die Oberfläche jedoch, die versucht, die Wärme in den Raum zurückzustrahlen, wird durch die physikalischen Gesetze dazu gezwungen, dies im Infrarotbereich zu tun. Im Infrarotbereich aber ist die Atmosphäre weniger durchlässig; bei bestimmten

Wellenlängen der Infrarotstrahlung – etwa bei 6,2 oder 15 Mikron – kommt die Strahlung sogar nur einige Zentimeter weit, ehe sie von atmosphärischen Gasen geschluckt wird. Da die Erdatmosphäre auf vielen Wellenlängen im Infrarotbereich »trübe« ist und Wärme absorbiert, wird die von der Erde abgegebene Thermalstrahlung gehindert, in den Raum zu entweichen. Um also ein Fast-Gleichgewicht zwischen der Sonneneinstrahlung auf die Erde und der in den Raum abgegebenen Erdstrahlung zu erreichen, muß die Oberflächentemperatur der Erde ansteigen. Der Treibhaus-Effekt beruht übrigens nicht auf den Hauptbestandteilen der Erdatmosphäre wie Sauerstoff und Stickstoff, sondern nahezu ausschließlich auf den schwach vertretenen Komponenten, besonders Kohlendioxid und Wasserdampf.

Wie wir gesehen haben, ist der Planet Venus vermutlich ein Fall, wo das massive Einleiten von Kohlendioxid und kleinerer Mengen Wasserdampf in eine Planetenatmosphäre zu einem so starken Treibhaus-Effekt geführt hat, daß Wasser auf der Oberfläche nicht mehr im flüssigen Zustand bestehen kann; das wiederum hat zur Folge, daß sich die Planetentemperatur auf extreme Werte erhitzt – im Falle der Venus auf 480°C.

Wir haben bis jetzt nur über Durchschnittstemperaturen gesprochen. Die Temperatur auf der Erde verrät jedoch deutliche lokale Unterschiede. An den Polen ist es kälter als am Äquator, weil das Sonnenlicht am Äquator im allgemeinen senkrecht auftrifft, an den Polen dagegen schräg einfällt. Das große Temperaturgefälle zwischen Äquator und Polen wird durch die Zirkulation der Atmosphäre gemildert. Warme Luft steigt am Äquator auf und wandert in großen Höhen zu den Polen, wo sie sich abkühlt, sinkt und den Rückweg zum Äquator antritt, allerdings in niedrigeren Höhen. Diese Strömungen innerhalb der Lufthülle – obendrein beeinflußt durch die Rotation und die Topographie der Erde sowie die wechselnden Aggregatzustände des Wassers – bestimmen unser Wetter.

Die heutzutage auf der Erde beobachtete Durchschnittstemperatur von etwa 15°C findet eine ausreichende Begründung in der Intensität des Sonnenlichts, der globalen Albedo, der Neigung der Rotationsachse und dem Treibhaus-Effekt. Aber im Prinzip kann jeder dieser Parameter ein wenig schwanken; und frühere oder künftige Klimawechsel können auf Veränderungen eines jeden einzelnen beruhen. Tatsächlich gibt es an die hundert verschiedene Theorien zu den klimatischen Veränderungen auf der Erde, und selbst heute herrscht wenig Übereinstimmung bei diesem Thema. Das hat seine Ursache jedoch nicht darin, daß Klimatologen von Natur aus dumm oder streitsüchtig sind, sondern kommt eher daher, daß es sich um ein ungeheuer komplexes Wissensgebiet handelt.

Vermutlich spielen sowohl negative wie positive Rückkopplungs-Mechanismen eine Rolle. Nehmen wir beispielsweise an, die Erdtemperatur würde um einige Grad sinken. Nun wird die Wasserdampfmenge in der Atmosphäre nahezu ausschließlich von der Temperatur bestimmt: sobald diese zurückgeht, gefriert der Wasserdampf und fällt als Schnee aus. Weniger Wasser in der Atmosphäre bedeutet einen schwächeren Treibhaus-Effekt und ein weiteres Absinken der Temperatur; dies wiederum könnte zu einem verstärkten Niederschlag des atmosphärischen Wasserdampfes führen, und so fort. Eine ähnliche Rückkopplung wäre folgender Prozeß: Das Absinken der Temperaturen führt zu einem Anwachsen von Polareis; dadurch vergrößert sich die Albedo der Erde, und die Temperatur sinkt noch einmal. Auf der anderen Seite ist es möglich, daß sich durch ein Abkühlen der Temperaturen die Wolkenhülle verringert; das würde eine Abnahme der Durchschnitts-Albedo auf der Erde bedeuten – und die Temperaturen könnten vielleicht hoch genug ansteigen, um das anfängliche Absinken auszugleichen. Und in jüngster Zeit wurde die These entwickelt, daß die biologischen Vorgänge auf der Erde als eine Art Thermostat wirken; sie verhindern möglicherweise allzu extreme Ausflüge in Temperaturbereiche, die schädliche Folgen für die gesamte Biologie unseres Planeten haben könnten. Diesem Gedankengang zufolge würde zum Beispiel ein Absinken der Temperaturen zur Ausbreitung besonders widerstandsfähiger Pflanzenarten führen, die den Boden dicht überziehen und eine niedrige Albedo besitzen.

Drei der neueren und besonders interessanten Theorien zum Klimawechsel sollten vielleicht erwähnt werden. Bei der ersten geht es um die Variablen der Himmelsmechanik: Wegen der Kräfte, die zwischen der Erde und anderen nahegelegenen Himmelsobjekten wirken, schwanken die Bahnform der Erde, die Neigung ihrer Rotationsache und die Präzession eben dieser

Achse über längere Zeiträume hinweg. Berechnet man das Ausmaß solcher Schwankungen genauer, so ergibt sich, daß sie zumindest für ein paar Grad Temperaturunterschied verantwortlich sein können; nimmt man die Möglichkeit einer positiven Rückkopplung hinzu, so würde das schon ausreichen, um große klimatische Veränderungen zu erklären.

Ein zweiter Theorienkomplex beschäftigt sich mit Schwankungen der Albedo. Zu den bemerkenswerten Ursachen für derartige Schwankungen gehört das Einleiten großer Staubmengen in die Erdatmosphäre – beispielsweise nach dem heftigen Ausburch des Vulkans Krakatoa im Jahre 1883. Lange Zeit konnte man sich nicht darüber einigen, ob die Staubteilchen nun die Erde erwärmen oder abkühlen; jüngste Berechnungen lassen aber den Schluß zu, daß die feinen Partikel, die ganz langsam aus der Stratosphäre fallen, die Erd-Albedo verstärken und somit die Erde abkühlen. Seit kurzem gibt es auch Sediment-Nachweise dafür, daß vergangene Epochen, in denen eine ausgedehnte Vulkantätigkeit herrschte, zeitlich mit Perioden der Vergletscherung und niedrigen Temperaturen zusammenfallen. Zusätzlich verstärken Zeitalter der Gebirgsfaltung und das Entstehen großer Landflächen auf der Erde die globale Albedo, weil das Land heller als das Wasser ist.

Schließlich besteht noch die Möglichkeit, daß die Sonne Helligkeitsschwankungen unterliegt. Wir wissen – aufgrund von Sonnen-Evolutionstheorien – daß unser Zentralgestirn im Verlauf vieler Milliarden Jahre gleichmäßig heller geworden ist. Daraus erwächst sofort ein Problem für die Klimatologie im Frühstadium der Erde: wenn die Sonne vor 3 oder 4 Milliarden Jahren um 30 bis 40 Prozent schwächer leuchtete, dann hätten selbst bei Einbezug des Treibhaus-Effekts Temperaturen geherrscht, die ein gutes Stück unter dem Gefrierpunkt von Meerwasser lagen. Es gibt jedoch eine Vielzahl geologischer Anzeichen – Unterwasser-Riffelspuren, Lavakissen, die durch Abkühlen von Magma im Meer entstanden sind, sowie fossile Stromata von Meeresalgen – daß damals Wasser in Hülle und Fülle vorhanden war. Ein Weg aus dieser Zwickmühle wäre die Möglichkeit, daß in der frühen Erdatmosphäre zusätzliche Treibhaus-Gase – besonders Ammoniak – für den nötigen Temperaturanstieg sorgten. Aber gibt es, einmal abgesehen von der langsamen und stetigen Helligkeitszunahme der Sonne, Fluktuationen in kürzeren Zeiträumen? Das ist eine wichtige und bisher ungelöste Frage; doch aufgrund der Probleme, die sich in jüngster Zeit bei der Suche nach Neutrinos ergeben haben – das sind Teilchen, die nach gängigen Theorien aus dem Innern der Sonne geschleudert werden – nimmt man an, daß sich die Sonne heute in einem anomal dunklen Stadium befindet.

Die richtige Wahl zwischen den diversen Modellen klimatischer Veränderungen mag manchen Leuten als rein akademisches Problem erscheinen – doch wir kommen nicht um die Tatsache herum, daß klimatische Veränderungen gewisse praktische und unmittelbare Konsequenzen haben. Wenn wir den Verlauf der globalen Temperaturverhältnisse betrachten, glauben wir einen ganz allmählichen Wärmeanstieg vom Beginn der Industrierevolution bis gegen 1940 zu erkennen; danach folgt ein beunruhigend steiler Abfall. Dieser Trend wird dem Verbrennen fossiler Stoffe zugeschrieben, was zwei Folgen hat: einmal entweicht Kohlendioxid, ein Treibhaus-Gas, und zum zweiten werden unverbrannte Reststoffe als feine Partikel in die Atmosphäre geleitet. Das Kohlendioxid erwärmt die Erde; die feinen Teilchen dagegen kühlen sie ab, weil sie eine stärkere Abstrahlung in den Raum bewirken. Es könnte sein, daß bis 1940 der Treibhaus-Effekt die Oberhand hatte und daß sich seitdem die Albedo durchsetzt.

Die düstere Möglichkeit, daß die Aktivitäten des Menschen unbeabsichtigt zu einer Klimaveränderung führen könnten, macht die planetarische Klimatologie zu einem ungeheuer wichtigen Forschungsgebiet. Es gibt beunruhigende Rückkopplungs-Mechanismen auf einem Planeten mit sinkenden Temperaturen. So könnte bei dem kurzzeitigen Bemühen, die Wärme festzuhalten, das verstärkte Heizen mit Fossilstoffen bald eine Langzeitabkühlung herbeiführen. Mehr als eine Milliarde Menschen auf unserem Planeten werden durch Landwirtschaftsprodukte ernährt. Die Zuchtpflanzen, die wir anbauen, besitzen kaum einen Widerstand gegen Klimaschwankungen. Und auf einer Welt, die in Nationalstaaten aufgeteilt ist, kann man einem unwirtlichen Klima nicht mehr ohne weiteres durch große Völkerwanderungen ausweichen. So wird es zu einem absoluten Muß, die Ursachen klimatischer Verschiebungen zu begreifen und Möglichkeiten zur Klimakontrolle auf der Erde zu entwickeln.

Es klingt merkwürdig, aber die wichtigsten Fingerzeige bezüglich der Natur solcher Klimaveränderungen stammen nicht von Erdbeobachtungen, sondern von Marsstudien. Am 14. November 1971 wurde *Mariner-9* in einen Orbit um den Mars gebracht. Die Sonde besaß eine wissenschaftliche Funktionsdauer von einem vollen terrestrischen Jahr und lieferte 7200 Fotografien, die den Planeten von Pol zu Pol erfaßten, dazu Zehntausende von Spektren und andere Forschungsdaten. Wie bereits erwähnt, konnte *Mariner-9* zu Beginn praktisch nichts von der Mars-Oberfläche erkennen, weil über den gesamten Planeten hinweg ein gewaltiger Staubsturm tobte. Die Sonde führte jedoch Messungen durch, deren Auswertung zeigte, daß im Verlauf des Sturms die atmosphärischen Temperaturen anstiegen, die Oberflächentemperaturen dagegen sanken. Diese simple Beobachtung beweist zumindest einen eindeutigen Fall, wo sich ein Planet durch das massive Einleiten von Staub in seine Atmosphäre abgekühlt hat. Es wurden Berechnungen durchgeführt, die für Erde und Mars genau die gleichen physikalischen Gesetze anwenden und die beiden Planeten lediglich als Sonderfälle des allgemeinen Problems behandeln, das sich mit klimatischen Auswirkungen massiver Staubeinleitung in eine Planetenatmosphäre befaßt.

Mariner-9 lieferte noch eine zweite und völlig unerwartete Erkenntnis auf klimatologischem Sektor – die Entdeckung zahlreicher gewundener und verästelter Kanäle, die sich über die äquatorialen und mittleren Breiten von Mars hinziehen. In sämtlichen Fällen, zu denen wir nähere Daten besitzen, verlaufen diese Kanäle bergab. Einige weisen »Zopf«-Muster auf, Sandbänke, eingefallene Böschungen, tropfenförmige Inseln in Stromrichtung und andere morphologische Charakteristika von terrestrischen Flußtälern.

Aber wir stehen vor einem großen Problem, wenn wir die Mars-Kanäle als ausgetrocknete Flußbetten bezeichnen wollen: Soviel wir wissen, kann Wasser in flüssiger Form heutzutage auf dem Mars nicht existieren; der Druck ist einfach zu niedrig. Auf der Erde kennt man Kohlendioxid in festem und in gasförmigem Zustand, aber nicht in flüssiger Form (es sei denn, in Hochdruck-Speichertanks). Ähnlich kann auf dem Mars Wasser in fester Form (als Eis oder Schnee) oder als Dampf existieren, nicht aber als Flüssigkeit. Deshalb betrachten manche Geologen die

Theorie, daß die Kanäle einst flüssiges Wasser enthielten, mit großer Skepsis. Dennoch sind sie totale Ebenbilder von terrestrischen Flüssen, und viele von ihnen besitzen eine Form, die andere mögliche Strukturen ausschließen – wie etwa eingestürzte Lavastollen, welche die gewundenen Täler auf dem Mond verursacht haben könnten.

Außerdem häufen sich diese Kanäle allem Anschein nach in der Äquatorgegend des Mars. Dazu muß erwähnt werden, daß die Äquatorgebiete auf dem Mars die einzigen Regionen sind, wo die durchschnittliche Tagestemperatur über dem Gefrierpunkt von Wasser liegt. Und es gibt im gesamten Kosmos keine andere flüssige Substanz, die eine ähnlich schwache Viskosität und einen Gefrierpunkt besitzt, der niedriger liegt als die Temperaturen am Mars-Äquator.

Falls nun die Kanäle auf dem Mars in der Tat durch fließendes Wasser entstanden sind, müssen auf unserer Schwesterwelt irgendwann Umweltbedingungen geherrscht haben, die sich wesentlich von denen der Gegenwart unterschieden. Der Mars besitzt heute eine dünne Atmosphäre, niedrige Temperaturen und kein Wasser im flüssigen Aggregatzustand. Vielleicht gab es einmal eine Epoche, da der Druck und die Temperaturen etwas höher waren und Wasser im Überfluß sprudelte. Eine derartige Umgebung wäre für Lebensformen, die auf bekannten terrestrischen Prinzipien der Biochemie aufbauen, sehr viel günstiger als die gegenwärtigen Voraussetzungen auf dem Mars.

Eine ausführliche Studie der möglichen Ursachen solch starker klimatischer Schwankungen auf dem Mars hat sich vor allem mit einem Rückkopplungs-Mechanismus befaßt, den man als »advektive Instabilität« bezeichnet. Die Atmosphäre des Mars setzt sich hauptsächlich aus Kohlendioxid zusammen. Es scheint große Lagerstätten gefrorenen Kohlendioxids auf wenigstens einer der beiden Polkappen zu geben. Der CO_2-Druck in der Mars-Atmosphäre kommt dicht an den CO_2-Druck heran, den man bei Gleichgewicht mit gefrorenem Kohlendioxid für die Temperatur des kalten Marspols erwartet. Die Situation ist ähnlich der in einem Labor-Vakuumsystem, dessen Druck von der Temperatur eines »Kühlfingers« bestimmt wird. Im Moment ist die Mars-Atmosphäre so dünn, daß warme Luft, die vom Äquator aufsteigt und an den Polen herabinkt, eine sehr geringe Rolle beim Erwärmen der hohen Breiten spielt. Aber stellen wir uns einmal vor, daß die Temperatur in den Polgebieten irgendwie ein wenig angehoben wird. Der gesamte atmosphärische Druck nimmt zu, der advektive Wärmetransport vom Äquator zum Pol erfolgt rascher und wirksamer, dadurch steigen die Poltemperaturen noch stärker an, und vor uns liegt die Möglichkeit einer stetigen Erwärmung. Ähnlich könnte ein Absinken der Temperaturen, aus welchem Grunde auch immer, ein stetiges Erkalten mit sich bringen. Die Physik für die Mars-Situation läßt sich im übrigen leichter ausarbeiten als für die Erde, weil sich auf der Erde die Hauptbestandteile der Atmosphäre, Sauerstoff und Stickstoff, nicht an den Polen niederschlagen.

Damit der Druck auf dem Mars wesentlich zunimmt, muß die von den Polgegenden absorbierte Wärmemenge mindestens ein Jahrhundert lang um 15 bis 20 Prozent erhöht werden. Man hat drei mögliche Ursachen von Wärmeschwankungen an den Polkappen entdeckt, und interessanterweise läßt sich eine starke Ähnlichkeit mit den bereits besprochenen Modellen terrestrischer Klimaveränderungen erkennen. Bei der ersten spielen Schwankungen in der Schräglage der Mars-Rotationsachse eine Rolle. Solche Schwankungen fallen viel mehr ins Gewicht als auf der Erde, da Mars sich in der Nähe von Jupiter, dem größten Planeten des Sonnensystems, befindet und seinen Gravitationsstörungen stärker ausgesetzt ist. Veränderungen der globalen Druck- und Temperaturverhältnisse aufgrund einer Achsverschiebung dürften in Abständen von hunderttausend bis zu einer Million Jahren auftreten.

Zweitens kann eine Veränderung der Albedo in den Polregionen größere klimatische Schwankungen auslösen. So wissen wir von gewaltigen Sand- und Staubstürmen auf dem Mars, die zur Folge haben, daß sich die Polkappen in einem bestimmten Zeitablauf verdunkeln und wieder erhellen. Ein Vorschlag in diesem Zusammenhang lautet, daß sich das Marsklima vielleicht mildern ließe, wenn man eine widerstandsfähige Pflanzenart entwickeln könnte, die in den Polgegenden die Albedo senkt.

Schließlich besteht noch die Möglichkeit von Abweichungen der Sonnenleuchtkraft. Einige der Marskanäle weisen Einschlagkrater auf, und eine grobe Altersabschätzung nach der Aufprallhäufigkeit interplanetarischer Materie zeigt, daß ein Teil der Täler etwa eine Milliarde Jahre alt sein muß. Das erinnert an die letzte Epoche hoher Temperaturen auf der Erde und weckt die faszinierende Idee, daß die Klimaschwankungen auf der Erde und dem Mars synchron verlaufen sein könnten.

Die späteren *Viking*-Missionen zum Mars haben unser Wissen bezüglich der Kanäle um ein beträchtliches Stück erweitert. Sie erbrachten völlig unbeeinflußte Fakten, die für eine dichtere Atmosphäre in früheren Zeiten sprechen, und wiesen eine große Lagerstätte gefrorenen Kohlendioxids im Polareis nach. Sind die *Viking*-Ergebnisse erst einmal voll ausgewertet, werden sie ganz sicher einen gewaltigen Wissensbeitrag sowohl zur gegenwärtigen Situation wie auch zur Entwicklungsgeschichte des Mars liefern, und uns einen besseren Vergleich zwischen den Klimaverhältnissen auf der Erde und auf unserem Schwesterplaneten ermöglichen.

Stehen Wissenschaftler vor extrem schwierigen theoretischen Problemen, so können sie immer versuchen, eine Lösung über das Experiment zu erreichen. Bei planetarischen Klimastudien sind Experimente allerdings kostspielig und könnten schlimme soziale Folgen haben. Nun kommt uns – und das ist ein Riesenglück – die Natur selbst zu Hilfe, indem sie uns mit Nachbarplaneten versorgt, die deutlich andere Klimaverhältnisse und deutlich andere physikalische Parameter besitzen. Der vielleicht härteste Test für planetarische Klima-Theorien ist der, daß sie nicht nur für die Erde, sondern auch für ihre Nachbarn Mars und Venus gültig sein sollten. Denn die Erkenntnisse, die man beim Studium eines Planeten gewinnt, werden unweigerlich das Wissen über die anderen erweitern. Es sieht ganz so aus, als würde sich die junge Wissenschaft der vergleichenden planetarischen Klimatologie zu einem Fach von hoher theoretischer Bedeutung und praktischer Anwendung entwickeln.

15
Kalliope und die Kaaba

Wir seh'n sie im Geist
dahinjagen,
dichtgedrängt,
Treibgut des Kosmos, Aschebrocken,
tausendfach kreisend
zwischen Jupiter und Mars.
Frigga, Fanny,
Adelheid, Lacrimosa.
Die Namen beschwören
die schwarzen Berge Dakotas,
eine Operette auf kahlen Klippen.
Einst wohl dichtgedrängt,
bröcklig wie Schimmelkäs,
in jenem Urmoment,
da das Sonnensystem
erstand.
Aber nun
trudeln sie
so weit getrennt ein jeder
von seines Nachbarn Glühwürmchenglanz
wandern auf schräger Bahn
Abermillionen
einsamer Meilen.
Nur von ganz fern
grasen sie
wie eine Herde
auf der lautlosen Tundra.

DIANE ACKERMAN,
The Planets (New York, Morrow, 1976)

Eines der sieben Weltwunder der Antike war der Dianatempel zu Ephesus in Kleinasien, ein erlesenes Beispiel griechischer Baukunst. Das Allerheiligste in diesem Tempel bestand aus einem großen schwarzen, vermutlich metallhaltigen Felsblock, der vom Himmel herabgefallen war – ein Zeichen der Götter, vielleicht die Spitze eines Pfeiles, losgeschnellt von der Mondsichel, dem Symbol der Jagdgöttin Diana.

Nur wenige Jahrhunderte später – vielleicht sogar zur gleichen Zeit – fiel, so wird von den Gläubigen berichtet, erneut ein großer schwarzer Block aus dem Himmel und landete auf der arabischen Halbinsel. Dort wurde er in prä-islamischer Zeit in einen Tempel von Mekka, der sogenannten Kaaba, gebracht und vom Volke verehrt. Im siebten und achten Jahrhundert nach Christus kam dann der durchschlagende Erfolg des Islam. Sein Begründer Mohammed verbrachte einen Großteil seines Lebens in der Nähe dieses riesigen dunklen Steines, was möglicherweise nicht ohne Einfluß auf die Wahl seines späteren Weges war. Man nahm die Verehrung des Steines mit in die islamische Religion auf, und heute ist der Mittelpunkt jeder Pilgerfahrt nach Mekka eben jener Stein – nach dem Tempel, der ihn birgt, meist Kaaba genannt. (Übrigens haben sämtliche Religionen Volksbräuche und Riten schamlos für sich genutzt. Betrachten wir nur das christliche Osterfest, bei dem noch heute die uralten Fruchtbarkeitsriten der Frühlingstagundnachtgleiche raffiniert verpackt als Ostereier und Schmuseküken auftauchen. Sogar der Name Ostern leitet sich gemäß einigen Etymologien von Astarte ab, der großen Erdmutter-Göttin aus dem Nahen Osten. Die Diana von Ephesus ist eine spätere, hellenisierte Version von Astarte und Kybele.)

In primitiven Zeiten muß ein gewaltiger Block, der aus heiterem Himmel stürzte, ein unvergeßliches Erlebnis gewesen sein. Aber es hatte noch eine tiefere Bedeutung: In den Anfängen der Metallurgie stellte Eisen vom Himmel nahezu überall auf der Welt die wohl reinste Form dieses Metalls dar, die man erhalten konnte. Der Wunsch nach Eisenschwertern und Pflugscharen machte deshalb das Metall vom Himmel zu einer Angelegenheit für Männer der Tat.

Es geschieht auch heute noch, daß Metallbrocken vom Himmel fallen; hin und wieder zerbrechen die Farmer ihre Pflugscharen daran; Museen zahlen immer noch beträchtliche Summen für solche Funde; und ganz selten durchschlägt einer ein Hausdach und stört eine Familie beim abendlichen Eindös-Ritual vor der Flimmerkiste. Wir nennen diese Brocken »Meteoriten«. Aber eine kluge Bezeichnung bedeutet noch lange nicht, daß wir das Ding an sich verstehen.

Woher kommen eigentlich Meteorite?

Zwischen den Umlaufbahnen von Mars und Jupiter kreisen Tausende unregelmäßig geformter kleiner Welten namens Asteroiden oder Planetoiden. »Asteroid« ist kein besonders geglückter Begriff, denn die Himmelskörper verhalten sich nicht wie Sterne. »Planetoid« würde weit besser passen, da sie zwar kleiner als Planeten sind, diesen aber ähneln. Leider hat sich inzwischen mehr oder weniger der Name »Asteroid« eingebürgert. Ceres, das erste dieser Objekte, die man fand, wurde von G. Piazzi, einem italienischen Mönch, am 1. Januar 1801 im Teleskop entdeckt* – ein verheißungsvoller Auftakt für den ersten Tag des neunzehnten Jahrhunderts. Ceres hat einen Durchmesser von etwa 1000 Kilometern und ist bei weitem der größte unter den Asteroiden. (Zum Vergleich – der Monddurchmesser beträgt 3464 Kilometer.) Seit damals hat man mehr als zweitausend Asteroiden aufgespürt. Asteroiden werden in der Reihenfolge ihrer Entdeckung numeriert, aber man hat sich, angeregt durch Piazzis Beispiel, auch darum bemüht, ihnen Namen zu geben, vorzugsweise die von weiblichen Gestalten der griechischen Mythologie. Allerdings sind zweitausend Asteroiden eine ganz schöne Menge, und gegen Ende zu entstanden bei der Nomenklatur einige Engpässe. So finden wir 1 Ceres, 2 Pallas, 3 Juno, 4 Vesta, 16 Psyche, 22 Kalliope, 34 Circe, 55 Pandora, 80 Sappho, 232 Russia, 324 Bamberga, 433 Eros, 710

---

* Unvermutete Entdeckungen erweisen sich als nützlich zur Beurteilung bereits vorhandener Gedankengänge. So prägte G.W.F. Hegel die hohe Philosophie des neunzehnten und frühen zwanzigsten Jahrhunderts entscheidend mit und übte einen tiefgreifenden Einfluß auf die Zukunft der Welt aus, weil Karl Marx seine Lehren sehr ernst nahm (obschon wohlwollende Kritiker behaupten, daß die Argumente von Marx zwingender gewesen wären, wenn er nie von Hegel gehört hätte). Im Jahre 1799 oder 1800 erklärte Hegel zuversichtlich, wohl mit dem vollen Einsatz der ihm zur Verfügung stehenden philosophischen Waffen, daß es im Sonnensystem keine neuen Himmelskörper mehr geben könne. Ein Jahr später wurde der Asteroid Ceres entdeckt. Danach scheint Hegel zu Themen zurückgekehrt zu sein, die sich weniger leicht widerlegen ließen.

Gertrud, 739 Mandeville, 747 Winchester, 904 Rockefelleria, 916 America, 1121 Natascha, 1224 Fantasia, 1279 Uganda, 1556 Ikarus, 1620 Geographos, 1685 Toro und 1694 Ekard (die Universität Drake von hinten gelesen). Leider hat man für immer die Chance vergeben, die Nummer 1984 Orwell zu nennen.

Viele Asteroiden besitzen stark elliptische oder gestreckte Bahnen, im Gegensatz zu den nahezu perfekten Kreisbahnen der Erde oder der Venus. Manche Asteroiden haben ihren sonnenfernsten Punkt jenseits der Saturn-Bahn; manche haben ihren sonnennächsten Punkt in der Nähe der Merkur-Bahn; und einige, wie 1685 Toro, führen ein Dasein zwischen dem Erd- und Venus-Orbit. Da es so viele Asteroiden auf stark elliptischen Bahnen gibt, sind Kollisionen im Laufe der langen Geschichte des Sonnensystems unvermeidlich. Die meisten Zusammenstöße werden sich wohl beim »Überholen« ereignen, wenn ein Asteroid den anderen anstößt und dabei »Bruch« entsteht. Da die Asteroiden sehr klein sind, besitzen sie eine geringe Schwerkraft, und die Fragmente werden nach dem »Unfall« auf schwach veränderten Bahnen weiter durch den Raum segeln. Man kann davon ausgehen, daß solche Kollisionsfragmente gelegentlich die Erdbahn kreuzen, in die Atmosphäre stürzen, die Reibungshitze überdauern und zu Füßen eines völlig verdutzten Nomaden landen.

Die wenigen Meteorite, die man bei ihrem Eintritt in die Erdatmosphäre entdeckt hat, stammen aus dem großen Asteroidengürtel zwischen Mars und Jupiter. Ihre physikalischen Eigenschaften, im Labor untersucht, ergaben, daß sie in Gebieten entstanden sein müssen, welche die gleichen Temperaturen aufweisen wie der Haupt-Asteroidengürtel. Die Beweislage ist klar: die Meteorite, die in terrestrischen Museen vergraben liegen, sind Asteroidenfragmente. Wir haben in unseren Schaukästen Trümmer von kosmischen Objekten!

Aber welche Meteorite stammen von welchen Asteroiden? Bis vor kurzem konnten Wissenschaftler, die sich mit dem Planetensystem befassen, diese Frage nicht beantworten. In jüngster Zeit allerdings hat man eine Möglichkeit gefunden, spektrophotometrische Aufnahmen von Asteroiden im sichtbaren und nahen Infrarot-Bereich zu machen; man kann des weiteren die Polarisation von Sonnenlicht, das von Asteroiden abprallt, untersuchen, während sich die Geometrie des Asteroiden, der Sonne und der

Erde verschiebt; und man ist in der Lage, die mittlere Infrarot-Emission der Asteroiden zu messen. Asteroiden-Beobachtungen sowie vergleichende Laborstudien mit Meteoriten und anderen Mineralen haben die ersten faszinierenden Hinweise auf die Wechselbeziehung zwischen bestimmten Asteroiden und bestimmten Meteoriten ergeben. Mehr als neunzig Prozent der untersuchten Asteroiden fallen, was die Zusammensetzung betrifft, in eine von zwei Gruppen: eisenhaltiges Gestein oder Kohlenstoffverbindungen. Nur ein paar Prozent der Meteorite auf der Erde bestehen aus Kohlenstoffen; aber kohlenstoffhaltige Meteorite verbrennen leicht und zerfallen unter typischen terrestrischen Bedingungen schnell zu Pulver. Zudem neigen sie beim Eindringen in die Erdatmosphäre stärker zum Zersplittern. Da Meteorite aus eisenhaltigem Gestein sehr viel mehr Widerstand bieten, stellen sie das Gros unserer Museums-Sammlungen dar. Die kohlenstoffhaltigen Meteorite sind reich an organischen Verbindungen, einschließlich Aminosäuren (den Bausteinen von Proteinen), und könnten ein Beispiel für die Materie sein, aus der unser Sonnensystem vor etwa 4,6 Milliarden Jahren entstand.

Zu den kohlenstoffhaltigen Asteroiden scheinen 1 Ceres, 2 Pallas, 19 Fortuna, 324 Bamberga und 654 Zelinda zu gehören. Falls Asteroiden, deren Außenflächen aus Kohlenstoffen bestehen, auch einen kohlenstoffhaltigen Kern besitzen, dann kann man das Asteroidenmaterial als überwiegend kohlenstoffhaltig bezeichnen. Es handelt sich bei diesen Objekten im allgemeinen um dunkle Körper, die nur einen kleinen Prozentsatz des Lichtes, welches sie trifft, reflektieren. Jüngste Daten deuten darauf hin, daß auch Phobos und Deimos, die beiden Marsmonde, aus Kohlenstoffen bestehen könnten und möglicherweise Kohlenstoff-Asteroiden sind, die vom Mars-Schwerefeld eingefangen wurden.

Asteroiden, welche die typischen Eigenschaften von metallhaltigem Gestein zeigen, sind 3 Juno, 8 Flora, 12 Viktoria, 89 Julia und 433 Eros. Ein paar Asteroiden gehören auch in abweichende Kategorien. So ähnelt Vesta einer Art von Meteorit, den man Basalt-Achondrit nennt, während 16 Psyche und 22 Kalliope zum Großteil aus reinem Eisen zu bestehen scheinen.

Die Eisen-Asteroiden sind von besonderer Bedeutung, weil Geophysiker die Ansicht vertreten, daß bei einem eisenreichen

Objekt der Urkörper geschmolzen sein muß und sich das Eisen aus dem urzeitlichen Wirrwarr von Elementen abschied. Auf der anderen Seite läßt sich die Tatsache, daß in den kohlenstoffhaltigen Meteoriten organische Moleküle überlebt haben, nur damit erklären, daß sie nie Temperaturen ausgesetzt waren, die Stein oder Eisen schmelzen konnten. Das deutet auf unterschiedliche Entstehungsgeschichten für die verschiedenen Asteroiden hin. Aus dem Vergleich von Asteroiden- und Meteoriten-Eigenschaften, durch Laboruntersuchungen von Meteoriten und durch Computer-Rückberechnungen von Asteroidenbahnen könnte es eines Tages möglich sein, die Entstehungsgeschichte der Asteroiden zu rekonstruieren. Heute wissen wir nicht einmal, ob sie die Reste eines Planeten darstellen, der sich wegen der mächtigen Gravitationsstörungen des nahegelegenen Jupiter nicht voll ausbilden konnte, oder ob es sich um die Trümmer eines voll ausgebildeten Planeten handelt, der irgendwie in die Brüche ging. Die meisten Leute, die sich mit diesem Thema befaßt haben, neigen zur ersten These, weil sich niemand vorstellen kann, wie man einen Planeten sprengt – im Grunde ein tröstliches Gefühl. Irgendwann sind wir vielleicht in der Lage, die ganze Geschichte zusammenzustückeln.

Es gibt auch Meteorite, die nicht unbedingt von Asteroiden abstammen: So könnten die Fragmente junger Kometen, der Marsmonde, der Merkuroberfläche oder auch der Jupitersatelliten in irgendeinem Museum der Erde verstauben. Fest steht jedoch, daß wir allmählich ein klareres Bild vom wahren Ursprung der Meteoriten gewinnen.

Das Allerheiligste im Dianatempel zu Ephesus wurde zerstört. Die Kaaba dagegen hat man sorgfältig gehütet, obgleich sie, wie es scheint, wissenschaftlich nie untersucht wurde. Manche Leute sind der Ansicht, daß es sich um einen dunklen Meteoriten handelt, der eher aus Stein als aus Metall besteht. Vor kurzem haben sogar zwei Geologen – zugegeben mit eher lückenhaften Begründungen – den Verdacht geäußert, daß es sich bei der Kaaba um einen Achat handeln könnte. Einige Moslem-Schriftsteller glauben, daß die Farbe der Kaaba ursprünglich weiß war und nicht schwarz und daß der heilige Stein seine gegenwärtige Farbe dadurch erhielt, weil ihn so viele Menschen berührt haben. Die offizielle Version der Hüter des Schwarzen Steines lautet, daß er vom Patriarchen Abraham an seinen jetzigen Standort gebracht wurde und daß er eher aus einem religiösen als aus einem astronomischen Himmel fiel – mit anderen Worten, eine physikalische Untersuchung des Steines könnte die islamische Glaubenslehre in keiner Weise erschüttern. Es wäre dennoch von großem Interesse, ein winziges Stückchen der Kaaba mit dem gesamten Arsenal moderner Labortechnik zu untersuchen. Seine Zusammensetzung ließe sich exakt bestimmen. Wenn es sich um einen Meteoriten handelt, so könnte man das Alter der kosmischen Bestrahlung feststellen – die Zeit also, die er von der Zertrümmerung bis zu seiner Ankunft auf die Erde brauchte. Und es wäre möglich, die Ursprungsthesen zu überprüfen, beispielsweise die Idee, daß vor etwa 5 Millionen Jahren, etwa zu der Zeit, da die ersten Hominiden auftauchten, die Kaaba von einem Asteroiden namens 22 Kalliope abbrach, geologische Zeitalter lang um die Sonne kreiste und dann vor 2500 Jahren zufällig auf die Arabische Halbinsel fiel.

16
Das Goldene Zeitalter der Planeten-Erforschung

Das rastlose Reich des Planeten-Gewirrs,
heftig strebend zu des Himmels freier Weite.

PERCY BYSSHE SHELLEY,
Prometheus Unbound (1820)

Ein Großteil der Menschheitsgeschichte kann, so glaube ich, als eine allmähliche und zuweilen schmerzhafte Befreiung vom Provinzialismus beschrieben werden – als das aufkeimende Bewußtsein, daß die Welt größer ist, als unsere Vorfahren im allgemeinen wahrhaben wollten. Mit erschreckender Ethnozentrik nannten sich Stämme überall auf der Erde »das Volk« oder »die Menschen« und verwiesen andere Gruppen mit vergleichbaren Fähigkeiten auf die Stufe von Untermenschen. Die hochentwickelte Kultur der alten Griechen teilte die Menschheit in Hellenen und Barbaren, wobei sich der Name der letzteren auf eine spöttische Nachahmung nichtgriechischer Sprachen bezog (»Bar Bar . . .«). Eben jene klassische Kultur, die in so vielen Hinsichten eine Vorläuferin unserer eigenen Zivilisation ist, nannte ihr kleines Binnenmeer »Mediterraneum« – was soviel bedeutet wie Mitte der Erde. Jahrtausende lang bezeichnete sich China als Reich der Mitte, und die Bedeutung war die gleiche: China befand sich im Zentrum des Universums, während draußen in der Finsternis die Barbaren hausten.

Solche und ähnliche Einstellungen ändern sich nur langsam, und man kann manche Wurzeln von Rassismus und Nationalismus in der frühen und überall vorhandenen Billigung dieses Standpunkts bei praktisch allen Volksgruppen erkennen. Aber wir leben in einer außergewöhnlichen Zeit: Technischer Fortschritt und Kulturrelativismus erschweren es, eine solche ethnozentrische Haltung beizubehalten. Allmählich setzt sich der Gedanke durch, daß wir alle auf einem zerbrechlichen Floß inmitten des kosmischen Ozeans treiben; daß die Erde letzten Endes ein kleines Gebilde mit beschränkten Rohstoffen ist und daß unsere Technik inzwischen eine Macht erlangt hat, die ausreicht, um die Ökologie unseres winzigen Planeten völlig zu zerstören. Diese neuesten Erkenntnisse der Menschheit sind meiner Ansicht nach stark von der Raumforschung gefördert worden – einmal durch hervorragende Fotos, aufgenommen aus großer Entfernung, die unsere Erde als wolkigen blauen Ball zeigen, wie ein Saphir eingebettet in die unendliche Samtschwärze des Raumes; zum anderen aber auch durch die Erforschung der Nachbarwelten, die sowohl Ähnlichkeiten wie Unterschiede zur Wiege der Menschheit aufgedeckt hat.

Wir sprechen immer noch von »der Welt«, »der Sonne« und »dem Mond«, als gäbe es keine anderen. Dabei ist jeder Stern am Himmel eine Sonne. Die Ringe des Uranus stellen Millionen bis vor kurzem ungeahnter Trabanten dar, die den siebenten Planeten unseres Sonnensystems umkreisen. Und, wie die Raumfahrzeuge der letzten fünfzehn Jahre so dramatisch bewiesen haben, gibt es auch andere Welten – ganz in der Nähe, relativ leicht zu erreichen, ungeheuer interessant und keine einzige unserer Erde gleich. Wenn sich erst die Tatsache sowie die Darwinsche Einsicht, daß Leben anderswo sich vermutlich weitgehend von Leben auf der Erde unterscheidet, allgemein durchsetzen, werden sie wohl einen bindenden und vereinigenden Einfluß auf die Menschheitsfamilie ausüben, die da für eine Weile eine eher langweilige Welt inmitten einer unermeßlichen Vielfalt anderer Planeten bewohnt.

Die Erforschung der Planeten hat viele Vorzüge. Sie gestattet uns, Erkenntnisse, die wir aus erdabhängigen Wissenschaften wie Meteorologie, Klimatologie, Geologie und Biologie gewinnen, weiterzuentwickeln und ihre praktischen Anwendungen hier auf der Erde zu verbessern. Sie warnt uns durch das Beispiel anderer Welten-Schicksale. Sie eröffnet die Möglichkeiten für künftige hochentwickelte Technologien, die für das Leben auf der Erde von großer Bedeutung sein könnten. Sie schafft ein Ventil für den uralten Entdeckerdrang des Menschen, für unsere Leidenschaft, Neues aufzuspüren, welche den Aufstieg unserer Rasse entscheidend mitgeprägt hat. Und sie gibt uns erstmals in der Geschichte die reelle Chance, Fragen nach Ursprung und Schicksal von Welten, nach Anfang und Ende des Lebens und nach der Existenz anderer Geschöpfe im All zu beantworten – Fragen, die für die menschliche Initiative so grundsätzlich sind wie das Denken selbst, so natürlich wie das Atmen.

Die moderne Generation der interplanetarischen unbemannten Raumschiffe dehnt die Präsenz des Menschen auf bizarre, exotische Landschaften aus, die eigentümlicher sind als alle Mythen- und Märchenwelten, die die menschliche Phantasie je ersonnen hat. In Erdnähe auf Fluchtgeschwindigkeit hochgejagt, korrigieren sie ihre Bahnen mit Hilfe kleiner Raketenantriebe und winziger Gasschübe. Sie laufen automatisch mit Sonnen- und Atomenergie. Einige benötigen nur ein paar Tage, um den Golf zwischen Erde und Mond zu überbrücken; andere benötigen vielleicht ein Jahr zum Mars, vier Jahre zum Saturn oder ein Jahrzehnt, um das weite Meer zwischen uns und dem fernen Uranus zu durchqueren. Sie wandern gelassen auf Pfaden, die von der Newtonschen Gravitationslehre und der Raketentechnik vorbestimmt sind, und auf ihrem hellen Metall spiegelt sich das Sonnenlicht, das den Raum zwischen den Welten erfüllt. Wenn sie sich ihrem Ziel nähern, fliegen die einen dicht daran vorbei, um ein paar kurze Eindrücke des fremden Planeten zu erhaschen, vielleicht im Gefolge seiner Monde, ehe sie weiter in den Raum vorstoßen. Andere umkreisen eine Welt jahrelang und beobachten sie aus der Nähe, bis irgendein wichtiges Teil verschleißt und ausfällt. Es gibt sogar Raumfahrzeuge, die auf einer fremden Welt landen können, abgebremst durch die atmosphärische Reibung, Fallschirme oder das exakt berechnete Abfeuern von Rückstoßraketen, ehe sie irgendwo sanft aufsetzen. Ein Teil der Landeaggregate ist ortsfest, dazu verurteilt, auf einem winzigen Fleck zu verharren, während sich eine ganze Welt zur Erforschung anbietet. Andere besitzen automatische Antriebe und wandern langsam fernen Horizonten entgegen. Und wieder andere sind dafür ausgelegt, durch Fernbedienung Fels- und Bodenproben einzusammeln – Fragmente eines Planeten –, um sie auf die Erde zu schaffen.

All diese Raumfahrzeuge besitzen Sensoren, welche die menschliche Wahrnehmung erstaunlich erweitern. Es gibt Geräte, die vom Orbit aus die Verteilung der Radioaktivität auf einem Planeten feststellen können; andere spüren von der Oberfläche aus das schwache Grollen von Planetenbeben, die sich irgendwo in großen Tiefen abspielen. Manche fertigen dreidimensionale Farb- oder Infrarotaufnahmen von Landschaften an, wie man sie noch nie auf der Erde sah. Bis zu einem gewissen Grad kann man diese Maschinen intelligent nennen. Sie treffen eigenständige Entscheidungen aufgrund der Informationen, die sie erhalten. Sie erinnern sich mit großer Präzision an detaillierte Befehlsabfolgen, die, würde man sie in Normalsprache formulieren, ein mittleres Buch ergäben. Sie führen Befehle aus und können durch Funkbotschaften, die ihnen von Menschen in terrestrischen Steuerzentralen zugesandt werden, neue Instruktionen erhalten. Und sie versorgen uns, größtenteils ebenfalls über Funk, mit vielfältigen Daten über Wesen und Natur des Sonnensystems, in dem wir leben. Sie haben unseren Himmelsnachbarn, den Mond, erforscht – durch Vorbeiflüge, harte und weiche Landungen, Orbiter, ferngesteuerte Autos, unbemannte Missionen zum Einsammeln von Gesteinsproben, und nicht zu vergessen natürlich durch die sechs großartigen bemannten Expeditionen der *Apollo*-Serie, die ein voller Erfolg waren. Es gab einen Merkur-Vorbeiflug; Orbiter, Atmosphäresonden und Landekapseln zur Untersuchung der Venus; Vorbeiflüge, Orbiter und Landkapseln für den Mars und Vorbeiflüge an Jupiter und Saturn. Phobos und Deimos, die beiden kleinen Marsmonde, wurden aus der Nähe betrachtet, und wir erhielten vielversprechende Bilder von einigen der Jupiter- und Saturnmonde.

Wir haben einen ersten Blick auf die Ammoniakwolken Jupiters geworfen und die großen Sturmsysteme studiert; haben die kalte, salzbedeckte Oberfläche des Jupitermondes Io gesehen, die kraterverschrundete, uralte, heiße Merkur-Ödnis und die wilden, unheimlichen Landschaften unserer Schwesterwelt Venus, wo die Wolken ständig Säure regnen, die jedoch nie die Oberfläche benetzt, weil die Temperatur der gebirgigen Landschaft, nur schwach von Sonnenlicht erhellt, überall bei 480°C liegt. Und Mars! Welche Rätsel, welche Freude! Geheimnisvoll und begeisternd zugleich mit seinen uralten Flußtälern und seinen gigantisch herausgemeißelten Pol-Terrassen; einem Vulkan, der an die 25000 Meter aufragt; mit seinen heftigen Stürmen und seinen milden Nachmittagen; und einer ersten, anscheinend negativen Antwort auf die Frage der Fragen – ob der Planet möglicherweise eigene Lebensformen besaß oder besitzt.

Es gibt auf der Erde bis jetzt nur zwei Raumfahrt-Nationen, zwei Mächte, die in der Lage sind, Maschinen weit über die Erdatmosphäre hinauszuschicken – die Vereinigten Staaten und die Sowjetunion. Die Vereinigten Staaten können für sich die einzigen bemannten Raumflüge zu einem anderen Himmelskörper in Anspruch nehmen, die einzigen erfolgreichen Mars-Lander und die einzigen Expeditionen zu Merkur, Jupiter und Saturn. Die Sowjetunion hat Pionierarbeit bei der unbemannten Erkundung des Mondes geleistet, einschließlich der einzigen selbstfahrenden »Mondautos« und der einzigen automatischen Rückholmissionen zur Erde mit Mondproben an Bord. Sie hatten Erfolg mit den ersten Atmosphäre-Sonden zur Venus sowie mit den ersten Venus-Landern. Seit Einstellung des *Apollo*-Programms sind die Venus und der Mond gewissermaßen zur Spielwiese der Russen geworden, während der Rest des Sonnensystems derzeit allein von amerikanischen Raumsonden erkundet wird. Zwar gibt es durchaus eine wissenschaftliche Zusammenarbeit zwischen den beiden Raumfahrt-Nationen, aber diese planetare »Territorialhoheit« entwickelte sich eher aus Fehlschlägen als aus einer Übereinkunft. So starteten die Russen in den letzten Jahren eine Reihe von sehr ehrgeizigen, aber erfolglosen Mars-Missionen, während die Vereinigten Staaten 1978 eine Serie von Venus-Orbitern und Atmosphäre-Sonden in den Raum schickten, deren Erfolg sich in eher bescheidenen Grenzen hielt. Das Sonnensystem ist groß, und es gibt eine Menge zu entdecken. Selbst der winzige Mars besitzt eine Oberflächenausdehnung, die in etwa den Landmassen auf der Erde entspricht. Aus praktischen Gründen ist es sehr viel leichter, getrennte, aber koordinierte Missionen von zwei oder mehr Nationen zu organisieren, als ein gemeinsames multinationales Unternehmen durchzuführen. Im sechzehnten und siebzehnten Jahrhundert gingen England, Frankreich, Spanien, Portugal und Holland um die Wette auf groß angelegte Entdekkungsfahrten. Aber die wirtschaftlichen und religiösen Motive des damaligen Erforschungswettstreits scheinen heute nicht mehr zu gelten. Und wir haben guten Grund zu der Annahme, daß der nationale Wettlauf bei der Erkundung der Planeten zumindest in absehbarer Zukunft friedlich verlaufen wird.

Die Anlaufzeiten für planetarische Missionen sind sehr lang. Planung, Bau, Tests, Integrierung der einzelnen Komponenten und Start erfordern bei einer durchschnittlichen Mission viele Jahre. Ein systematisches Programm zur Erforschung der Planeten verlangt ein lückenloses Engagement. Die größten Erfolge der Amerikaner auf dem Mond und anderen Planeten – also die Programme *Apollo, Pioneer, Mariner* und *Viking* – wurden bereits in den sechziger-Jahren in die Wege geleitet. In den siebziger Jahren dagegen haben die Vereinigten Staaten nur einen einzigen größeren Beitrag zur Planetenerforschung geleistet – die *Voyager*-Missionen, die im Sommer 1977 gestartet wurden, um die ersten systematischen Vorbeiflugdaten von Jupiter, Saturn, deren etwa fünfundzwanzig Monden und den spektakulären Saturn-Ringen zu sammeln.

Diese Lücke hat bei den amerikanischen Wissenschaftler- und Ingenieurteams, denen wir die technischen Erfolge und wissenschaftlichen Leistungen verdanken, welche 1962 mit dem Vorbeiflug von *Mariner-2* an der Venus begannen, zu einer echten Krise geführt. Die Erforschung des Sonnensystems stockt. Facharbeiter mußten entlassen werden und wanderten zu völlig anderen Jobs ab, und es stellt sich das große Problem, ob man die Kontinuität zur nächsten Generation planetarischer Erforschung wahren kann. So soll beispielsweise die früheste Antwort auf die so großartig geglückte Mars-Erkundung von *Viking* eine Mission sein, die den roten Planeten ganz sicher nicht vor 1985 erreicht – eine Lücke von fast einem Jahrzehnt in der Mars-Erforschung! Und es gibt nicht einmal eine Garantie dafür, daß die Mission tatsächlich stattfinden wird*. Dieser Trend – der ein wenig an die Entlassung der Schiffszimmerleute, Segeltuchweber und Seefahrer im Spanien des frühen sechzehnten Jahrhun-

* Die Mission mußte wegen Etatkürzungen der NASA durch die Reagan-Administration gestrichen werden. Präsident Reagan hält die Planetenerkundung für überflüssiges »Show Business«. Er ist der Meinung, das Geld sei in der Rüstung besser angelegt. – *Anm. d. Red.*

derts erinnert – scheint zwar im Moment den Scheitelpunkt überwunden zu haben; zumindest bemerkt man erste Spuren eines Umdenkens. So genehmigte man vor kurzem das Projekt Galilei, eine Mission, die Mitte der achtziger Jahre die ersten Umlaufdaten von Jupiter gewinnen soll; zudem beabsichtigt man, eine Sonde in die Atmosphäre des Riesenplaneten zu entsenden – eine Atmosphäre, die möglicherweise organische Moleküle enthält, welche durch ähnliche chemische Vorgänge entstanden wie jene, die auf der Erde zum Ursprung des Lebens führten. Aber im gleichen Atemzuge kürzte der Kongreß die Mittel für das Projekt so stark, daß seine Durchführung wieder fraglich wird.

Während der letzten Jahre betrug das gesamte NASA-Budget weit weniger als ein Prozent des Bundes-Etats. Die Mittel, die davon für die Planetenerforschung bereitgestellt wurden, machten nicht einmal 15 Prozent dieses Betrags aus. Die eindringlichen Forderungen der betroffenen Wissenschaftler, neue Missionen zu genehmigen, wurden wiederholt abgelehnt – wie mir ein Senator zu verstehen gab, habe sich die Öffentlichkeit trotz *Krieg der Sterne (Starwars)* und *Raumschiff Enterprise (Star Trek)* nicht sonderlich für die Planetenerforschung erwärmt und Wissenschaftler selbst besäßen zahlenmäßig keine große Lobby. Dennoch warten am Horizont eine Reihe von Missionen, die außergewöhnliche Forschungsmöglichkeiten mit einer bemerkenswerten Popularität verbinden:

Sonnensegeln und Kometen-Rendezvous: Bei normalen interplanetarischen Missionen wählt man für Raumfahrzeuge im allgemeinen Bahnen, die sich durch ein Minimum an Energieverbrauch auszeichnen. Die Raketen haben eine kürzere Brenndauer in Erdnähe, und den Rest der Reise legt das Raumschiff dann meist antriebslos zurück. Wenn wir bis jetzt so große Erfolge mit unseren Forschungsflügen hatten, dann nicht aufgrund gewaltiger Booster-Leistungen, sondern wegen des geschickten Einsatzes von streng rationierten Systemen. Als Folge davon müssen wir geringe Nutzlasten in Kauf nehmen, Missionen von langer Dauer und ziemlich wenig Einfluß auf Start- und Ankunftsdaten. Aber ähnlich, wie wir momentan auf der Erde erwägen, fossile Brennstoffe durch Sonnenenergie zu ersetzen, so geschieht das auch für den Raum. Das Sonnenlicht übt eine kleine, aber spürbare Kraft durch seinen Strahlungsdruck aus. Ein segelartiges Gebilde, das seine Masse über eine sehr große Fläche verteilt, kann den Strahlungsdruck zur Fortbewegung nutzen. Wenn man die Segel richtig setzt, trägt uns das Sonnenlicht sowohl zum Zentralgestirn hin, wie auch von ihm weg. Mit einem quadratischen Segel, das eine Seitenlänge von etwa einer halben Meile aufweist, das jedoch dünner ist als das dünnste Mylar-Gewebe, lassen sich interplanetarische Missionen wirkungsvoller durchführen als mit dem herkömmlichen Raketenantrieb. Man würde das Segel mit Hilfe des bemannten *Space Shuttle* in eine Erdumlaufbahn bringen, um es dort auszurollen und zu verstreben. Ein ungewöhnlicher Anblick, und für das bloße Auge ohne weiteres als heller Lichtpunkt erkennbar! Mit einem Feldstecher ließen sich selbst die Einzelheiten eines solchen Segels ausmachen – vielleicht sogar eine Art Wappenbild wie auf den Segelschiffen des siebzehnten Jahrhunderts, ein geeignetes graphisches Symbol, etwa die Darstellung des Planeten Erde. An dem Segel befestigt wäre dann ein Raumflugkörper für wissenschaftliche Spezialaufgaben.

Eine der ersten und interessantesten Anwendungen, die im Gespräch sind, ist die Mission eines Kometen-Rendezvous, vielleicht schon eine Begegnung mit dem Halleyschen Kometen im Jahre 1986*. Kometen befinden sich die meiste Zeit im interstellaren Raum und müßten eigentlich wichtige Hinweise auf die Frühgeschichte des Sonnensystems und das Wesen der Materie zwischen den Sternen liefern. Eine Sonnensegel-Mission zum Halleyschen Kometen könnte uns nicht nur mit Nahaufnahmen vom Innern eines Kometen versorgen – über das wir so gut wie nichts wissen –, sondern ein Kometenfragment selbst auf die Erde bringen. Die praktischen Vorteile bei diesem Beispiel liegen ebenso klar auf der Hand wie die Romantik des Unternehmens. Ohne jeden Zweifel stellt das Sonnensegel nicht eine von vielen Missionen dar, sondern eine völlig neue interplanetarische Technik. Da aber die Entwicklung der Sonnensegel-Technologie noch nicht ausgereift genug ist, werden

---

* Diese Mission mußte ebenfalls aus den genannten Gründen gestrichen werden. Die NASA wird sich jedoch mit einem Instrumentepaket an einer Mission beteiligen, die von der ESA, dem europäischen Raumfahrtunternehmen, 1986 durchgeführt wird und bei der man ein Rendezvous mit dem Halleyschen Kometen anstrebt. – *Anm. d. Red.*

wir uns bei unseren ersten Kometen-Begegnungen wohl eher auf den Ionenantrieb stützen. Beide Antriebsarten haben ihren Platz bei künftigen interplanetarischen Missionen. Aber auf lange Sicht wird meiner Ansicht nach das Sonnensegeln sich durchsetzen. Vielleicht gibt es bereits im frühen einundzwanzigsten Jahrhundert interplanetarische Regatten, die um die Wette von der Erde zum Mars segeln.

Marsautos: Bis zur *Viking*-Serie war noch kein terrestrisches Raumschiff erfolgreich auf dem Mars gelandet. Es hatte einige sowjetische Fehlschläge gegeben, darunter wenigstens einen, der Rätsel aufgab und den man vielleicht der gefährlichen Natur der marsianischen Landschaft zuschreiben muß. Nun also waren *Viking-1* und *Viking-2* nach gewaltigen Anstrengungen erfolgreich gelandet – allerdings an zwei der langweiligsten Orte, die man auf der Mars-Oberfläche nur finden konnte. Die Stereokameras des Landeteils zeigten ferne Täler und andere unerreichbare Perspektiven. Die Orbitalkameras filmten eine außergewöhnlich abwechslungsreiche Landschaft mit einer Fülle geologischer Details, die wir mit dem stationären *Viking*-Lander nicht aus der Nähe untersuchen konnten. Was die Geologie, aber auch die Biologie betrifft, so schreit die künftige Mars-Erkundung geradezu nach einer fahrbaren Konstruktion, die an den sicheren, langweiligen Plätzen landet und sich dann selbständig Hunderte oder gar Tausende von Kilometern zu den interessanten Orten begibt. Ein solches »Marsauto« wäre in der Lage, täglich bis zu seinem eigenen Horizont zu rollen und einen steten Strom von Aufnahmen des roten Planeten zu liefern – neue Landschaften, neue Phänomene und höchstwahrscheinlich ungeheure Überraschungen. Sein Einsatz ließe sich noch verbessern, wenn es mit einem Marspol-Orbiter gekoppelt wäre, der den Planeten geochemisch kartographieren könnte, oder mit einem Mars-Flugzeug, das die Oberfläche aus sehr niedrigen Höhen fotografierte.

Titan-Lander: Titan ist nicht nur der größte Saturnmond, sondern der größte Trabant des Sonnensystems überhaupt (siehe Kapitel 13). Er ist besonders bemerkenswert, weil er eine Atmosphäre besitzt, die dichter ist als die des Mars*, und vermutlich

---

* Sie ist sogar dichter als die der Erde (s. Fußnote S. 231 ff.) – *Anm. d. Red.*

von einer Schicht bräunlicher Wolken umhüllt wird, die aus organischen Molekülen bestehen. Im Gegensatz zu Jupiter und Saturn hat er eine Oberfläche, auf der wir landen können, und seine Atmosphäre ist nicht so heiß, daß sie die organischen Moleküle zerstört. Eine Titan-Mission, bei der eine Atmosphären-Sonde und ein Lander zum Einsatz kämen, wäre vermutlich Teil eines Saturn-Orbital-Projekts, das zusätzlich eine Sonde in die Atmosphäre von Saturn entsenden könnte.

Venus-Umkreisung mit abbildendem Radar: Die sowjetischen Missionen *Venera-9* und *Venera-10* lieferten uns die ersten Nahaufnahmen der Venus-Oberfläche. Wegen der ständigen Wolkenhülle sind topographische Merkmale der Venus durch optische Erd-Teleskope nicht erkennbar. Aber auf der Erde stationierte Radaranlagen sowie das Radarsystem an Bord des kleinen *Pioneer*-Orbiters haben inzwischen damit begonnen, die Oberflächen-Details der Venus kartographisch zu erfassen; dabei stießen sie auf Berge, Krater und Vulkane, aber auch auf eine Reihe bisher rätselhafter morphologischer Phänomene. Es wurde der Vorschlag unterbreitet, ein abbildendes Radarsystem in einen Orbit um die Venus zu schicken: das erbrächte sehr viel genauere Radaraufnahmen der Venus von Pol zu Pol als von der Erdoberfläche aus und würde eine Groberkundung der Venus-Oberfläche gestatten, vergleichbar etwa mit den Daten, die *Mariner-9* in den Jahren 1971/72 vom Mars heimbrachte.

Sonnensonde: Die Sonne ist der Stern, der uns am nächsten liegt, und vermutlich der einzige Stern, den wir in den kommenden Jahrzehnten aus der Nähe untersuchen können. Ein Flug in Richtung Sonne wäre von großer Bedeutung, denn er würde uns helfen, den Sonneneinfluß auf die Erde zu begreifen, und wäre zudem ein ungemein wichtiger Prüfstein gewisser Gravitationstheorien wie etwa der Allgemeinen Relativitätstheorie von Einstein. Das Projekt einer Sonnensonde ist aus zwei Gründen schwierig: einmal wegen der Energie, die man benötigt, um die Erd- (und damit die Sonden-)bewegung um die Sonne aufzuheben, denn nur dann kann die Sonde in das Zentralgestirn stürzen; und zweitens wegen der unerträglich hohen Temperaturen beim Annähern der Sonde an die Sonne. Das erste Problem läßt sich lösen, wenn man den Raumflugkörper in Richtung Jupiter startet und dann Jupiters Schwerkraft benutzt, um ihn in die Sonne zu schleudern. Da es innerhalb des Jupiter-Orbits viele Asteroiden gibt, könnte man die Mission zusätzlich dafür benutzen, Daten über die Asteroiden zu sammeln. Eine Lösung des zweiten Problems, die anfangs sicherlich ein wenig naiv erscheinen mag, liegt darin, die Sonne *bei Nacht* anzufliegen. Auf der Erde entsteht die Nacht natürlich dadurch, daß sich der Festkörper Erde zwischen uns und die Sonne schiebt. Ähnliches gilt bei einer Sonnensonde. Es gibt einige Asteroiden, die der Sonne sehr nahe kommen. Eine Sonnensonde würde sich im Schatten eines sonnennahen Asteroiden an das Zentralgestirn heranpirschen (und gleichzeitig den Asteroiden beobachten). Wäre der Punkt der engsten Annäherung zwischen Asteroid und Sonne erreicht, würde die Sonde aus dem Asteroidenschatten auftauchen und, gefüllt mit einer möglichst hitzebeständigen Flüssigkeit, in die Atmosphäre der Sonne eintauchen, bis sie schmilzt und verdampft – und einige Erdatome zurückläßt.

Bemannte Missionen: Eine Daumenregel besagt, daß eine bemannte Mission zwischen fünfzig- und hundertmal mehr kostet als eine vergleichbare unbemannte Mission. Deshalb zieht man für rein wissenschaftliche Erforschungen unbemannte Missionen und Maschinenintelligenz vor. Allerdings könnte es sehr gut andere als nur wissenschaftliche Gründe zur Erforschung des Alls geben – so etwa soziale, wirtschaftliche, politische, kulturelle oder historische. Die am häufigsten in diesem Zusammenhang genannten Projekte sind erdumkreisende Raumstationen (die vielleicht eines Tages dazu dienen werden, Sonnenlicht zu sammeln und es in Mikrowellenbündeln auf eine Erde herunterzustrahlen, wenn die fossilen Energieträger zur Neige gehen), sowie eine permanente Mondbasis. Ebenfalls im Gespräch sind ziemlich hochgespannte Pläne für den Bau permanenter Raumstädte im Erd-Orbit, errichtet aus Mond- oder Asteroidensubstanzen. Der Materialtransport von Himmelskörpern mit niedriger Schwerkraft – dazu gehören der Mond und die Asteroiden – kostet weit weniger, als wenn man das gleiche Material von unserem Planeten hinaufschaffen müßte. Solche Raumstädte könnten letzten Endes selbständig eine aus der anderen entstehen – die neue jeweils errichtet von den Bewohnern der älteren. Noch hat man die Kosten dieser riesigen bemannten Stationen nicht zuverlässig veranschlagt, aber es sieht so aus, als würden sie alle – ebenso wie eine bemannte Mission zum Mars – im Hundert- oder gar Zweihundertmilliarden-Dollar-Bereich liegen. Vielleicht gehen diese Pläne eines Tages in Erfüllung; jedenfalls steckt Weitsicht und historische Bedeutung in ihnen. Aber uns, die wir seit Jahren dafür kämpfen, Raumunternehmen organisieren zu dürfen, die weniger als ein Prozent dieser Summen kosten, sei verziehen, wenn wir Skepsis äußern. Wird man die benötigten Beträge in der Tat bewilligen? Und sind solche Ausgaben auch sozial vertretbar?

Für wesentlich weniger Geld ließe sich jedoch eine wichtige Expedition ausrüsten, die als Vorbereitung für jedes dieser bemannten Unternehmen dienen könnte: eine Expedition zu einem Kohlenstoff-Asteroiden, der die Erdbahn kreuzt. Die Asteroiden befinden sich hauptsächlich zwischen den Umlaufbahnen von Mars und Jupiter. Ein winziger Bruchteil von ihnen besitzen Flugbahnen, die den Erd Orbit schneiden, hin und wieder sogar nur ein paar Millionen Meilen von der Erde entfernt. Viele Asteroiden bestehen zum Großteil aus Kohlenstoffverbindungen; sie enthalten eine Menge organischer Materie sowie chemisch gebundenes Wasser. Man glaubt, daß sich die organische Materie vor etwa 4,6 Milliarden Jahren im ersten Stadium der Sonnensystem-Entstehung aus interstellarem Gas und Staub gebildet hat; ein Vergleich mit Kometenmaterie wäre von außerordentlichem wissenschaftlichem Interesse. Ich denke nicht, daß Material von einem kohlenstoffhaltigen Asteroiden die gleiche abfällige Kritik bekommen wird wie die Mondproben, welche die *Apollo*-Kapsel zurückbrachte – »nur« Gesteinsbrocken! Darüber hinaus wäre eine bemannte Landung auf einem solchen Objekt eine ausgezeichnete Vorbereitung für den späteren Abbau von Rohstoffen im Raum. Und schließlich würde die Landung auf einem solchen Himmelskörper auch Spaß machen: da das Schwerefeld so gering ist, könnte ein Astronaut ohne weiteres aus dem Stand an die zehn Kilometer in die Höhe springen. Übrigens bezeichnet man Asteroiden, die den Erd-Orbit kreuzen und von denen man in rascher Folge immer mehr entdeckt, mit einem Namen, der lange vor der bemannten Raumfahrt ausgewählt wurde: »Apollo-Objekte«. Vielleicht handelt es sich dabei um die toten Hüllen von Kometen, vielleicht aber auch nicht. Woher immer sie kommen mögen, sie sind von großer Bedeutung. Einige davon sind für die Menschheit bequem zu erreichen; man braucht nur die *Shuttle*-Technik einzusetzen, die schon in den nächsten Jahren ausgereift sein wird.

Die eben umrissenen Missionen befinden sich samt und sonders im Rahmen unserer technischen Möglichkeiten und erfordern ein NASA-Budget, das nicht viel höher liegt als das gegenwärtige.* Sie verbinden wissenschaftliches und öffentliches Interesse, die ja oft gemeinsame Ziele verfolgen. Würde man dieses Programm durchführen, hätten wir damit insgesamt eine Vorerkundung aller Planeten und fast aller Monde von Merkur bis Uranus durchgeführt, eine repräsentative Auswahl von Asteroiden und Kometen untersucht und die Grenzen sowie den Inhalt des uns zugewiesenen Raumtümpels abgetastet. Wie uns die Neuentdeckung der Uranus-Ringe beweist, harren noch große, unvermutete Dinge da draußen. Ein derartiges Programm wäre auch gleichbedeutend mit den ersten zögernden Schritten zur Nutzbarmachung des Sonnensystems durch unsere Rasse, mit dem Anzapfen von Rohstoffreserven auf ande-

---

* Es ist inzwischen drastisch gekürzt worden und wird von 1983 an noch stärker zusammengestrichen. Während die Reagan-Administration den Rüstungshaushalt von 143 auf 180 Milliarden Dollar im Jahre 1982 aufstockte, mußte die NASA eine Kürzung ihrer bereits zugesagten Mittel in Höhe von 6,7 Milliarden Dollar um 487 Millionen Dollar hinnehmen; in den folgenden Jahren wird die Einsparung sogar 1 Milliarde Dollar betragen. Schon Anfang der siebziger Jahre äußerte sich der Autor besorgt über das wachsende Mißverhältnis zwischen Rüstungshaushalt und den bereitgestellten Mitteln für die Raumfahrtforschung. In *Nachbarn im Kosmos (The Cosmic Connection)* schrieb Carl Sagan 1973:

»Über die gegenwärtigen und zukünftigen Kosten der Raumforschung und Astronomie kann man verschiedener Ansicht sein. Da der jährliche Aufwand der erdgebundenen Astronomie nur einen kleinen Prozentsatz der Kosten des gesamten wissenschaftlichen Raumprogramms ausmacht, werde ich mich zuerst mit letzteren befassen. Gewöhnlich werden die Kosten für die Raumforschung mit den Beträgen verglichen, die in den Vereinigten Staaten jährlich für Äthylalkohol, Kaugummi oder Kosmetika ausgegeben werden. Ich persönlich finde es sinnvoller, die Kosten mit jenen zu vergleichen, die für das Verteidigungsministerium der Vereinigten Staaten anfallen. Aus einem Bericht des Bundesrechnungshofes (New York *Times*, 19. Juli 1970) geht hervor, daß die geschätzten Gesamtkosten für die Viking-Mission – die für 1976 geplante Landung einer unbemannten Sonde auf dem Mars – nur etwa die Hälfte des Betrags ausmachen, um den der Etat des sogenannten antiballistischen Sicherheitsraketensystem allein im Rechnungsjahr 1970 *überzogen* wurde. Der Kosten-

ren Welten und der Schaffung neuen Wohnraums im All; dies wiederum würde eines Tages zur Umgestaltung oder dem Terraformen anderer Planeten führen, so daß Menschen dort einigermaßen bequem leben können. Ist es erst einmal so weit, dann haben wir uns zu einer echt multiplanetaren Rasse entwikkelt.

Der Übergangscharakter der letzten Jahrzehnte ist offenkundig. Falls wir uns nicht vorher selbst vernichten, wird die Menschheit in Zukunft nie mehr auf eine einzige Welt beschränkt sein. Im Gegenteil, die Existenz von Städten im Raum und Menschenkolonien auf anderen Welten wird es zunehmend schwieriger machen, daß sich die Rasse selbst vernichtet. Es steht fest, daß wir beinahe unmerklich ein goldenes Zeitalter der Planetenerforschung erreicht haben. Wie in vielen vergleichbaren Fällen der Menschheitsgeschichte ist das Erweitern von Horizonten durch die Erforschung von Neuland von einer Erweiterung künstlerischer und kultureller Horizonte begleitet. Ich kann mir nicht vorstellen, daß den Menschen des fünfzehnten Jahrhunderts je bewußt der Gedanke kam, sie könnten in einer Renaissance der klassischen Antike leben. Aber der Optimismus, der Frohsinn, das Eröffnen neuer Gedanken-

aufwand einer großangelegten Forschungsaktion, die alle Planeten im äußeren Sonnensystem erfaßt (und die wegen fehlender Finanzierungsmittel abgeblasen wurde), bewegt sich in der Größenordnung der im Jahre 1970 angefallenen *Mehrkosten* für das Minuteman-III-Projekt. Der finanzielle Aufwand für ein großes optisches Teleskop im Weltraum, das genauere Untersuchungen über die Entstehung des Universums anstellen könnte, ist mit den *Mehrkosten* vergleichbar, die 1970 für den Bau der Minuteman-II-Rakete angefallen sind; und für ein großes Satellitenprogramm zur Erforschung von Bodenschätzen auf der Erde, das mehrere Jahre lang Oberfläche und Klima unseres Planeten genau untersuchen würde, müßte ungefähr genausoviel aufgebracht werden, wie für das P-3C-Flugzeug im Rechnungsjahr 1970 *zuviel* verbraucht worden ist. Ein Zehnjahresprogramm für die systematische Beobachtung des gesamten Sonnensystems würde den Steuerzahler nicht viel mehr kosten als die ›Kalkulationsfehler‹ bei den Ausgaben für ein einziges ›Verteidigungs‹-Waffensystem in einem einzigen Jahr. Im Vergleich zu den ›Irrtümern‹, die dem Verteidigungsministerium mit seinem Budget unterlaufen, nimmt sich das wissenschaftliche Weltraumprogramm wie eine Handvoll Kleingeld aus.«

Inzwischen hat sich die Situation unter der Regierung eines uneinsichtigen greisen Präsidenten, der offenbar nur seinen »Militärberatern« und einer mächtigen Rüstungs-Lobby willig das Ohr leiht, in besorgniserregender Weise verschärft, daß man um die Existenz der NASA bangen muß. Tatsächlich droht in den USA bald nur noch militärische Raumfahrt betrieben zu werden. – *Anm. d. Red.*

wege, die technischen Entwicklungen, die Waren aus fremden Ländern und die Entprovinzialisierung waren für aufmerksame Beobachter in jener Epoche durchaus zu erkennen. Wir besitzen die Fähigkeiten und Mittel und – wie ich von ganzem Herzen hoffe – den Willen, heutzutage ähnliches zu leisten. Erstmals in der Menschheitsgeschichte liegt es in der Macht unserer Generation, die menschliche Präsenz auf die anderen Welten des Sonnensystems auszudehnen – mit Ehrfurcht vor ihren Wundern und dem tiefen Wunsch, von ihnen zu lernen.

TEIL IV

DIE ZUKUNFT

17

Mach doch bitte rasch, Genosse!

Sprach der Weißfisch zu der Schnecke:
»Mach doch bitte rasch, Genosse,
eine Schildkröte verfolgt uns,
und sie tritt mir auf die Flosse.«

LEWIS CARROLL,
Alice im Wunderland

Lange Zeit kamen wir Menschen nur so rasch voran, wie uns unsere Füße trugen – bei jeder längeren Reise höchstens einige Meilen pro Stunde. Man unternahm durchaus große Reisen, aber eben sehr langsam. So überquerten zum Beispiel vor zwanzig- oder dreißigtausend Jahren Menschen die Beringstraße und betraten erstmals die amerikanischen Kontinente, wo sie sich allmählich vom Norden bis zur äußersten Spitze von Südamerika vorarbeiteten, nach Tierra del Fuego. Dort begegnete ihnen dann Charles Darwin während seiner denkwürdigen Fahrt mit der *Beagle.* Hätte sich eine Volksgruppe in den Kopf gesetzt, schnurstracks von der Landenge zwischen Asien und Alaska nach Tierra del Fuego zu wandern, so wäre sie vielleicht nach ein paar Jahren dort angelangt; in Wirklichkeit dauerte es Jahrtausende, bis weit verstreute Grüppchen der menschlichen Bevölkerung so weit unten im Süden anlangten.

Das ursprüngliche Motiv für so ausgedehnte Wanderungen war wohl, wie uns die Klage des Weißfisches vor Augen hält, die Flucht vor Feinden und Raubtieren oder, umgekehrt, der Angriff auf Feinde und die Suche nach Beute. Vor wenigen tausend Jahren machte man dann die umwerfende Entdeckung, daß sich Pferde zähmen und reiten ließen. Der Gedanke ist eigentlich merkwürdig, denn das Pferd hat nicht die geringste Evolution in dieser Richtung durchgemacht. Objektiv betrachtet wirkt er kaum weniger lächerlich als etwa die Vorstellung, daß ein Krake auf einem Tiefseefisch reitet. Aber die Sache funktionierte, und jahrtausendelang stellte das Pferd und – nach Erfindung von Rad und Wagen – vor allem die Pferdekutsche das fortschrittlichste Verkehrsmittel der Menschheit dar. Mit Hilfe des Pferdetransports kam man in der Stunde zehn, manchmal sogar zwanzig Meilen weit.

Wir haben die Pferdeära noch nicht lange überwunden – wie etwa die Bezeichnung »Pferdestärke« als Dimension für die Leistung von Automotoren zeigt. Ein Motor mit 375 PS besitzt grob gesprochen die Zugkraft von 375 Pferden. Ein Gespann von 375 Pferden wäre ein toller Anblick. Angeordnet in Fünferreihen, nähmen sie etwa einen Drittelkilometer ein und wären unheimlich schwer zu lenken. Auf vielen Straßen könnte der Kutscher die Leittiere gar nicht mehr sehen. Und selbstverständlich bewegen sich 375 Pferde nicht 375 mal so schnell wie ein einziges Pferd. Selbst mit riesigen Gespannen könnte man die Reisegeschwindigkeit nur etwa zehnfach schneller gestalten als auf Schusters Rappen.

Deshalb sind die Neuerungen, die uns das letzte Jahrhundert auf dem Gebiet der Verkehrstechnik gebracht hat, verblüffend. Wir Menschen haben uns Millionen Jahre lang auf die eigenen Füße verlassen, jahrtausendelang auf die Kraft von Pferdebeinen und knapp hundert Jahre auf Verbrennungsmotoren. Und erst seit ein paar Jahrzehnten besitzen wir nun Raketen. Aber diese Produkte menschlichen Erfindergeistes ermöglichen es, daß wir zu Wasser und zu Lande hundertmal, in der Luft tausendmal und im Raum sogar zehntausendmal schneller vorankommen, als wenn wir zu Fuß gehen müßten.

Früher war die Nachrichtenübermittlung im allgemeinen vom Beförderungstempo abhängig. Sicher, auch in der Vergangenheit gab es vereinzelte schnelle Kommunikationsmethoden: Signalflaggen oder Rauchzeichen, ja sogar den einen oder anderen Versuch, Ketten von Nachrichtentürmen zu errichten, die mit Hilfe von Spiegeln das Sonnen- bzw. Mondlicht reflektierten. So wurde die Nachricht von der Rückeroberung der

Festung Györ durch ungarische Einheiten aus Türkenhand dem Habsburg-Kaiser Rudolf II. offensichtlich durch eine derartige Anordnung mitgeteilt – den »Mondstrahlen-Telegraph«, erfunden von dem englischen Astrologen John Dee, der angeblich aus zehn Relaisstationen im Abstand von je vierzig Kilometern zwischen Györ und Prag bestand. Aber von wenigen Ausnahmen abgesehen, erwiesen sich diese Methoden als unpraktisch, und die Nachrichtenübermittlung erfolgte per Läufer oder Reiter. Das trifft heutzutage längst nicht mehr zu. Telefon- und Funkverbindungen arbeiten mit Lichtgeschwindigkeit – 300000 Kilometer pro Sekunde oder ungefähr eine Milliarde achtzig Millionen Kilometer pro Stunde. Das ist allerdings nicht nur der neueste Stand – es ist auch der letzte Stand. Wie wir durch Einsteins Spezielle Relativitätstheorie wissen, ist das Universum (zumindest in unserer Gegend) so aufgebaut, daß keine Materie und keine Information schneller als mit Lichtgeschwindigkeit befördert werden kann. Das ist keine technische Barriere wie die sogenannte Schallmauer, sondern eine fundamentale kosmische Geschwindigkeitsbeschränkung, die tief in der Natur selbst verankert scheint. Aber eine Milliarde achtzig Millionen Kilometer in der Stunde dürften für praktische Zwecke im allgemeinen auch ausreichen.

Es fällt auf, daß wir in der Nachrichtentechnik die äußerste Grenze bereits erreicht haben – und hervorragend damit zurechtkommen. Ich kenne kaum jemand, den das Übermittlungstempo eines Routine-Ferngesprächs so verwirren würde, daß er davon Herzklopfen und zitternde Knie bekäme. Wir betrachten diese Sofortmethode der Kommunikation als etwas Selbstverständliches. Bei der Verkehrstechnik dagegen stoßen wir, obwohl wir noch nicht einmal in die Nähe der Lichtgeschwindigkeit gerückt sind, auf Grenzen physiologischer und technologischer Art:

Unser Planet dreht sich. Wenn an einem Punkt der Erde Mittag ist, herrscht auf dem entsprechenden Punkt der anderen Hemisphäre finstere Nacht. Man hat aus diesem Grunde die Erde ganz praktisch in vierundzwanzig mehr oder weniger gleich breite Zeitzonen aufgeteilt, die Längsstreifen rund um den Planeten bilden. Wenn wir uns nun sehr schnell fortbewegen, schaffen wir Situationen, die zwar unser Verstand verkraftet, an die sich unser Körper jedoch nur mit großer Schwierigkeit gewöhnen kann. Es ist heutzutage normal, einen relativ kurzen Flug nach Westen zu unternehmen und vor dem Abflug am Ziel einzutreffen – dann beispielsweise, wenn Start und Ankunft durch eine Zeitzone getrennt sind. Wenn ich die Neun-Uhr-Abendmaschine nach London nehme, ist es an meinem Ziel bereits morgen. Das bedeutet, daß mein Körper bei der Ankunft nach einem fünf oder sechs Stunden langen Flug »tiefe Nacht« signalisiert, während in London eben ein hektischer Geschäftstag begonnen hat. Mein Biorhythmus gerät total durcheinander, und es dauert ein paar Tage, bis ich mich an die englische Zeit gewöhnt habe. Ein Flug von New York nach Neu-Delhi ist in dieser Hinsicht übrigens noch irritierender.

Ich finde es interessant, daß zwei der einfallsreichsten und genialsten Science Fiction-Autoren – Isaac Asimov und Ray Bradbury – sich strikt weigern, ein Flugzeug zu besteigen. Mit dem Verstand haben sie die interplanetarische und interstellare Raumfahrt gemeistert, aber ihre Körper rebellieren gegen eine DC-3. Der Fortschritt auf dem Gebiet der Verkehrstechnik war einfach zu steil, und viele von uns können ihn nicht verarbeiten.

In unserer Zeit ist alles möglich. Die Erde dreht sich einmal in 24 Stunden um ihre Achse. Der Erdumfang beträgt cirka 25000 Meilen. Würden wir uns daher mit 25000/24 = 1040 Meilen (1660 km) pro Stunde fortbewegen, so könnten wir die Erdrotation gerade ausgleichen. Mit anderen Worten – wenn wir uns bei Sonnenuntergang nach Westen wendeten, könnten wir während der ganzen Reise den Sonnenuntergang genießen, selbst wenn wir den gesamten Erdball umwanderten. (Wir würden auf einer solchen Reise sogar immer den gleichen *lokalen* Zeitpunkt beibehalten, wenn wir von Zeitzone zu Zeitzone nach Westen weiterrückten, bis wir die internationale Datumsgrenze überschreiten und unvermittelt ins Morgen stürzen würden.) Nun sind aber 1040 Meilen pro Stunde weniger als die doppelte Schallgeschwindigkeit, und es gibt auf der ganzen Welt Dutzende von Flugzeugtypen – vor allem im militärischen Bereich – die solche Geschwindigkeiten ohne weiteres schaffen.*

* Bei bemannten Erdumkreisungen entstehen noch weitere Probleme. Man stelle sich einen strenggläubigen Moslem oder Juden vor, der die Erde einmal alle 90 Minuten umkreist. Ist er nun verpflichtet, bei jedem siebenten Orbit Sabbat zu feiern? Die Raumfahrt öffnet die Tore zu einer Umwelt, die sich in vielen Dingen stark von den gewohnten Sitten und Gebräuchen unterscheidet.

Einige Maschinen der zivilen Luftfahrt, wie zum Beispiel die britisch-französische *Concorde*, weisen vergleichbare Leistungen auf. Meiner Ansicht nach darf die Frage nicht lauten: Geht es noch schneller? sondern: Muß das unbedingt sein? In jüngster Zeit wird nämlich in zunehmendem Maße die Besorgnis laut – und nicht ganz zu Unrecht, wie ich finde –, ob die Vorteile, die der Überschallverkehr mit sich bringt, die Gesamtkosten und die Umweltbelastungen wirklich rechtfertigen.

Die Forderung nach superschnellen Langstreckenverbindungen kommt hauptsächlich von Geschäftsleuten und Politikern, die sich zu Konferenzen mit ihren Verhandlungspartnern in andere Länder und Staaten begeben. Aber im Grunde geht es bei dieser Art von Geschäften nie um die Beförderung von Material, sondern stets um den Austausch von Informationen. Ich bin der Meinung, daß man einen Großteil der Überschallmaschinen entbehren könnte, wenn man die bereits bestehenden Kommunikationstechniken besser nützen würde. Ich war auf manchen Regierungskonferenzen und Treffen der Privatwirtschaft, wo man pro Teilnehmer für Flugkosten und Spesen allein 500 Dollar ausgab – bei zwanzig Leuten also bereits 10000 Dollar, und das nur, um die Gesprächspartner an einem Ort zu versammeln. Aber alles, was diese Leute je austauschen, sind Informationen. Für diesen Zweck könnte man, so glaube ich, genausogut, wenn nicht besser, Videophone, Miet-Telefonleitungen und Faksimile-Apparate zur Übermittlung von Papierabzügen der Notizen und Diagramme verwenden. Ich kenne keine wichtige Funktion bei solchen Konferenzen – einschließlich privater »Korridor-Gespräche« – die sich mit der Kommunikationstechnik nicht billiger und mindestens ebenso bequem durchführen läßt.

Es gibt allerdings auch Fortschritte im Verkehrswesen, die mir wünschenswert und vielversprechend erscheinen. So sind VTOL-Flugzeuge, Maschinen also mit Senkrechtstart- und -landeeigenschaften, ein echter Segen für abgelegene, weit entfernte Gemeinden bei medizinischen oder anderen Notfällen. Aber die Neuerungen auf dem Gebiet der »Verkehrs«-Technik, die mir persönlich am meisten zusagen, sind Gummiflossen zum Schnorcheln oder Tieftauchen sowie Hängegleiter. Das ist Fortschritt im Geiste eines Leonardo da Vinci, der sich im fünfzehnten Jahrhundert erstmals ernsthaft mit dem technischen Problem des Fliegens auseinandersetzte. Solche Verbesserungen ermöglichen dem einzelnen mit wenig mehr als seinen Körperkräften den Zutritt in ein völlig neues Medium – und das bei Geschwindigkeiten, die noch Spaß machen.

Bei der starken Verknappung des fossilen Materials halte ich es für sehr wahrscheinlich, daß wir höchstens noch einige Jahrzehnte lang Autos mit Verbrennungsmotoren fahren werden. Das Transportmittel der Zukunft muß ganz einfach anders aussehen. Wir können uns hinreichend bequeme und einigermaßen schnelle Bodenfahrzeuge denken, die mit Dampf, Sonnenkollektoren, Brennstoffzellen oder Elektrizität betrieben werden, eine minimale Umweltverschmutzung hervorrufen und eine Technik verwenden, die der Benutzer versteht und in die er eingreifen kann.

Viele verantwortungsbewußte Mediziner warnen ohnehin, daß die Menschen im Westen – und zunehmend auch in den Entwicklungsländern – sich zu sehr an eine sitzende Lebensweise gewöhnt haben. Autofahren erfordert wenig Muskelkraft. Das Abschaffen des Automobils hat auf lange Sicht viele positive Aspekte; einer davon ist die Rückbesinnung auf die ältesten Transportmechanismen, das Wandern und, in vieler Hinsicht noch bedeutsamer, das Radfahren.

Ich kann mir für die Zukunft sehr gut eine gesunde, ausgeglichene Gemeinschaft denken, in der man sich hauptsächlich mittels der eigenen Beine und dem Fahrrad fortbewegt; in der umweltfreundliche Bodenautos mit mäßigen Geschwindigkeiten und öffentliche Schienenbeförderungssysteme die wichtigsten Verkehrsmittel darstellen und der Durchschnittsmensch die raffinierteren Transporttechniken nur höchst selten benutzt. Der Sektor, auf dem man auch in Zukunft ausgefeilte Transporttechnologien benötigen wird, ist die Raumfahrt. Doch die Gegenleistung, die uns die unbemannte Raumfahrt durch den unmittelbaren praktischen Nutzen, die Wissenserweiterung und reizvolle Forschungsaufgaben bringt, ist sehr eindrucksvoll, und ich erwarte in den nächsten Jahrzehnten eine wachsende Anzahl von Raumstarts in vielen Ländern, wobei sicherlich auch die im vorigen Kapitel erwähnten neuartigen Transportmethoden Verwendung finden werden. Man hat Hybridantriebe aus Kernkraft und Elektrizität vorgeschlagen, Sonnensegel und Ionenantriebe und bis zu einem gewissen Grad auch schon entwickelt. Und wenn sich in den nächsten Jahrzehnten die Zahl der Kernfusions-Versuchsanlagen für planetarische Zwecke erhöhen wird, können wir auch bald mit einer Entwicklung von Fusions-Raumantrieben rechnen.

Auch die Gravitationskräfte der Planeten wurden bereits erfolgreich miteinbezogen, Geschwindigkeiten zu erzielen, die anders unerreichbar gewesen wären. *Mariner-10* gelangte nur deshalb bis zum Merkur, weil er so dicht an der Venus vorbeiflog, daß der Planet ihm einen nicht unerheblichen Zusatzschub gab. Und *Pioneer-10* wurde einzig und allein dadurch, daß er dicht an dem Riesenplaneten Jupiter vorbeiflog, in einen Orbit geschleudert, der ihn ganz aus dem Sonnensystem heraustragen wird. In gewisser Weise sind *Pioneer-10* und *Pioneer-11* sowie *Voyager-1* und *Voyager-2* unsere modernsten Transportsysteme. Sie verlassen das Sonnensystem mit einem Tempo von ungefähr 70000 Meilen in der Stunde und tragen Botschaften von uns zu jedem, der sie da draußen im Dunkel des Raumes vernehmen könnte – Botschaften von uns Menschen, die bis vor kurzem höchstens ein paar Meilen pro Stunde zurücklegen konnten.

18
Träume im Kirschbaum

O eine Feuermuse, die hinan
Den hellsten Himmel der Erfindung steige!

WILLIAM SHAKESPEARE,
Heinrich V., Prolog

Es ist Herbst in Neuengland, ein warmer, dösiger Nachmittag. In etwa zehn Wochen werden wir den 1. Januar 1900 schreiben, und dein Tagebuch, dem du die Ereignisse und Gedanken deines jungen Lebens anvertraust, enthält zum letzten Mal einen Eintrag, dessen Jahreszahl mit einer Achtzehn beginnt. Du bist eben siebzehn geworden. Du freust dich auf dein erstes Studienjahr, aber im Moment bist du daheim, einmal, weil deine Mutter schwer an Tuberkulose erkrankt ist, zum anderen aber auch wegen deiner chronischen Magenschmerzen. Du bist intelligent, hast einen gewissen Hang zu den Naturwissenschaften, aber bis jetzt deutet nichts darauf hin, daß du ein außergewöhnliches Talent besitzt. Du hast einen hohen, alten Kirschbaum erklommen und betrachtest, auf einem Ast sitzend, zufrieden die neuenglische Landschaft, als dich plötzlich ein Gedanke durchzuckt, die überwältigende, zwingende Vision, daß es doch möglich sein müßte, zum Planeten Mars zu gelangen, echt hinzureisen – nicht nur in der Phantasie.

Als du vom Kirschbaum herabsteigst, weißt du, daß du ein anderer bist als der Junge, der eben noch in den Ästen herumturnte. Dein Lebenswerk liegt klar vor dir, und im Laufe der nächsten fünfundvierzig Jahre wirst du unbeirrbar deinen Weg gehen, ohne auch nur ein einziges Mal abzuweichen. Im Jahr darauf erklimmst du den Kirschbaum von neuem, zur Erinnerung an deine Vision, und kostest die Freude und die Bedeutung dieses Erlebnisses noch einmal aus. Und von da an kreuzt du den Augenblick deiner Vision im Tagebuch stets als »Gedenktag« an – jeden 19. Oktober bis zu deinem Tod Mitte der vierziger Jahre, einer Zeit, da deine theoretischen Erkenntnisse und auch deine praktischen Neuerungen die technischen Hindernisse des interplanetarischen Raumfluges im wesentlichen beseitigt haben.

Vier Jahre nach deinem Tod wird eine *WAC-Corporal*, montiert auf die Spitze einer *V-2*, erfolgreich abgefeuert und erreicht eine Höhe von 250 Meilen, gelangt also praktisch bis an die Schwelle des Alls. Alle wesentlichen Konstruktionselemente, die bei der *WAC-Corporal* und der *V-2* verwendet wurden, stammen ebenso von dir wie das Konzept der Mehrstufenrakete. Nur ein Vierteljahrhundert später wird man unbemannte Raumsonden zu allen Planeten gestartet haben, die den Menschen des Altertums bekannt waren; ein Dutzend Männer werden die Mondoberfläche betreten haben; und zwei ungemein miniaturisierte Sonden namens *Viking* werden auf dem Mars landen, um erstmals auf diesem Planeten nach Leben zu forschen.

Nie rüttelte und deutelte Robert H. Goddard an dem Entschluß, den er auf der Farm seiner Großtante Czarina in Worcester, Massachusetts, gefaßt hatte. Es gab zwar noch andere um diese Zeit, die ähnliche Träume verfolgten wie er – vor allem wohl der Russe Konstantin Eduardowitsch Ziolkowski –, aber in Goddard verbanden sich in einmaliger Weise visionäre Hingabe und technische Brillanz. Er studierte Physik, weil er die Physik brauchte, um zum Mars zu gelangen; und er wirkte lange Jahre als Physikprofessor und Dekan der Physikalischen Fakultät an der Clark University seiner Heimatstadt Worcester.

Was mich beim Durchblättern der Notizbücher von Robert Goddard besonders verblüfft, ist die Kraft seiner wissenschaftlichen Motivation und der gewaltige Einfluß, den spekulative Ideen – selbst wenn sie falsch sind – auf die Gestaltung der Zukunft nehmen können. In der Zeit um die Jahrhundertwende wurden Goddards Interessen nachhaltig von dem Gedanken geprägt, daß es auf anderen Welten Leben geben könnte. Er zeigte sich begeistert von W. H. Pickering, der am Observatorium des Harvard College arbeitete. Der Professor hatte die Thesen aufgestellt, daß es auf dem Mond eine erkennbare Atmosphäre gäbe, aktive Vulkane, veränderliche Eisflächen und sogar wechselnde dunkle Flecken auf dem Boden des Eratosthenes-Kraters, die er einmal als Vegetationszonen und ein andermal gar als riesige Wanderschwärme von Insekten interpretierte. Auch H. G. Wells und Garrett P. Serviss zogen den jungen Goddard mit ihrer Science Fiction in Bann; wie er selbst einmal schrieb, habe insbesondere ein Roman des letzteren, *Edison's Conquest of Mars*, »seine Phantasie ungeheuer gefesselt«. Er besuchte mit Vergnügen Vorlesungen von Percival Lowell, der ein beredter Verfechter der These war, daß auf dem Mars vernunftbegabte Wesen lebten. Aber trotz dieser enormen Anreize für die Phantasie gelang es Goddard, skeptischen Abstand zu wahren, eine seltene Eigenschaft bei jungen Leuten, die sich in Kirschbäumen interplanetarischen Träumen hingeben: »Die tatsächlichen Voraussetzungen ... könnten ganz anders sein ... als die von Professor Pickering angeführten... Das einzige Mittel gegen Fehlschlüsse ist, mit einem Wort, nichts als gegeben hinzunehmen.«

Am 2. Januar 1902 verfaßte Goddard, wie wir seinen Notizen entnehmen können, eine Abhandlung über die »Bewohnbarkeit anderer Welten«. Der Artikel befand sich nicht unter Goddards Schriften, was ich sehr bedauerte, da er uns vielleicht gezeigt hätte, in welchem Ausmaß die Suche nach extraterrestrischem Leben eine Rolle in Goddards Lebenswerk gespielt hatte.*

In seinen ersten Jahren nach der Promotion lieferte Goddard die experimentellen Beweise für seine Theorien zu Feststoff- und

* Anläßlich einer Verleihungsfeier der Clark University am 8. Mai 1978 brachte ich obigen Gedanken ebenfalls zur Sprache. Daraufhin durchforschte Dorothy Mosakowsky die Goddard-Gedächtnisbibliothek an der Clark University und entdeckte in der Sammlung der seltenen Schriften tatsächlich den kleinen Essay, der als verloren gegolten hatte. Darin lesen wir, daß Goddard die Möglichkeit, auf dem Mars könnte Leben existieren, reizvoll fand, aber mit Skepsis betrachtete, daß er an die Existenz extrasolarer Planetensysteme glaubte und davon überzeugt war, »daß es auf manchen dieser Planeten Wärme- und Lichtbedingungen gibt, die den unseren gleichen; und wenn dies zutrifft und der Planet in etwa das Alter und die Größe unserer Erde besitzt, dann könnten dort sehr gut Menschenwesen wie wir selbst leben, vermutlich mit seltsamen Moden und noch seltsameren Sitten«. Aber er schreibt auch: »Die Antwort darauf, ob unsere Mutmaßungen stimmen oder nicht, wird die ferne Zukunft erbringen.«

Flüssigraketen-Flügen. In diesem Bemühen wurde er vor allem von zwei Männern unterstützt – von Charles Greeley Abbott und George Ellery Hale. Abbott arbeitete damals als junger Wissenschaftler an der Smithsonian Institution, deren Rektor er später wurde. Und Hale stand als treibende Kraft hinter der gesamten praktischen Astronomie Amerikas: Ehe er starb, hatte er die Observatorien von Yerkes, Mount Wilson und Mount Palomar gegründet, von denen jedes zu seiner Zeit das größte Teleskop der Welt beherbergte.

Sowohl Abbott wie Yale waren Solar-Physiker, und man kann sich denken, daß beide von der Vision des jungen Goddard gefesselt waren, eine Rakete über die hinderliche Schicht der Erdatmosphäre hinauszuschicken, damit man einen klaren Blick auf die Gestirne hätte. Aber Goddard ging noch weit über diese kühne Vision hinaus. Er sprach und schrieb von Experimenten zur Zusammensetzung und Zirkulation der oberen Erdatmosphäre und überlegte, wie man oberhalb der Erdatmosphäre die Gamma- und UV-Strahlung der Sonne und der Sterne messen könnte. Er dachte an ein Raumfahrzeug, das in 1000 Meilen Höhe über die Marsoberfläche hinweggleiten würde. (Durch einen kuriosen historischen Zufall ist das genau der niedrigste Punkt in den Umlaufbahnen von *Mariner-9* und den beiden *Viking*-Sonden.) Goddard berechnete, daß ein Teleskop von vernünftigen Ausmaßen an einem solchen Aussichtspunkt in der Lage sein müßte, topographische Merkmale in der Größenordnung von zehn Quadratmetern auf dem roten Planeten zu fotografieren. (Das entspricht der Auflösung der *Viking*-Orbiter-Kameras.) Er stellte sich langsame interstellare Flüge vor (in Geschwindigkeits- und Zeitbereichen, die ziemlich genau an *Pioneer-10* und *Pioneer-11*, unsere ersten interstellaren Boten, herankommen).

Goddards Gedanken eilten jedoch noch weiter. Er stellte sich allen Ernstes ein Raumfahrzeug vor, das von Sonnenenergie betrieben wurde, und – zu einer Zeit, da man in der Öffentlichkeit noch über jede praktische Anwendung der Atomenergie spottete – Nuklearantriebe für Raumschiffe, die große interstellare Entfernungen überbrücken sollten. Goddard dachte an eine Ära in ferner Zukunft, da unsere Sonne erkaltet und die Planeten unbewohnbar sein würden, an eine Ära, da unsere Nachkommen durch den Raum reisen und fremde Gestirne besuchen würden – nicht nur die nächstgelegenen Systeme, sondern auch die weit entfernten Sternhaufen der Milchstraßen-Galaxis. Die relativistische Raumfahrt war noch kein Begriff für ihn, und so erdachte er eine Art Tiefschlaf oder Scheintod für die menschliche Schiffsbesatzung oder – noch phantastischer – eine Methode, das genetische Material der Menschen ins All zu schicken, wo es sich irgendwann in der Zukunft verbinden und zu einer neuen Menschengeneration führen sollte.

»Jede Expedition«, so schrieb er, »sollte unser gesamtes Wissen, eine Zusammenfassung von Literatur und Kunst sowie Beschreibungen aller Werkzeuge, Geräte und Arbeitsprozesse in möglichst konzentrierter, leichter und unzerstörbarer Form mitführen, damit die neue Zivilisation da beginnen kann, wo die alte aufhörte.« Diese Gedankengänge trugen die Überschrift »The Last Migration« (Die letzte Völkerwanderung) und waren in einem Umschlag mit dem Vermerk »Nur für Optimisten« versiegelt. Ein Optimist – das war Goddard ohne jeden Zweifel, aber kein blindgläubiger, der die Augen vor den Problemen und Mißständen seiner Zeit verschloß, sondern vielmehr einer, der es sich zur Aufgabe gemacht hatte, die Lebensbedingungen der Menschheit zu verbessern und einen möglichst günstigen Ausgangspunkt für die Zukunft unserer Rasse zu schaffen.

Goddards Traum, den Mars zu erreichen, wird überall sichtbar. Im Anschluß an einen seiner ersten Experimentalerfolge ließ er sich dazu bewegen, eine Presseverlautbarung zu den Einzelheiten des Starts und seiner Bedeutung für die Zukunft herauszugeben. Er hatte damals die Absicht, die Raumfahrt zum Mars in den Mittelpunkt seiner Diskussion zu stellen, aber man riet ihm ab, mit der Begründung, das Thema sei zu realitätsfremd. So wählte er einen Kompromiß und sprach davon, daß man mit einer Rakete eine größere Menge Magnesiumpulver auf den Mond schicken könne; beim Aufprall ergäbe das einen grellen Blitz, der wohl bis auf die Erde sichtbar wäre. Die Presse schlachtete seine Worte entsprechend aus, und noch lange danach wurde Goddard abfällig als »der Mann im Mond« bezeichnet; kein Wunder, daß sein Verhältnis zur Presse von da an etwas gestört war. (Ein Leitartikel in der New York *Times*, der kritisierte, Goddard habe »vergessen«, daß eine Rakete im luftleeren Raum nicht funktionieren könne, weil sie keine Abstoßmöglichkeit habe, mag zu seinem Unbehagen beigetragen haben. Erst im *Apollo*-Zeitalter entdeckte die *Times* das dritte Newtonsche Axiom und korrigierte ihren Fehler.) Goddard schrieb dazu: »Von dem Tag an lief das Ganze in der Öffentlichkeit nur noch unter dem Schlagwort ›Mondrakete‹. Ich wirbelte also mit dem Versuch, die Sensationsaspekte herunterzuspielen, mehr Staub auf, als hätte ich direkt von einer Reise zum Mars gesprochen; das wäre dem Reporter wohl als lächerlich erschienen, und er hätte es in seinem Bericht gar nicht erwähnt.«

Goddards Aufzeichnungen enthalten nicht gerade eine Fülle psychologischer Erkenntnisse. Das paßte auch nicht – oder kaum – zum Geist seiner Zeit.* Aber es gibt eine Bemerkung in Goddards Notizbüchern, die nur eine Aufwallung bitterer Selbsterkenntnis gewesen sein kann: »Gott erbarme sich des Menschen, der nur einen Traum kennt.« Diese Beschreibung trifft genau auf Goddard zu. Es befriedigte ihn sicher, die Fortschritte in der Raketentechnik mitzuerleben, aber das alles muß quälend langsam vorangegangen sein. Es gibt so viele Briefe, in denen Abbott auf einen schnelleren Fortgang der Experimente drängt, und so viele Antworten von Goddard, in denen die praktischen Verzögerungsgründe geschildert werden. Goddard erlebte nicht mehr mit, daß man Raketen auf den Gebieten der Astronomie und Höhen-Meteorologie einsetzte, und er erfuhr nichts mehr von den Flügen zum Mond und den Planeten.

Aber daß es zu all diesen Projekten gekommen ist, verdanken wir eindeutig auch seiner Genialität. Am 19. Oktober 1976 war der 77. Jahrestag von Robert H. Goddards Mars-Vision. Bis dahin hatte der rote Planet zwei funktionsfähige Orbiter und zwei intakte Lander gesehen; sie gehen letztlich zurück auf einen Jungen, der im Herbst des Jahres 1899 auf einem Kirschbaum in Neuengland saß und vor sich hinträumte. Unter vielen anderen hatte die *Viking*-Mission auch die Aufgabe, nach mög-

---

* Allerdings, und das ist interessant, befand er sich im Jahre 1909, als Sigmund Freud und Carl Gustav Jung die erste umfassende Diskussion in englischer Sprache über jene junge Wissenschaft der Psychoanalyse abhielten, in Worcester. Viele amerikanische Psychiater erfuhren erstmals durch Freuds Vorlesungen an der Clark University von den neuen Erkenntnissen auf diesem Gebiet. Ob der reife vollbärtige Wiener Arzt und der junge schnurrbärtige amerikanische Physik-Doktorand einander wohl zunickten, wenn sie sich flüchtig auf dem Campus sahen, auf ihrem Wege zu verschiedenen Zielen?

lichem Leben auf dem Mars zu forschen – ein Gedanke, der viele Jahre zuvor ein so mächtiger Antrieb für Goddard gewesen war. Kurioserweise können wir die biologischen Ergebnisse der *Viking*-Missionen immer noch nicht deuten. Einige Experten sind der Ansicht, daß man möglicherweise Mikrobenleben entdeckt hat; andere halten das für unwahrscheinlich. Es ist klar, daß man in Zukunft ein breit angelegtes Programm zur Erforschung des Mars benötigen wird, um einfach einmal zu begreifen, wo genau in der kosmischen Evolution unsere Schwesterwelt steht und welche Stufe im Vergleich dazu unser eigener Planet einnimmt.

So entstand die Raketentechnik aus der Frage nach Leben auf anderen Welten. Nun, da wir auf dem Mars gelandet sind und biologische Ergebnisse in Händen halten, die uns vor neue quälende Fragen stellen, erfordern die Folgemissionen – Marsautos sowie Bodenproben, die in Kanistern zurück auf die Erde geschickt werden – ihrerseits weitere Entwicklungen in der Raumfahrttechnik. Ich könnte mir denken, daß diese Wechselwirkung der Kausalität genau nach dem Geschmack von Robert H. Goddard gewesen wäre.

19
Experimente im Raum

Wir sehnen stets nach schönen Bildern uns,
Wir träumen stets von unbekannten Welten.

MAXIM GORKI

Bis vor relativ kurzer Zeit krankte die Astronomie an einer merkwürdigen Ausnahmestellung, einer schwerwiegenden Behinderung: sie war die einzige exakte Wissenschaft, die völlig ohne Experimente auskommen mußte. Unsere Studienobjekte kreisten alle dort droben, und wir mit unseren Geräten standen hier unten.

Keine andere Wissenschaft war derart stark eingeengt. In Physik und Chemie ist es selbstverständlich, daß man alles auf dem Amboß des Experiments schmiedet, und wer an der einen oder anderen Schlußfolgerung zweifelt, dem steht es frei, Materie und Energie so lange zu handhaben, bis er das Gegenteil bewiesen oder eine andere Lösung gefunden hat. Zwar ist es auch den geduldigsten Biologen, die sich mit der Evolution befassen, nicht möglich, ein paar Millionen Jahre abzuwarten, um zu beobachten, wie die eine Spezies sich aus einer anderen entwickelt. Aber Experimente mit gleichen Aminosäure-Sequenzen, Enzymstrukturen, Nukleinsäure-Kodes und Chromosomenkopplungen sowie Anatomie-, Physiologie- und Verhaltensforschung sprechen zwingend für die Tatsache, daß eine Evolution stattgefunden hat, und zeigen deutlich, welche Pflanzen- oder Tiergruppen (z.B. der Mensch) mit welchen anderen (z.B. den Menschenaffen) verwandt sind.

Es stimmt auch, daß Geophysiker beim Studium des Erdinnern nicht zur Wiechert-Diskontinuität zwischen Kern und Mantel oder (bis jetzt jedenfalls) zur Mohorovicic-Diskontinuität zwischen Mantel und Kruste vordringen können. Aber hier und da finden sich Batholithen, in die Erdkruste aufgestiegene Tiefengesteine, an der Oberfläche und können untersucht werden. Geophysiker stützen sich vor allem auf seismische Daten, und hier konnten sie, ähnlich wie die Astronomen, die Hilfe der Natur nicht erzwingen, sondern waren auf freiwillige Beiträge angewiesen – beispielsweise ein seismisches Ereignis auf der anderen Seite der Erde, so daß sich einer von zwei nahegelegenen Seismometern im Schatten des Erdkerns befand und der andere nicht. Aber ungeduldige Seismologen haben die Möglichkeit – und nutzen sie manchmal auch –, selbst chemische und nukleare Detonationen zu veranstalten, um die Erde zu erschüttern. Und in jüngster Zeit mehren sich erstaunlicherweise die Spuren, daß man Erdbeben künstlich erzeugen und unterdrükken kann. Diejenigen unter den Geologen, die solche Methoden nicht schätzten, konnten immer noch Erosionsprozesse untersuchen. Aber in der Astronomie gab es keine einzige derartige Möglichkeit.

Wir waren ganz auf die elektromagnetische Strahlung angewiesen, die von astronomischen Objekten ausgesandt bzw. reflektiert wird. Wir konnten weder Stern- noch Planetenfragmente im Labor untersuchen noch zu solchen Objekten fliegen, um sie *in situ* zu untersuchen.* Bodenmessungen, bei denen wir keinen Einfluß auf die Daten hatten, lieferten nur einen winzigen Bruchteil der möglichen Informationen. Unsere Situation war weit schlimmer als die der berühmten sechs Blinden, welche die Natur des Elefanten erforschen sollten. Sie entsprach noch am ehesten der Lage eines einzigen Blinden, der durch einen ganzen Zoo irrt. Jahrhundertelang standen wir herum und betasteten irgendein linkes Hinterbein. Kein Wunder, daß wir weder die Stoßzähne fanden noch bemerkten, daß der Fuß gar nicht zu einem Elefanten gehörte. Befand sich durch Zufall die Bahnebene eines Doppelsterns in unserer Sichtlinie, konnten wir Bedeckungsveränderliche erkennen, andernfalls nicht. Es war uns nicht möglich, einen Aussichtspunkt im Raum aufzusu-

---

* mit der einzigen Ausnahme der Meteoriten (siehe Kapitel 15)

chen, um von dort aus die Verfinsterungen zu betrachten. Beobachteten wir eine Galaxis gerade in dem Moment, da eine Supernova explodierte, konnten wir das Spektrum dieser Supernova studieren, andernfalls nicht. Wir sind auch noch nicht so weit, daß wir Supernova-Explosionen herbeiführen können – was vielleicht ganz gut ist. Und wir konnten weder die elektrischen und thermischen Eigenschaften der Mondoberfläche noch ihre Mineralogie oder organische Chemie im Labor überprüfen. Wir mußten uns mit Schlußfolgerungen begnügen, die wir aus dem reflektierten sichtbaren Licht des Mondes sowie seiner Infrarot- und Radiowellenstrahlung zogen, hin und wieder unterstützt durch »Naturexperimente« wie Verfinsterungen.

Aber das alles ändert sich allmählich. Die Astronomen, die ihre Messungen von Erdstationen aus vornehmen, erhielten zumindest für nähergelegene Himmelsobjekte ein zusätzliches Hilfsmittel – die Radar-Meßtechnik. Wir können Mikrowellen beliebiger Frequenz, Polarisation, Bandbreite und Impulsdauer zu einem nahen Mond oder Planeten senden und das zurückgeworfene Signal auswerten. Wir können warten, bis sich das Objekt unter dem Strahl ein Stück weitergedreht hat, um dann einen anderen Punkt der Oberfläche anzuvisieren. Der Radarastronomie verdanken wir eine Fülle neuer Erkenntnisse zu den Rotationsperioden von Venus und Mars und verwandten Problemen in der Gezeiten-Evolution des Sonnensystems; zu den Venus-Kratern; der zerklüfteten Mondoberfläche; den Marserhebungen sowie der Partikelgröße und -zusammensetzung der Saturn-Ringe. Dabei steht die Radarastronomie erst am Anfang. Wir sind immer noch auf niedrige Breiten und – im Falle des äußeren Sonnensystems – auf die sonnenzugewandten Hemisphären angewiesen. Aber das Arecibo-Teleskop am National Astronomy and Ionosphere Center in Puerto Rico mit seiner neu überarbeiteten Oberfläche soll uns dabei unterstützen, die Venus bis zu einer Auflösungsgenauigkeit von einem Quadratkilometer zu kartographieren – Bodenaufnahmen der Mondoberfläche kommen an diese Auflösung nicht heran – und darüber hinaus eine Fülle neuer Informationen über die Asteroiden, die Galileischen Jupitermonde und die Saturnringe liefern. Zum ersten Male stochern wir mitten in die kosmische Materie hinein und betasten das Sonnensystem mit elektromagnetischen Fingern.

Eine weit bessere Technik der Experimental- (im Gegensatz zur Beobachtungs-) Astronomie ist jedoch die Erforschung durch Raumsonden. Wir können heute in die Magnetosphären und Atmosphären der Planeten eindringen. Wir können auf den Planeten selbst landen und uns dort mit Hilfe von Fahrzeugen umherbewegen. Wir können auf direktem Wege interplanetarische Materie sammeln. Unsere ersten zögernden Schritte in das All haben uns zu einer Vielzahl von Phänomenen geführt, von deren Existenz wir bis dahin keine Ahnung hatten: so die »Van-Allen-Gürtel«, Zonen harter Partikel, die vom Magnetfeld der Erde eingefangen wurden; die Masse-Konzentrationen unter den Ringmeeren des Mondes; die Kanäle und riesigen Vulkane auf dem Mars; die von Kratern übersäten Oberflächen von Phobos und Deimos. Was mich am meisten verblüfft, ist die Tatsache, daß die Astronomen noch vor dem Raumzeitalter so gute Arbeit leisteten – »erdgefesselt«, wie sie waren. Was sie aus dem greifbaren Material schlossen, ist anerkennenswert. Die Raumfahrt dient mit dazu, die Thesen zu überprüfen, die Astronomen durch rein theoretische Schlußfolgerungen gewonnen haben; und sie kann uns abschätzen helfen, ob wir die Thesen glauben dürfen, die Astronomen von weit entfernten Objekten aufgestellt haben – Objekten, die wir auch mit Raumfahrzeugen in der näheren Zukunft nicht erreichen können.

Eine der ersten großen Streitfragen in der Astronomie ging darum, ob die Erde oder die Sonne im Zentrum unseres Sonnensystems läge. Sowohl die ptolemäische wie auch die kopernikanische Lehre hatten etwa gleich gute Erklärungen für die scheinbaren Bahnen des Mondes und der Planeten. Praktisch spielte es für die jeweiligen Mond- und Planetenpositionen in bezug auf die Erde kaum eine Rolle, welche der beiden Thesen man akzeptierte. Ganz anders lag die Sache bei den philosophischen Auswirkungen der geo- beziehungsweise heliozentrischen Hypothese. Dabei gab es durchaus Mittel, die Wahrheit herauszufinden. Gemäß der kopernikanischen Lehre mußten Venus und Mars ähnliche Phasen durchlaufen wie der Mond. Die ptolemäische Lehre bestritt das. Als Galilei daher mit einem der ersten astronomischen Teleskope eine Venus-Sichel beobachten konnte, wußte er, daß er den Beweis für die kopernikanische Lehre besaß.

Aber die Raumfahrt bietet eine direktere Prüfung. Ptolemäus stellte sich vor, daß die Planeten an riesige Kristallsphären gebunden waren. Als jedoch Sonden wie *Mariner-2* oder *Pioneer-10* die Regionen durchdrangen, in denen sich gemäß Ptolemäus die Kristallsphären befinden mußten, konnte man keinerlei Stocken in der Bewegung feststellen; und die akustischen Detektoren zum Aufspüren von Mikrometeoriten übermittelten nicht das leiseste Klingeln, geschweige denn das Klirren von zersprungenem Kristall. Irgendwie ist so ein Test doch sehr befriedigend. Auch wenn es vermutlich keine Anhänger der ptolemäischen Lehre mehr unter uns gibt, so könnten hier und da Zweifel bestehen, ob die Venus nicht doch Phasen einer modifizierten geozentrischen These durchläuft. Leute, die diese Skrupel hatten, können nun ruhig schlafen.

Noch vor dem Raumfahrtzeitalter zeigte sich der deutsche Astrophysiker Ludwig Biermann verblüfft darüber, daß es in den gut entwickelten Schweifen von Kometen, die das Sonnensystem passierten, helle Knoten gab, die allem Anschein nach eine Beschleunigung erfuhren. Biermann wies nach, daß der Strahlungsdruck des Sonnenlichts nicht ausreichte, um das Phänomen zu erklären, und stellte die völlig neue These auf, daß es sich um geladene Partikel handle, die der Sonne entströmten und im Zusammenwirken mit dem Kometen die beobachtete Beschleunigung hervorriefen. Nun, mag sein. Aber konnte die Erscheinung ihre Ursache nicht ebenso in, sagen wir, chemischen Detonationen des Kometenkerns haben? Oder gab es eine völlig andere Erklärung? Doch *Mariner-2*, die erste erfolgreiche interplanetarische Sonde, bestätigte im Laufe ihres Vorbeiflugs an der Venus die Existenz eines Sonnenwindes mit Geschwindigkeiten und Elektronendichten in genau dem Bereich, der nach Biermanns Berechnungen nötig war, um die Knoten zu beschleunigen.

Etwa zur gleichen Zeit fand eine Diskussion über die Natur des Sonnenwindes statt. Eugene Parker von der University of Chicago vertrat dabei die Theorie, daß er durch hydrodynamische Ströme von der Sonne weg verursacht wurde; eine andere These stützte sich auf Verflüchtigungsvorgänge in den äußeren Atmosphäreschichten der Sonne. Bei Parkers Theorie durfte es eigentlich zu keiner Materieaufspaltung kommen – mit anderen Worten: die atomare Zusammensetzung des Sonnenwindes mußte die gleiche sein wie die der Sonne. Stimmt dagegen die Verflüchtigungstheorie, so lösen sich die leichteren Atome eher von der Schwerkraft der Sonne, und demnach dürfte der Sonnenwind kaum schwere Elemente enthalten. Interplanetarische Raumsonden haben nun gemessen, daß das Verhältnis Wasserstoff zu Helium im Sonnenwind genau das gleiche ist wie in der Sonne, und damit die hydrodynamische These vom Ursprung des Sonnenwindes entscheidend erhärtet.

Diese Beispiele aus der Sonnenwind-Physik führen uns vor Augen, daß Raum-Experimente ein kritisches Abwägen bereits bestehender Theorien ermöglichen. Rückblickend erkennen wir, daß Astronomen wie Biermann und Parker mit ihren Begründungen und Thesen recht hatten. Aber es gab andere, nicht weniger intelligente Naturwissenschaftler, die ihre Lehren anzweifelten und wohl weiterhin skeptisch geblieben wären, hätten die Raum-Experimente nicht stattgefunden. Was besonders auffällt, ist nicht, daß es andere Thesen gab, die wir nun als unrichtig erkennen, sondern daß anhand der äußerst spärlichen Daten *überhaupt jemand* klug genug war, die richtige Antwort zu finden – sei es durch Schlußfolgerungen, Intuition, die Physik oder gesunden Menschenverstand.

Vor den *Apollo*-Missionen konnte man während Verfinsterungen und Lunationen die äußere Schicht der Mondoberfläche durch Messungen im sichtbaren, infraroten und Radiowellenbereich erforschen; man kannte auch die Polarisation des von der Mondoberfläche reflektierten Sonnenlichts. Aufgrund dieser Daten mischte Thomas Gold von der Cornell University im Labor ein dunkles Pulver, das alle an der Mondoberfläche beobachteten Eigenschaften besaß. Man kann diesen »Goldstaub« übrigens zu einem bescheidenen Preis von der Edmund Scientific Company erwerben. Vergleicht man mit bloßem Auge den Mondstaub, den die *Apollo*-Astronauten mitbrachten, und eben jenen »Goldstaub«, so lassen sich kaum Unterschiede erkennen. Die elektrischen und thermischen Merkmale sowie die Verteilung der Partikelgröße gleichen einander fast aufs Haar. Doch die chemische Zusammensetzung ist völlig anders. Der »Goldstaub« besteht im wesentlichen aus Portland-Zement, Holzkohle und Haarspray. Die Mond-Bestandteile sind längst nicht so exotisch. Aber die lunaren Eigenschaften, die vor der *Apollo*-Mission bekannt und Gold zugänglich waren, hingen auch kaum von der chemischen Zusammensetzung der Mondoberfläche ab. Und die Merkmale, die bis 1969 für die Mondbeobachtungen relevant waren, vollzog er exakt nach.

Noch ehe die erste sowjetische *Venera*-Sonde die Atmosphäre und ihre Nachfolger die Oberfläche der Venus *in situ* untersuchten, konnten wir bereits aufgrund der verfügbaren Radio- und Radardaten die hohe Temperatur sowie die extremen Druckverhältnisse der Venusoberfläche vorhersagen. Ähnlich prophezeiten wir für den Mars Höhenunterschiede bis zu 20 Kilometern, wenngleich wir einer Täuschung unterlagen, als wir annahmen, daß dunkle Flächen unbedingt große Erhebungen sein müßten.*

Eine der interessantesten Gegenüberstellungen von astronomischer Theorie und Raumsonden-Meßwerten ist die Geschichte mit der Magnetosphäre des Jupiter. Im Jahre 1955 erprobten Kenneth Franklin und Bernard Burke ein Radioteleskop in der Nähe von Washington, D. C., das galaktische Radio-Emissionen auf einer 22-Hertz-Frequenz empfangen sollte. Sie entdeckten bei ihren Aufzeichnungen eine regelmäßig wiederkehrende Interferenz, die sie anfangs für eine ganz normale Funkstörung hielten – etwa die schadhafte Zündung irgendeines Traktors in der Nähe. Aber bald erkannten sie, daß sich die Interferenzen immer dann bemerkbar machten, wenn der Planet Jupiter am Himmel vorüberzog. Sie hatten entdeckt, daß Jupiter im Zehn-Meter-Wellenbereich starke Radio-Emissionen aussandte.

Später fand man heraus, daß der Planet auch im Dezimeter-Bereich sehr stark strahlte. Allerdings war das Spektrum äußerst merkwürdig. Bei einer Wellenlänge von wenigen Zentimetern fand man mit etwa 140°K sehr niedrige Temperaturen vor – Werte, die sich mit den Jupiter-Temperaturen im Infrarotbereich vergleichen ließen. Dagegen stieg im Dezimeter-Bereich – bis hin zu einem Meter – die Helligkeitstemperatur im Verhältnis zur Wellenlänge steil an und erreichte Werte an die 100000°K. Das war eine zu hohe Temperatur für eine thermische Emission – jene Radiostrahlung, die alle Objekte einfach deshalb abgeben, weil sie eine Temperatur über dem absoluten Nullpunkt besitzen.

---

* Ich habe über diese Dinge ausführlich in meinem Buch *The Cosmic Connection* (Nachbarn im Kosmos), Kapitel 12, 16 und 17 berichtet.

Frank Drake, damals noch am National Radio Astronomy Observatory, behauptete 1959, dieses Spektrum lasse darauf schließen, daß Jupiter eine Quelle von Synchrotron-Emissionen sei – einer Strahlung, die geladene Teilchen in ihrer Bewegungsrichtung aussenden, wenn sie fast mit Lichtgeschwindigkeit dahinfliegen. Auf der Erde sind Synchrotrone ganz praktische Apparate, die man in der Kernphysik dazu verwendet, Elektronen und Protonen auf Fast-Lichtgeschwindigkeit zu beschleunigen – und in eben solchen Beschleunigern hat man diese Art von Strahlung zum erstenmal beobachtet. Die Synchrotron-Emission ist polarisiert, und die Tatsache, daß die Dezimeter-Strahlung des Jupiter ebenfalls polarisiert ist, unterstützte Drakes These noch. Drake sprach die Vermutung aus, daß der Jupiter von einem riesigen Gürtel relativistisch geladener Teilchen umgeben sei, ähnlich dem Van-Allen-Strahlungsgürtel um die Erde, den man zu dieser Zeit gerade entdeckt hatte. Wenn das stimmte, so mußte das Gebiet, von dem die Dezimeter-Emission ausging, viel umfassender sein als die optische Größe des Jupiter. Leider reicht bei den herkömmlichen Radioteleskopen die Winkelauflösung nicht aus, um in Entfernungen wie denen des Jupiter noch Raum-Details zu zeigen. Ein Radio-Interferometer dagegen besitzt diese Auflösung. Im Frühjahr 1960, bald nach Bekanntwerden von Drakes These, setzten V. Radhakrishnan und seine Mitarbeiter am California Institute of Technology ein Interferometer ein, das aus zwei Antennen von je dreißig Metern Durchmesser bestand. Diese Antennen waren auf Schienen montiert und konnten fast eine Drittelmeile auseinandergeschoben werden. Mit Hilfe dieses Instruments entdeckten sie, daß die Zone der Dezimeter-Strahlung rund um den Jupiter in der Tat beträchtlich größer war als die normale optische Scheibe des Planeten; somit konnten sie Drakes Theorie bestätigen.

Nachfolgende Messungen mit Radio-Interferometern höherer Auflösung haben ergeben, daß Jupiter von zwei symmetrischen »Henkeln« aus Radiowellen-Strahlung flankiert wird, welche die gleiche Grundstruktur aufweisen wie die Van-Allen-Strahlungsgürtel der Erde. Daraus entwickelte man die allgemeine Vorstellung, daß auf beiden Welten Elektronen und Protonen des Sonnenwindes eingefangen, durch das magnetische Dipolfeld des Planeten beschleunigt und somit gezwungen werden, sich spiralförmig um die planetarischen Magnetfeldlinien zu bewegen, wobei sie von einem Magnetpol zum anderen springen. Die Radioemissionszone um den Jupiter ist identisch mit seiner Magnetosphäre. Je stärker das Magnetfeld, desto weiter vom Planeten entfernt wird die Grenze des Magnetfeldes sein. Darüber hinaus erlaubt die Übereinstimmung des beobachteten Radio-Spektrums mit der Synchrotronstrahlungstheorie eine nähere Spezifikation der Magnetfeldstärke. Die Feldstärke ließ sich zwar nicht genau bestimmen, aber die meisten Schätzungen der Radioastronomie Ende der sechziger und Anfang der siebziger Jahre lagen zwischen 5 und 30 Gauß, also an die zehn- bis sechzigmal höher als das äquatoriale Magnetfeld der Erde.

Radhakrishnan und seine Kollegen entdeckten auch, daß sich die Polarisation der Jupiter-Dezimeterwellen regelmäßig mit der Rotation des Planeten veränderte, so als schwankte der Jupiter-Strahlungsgürtel in bezug auf die Sichtlinie. Sie vertraten die Ansicht, daß dies auf eine Neigung von etwa 9 Grad zwischen Rotationsachse und Magnetachse des Planeten zurückzuführen sei – in etwa das gleiche Phänomen wie die Verschiebung zwischen geographischem und magnetischem Nordpol auf der Erde. Spätere Studien der Dezimeter- und Dekameter-Emission durch James Warwick von der University of Colorado und andere Astronomen legten den Schluß nahe, daß die Magnetachse des Jupiter um den Bruchteil eines Jupiter-Radius von der Rotationsachse versetzt ist, anders als auf der Erde, wo sich beide Achsen im Mittelpunkt des Planeten schneiden. Man vermutete außerdem, daß sich der südliche Magnetpol des Jupiter auf der Nord-Hemisphäre befinden müsse; das würde bedeuten, daß auf dem Jupiter ein auf Norden eingestellter Kompaß nach Süden deuten würde. Das ist gar nicht so bizarr, wie es vielleicht klingen mag. Das Magnetfeld der Erde hat seine Richtung im Laufe der Geschichte oftmals umgekehrt, und daß sich im Moment der nördliche Magnetpol auf der Nordhalbkugel der Erde befindet, ist reine Definitionssache. Aus der Intensität der Dezimeter- und Dekameter-Emission berechneten die Astronomen außerdem, wie groß die Energien sowie die Elektronen- und Protonenströme in der Magnetosphäre des Jupiter sein könnten.

Wir haben hier also eine stattliche Menge an Schlußfolgerungen. Bemerkenswert ist, daß alle der Theorie entspringen. Das ganze raffinierte Gedankengebäude wurde am 3. Dezember 1973 einer kritischen Prüfung unterzogen, als die *Pioneer-10*-Sonde die Jupiter-Magnetosphäre durchflog. An Bord befanden sich Magnetometer, welche die Stärke und Richtung des Magnetfelds an verschiedenen Punkten der Magnetosphäre maßen, dazu eine Reihe von Detektoren, welche die Energien und Ströme der eingefangenen Elektronen und Protonen maßen. Es ist überwältigend, daß *Pioneer-10* und die Nachfolge-Sonde *Pioneer-11* in groben Zügen praktisch jede einzelne Schlußfolgerung der Radioastronomen bestätigten. Das Magnetfeld an der Äquator-Oberfläche des Jupiter mißt etwa 6 Gauß und verstärkt sich zu den Polen hin. Die Neigung von Magnet- zu Rotationsachse beträgt etwa 10 Grad. Die Magnetachse scheint um zirka einen Viertel-Jupiter-Radius vom Mittelpunkt des Planeten versetzt. Weiter als drei Jupiter-Radien entfernt ist das Magnetfeld ungefähr das eines Dipols; näher zum Zentrum hin ist es allerdings weit komplexer, als man vermutet hatte. Der Strom geladener Teilchen, den *Pioneer-10* auf ihrem Flug durch die Magnetosphäre auffing, war beträchtlich größer, als man erwartet hatte – aber nicht so groß, daß er die Sonde außer Betrieb setzte. Daß *Pioneer-10* und *Pioneer-11* die Jupiter-Magnetosphäre heil überstanden, war eher dem Glück und der guten Konstruktion zu verdanken als den Theorien über die Magnetosphäre.

Ganz allgemein wird die Synchrotron-Theorie bei der Dezimeter-Emission von Jupiter bestätigt. Es zeigt sich, daß die Radioastronomen durchwegs brauchbare Vorhersagen lieferten. Wir können jetzt mit sehr viel mehr Vertrauen als früher an Schlußfolgerungen glauben, die auf der Synchrotron-Physik beruhen und für andere, weiter entfernte und schwer zugängliche kosmische Objekte angewandt werden, wie etwa Pulsare, Quasare oder die Überreste von Supernovae. Mehr noch, wir können uns die Theorien nun noch einmal vornehmen und auf ihre Aussagegenauigkeit hin überarbeiten. Die radioastronomischen Theorien wurden erstmals einem kritischen experimentellen Test unterzogen – und haben ihn mit Bravour bestanden. Von den vielen Erkenntnissen, die uns *Pioneer-10* und *Pioneer-11* gebracht haben, ist dies wohl der größte Triumph: eine Bestätigung, daß wir die Theorie eines wichtigen Teilgebiets der kosmischen Physik gründlich beherrschen.

Zwar gibt es noch eine Reihe ungelöster Probleme bezüglich der Jupiter-Magnetosphäre und der Radio-Emissionen. Vor allem Einzelheiten der Strahlung im Zehn-Meter-Bereich blieben ein verwirrendes Rätsel. Warum gibt es auf dem Jupiter lokal begrenzte Emissionsquellen im Dekameter-Bereich, die vermutlich weniger als hundert Kilometer betragen? Was sind diese Emissionsquellen? Warum rotieren die Dekameter-Emissions-Zonen mit hoher zeitlicher Genauigkeit – bis auf sieben Stellen nach dem Komma – um den Planeten, unterscheiden sich jedoch von den Rotationsperioden sichtbarer Merkmale in den Jupiterwolken? Warum haben die Dekameter-Ausstöße eine höchst komplizierte Feinstruktur (im Submillisekundenbereich)? Warum ist die Dekameter-Strahlung gebündelt – anstatt gleichmäßig in alle Richtungen zu gehen? Warum handelt es sich um intermittierende Quellen – mit anderen Worten, warum strahlen sie nicht permanent?

All diese rätselhaften Eigenschaften der Jupiterstrahlung im Zehn-Meter-Bereich erinnern an Pulsare. Typische Pulsare besitzen aber Magnetfelder, die billiardenmal größer sind als das von Jupiter; sie rotieren hunderttausendmal schneller; sie sind um das Tausendfache jünger und massiver. Die Grenzschicht der Jupiter-Magnetosphäre bewegt sich mit weniger als einem Tausendstel der Geschwindigkeit, die der Emissionskegel eines Pulsars besitzt. Dennoch ist es möglich, daß der Jupiter eine Art verunglückter Pulsar ist, ein lokales, ziemlich kümmerliches Exemplar der rasch rotierenden Neutronensterne, die ein Endprodukt der Stern-Evolution darstellen. Tiefere Einblicke in die immer noch verwirrenden Probleme der Pulsaremissionsmechanismen und Magnetosphären-Geometrie könnte man durch Raumbeobachtungen der Jupiter-Dekameterstrahlung gewinnen – beispielsweise während der *Voyager*-Mission der NASA oder auf den geplanten Missionen zu den Galileischen Monden.

Die Astrophysik macht auf dem Experimentalsektor rasche Fortschritte. In spätestens einigen Jahrzehnten können wir mit einer direkten experimentellen Erforschung des interstellaren Mediums rechnen: Man schätzt, daß die Heliopause – die Grenzschicht zwischen der Region, die vom Sonnenwind dominiert wird, und jener, in der das interstellare Plasma vorherrscht – nicht viel mehr als hundert astronomische Einheiten (9,3 Milliarden Meilen) von der Erde entfernt liegt. (Wenn es nun noch einen lokalen Sonnensystem-Quaser gäbe und dazu im Hinterhof ein Schwarzes Loch – nichts Spektakuläres, versteht sich, ganz winzige Dinger täten es ebensogut –, dann könnten wir mit Raumsonden-Messungen an Ort und Stelle den größten Teil der modernen astrophysikalischen Spekulationen klären.)

Wenn wir die bisherige Erfahrung zugrunde legen, wird jedes künftige experimentelle Raumfahrt-Unternehmen der Astrophysik erweisen, daß a) die Vertreter der einen oder anderen astrophysikalischen Lehrmeinung vollkommen recht hatten; b) vor dem Eintreffen der Raumfahrt-Daten keiner genau sagen konnte, welche Lehrmeinung die richtige war; und c) durch die Raumfahrt-Daten eine ganze Reihe völlig neuer, fundamentaler und noch faszinierenderer Probleme auftauchen.

20
Eine Lanze für die Roboter

Du kommst in so fragwürdiger Gestalt,
Ich rede doch mit dir...

WILLIAM SHAKESPEARE,
Hamlet, 1. Akt, 4. Szene

Der Begriff »Robot«, erstmals von dem tschechischen Schriftsteller Karel Čapek benutzt, leitet sich von dem slawischen Stammwort für »Arbeiter« ab. Aber man sieht in einem Roboter eher eine Maschine als einen Menschen. Roboter, ganz besonders Roboter im All, sind in der Presse oft genug ziemlich schlecht weggekommen. Wir lesen, daß ein Mensch die letzte Zielkorrektur vor der Landung von *Apollo-11* vornehmen mußte, da andernfalls das erste bemannte Mondunternehmen mit einer Katastrophe geendet hätte; daß ein mobiler Roboter auf der Marsoberfläche nie so gut wie ein Mensch entscheiden könne, welche Bodenproben man zu den Geologen auf die Erde schikken solle; und daß Maschinen niemals in der Lage gewesen wären, die *Skylab*-Sonnenzellenfläche so gut zu reparieren wie die Astronauten an Bord.

Aber all diese Vergleiche stammen, wie sollte es anders sein, von Menschen. Ich frage mich, ob sich da nicht eine Spur von Selbstlob, ein Hauch von menschlichem Chauvinismus eingeschlichen hat. So wie Weiße gelegentlich Rassismus und Männer da und dort Sexismus erkennen, meine ich, hier eine vergleichbare Schwäche des menschlichen Geistes zu spüren – eine Anfälligkeit, die bis jetzt noch keinen Namen hat. Die Bezeichnung »Anthropozentrik« trifft die Sache nicht genau. Das Wort

»Humanismus« wurde bereits für andere, edlere Aktivitäten unserer Rasse in Beschlag genommen. Analog zu Sexismus und Rassismus schlage ich den Namen »Speziesimus« für dieses Leiden vor, dieses Vorurteil, daß es keine Lebewesen gibt, die so toll, so tüchtig und so zuverlässig wie die Menschen sind.

Es handelt sich dabei um ein Vor-Urteil im wahrsten Sinn des Wortes, einen Schluß, den wir gezogen haben, noch ehe wir alle Fakten besitzen. Die Vergleiche zwischen Menschen und Maschinen im All sind Vergleiche zwischen klugen Menschen und dummen Maschinen. Wir haben nie die Frage aufgeworfen, welche Maschinen man für die etwa 30 Milliarden Dollar, die *Apollo* und *Skylab* kosteten, bekommen hätte.

Jeder Mensch ist ein vorzüglich konstruierter, erstaunlich kompakter, frei beweglicher Computer – hin und wieder sogar dazu fähig, eigene Entscheidungen zu treffen und seine Umwelt zu beeinflussen. Und, um den alten Kalauer nicht zu vergessen, er ist der einzige Computer, den auch ungelernte Arbeitskräfte produzieren können. Aber dem Einsatz des Menschen sind in bestimmter Umgebung strikte Grenzen gesetzt. So wäre der Mensch ohne umfassende Schutzmaßnahmen auf dem Meeresboden, auf der Venusoberfläche, im Zentrum des Jupiter, ja sogar auf längeren Raum-Missionen in arger Bedrängnis. Die vielleicht einzigen aufschlußreichen Daten, die Maschinen nicht hätten erbringen können, lagen in der Erkenntnis, daß bei Menschen, die sich mehrere Monate im Raum befinden, ein starker Abbau von Knochenkalk und Phosphor erfolgt – was darauf hinzudeuten scheint, daß Menschen ungeeignet für Missionen in der Schwerelosigkeit sind, die sechs und neun Monate oder noch länger dauern. Aber eine durchschnittliche interplanetarische Reise dauert ein oder zwei Jahre. Da wir den Menschen einen hohen Wert zubilligen, zögern wir, sie bei sehr riskanten Unternehmen einzusetzen. Falls wir sie wirklich in eine fremde Umgebung schicken, liefern wir ihnen die gewohnte Nahrung mit, versorgen sie mit Luft und Wasser, denken an Abfall-Recycling, Unterhaltung und Freunde. Im Vergleich dazu benötigen Maschinen weder ausgefeilte Überlebenssysteme noch Unterhaltung oder Kumpel, und wir haben auch kaum ethische Bedenken, Maschinen auf »Selbstmord-Missionen« zu schicken oder ihnen Aufträge zu erteilen, von denen es keine Rückkehr gibt.

Fest steht, daß sich auf einfachen Missionen Maschinen oft und oft bewährt haben. Unbemannten Satelliten gelangen die ersten Gesamtaufnahmen der Erde und der erdabgewandten Mondhemisphäre; unbemannte Lander setzten auf dem Mond, dem Mars und der Venus auf; und die *Mariner-9-* und *Viking-*Flüge brachten die ersten gründlichen Orbitalerkundungen eines fremden Planeten. Hier auf der Erde setzt sich die Computerüberwachung mehr und mehr in hochtechnisierten Produktionszweigen wie der chemischen und pharmazeutischen Industrie durch. Bei all diesen Tätigkeiten können Maschinen bis zu einem gewissen Grad Fehler aufspüren und korrigieren und menschliche Kontrolleure, die irgendwo weit weg sitzen, auf Probleme hinweisen, die sie entdeckt haben.

Das unglaubliche Können von Computern im Rechenwesen – wo sie hundertmillionenmal schneller arbeiten als das Menschengehirn – ist Legende. Aber wie steht es mit echt schwierigen Angelegenheiten? Können Maschinen selbständig ein neues Problem durchdenken? Können sie syllogistisch denken – eine, wie wir meinen, typisch menschliche Fähigkeit? (Einfach ausgedrückt: Ich stelle Frage 1; lautet die Antwort A, dann stelle ich Frage 2; lautet die Antwort aber B, dann stelle ich Frage 3, und so fort.) Vor ein paar Jahrzehnten erläuterte der englische Mathematiker A. M. Turing, unter welchen Voraussetzungen er an eine Maschinen-Intelligenz glauben würde. Die Bedingung bestand einfach darin, daß er sich in Fernschreibkontakt mit einer Maschine befände und nicht erkennen könne, daß sein Gegenüber kein Mensch sei. Turing dachte an ein Gespräch folgender Qualität zwischen Mensch und Maschine:

FRAGE: Die erste Zeile Ihres Sonetts lautet: »Gleichst du nicht einem holden Sommertag?« Würde da nicht der Ausdruck »Lenztag« genausogut oder noch besser passen?
ANTWORT: Nein – das verändert die Metrik.
FRAGE: Wie wäre es dann mit »einem Wintertag«? Hier bleibt die Metrik erhalten.
ANTWORT: Ja, aber niemand möchte mit einem Wintertag verglichen werden.
FRAGE: Würden Sie sagen, daß Mister Pickwick Sie an Weihnachten erinnert?
ANTWORT: In gewisser Weise ja.

FRAGE: Aber Weihnachten ist ein Wintertag, und ich glaube nicht, daß Mister Pickwick über den Vergleich gekränkt wäre.
ANTWORT: Das kann doch nicht Ihr Ernst sein! Mit einem Wintertag meint man einen typischen Wintertag, nicht einen besonderen Tag wie Weihnachten.

Noch ist kein so raffinierter Apparat gebaut worden – aber ich weiß nicht, wie viele Menschen diesen Turing-Test bestanden hätten. Doch man hat bisher nicht übermäßig viel Geld und Mühe in künstliche Intelligenz gesteckt, und es gibt nur etwa ein halbes Dutzend Entwicklungszentren dieser Art auf der Welt. Eines der besseren Ergebnisse, wenngleich auf einem sehr eng begrenzten Konversations-Sektor – es geht um Kinder-Bauklötze – kommt von Terry Winograd, der früher am Massachusetts Institute of Technology arbeitete. Hier ein Dialog zwischen einem Menschen und einer von Winograd programmierten Maschine:

F.: Was enthält die Kiste?
A.: Die blaue Pyramide und den blauen Quader.
F.: Wie viele Bauklötze sind nicht in der Kiste?
A.: Vier.
F.: Ist wenigstens einer davon schmaler als der, den du aufheben solltest?
A.: Ja. Der rote Würfel.
F.: Ist ein Spitzturm dabei?
A.: Was ist ein Spitzturm?
F.: Ein Spitzturm kann zum Beispiel aus zwei grünen Würfeln und einer Pyramide bestehen.
A.: Ich verstehe.
F.: Ist im Moment so ein Spitzturm dabei?
A.: Nein.
F.: Baue einen!

Die Maschine gehorcht. Sie streckt einen mechanischen Arm aus, nimmt die Bauklötze und errichtet damit das eben beschriebene Gebilde.

F.: Wann hast du die Pyramide genommen?
A.: Während ich den großen roten Quader und den großen grünen Würfel auf den roten Würfel setzte.

F.: Warum?
A.: Um sie loszuwerden.
F.: Warum hast du diesen Würfel da zur Seite gelegt?
A.: Um ihn auf den großen grünen Würfel zu stapeln.

Ich möchte ein weiteres Beispiel anführen: Joseph Weizenbaum, ebenfalls am MIT, entwickelte einen maschinellen Psychiater. Dazu reicht ein Programm, das sehr viel simpler ist als das von Winograd, da die Psychotherapie keine Direktiven gibt und, ganz allgemein gesprochen, mit extrem einfachen Gedankenschemen auskommt. Hier ein verblüffender Dialog zwischen einem Menschen und einem Computer-Therapeuten. (Gewiß, ich habe ein besonders augenfälliges Beispiel gewählt. Längst nicht alle Dialoge zwischen Mensch und Maschine sind so beeindruckend. Andererseits schätze ich, daß auch nicht alle Psychiatriegespräche von Mensch zu Mensch sehr beeindrukkend sind.) Um die Rollen von Therapeut und Patient in diesem Wortwechsel klar zu definieren, benutzt der Computer-Therapeut Großbuchstaben, während der Patient sich an die Kleinbuchstaben hält:

die männer sind alle gleich
IN WELCHER HINSICHT
sie haben immer was an uns auszusetzen
KÖNNEN SIE EIN BEISPIEL NENNEN
nun mein freund wollte daß ich hierherkomme
IHR FREUND WOLLTE DASS SIE HIERHERKOMMEN
ihm fiel auf daß ich oft an depressionen leide
ICH BEDAURE DASS SIE AN DEPRESSIONEN LEIDEN
er hat recht ich bin unglücklich
GLAUBEN SIE DASS SIE HIER HILFE ERHALTEN KÖNNEN
ich brauche jemanden der mir hilft das steht fest
WAS WÜRDE ES FÜR SIE BEDEUTEN WENN IHNEN JEMAND HILFT
vielleicht käme ich dann endlich mit meiner mutter aus
ERZÄHLEN SIE MIR MEHR ÜBER IHRE FAMILIE
meine mutter umsorgt mich
WER SONST IN DER FAMILIE UMSORGT SIE
mein vater
IHR VATER
sie sind in mancher hinsicht wie mein vater
WELCHE ÄHNLICHKEIT SEHEN SIE

sie sind nicht besonders aggressiv aber ich glaube sie möchten nicht daß ich das merke
WAS BRINGT SIE AUF DEN GEDANKEN DASS ICH NICHT BESONDERS AGGRESSIV BIN
sie widersprechen mir nicht
WARUM GLAUBEN SIE DASS ICH IHNEN NICHT WIDERSPRECHE
sie haben angst vor mir
BEFRIEDIGT SIE DER GEDANKE DASS ICH ANGST VOR IHNEN HABE
es befriedigt meinen vater wenn er denkt ich hätte angst vor ihm
WAS KOMMT IHNEN SONST NOCH IN DEN SINN WENN SIE AN IHREN VATER DENKEN
tyrannen
HAT DAS ETWAS MIT DER TATSACHE ZU TUN DASS IHR FREUND SIE HIERHERSCHICKTE

Diese erstaunliche – man möchte fast sagen »verständnisvolle« – Reaktion des Computers ist natürlich vorprogrammiert. Aber das sind auch die Reaktionen von menschlichen Psychotherapeuten. In einer Zeit, da mehr und mehr Menschen unserer Gesellschaft psychiatrischen Rat zu brauchen scheinen und immer mehr Computer zur Zeitersparnis eingesetzt werden, kann ich mir sogar den Aufbau eines ganzen Netzes von psychotherapeutischen Computer-Terminals vorstellen, ähnlich einer Kette von großen Telefonzellen, in denen wir für ein paar Dollar pro Sitzung mit einem Psychotherapeuten sprechen können, der etwas von seinem Fach versteht, uns aufmerksam zuhört und uns keine Verhaltensmaßregeln erteilt. Die Gewährleistung, daß ein solcher psychiatrischer Dialog streng vertraulich bleibt, ist einer von mehreren wichtigen Punkten, die noch geklärt werden müssen.

Ein weiteres Gebiet, auf dem Maschinen hohen intellektuellen Anforderungen gerecht werden, ist das der Spiele. Selbst die schlichtesten Computer – die schon ein aufgewecktes zehnjähriges Kind zusammenbasteln könnte – lassen sich auf Tic-Tac-Toe*

---

* Tic-Tac-Toe ist ein beliebtes amerikanisches Spiel, das Ähnlichkeit mit Mühle besitzt. Wir haben ein Feld mit neun Kästchen. Zwei Spieler belegen nun abwechselnd die Kästchen mit Kreuzen (oder beim Computer mit Ziffern). Wer zuerst eine Dreierreihe schafft, ist Sieger. – *Anm. d. Übers.*

programmieren. Einige Computer beherrschen Dame im Weltklasseformat. Schach ist natürlich ein viel komplizierteres Spiel als Tic-Tac-Toe oder Dame. Hier ist es nicht so leicht, eine Maschine auf Sieg zu programmieren, aber man hat neuartige Strategien entwickelt, darunter mehrere erfolgreiche Versuche, einen Computer aus seinen früheren Erfahrungen bei diesem Spiel lernen zu lassen. Computer erfassen beispielsweise empirisch die Regel, daß es im Anfangsspiel besser ist, das Zentrum des Schachbretts zu beherrschen und nicht die Randfelder. Die zehn besten Schachspieler der Welt haben im Moment noch nichts von einem Computer zu befürchten. Aber die Situation wandelt sich rasch. Vor kurzem spielte ein Schachcomputer erstmals so gut, daß man ihn zu den offenen Meisterschaften des Staates Minnesota zuließ. Möglicherweise war dies das erste Mal, daß ein Nicht-Mensch an einer wichtigen Sportveranstaltung auf dem Planeten Erde als Konkurrent teilgenommen hat (und ich frage mich unwillkürlich, ob nicht irgendwann in den nächsten Jahrzehnten Roboter-Golfspieler gegen unsere Spitzensportler antreten werden, ganz zu schweigen von Delphinen in der Freistil-Disziplin).

Ich habe des öfteren den (meist mit einem hörbaren Seufzer der Erleichterung verbundenen) Ausspruch vernommen, daß der Mensch wenigstens noch auf dem Schachbrett der Maschine überlegen sei. Dabei fällt mir dann der alte Witz ein, in dem sich ein Fremder über die Klugheit eines schachspielenden Hundes wundert. Der Hundebesitzer aber meint dazu: »Das ist doch nichts Besonderes. Der Kerl verliert immerhin zwei von drei Spielen.« Eine Maschine, die nach unserer Norm mittelmäßig Schach spielt, ist eine hervorragende Maschine: Selbst wenn es tausend Menschen gäbe, die besser Schach spielten, so gibt es doch Millionen, die schlechter spielen als sie. Das Schachspiel erfordert Strategie, Vorausplanung, analytisches Denken, das Talent, eine große Zahl von Variablen miteinander zu kombinieren, und die Fähigkeit, aus der Erfahrung zu lernen. Das sind gefragte Eigenschaften bei Entdeckern und bei Forschern, aber auch bei Leuten, die auf ein Baby aufpassen oder einen Hund Gassi führen.

Dieser mehr oder weniger repräsentative Querschnitt durch die Entwicklung der Maschinen-Intelligenz beweist meiner Ansicht nach, daß wir mit einiger Anstrengung im Laufe der nächsten zehn Jahre oder so noch viel raffiniertere Computer-Modelle bauen könnten. Das bestätigen auch die meisten Leute, die in dieser Branche arbeiten.

Wenn man sich über diese nächste Generation intelligenter Maschinen Gedanken macht, so ist es wichtig, zwischen eigen- und ferngesteuerten Robotern zu unterscheiden. Ein eigengesteuerter Roboter besitzt eine »eingebaute« Denkzentrale; bei einem ferngesteuerten Roboter befindet sich das Gehirn an einem anderen Ort, und seine Funktionstüchtigkeit hängt von der guten Kommunikation zwischen Zentralcomputer und Außenstelle ab. Es gibt natürlich auch Maschinen, die teils selbst-aktiviert und teils ferngesteuert sind. Und gerade diese Verbindung von Fernsteuerung und Eigendirektive *in situ* scheint für die nahe Zukunft das wirksamste Konzept zu sein.

Stellen wir uns beispielsweise eine Maschine vor, die den Meeresgrund nach Bodenschätzen absucht. In den Tiefen der Ozeane sind beispielsweise riesige Manganknollennester verteilt. Früher glaubte man, sie seien durch Meteoriteneinfall auf der Erde entstanden, doch heute neigt man eher zu der Ansicht, daß sie durch Bruchstellen austraten, die sich im Laufe der inneren tektonischen Erd-Aktivitäten bildeten. Man findet aber auch noch eine Reihe anderer, seltener und für die Industrie wertvoller Mineralien auf dem Grund der Meere. Wir können heutzutage Apparate konstruieren, die systematisch über den Meeresboden hinwegtasten oder -gleiten, die spektrometrische und andere chemische Untersuchungen durchführen, die ihre Daten über Funk an ein Schiff oder an Land weitergeben und die den Fundort besonders wertvoller Depots markieren – zum Beispiel durch Peilsender im Niederfrequenzbereich. Mit Hilfe dieses Funkstrahls werden dann große Abbau-Maschinen an die entsprechenden Stellen dirigiert. Der augenblickliche Entwicklungsstand dieser Geräte befindet sich etwa parallel zur Entwicklung von U-Booten für große Meerestiefen und Raumfahrt-Sensoren. Ähnliches gilt für die Ölförderung von Bohrinseln aus sowie für den Untertage-Abbau von Kohle und anderen Rohstoffen. Die Ersparnisse, die solche Geräte für unsere Wirtschaft brächten, würden nicht nur die Entwicklungskosten wettmachen, sondern das gesamte Raumfahrtprogramm mehr als amortisieren.

Werden diese Maschinen zu besonders schwierigen Einsätzen

verwendet, kann man sie so programmieren, daß sie sich in einer kritischen Situation an menschliche Operatoren wenden (die an einem sicheren, freundlichen Arbeitsplatz untergebracht sind). Die bis jetzt erwähnten Beispiele betreffen größtenteils eigengesteuerte Apparate. Aber auch bei ferngesteuerten Geräten hat man gute Entwicklungsarbeit geleistet, vor allem bei der Fernmanipulation von hochradioaktivem Material in den Labors des amerikanischen Energie-Ministeriums. Auf diesem Sektor stelle ich mir Menschen vor, die über Funk mit einer mobilen Maschine in Verbindung stehen. Der Operator befindet sich meinetwegen irgendwo in Manila, das Gerät tief unten im Philippinen-Graben. Mit Hilfe elektronischer Relais leitet er seine Bewegungen an die Maschine weiter und verstärkt sie, während umgekehrt die Maschine seinen Sinnen übermittelt, was sie entdeckt hat. Dreht der Operator etwa den Kopf nach links, dann schwenken die Fernsehkameras der Maschine nach links: auf einem großen halbrunden Fernsehschirm sieht der Mann das Bild, das die Suchscheinwerfer und Kameras der Maschine enthüllen. Bewegt sich der Operator in Manila einen Meter nach vorn, schiebt sich auch die Maschine auf dem Tiefsee-Grund ein Stück vor. Streckt der Operator die Hand aus, tut der Greiferarm der Maschine das gleiche; und die Präzision im Zusammenwirken von Mensch und Maschine ist so groß, daß die mechanischen Finger eine Materialprobe vom Meeresboden aufnehmen können. Mit solchen Konstruktionen könnten Menschen in sonst für immer verschlossene Regionen vordringen.

Bei der Erforschung des Mars sind bereits die ersten unbemannten Gefährte weich gelandet, und es wird wohl nicht mehr lange dauern, bis andere über den roten Planeten rollen, wie es einige bereits heute auf dem Mond tun. Denn für eine bemannte Expedition auf den Mars sind wir noch nicht gerüstet. Manche Leute haben Bedenken, terrestrische Mikroben auf dem Mars einzuschleppen oder umgekehrt Mars-Mikroben – falls es die gibt – auf die Erde zu bringen. Andere scheuen die enormen Kosten eines solchen Unternehmens. Die *Viking*-Landegeräte, die im Sommer 1976 auf dem Mars abgesetzt wurden, besitzen jedoch eine raffinierte Anordnung von Sensoren und wissenschaftlichen Instrumenten, die nichts anderes sind als die Erweiterung der menschlichen Sinne auf eine ansonsten unerreichbare Region.

Die logische Fortsetzung des *Viking*-Landers auf der bereits vorhandenen Technik wäre eine *Viking*-Sonde, natürlich auf den neuesten Entwicklungsstand gebracht, die auf Rädern oder Laufketten langsam über die Mars-Oberfläche rollt. Aber hier stoßen wir unvermittelt auf ein neues Problem, das sich bei ferngesteuerten Maschinen auf der Erdoberfläche nie stellt. Obwohl der Mars der zweitnächste Planet unseres Systems ist, liegt er so weit von der Erde entfernt, daß die Zeit, die das Licht benötigt, zum Tragen kommt. Bei einer normalen Erde-Mars-Position ist der rote Planet etwa zwanzig Lichtminuten entfernt. Stünde nun der Mars-Rover unvermittelt vor einer Steilkante, würde er vielleicht eine Anfrage zurück an die Erde schicken, was zu tun sei. Vierzig Minuten später käme dann die Warnung: »Halt, um Himmels willen, sofort stehenbleiben!« Aber bis dahin wäre die Maschine natürlich längst in den Abgrund gepurzelt. Aus diesem Grunde benötigt jeder Mars-Rover Sensoren, die Schräglagen und grobe Unebenheiten im Gelände früh genug erkennen. Zum Glück sind solche Dinge durchaus schon auf dem Markt – ein Blick in Spielzeug-Kataloge beweist es. Käme ein Marsauto also an einen Steilhang oder vor einen Felsblock, würde es entweder stehenbleiben, bis von der Erde eine Reaktion auf seine Frage (und das Fernsehbild des Geländes) eingetroffen wäre, oder es würde ein Stück zurückfahren und sich einen günstigeren Weg suchen.

Noch raffiniertere Anlagen zur selbständigen Entscheidung können in die Bordcomputer von Raumfahrzeugen der achtziger Jahre eingebaut werden. Als Fernziel, das allerdings noch gründliche Vorarbeiten benötigt, ist an menschliche Kontrolleure gedacht, die sich im Orbit um den Zielplaneten (oder einen seiner Monde) befinden. Bei der Erforschung des Jupiter könnte ich mir beispielsweise gut vorstellen, daß die Operatoren auf einem kleinen Mond außerhalb der mächtigen Strahlungsgürtel sitzen und mit einer Zeitverzögerung von nur wenigen Sekunden eine Raumsonde steuern, die in die dichten Jupiterwolken eindringt.

Aber auch Menschen auf der Erde können in diesen Fernsteuermechanismus eingeschaltet werden, falls sie bereit sind, Zeit für das Unternehmen aufzuwenden: Wenn beispielsweise jede Entscheidung bei der Marserforschung über einen Kontroll-Techniker auf der Erde läuft, dann kommt der Rover in der

Stunde nur ein oder zwei Meter voran. Da jedoch die Lebenszeiten von solchen Autos sehr lang sind, stellen ein paar Meter in der Stunde einen durchaus befriedigenden Fortschritt dar. Denken wir allerdings an Expeditionen in die fernsten Bereiche des Sonnensystems – oder gar zu den Sternen –, dann liegt es auf der Hand, daß Eigensteuerung und Maschinen-Intelligenz eine immer größere Verantwortungslast übernehmen müssen.

Beim Entstehen solcher Apparate sehen wir eine Art konvergenter Evolution. Die *Viking*-Sonde erinnert kurioserweise an ein zu groß geratenes, plumpes Insekt. Es kann sich noch nicht frei bewegen und ist ganz sicher nicht zur Fortpflanzung fähig. Aber es besitzt ein Exoskelett, eine Vielzahl insektenartiger Sinnesorgane, und es ist etwa so intelligent wie eine Libelle. Die *Viking*-Sonden haben allerdings den Vorzug, der den Insekten fehlt: Sie können durch Rückfragen bei ihren Operatoren auf der Erde hin und wieder die Intelligenz von Menschen erlangen, denn die Operatoren sind in der Lage, aufgrund der Daten neue Entscheidungen zu treffen und den *Viking*-Computer umzuprogrammieren.

Je mehr sich das Feld der Maschinen-Intelligenz erweitert und je mehr ferne Objekte im Sonnensystem für die Erforschung zugänglich werden, desto schneller geht die Entwicklung von immer komplexeren Bordcomputern voran, die sich nach und nach von Insekten- zu Krokodil- und Eichhörnchen-Intelligenz emporarbeiten und in nicht allzu ferner Zukunft vielleicht sogar die Intelligenz eines Hundes erreichen können. Jeder Flug zum äußeren Sonnensystem erfordert einen Computer, der selbst erkennt, ob er richtig funktioniert oder nicht. Es gibt keine Möglichkeit, ihm von der Erde einen »Kundendienst« nachzuschicken. Die Maschine muß ihre Krankheiten selbst diagnostizieren und kurieren. Sie muß in der Lage sein, defekte Computer-, Sensor- oder Konstruktionsteile zu reparieren oder zu ersetzen. Ein solcher Computer – man hat ihm den Namen STAR (self-testing and repairing) gegeben – wird im Moment gerade entwickelt. Er enthält redundante Komponenten – so wie wir Menschen zwei Lungen und zwei Nieren besitzen, von denen jede im Falle eines Versagens die Funktion der anderen mitübernehmen kann. Aber ein Computer besitzt weit mehr Redundanzmöglichkeiten als der Mensch, der etwa nur einen Kopf und nur ein Herz hat.

Wegen des Problems der Gewichtsersparnis bei Flügen in das All wird man auch weiterhin auf eine Miniaturisierung intelligenter Maschinen drängen. Fest steht, daß auf diesem Sektor bereits unglaublich viel geschehen ist: Vakuumröhren wurden durch Transistoren ersetzt, verdrahtete durch gedruckte Schaltungen und ganze Computeranlagen durch Mikroschaltkreise auf Silikon-Chips. Heute kann eine Schaltung, die mit Mühe und Not in einem Radiokasten des Jahres 1930 Platz fand, auf eine Stecknadelspitze gedruckt werden. Bei der raschen Vervollkommnung von intelligenten Maschinen zur Gewinnung von Bodenschätzen auf der Erde und zu Forschungszwecken im Raum ist sicher der Tag nicht mehr fern, da sich auch der Bau von Haushaltsrobotern lohnt. Im Gegensatz zu den klassischen anthropoiden Robotern der Science Fiction müssen solche Maschinen aber nicht menschlicher aussehen als etwa ein Staubsauger. Man wird sie vollkommen funktionell bauen. Immerhin gibt es eine Reihe von Arbeiten, vom Getränke-Mixen bis zum Bodenwischen, die zwar beträchtliche Ausdauer und Geduld, aber nur eine sehr begrenzte Anzahl intellektueller Fähigkeiten erfordern. Mobile Allzweck-Haushaltroboter, die ihre Aufgaben ebensogut wie ein perfekter englischer Butler des neunzehnten Jahrhunderts erledigen, wird es vermutlich noch längere Zeit nicht geben. Aber Spezialmaschinen, jede für eine bestimmte Haushaltsfunktion ausgelegt, lauern vermutlich bereits am Horizont.

Man kann sich auch viele andere wichtige Aufgaben aus dem Alltagsbereich vorstellen, die von intelligenten Maschinen erledigt werden. Anfang der siebziger Jahre forderten und erhielten die Müllmänner von Anchorage, Alaska, sowie anderen großen Städten nach einem Lohnstreit »Gehälter« von etwa zwanzigtausend Dollar im Jahr. Es ist möglich, daß rein wirtschaftliche Gesichtspunkte dazu führen könnten, die Entwicklung einer automatisierten Müllabfuhr in Angriff zu nehmen. Der Bau von Robotern für Haushalts- und andere Zwecke ist natürlich nur dann sinnvoll, wenn man sich gleichzeitig Gedanken über eine vernünftige Wiederbeschäftigung der von Maschinen verdrängten Menschen macht; aber im Laufe einer Generation sollte sich dieses Problem eigentlich lösen lassen – besonders, wenn wir wirksame Schulreformen durchführen. Denn der Mensch ist durchaus lernwillig.

Wir scheinen am Beginn einer Ära zu stehen, in der eine Vielzahl intelligenter Maschinen Aufgaben übernehmen, die für uns Menschen zu gefährlich, zu kostspielig, zu mühsam oder zu langweilig sind. Die Entwicklung solcher Maschinen ist meiner Ansicht nach einer der wenigen legitimen »Abstecher« vom Raumfahrtprogramm. Auf sie wird sich etwa die wirksame Energienutzung in der Landwirtschaft stützen, von der das Überleben unserer Rasse abhängt. Das Haupthindernis scheint ein sehr menschliches Problem zu sein, dieses vage Gefühl, das sich ungebeten einschleicht und uns weismacht, daß etwas Bedrohliches oder »Unmenschliches« an Maschinen sei, die gewisse Aufgaben ebenso gut durchführen wie Menschen oder gar besser; dieses Empfinden der Abscheu gegenüber Geschöpfen, die aus Silikon und Germanium bestehen, anstatt aus Proteinen und Nukleinsäuren. Aber in gewisser Hinsicht hängt das Überleben unserer Rasse davon ab, daß wir solche primitiv chauvinistischen Gedankengänge überwinden. Zum Teil ist unser Umgang mit intelligenten Maschinen eine Sache der Gewöhnung. Es gibt bereits einen Herzschrittmacher, der den Schlag des Menschenherzens abhört und nur dann zu arbeiten beginnt, wenn er eine Unregelmäßigkeit spürt. Das ist ein zugleich rücksichtsvoller und sehr nützlicher Einsatz von Maschinen-Intelligenz. Ich kann mir nicht denken, daß der Träger dieses Geräts etwas gegen die Intelligenz von technischen Apparaten einzuwenden hat. Und ich glaube, daß wir in verhältnismäßig kurzer Zeit so weit sein werden, daß wir noch intelligentere und komplexere Maschinen akzeptieren. An einer intelligenten Maschine ist nichts Unmenschliches; sie ist im Gegenteil Ausdruck jener überragenden intellektuellen Fähigkeiten, die von allen Geschöpfen unseres Planeten einzig und allein der Mensch besitzt.

21

Vergangenheit und Zukunft der Astronomie in Amerika

Was erreicht wurde ist wenig – kaum mehr als ein Beginn; und doch ist es viel im Vergleich zu der totalen Leere, die noch ein Jahrhundert zuvor herrschte. Unser Wissen wiederum wird, davon sind wir ohne weiteres überzeugt, jenen, die nach uns kommen, als reine Ignoranz erscheinen. Dennoch darf es nicht verachtet werden, denn mit seiner Hilfe tasten wir uns zaghaft nach oben, um den Gewandsaum des höchsten Alls zu berühren.

AGNES M. CLERKE,
A Popular History of Astronomy
(London, Adam and Charles Black, 1893)

Die ganze Welt hat sich seit 1899 gewandelt, aber es gibt – was die Entwicklung fundamentaler Erkenntnisse und die Entdekkung neuer Phänomene betrifft – wenige Gebiete, die einen stärkeren Wandel durchgemacht haben als die Astronomie. Hier sind ein paar Titel von Aufsätzen, die in den neueren Ausgaben der Fachzeitschriften *The Astrophysical Journal* und *Icarus* veröffentlicht wurden: »G240-74 – ein neuentdeckter weißer Magnetzwerg mit außergewöhnlicher Polarisation«; »Relativistische Sternstabilität: Häufigste Rand-Effekte«; »Entdeckung von interstellarem Methylamin«; »Eine neue Liste von 52 Sternen im Zerfallsstadium«; »Das Alter von Alpha Centauri«; »Besitzen OB-Runawaysterne kollabierte Begleiter?«; »Endliche Nuklear-größe-Effekte auf die Neutrino-Paar-Bremsstrahlung bei Neutronensternen«; »Gravitationsstrahlung nach Sternenkollaps«; »Auf der Suche nach einer kosmologischen Komponente des weichen Röntgenstrahlungs-Hintergrunds in Richtung von M31«; »Die Photochemie von Kohlenwasserstoffen in der Titan-Atmosphäre«; »Der Gehalt von Uran, Thorium und Kalium im Venusgestein, gemessen von Venera-8«; »HCN-Radioemission aus dem Kohoutek-Kometen«; »Radarhelligkeits- und Höhenabbildung eines Venus-Ausschnitts«; »Mariner-9-Bildatlas von den Mars-Monden«. Unsere Astronomen-Vorfahren hätten die eine oder andere Überschrift vielleicht vage verstanden, im großen und ganzen aber mit ungläubigem Staunen reagiert.

Als man mich 1974 bat, den Vorsitz des Festausschusses für die 75-Jahr-Feier der American Astronomical Society zu übernehmen, fand ich, das sei vielleicht eine gute Gelegenheit, mich mit dem Stand unserer Wissenschaft um die Jahrhundertwende vertraut zu machen. Mich reizte es zu vergleichen, wo wir damals gestanden hatten, wo wir uns heute befinden und welche Prognosen – wenn überhaupt möglich – es für die Zukunft gibt. Im Jahre 1897 wurde das Yerkes-Observatorium, in dem sich das damals größte Teleskop der Welt befand, offiziell eingeweiht, und man hielt anläßlich dieser Zeremonie ein wissenschaftliches Kolloquium von Astronomen und Astrophysikern ab. Ein zweites Treffen fand 1898 am Observatorium des Harvard College statt und ein drittes 1899 wieder am Yerkes-Observatorium. 1899 war übrigens das Gründungsjahr der heute unter dem Namen American Astronomical Society bekannten Astronomenvereinigung.

Die Astronomie scheint sich zwischen 1897 und 1899 ungemein stürmisch entwickelt zu haben, beherrscht von einigen starken Persönlichkeiten und unterstützt von bemerkenswert kurzen Veröffentlichungsspannen. Die durchschnittliche Wartezeit zwischen der Vorlage und dem Abdruck eines Artikels im *Astrophysical Journal (Ap. J.)* dürfte damals kürzer gewesen sein als in den *Astrophysical Journal Letters* heutzutage, wobei vielleicht die Tatsache eine Rolle spielte, daß ein Großteil der Aufsätze vom Yerkes-Observatorium kam, wo die Zeitschrift verlegt wurde. Die Eröffnung des Yerkes-Observatoriums in Williams Bay, Wisconsin – auf dem groß die Jahreszahl 1895 steht – verzögerte sich um mehr als ein Jahr, weil die Zwischendecke einstürzte, ein Ereignis, bei dem der Astronom E. E.

Barnard um ein Haar den Tod gefunden hätte. Der Unfall wird zwar im *Ap. J.* (6/149) erwähnt, aber man findet nicht den geringsten Hinweis auf Fahrlässigkeit. Die britische Fachzeitschrift *Observatory* deutet dagegen einen Bauskandal an (20/393), der vertuscht wurde, um die Verantwortlichen zu decken. Auf der gleichen Seite des *Observatory* entdecken wir, daß man die Einweihung um ein paar Wochen verschob, damit Mister Yerkes, der als kapitalistischer Ausbeuter bekannte Geldgeber, bequem anreisen konnte. Im *Ap. J.* heißt es dagegen ohne Angaben von Gründen, daß »die Einweihungsfeierlichkeiten leider nicht wie vorgesehen am 1. Oktober 1897 stattfinden konnten«.

Die Herausgeber des *Ap. J.* waren George Ellery Hale, der Direktor des Yerkes-Observatoriums, und James E. Keeler, der von 1898 an das Lick-Observatorium auf dem Mount Hamilton in Kalifornien leitete. Aber ganz offensichtlich hatte Williams Bay im *Ap. J.* das Hauptgewicht, vielleicht auch, weil zu jener Zeit die *Publications* der Astronomical Society of the Pacific (*PASP*) fest in Händen des Lick-Observatoriums waren. Band 5 des *Astrophysical Journal* enthält nicht weniger als dreizehn Beiträge des Yerkes-Observatoriums, darunter einen über die Kraftanlage. Die ersten fünfzig Seiten von Band 6 bringen ein weiteres Dutzend Namen des Yerkes-Observatoriums. Die Vorherrschaft des amerikanischen Ostens in der American Astronomical Society spiegelt sich auch in der Tatsache wider, daß der erste Präsident der Astronomical and Astrophysical Society of America Simon Newcomb vom Marine-Observatorium in Washington war und die ersten Vizepräsidenten Young und Hale hießen. Astronomen von der Westküste beschwerten sich über die weite Anreise zur dritten Astronomen-Konferenz am Yerkes-Observatorium und scheinen nicht unglücklich darüber gewesen zu sein, daß die angekündigte Vorführung des neuen 102-cm-Refraktors wegen bewölkten Himmels verschoben werden mußte. Aber das war so ziemlich alles, was man den amerikanischen Fachzeitschriften an Intrigen zwischen den einzelnen Observatorien entnehmen kann.

Eine besonders gute Nase für den Klatsch in amerikanischen Astronomenkreisen hatte dagegen damals die englische Zeitschrift *Observatory*. Durch sie erfahren wir, daß es am Lick-Observatorium heftige interne Kämpfe gab, ja sogar einen

»Skandal« in Verbindung mit Edward Holden (dem Vorgänger von Keeler), während dessen Amtszeit sich angeblich sogar Ratten im Trinkwasser fanden. Die Zeitschrift veröffentlichte auch die Geschichte von einer Test-Explosion mit Hilfe von Chemikalien, die in der Bucht von San Francisco erfolgen und von einem seismischen Apparat am Mount Hamilton registriert werden sollte. Zum vereinbarten Zeitpunkt konnte kein Mitarbeiter auch nur ein Zeigerzittern erkennen, bis auf Holden, der prompt einen Boten den Berg hinunterschickte, damit der die Welt von der hohen Empfindlichkeit des Lick-Seismometers verständigte. Aber bald danach kam ein anderer Bote den Berg herauf und meldete, daß der Test verschoben worden sei. Daraufhin preschte ein dritter Bote los, um den ersten zurückzupfeifen, und man konnte, wie *Observatory* schrieb, gerade noch eine Blamage für das Lick-Observatorium abwenden.

Wie jung die Astronomie in Amerika damals war, geht deutlich aus der stolzen Ankündigung des Jahres 1900 hervor, daß die Astronomische Fakultät von Berkeley künftig unabhängig von der allgemeinen Ingenieur-Fakultät der kalifornischen Universität sei. In einem Überblick des Jahres 1832 bedauerte Professor George Airy, später British Astronomer Royal*, daß er nichts über die Astronomie in Amerika schreiben könne, da sie praktisch nicht existiere. 1899 hätte er das bestimmt nicht mehr gesagt.

Man findet in den Fachzeitschriften nur selten einen Hinweis, daß sich die große Politik (im Gegensatz zur Hochschulpolitik) in die Angelegenheiten der Astronomie einmischte, es sei denn eine gelegentliche Notiz, daß etwa T. J. J. See von Präsident McKinley als Mathematikprofessor der amerikanischen Navy berufen worden sei oder daß bei wissenschaftlichen Diskussionen zwischen den Mitarbeitern der Observatorien von Lick und Potsdam meist eine frostige Atmosphäre herrsche.

Gelegentlich schimmert natürlich die typische Denkweise der neunziger Jahre durch. So heißt es in der Beschreibung einer Sonnenfinsternis-Expedition nach Siloam, Georgia, am 28. Mai 1900: »Selbst manche Weiße hatten wenig Ahnung über die Vorgänge bei Verfinsterungen. Viele dachten, das Ganze sei eine Veranstaltung von uns, und immer wieder wurde ich

---

* Titel des Direktors am Royal Greenwich Observatory – *Anm. d. Übers.*

gefragt, wieviel der Eintritt koste. Andere wieder glaubten, so eine Verfinsterung könne nur in meinem Observatorium beobachtet werden... An diesem Punkt möchte ich meine Anerkennung für die hohe Moral der Gemeinde aussprechen, denn bei nur hundert Einwohnern, einschließlich des Umlands, unterhält sie je zwei Kirchen für Weiße und Farbige, und während meines Aufenthalts hörte ich nicht einen einzigen Fluch... Als ungebildetem Yankee, wenig vertraut mit den Sitten des Südens, unterliefen mir natürlich viele kleine Ausrutscher und ›Ungebührlichkeiten‹. Alles lächelte zum Beispiel, als ich meinen farbigen Helfer mit ›Mister‹ anredete, und so nannte ich ihn von da an ›Colonel‹, was keinen zu stören schien.«

Ein Prüfungsausschuß wurde ernannt, um einige (nie öffentlich genannte) Probleme am U.S. Marine-Observatorium zu lösen. Der Report dieser Gruppe – die aus zwei obskuren Senatoren und den Professoren Edward C. Pickering, George C. Comstock sowie Hale bestand – ist deshalb aufschlußreich, weil er Zahlen enthält. Wir entdecken, daß die laufenden Jahresausgaben der bedeutendsten Observatorien folgende waren: 85000 Dollar am Marine-Observatorium, 53000 Dollar am Observatorium von Paris, 49000 Dollar in Greenwich (England), 46000 Dollar am Harvard-Observatorium und 36000 Dollar am Pulkowa-Observatorium in Rußland. Die Gehälter der beiden Direktoren am U.S. Marine-Observatorium betrugen je 4000 Dollar, am Harvard-Observatorium 5000 Dollar. Der ehrenwerte Prüfungsausschuß empfahl, daß »bei Gehältern, die entsprechend tüchtige Astronomen anlocken sollen, das Direktoren-Salär an Observatorien mit 6000 Dollar anzusetzen sei«. Am Marine-Observatorium erhielten Rechner (damals ausschließlich von der Kategorie Mensch) 1200 Dollar im Jahr, am Harvard-Observatorium dagegen, wo diese Tätigkeit fast ausschließlich von Frauen verrichtet wurde, nur 500 Dollar im Jahr. In der Tat, sämtliche Gehälter mit Ausnahme des Direktoren-Salärs waren in Harvard beträchtlich niedriger als am Marine-Observatorium. Der Ausschuß stellte dazu fest: »Der große Besoldungs-Unterschied zwischen Washington und Cambridge, besonders bei den unteren Gehaltsgruppen, ist vermutlich unvermeidbar und liegt zum Teil an den Vorschriften des öffentlichen Dienstes.« Ein weiteres Zeichen astronomischen Geldmangels ist die Ausschreibung einer Stelle als »freiwilliger Forschungsassistent« in

Yerkes, die nicht vergütet wurde, angeblich aber Studenten der höheren Semester zu praktischer Erfahrung verhalf.

Damals wie heute wurde die Astronomie von Leuten bedrängt, die ihre paradoxen, wenn nicht gar verrückten Ideen durchzusetzen versuchten. Einer schlug ein Teleskop mit einundneunzig Linsen hintereinander als Alternative für ein Teleskop vor, das eine kleinere Anzahl von Linsen mit größerer Apertur besaß. Die Engländer wurden in jener Zeit von ähnlichen, wenn auch vielleicht sanfteren Spinnern geplagt. So erfahren wir aus einem Nachruf, der in den *Monthly Notices* der Royal Astronomical Society zum Tode von Henry Perigal erschien, daß der Verstorbene an seinem vierundneunzigsten Geburtstag Mitglied der Royal Institution wurde, aber bereits 1850 einen Sitz in der Royal Astronomical Society hatte. Allerdings – »unsere Veröffentlichungen enthalten nichts aus seiner Feder«. Im Nachruf wird »der bemerkenswerte Charme von Mr. Perigals Persönlichkeit« erwähnt, »der ihm einen Platz sicherte, welchen ein Mann mit seinen Thesen sonst wohl kaum erreicht hätte; denn nichts führt an der Tatsache vorbei, daß er fest daran glaubte, der Mond würde nicht rotieren, und daß sein wichtigstes astronomisches Lebensziel darin bestand, andere, vor allem junge, in ihren Ansichten noch ungefestigte Menschen von ihrem schweren Irrtum zu überzeugen. Zu diesem Zwecke fertigte er Zeichnungen an, konstruierte Modelle und schrieb Gedichte; mit heldenhafter Frohnatur trug er die ständige Enttäuschung, daß nichts davon brauchbar war. Abgesehen von diesem unglücklichen Mißverständnis hat er jedoch ausgezeichnete Arbeit geleistet.«

Die Zahl amerikanischer Astronomen in jener Periode war nicht gerade groß. In den Statuten der Astronomical and Astrophysical Society of America war die beschlußfähige Mitgliederzahl auf zwanzig festgelegt. Bis zum Jahre 1900 hatte man in ganz Amerika nur neun Doktortitel in Astronomie vergeben. In diesem Jahr promovierten dann allerdings gleich vier Astronomen: G. N. Bauer und Carolyn Furness von der Columbia University; Forest Ray Moulton von der University of Chicago und Henry Norris Russell von der Princeton University.

Man kann sich ein Bild darüber machen, was in jener Epoche als wichtige wissenschaftliche Arbeit betrachtet wurde, wenn man die Preise sieht, die verliehen wurden. So erhielt E. E.

Barnard die Goldmedaille der Royal Astronomical Society teils für seine Entdeckung des fünften Jupitermondes und teils für seine photographischen Himmelsaufnahmen mittels Porträtlinsen. Sein Dampfer geriet übrigens auf dem Atlantik in einen Sturm, und er kam nicht rechtzeitig zur Verleihungszeremonie. Wie es heißt, brauchte er mehrere Tage, bis er sich von den Strapazen der Reise erholt hatte, worauf die RAS gastfreundlich ein zweites Bankett für ihn gab. Barnards Festvortrag scheint aufsehenerregend gewesen zu sein; überdies benutzte der Redner dabei erstmals den kurz zuvor verbesserten Lichtbildprojektor.

Bei der Diskussion seiner photographischen Aufnahmen der Milchstraßen-Region nahe Theta Ophiuchus zog er den Schluß, daß »die gesamte Grundstruktur der Milchstraße... eine Materienebelschicht enthält«. (H. K. Palmer indessen fand keinen Nebel bei photographischen Aufnahmen des Kugelsternhaufens M13.) Barnard, der über ein ungewöhnlich scharfes Beobachterauge verfügte, äußerte auch erhebliche Zweifel an Percival Lowells These, daß der Mars bewohnt und von Kanälen durchzogen sei. Als Sir Robert Ball, der Präsident der Royal Astronomical Society, Barnard für seinen Vortrag dankte, meinte er, es sei betrüblich, daß er von nun an »die Kanäle des Mars mit einigem Mißtrauen betrachten müsse, ja daß selbst die Meere – gemeint waren die dunklen Marsflächen – unter einen Bann fielen. Möglicherweise aber erklären die jüngsten Atlantik-Erlebnisse des Redners einen Teil dieses Mißtrauens«. Lowells Thesen waren damals auch in England nicht sonderlich geschätzt, wie aus einer weiteren Notiz des *Observatory* hervorgeht. Auf eine Umfrage, welche Bücher im Jahre 1896 am besten gefallen hätten, entgegnete Professor Norman Locker nämlich: »*Mars* von Percival Lowell und *Sentimental Tommy* von J. M. Barrie. (Keine Zeit für ernsthafte Lektüre.)«

Die Preise für Astronomie, die 1898 von der Académie Française verliehen wurden, gingen an Seth Chandler für seine Entdeckung der Polhöhenschwankung, an Belopolsky zum Teil für sein Studium spektroskopischer Doppelsterne und an Schott für seine Arbeiten über den Erdmagnetismus. Des weiteren war ein Wettbewerb zu dem Thema ausgeschrieben: »Die Perturbationen von Hyperion«, einem Saturnmond. Wir erfahren, daß »der einzige eingereichte Aufsatz von Dr. G. W. Will aus

Washington stammt, dem dann auch der Preis zugesprochen wurde«.

Die Bruce-Medaille der Astronomical Society of the Pacific's wurde 1899 Dr. Arthur Auwers aus Berlin zuerkannt. In der Verleihungsansprache hieß es unter anderem: »Auwers steht heute an der Spitze der deutschen Astronomen. Er verkörpert das Ideal eines Forschers unserer Tage, einen Typ, der sich in Deutschland vielleicht besser entwickeln kann als in jedem anderen Land. Die Arbeit von Männern seinesgleichen zeichnet sich aus durch äußerst sorgfältige Nachforschungen, unermüdlichen Fleiß im Zusammentragen von Fakten, Zurückhaltung im Verkünden neuer Theorien oder Erklärungen und vor allem durch den Verzicht, als erster mit einer Entdeckung glänzen zu wollen.« 1899 wurde erstmals nach sieben Jahren wieder die Henry-Draper-Goldmedaille der National Academy of Sciences überreicht, und zwar an Keeler. 1898 verkündete Brooks, dessen Observatorium in Geneva, New York, stand, daß er seinen einundzwanzigsten Kometen entdeckt und damit »seine Volljährigkeit erreicht habe«. Kurz darauf erhielt er den Lalande-Preis der Académie Française für seinen Rekord im Kometen-Entdecken.

1897 setzte die belgische Regierung anläßlich einer Ausstellung in Brüssel Preise für die Lösung bestimmter astronomischer Probleme aus. Die Themen umfaßten den numerischen Wert der Erdbeschleunigung, die Säkularbeschleunigung des Mondes, die relative Bewegung unseres Sonnensystems durch den Raum, die Polhöhenschwankung, die photographischen Aufnahmen von Planetenoberflächen und die Natur der Marskanäle. Ein letztes Thema war die Erfindung einer Methode, mit deren Hilfe man die Sonnenkorona auch ohne Verfinsterung beobachten könne. Dazu hieß es in den *Monthly Notices:* »...wenn dieser pekuniäre Anreiz jemanden dazu brächte, letzteres Problem oder überhaupt eines der Probleme zu lösen, wäre das Geld unserer Ansicht nach für einen guten Zweck ausgegeben.«

Ein Blick in die Fachzeitschriften jener Zeit vermittelt jedoch den Eindruck, daß sich das Interesse auf andere Themen verlagert hatte als jene, für die Preise verliehen wurden. Sir William und Lady Huggins bewiesen in Laborversuchen, daß bei niedrigem Druck das Emissionsspektrum von Calcium nur die sogenannten H- und K-Linien enthielt. Sie schlossen daraus, daß sich die Sonne in der Hauptsache aus Wasserstoff, Helium, »Koronium« und Calcium zusammensetzte. Huggins hatte schon früher eine Spektralklassifizierung der Sterne aufgestellt, die seiner Meinung nach die Sternentwicklung widerspiegelte. Überhaupt machte sich in jener Epoche Darwins Einfluß stark bemerkbar. Bei den amerikanischen Astronomen war vor allem T. J. J. Sees Arbeit deutlich von der Darwinschen Entwicklungslehre beherrscht. Es ist aufschlußreich, die Huggins-Klassifikation mit den modernen Spektraltypen nach Morgan-Keenan zu vergleichen:

Spektralklassen-Sequenz nach Huggins

Einteilung nach zunehmendem Alter	*Stern (entspr. moderner Spektraltyp in Klammern)*	
jung	Sirius (A_1V)	Wega (A0V)
	.....	
	Altair (A_7IV–V)	
	Rigel (B8Ia)	
	Deneb (A_2Ia)	
	....	
	....	
	Capella (G8, G0)	Sonne (G0)
	Arkturus (K_1III)	
	Aldebaran (K_5III)	
alt	Beteigeuze (M_2I)	

Achtung: Die moderne Einteilung in Spektralklassen erfolgt von »frühen« bis »späten« Spektraltypen in der Reihenfolge O,B,A,F,G,K,M. Huggins kam recht nahe an diese Klassifizierung heran.

Wir sehen hier den Ursprung der gegenwärtigen Begriffe »frühe« und »späte« Spektraltypen, die auf den darwinistischen Einfluß der spätviktorianischen Epoche in den Naturwissenschaften zurückgehen.

In der Physik gab es während dieser Zeit bedeutende Neuerungen, und die Leser des *Ap. J.* wurden durch Zusammenfassungen der wichtigsten Arbeiten auf dem laufenden gehalten. Man führte immer noch Experimente zu den Grundlagen der Strahlungsgesetze durch. In einigen Arbeiten ist das physikalische Niveau allerdings nicht sonderlich hoch, so etwa in einem Artikel im *PASP* (11/18), wo der Bahnimpuls des Mars als einfaches Produkt aus der Masse des Planeten und der Lineargeschwindigkeit der *Oberfläche* berechnet wird. Die Abhandlung schloß, daß »der Planet mit Ausnahme der Kappen einen Impuls von 183 3/8 Sextilliarden Footpound besitzt«. Exponentialschreibung für große Zahlen war damals offensichtlich noch nicht im Schwange. In die gleiche Zeit fällt die Veröffentlichung von visuellen und photographischen Lichtkurven, beispielsweise von Sternen in M5, sowie von Experimenten erster Filteraufnahmen des Orion durch Keeler. Ein offensichtlich heißes Thema war die Zeitvariablen-Astronomie, die damals Fachleute ähnlich erregte, wie es heute Pulsare, Quasare und Röntgenstrahlenquellen tun. Es gab eine Reihe Studien über variable Geschwindigkeiten in der Sichtlinie, aus denen man die Bahnen spektroskopischer Doppelsterne ebenso ableitete wie periodische Schwankungen in der scheinbaren Geschwindigkeit von Omicron Ceti durch die Dopplerverschiebung von H-Gamma und anderen Spektrallinien.

Am Yerkes-Observatorium führte Ernest F. Nichols die ersten Infrarot-Messungen von Sternen durch. Die Studie schließt mit den Worten: »Wir erhalten von Arkturus nicht mehr Wärme, als uns von einer brennenden Kerze in 5 oder 6 Meilen Abstand erreichen würde.« Nähere Berechnungen sind nicht zu finden. Die ersten experimentellen Beobachtungen der Infrarot-Undurchlässigkeit von Kohlendioxid und Wasserdampf wurden in dieser Zeit von Rubens und Aschkinass durchgeführt; ihnen ist im großen und ganzen die Entdeckung der V_2-Spektrallinie von Kohlendioxid bei 15 Mikron und das reine Rotationsspektrum von Wasser zu verdanken.

In Potsdam gelangen Julius Scheiner die ersten spektroskopischen Fotografien des Andromeda-Nebels, und er schloß korrekt, daß »der bisherige Verdacht, bei den Spiralnebeln könne es sich um Sternhaufen handeln, nun zur Sicherheit erhärtet ist«. Als Beispiel dafür, in welchem Ausmaß damals persönliche

Angriffe geduldet waren, bringe ich den Auszug eines Artikels von Scheiner, in dem er W. W. Campbell kritisiert: »In der Novembernummer des *Astrophysical Journal* wendet sich Professor Campbell mit großer Entrüstung gegen einige meiner Kommentare, die seine Entdeckungen kritisch beleuchten... Eine solche Überempfindlichkeit ist einigermaßen erstaunlich bei jemand, der sich selbst nicht scheut, andere anzugreifen. Außerdem muß ein Astronom, der häufig Dinge beobachtet, welche anderen entgehen, und Phänomene abstreitet, die andere beobachten, damit rechnen, daß man seinen Thesen widerspricht. Wenn ich, wie Professor Campbell beklagt, meine Ansicht nur durch ein einziges Beispiel belegt habe, so hielt mich allein die Höflichkeit ab, ein weiteres zu zitieren – die Tatsache nämlich, daß Professor Campbell die Wasserdampflinien im Marsspektrum nicht erkennen kann, die erstmals von Huggins und Vogel entdeckt wurden und später, nachdem Mr. Campbell ihre Existenz in Frage gestellt hatte, erneut von Professor Wilsing und mir gesehen sowie mit Sicherheit identifiziert wurden.« Dazu muß gesagt werden, daß der Wasserdampfanteil in der Mars-Atmosphäre mit den damaligen spektroskopischen Methoden niemals nachweisbar gewesen sein kann.

Die Spektroskopie war ein Hauptelement der Naturwissenschaften Ende des neunzehnten Jahrhunderts. *Ap. J.* veröffentlichte mit Eifer Rowlands Sonnenspektrum, das 20000 Wellenlängen, jede bis auf sieben Stellen nach dem Komma, enthielt. Es brachte einen langen Nachruf auf Bunsen. Gelegentlich schimmerte auch bei den Astronomen ein gewisses Staunen über die außergewöhnliche Natur ihrer Entdeckungen durch: »Es ist einfach verblüffend, daß das schwache Blinzeln eines Sterns ausreicht, ein derart genaues Autogramm von der Substanz und dem Zustand des unvorstellbar fernen Gestirns zu liefern.« Eine hitzige Debatte gab es im *Astrophysical Journal* darüber, ob man bei Spektren Rot links oder rechts antragen solle. Die Befürworter von Rot auf der linken Seite führten die Analogie zum Klavier ins Feld (wo die hohen Frequenzen rechts liegen), aber *Ap. J.* entschied sich mutig für rechts. Raum für Kompromisse gab es bei der Frage, ob beim Auflisten von Wellenlängen Rot oben oder unten stehen solle. Die Gemüter erhitzten sich, und Huggins schrieb, daß »eine Veränderung... schlichtweg nicht zu tolerieren sei«. Nun, das *Ap. J.* setzte sich ohnehin durch.

Ein weiteres heißes Eisen jener Zeit war die Natur der Sonnenflecken. G. Johnstone Stoney stellte die These auf, sie würden von einer Schicht kondensierter Wolken in der Photosphäre der Sonne hervorgerufen. Aber Wilson und FitzGerald widersprachen mit der Begründung, daß bei so hohen Temperaturen keine Kondensate vorstellbar seien, mit Ausnahme von Kohlenstoff vielleicht. Sie stellten statt dessen die vage These auf, daß Sonnenflecken eine Folge von »Reflexion durch Konvektions-Gasströme« seien. Evershed hatte da eine viel raffiniertere Idee. Seiner Ansicht nach waren Sonnenflecken Löcher in der äußeren Photosphäre der Sonne, die uns erlauben, in das heiße Innere zu schauen. Aber weshalb sind sie dann dunkel? Dazu meinte Evershed, daß die gesamte Strahlung vom sichtbaren in den unzugänglichen UV-Bereich verdrängt würde. Das lag natürlich vor der Zeit, in der man das Plancksche Strahlungsgesetz verstand. Damals hielt man es noch für möglich, daß die Spektralverteilung von schwarzen Körpern verschiedener Temperaturen sich schneiden könnte; und einige experimentelle Kurven aus dieser Zeit zeigten in der Tat Schnittpunkte – die, wie wir heute wissen, auf Unterschieden des Emissions- und Absorptionsvermögens beruhten.

Ramsay hatte kurz zuvor das Element Krypton entdeckt, das unter seinen vierzehn erkennbaren Spektrallinien angeblich auch eine bei 5570 Å besaß, welche sich »mit der Hauptlinie der Aurora« deckte. E. B. Frost folgerte daraus: »So scheint also der wahre Ursprung dieser bis jetzt völlig rätselhaften Linie gefunden zu sein.« Heute wissen wir, daß sie auf Sauerstoff zurückzuführen war.

Dann gab es massenhaft Artikel zu neuen astronomischen Instrumenten. Erwähnenswert ist hier eine Arbeit von Hale. Im Januar 1897 schrieb er, daß man sowohl Refraktoren wie Spiegelteleskope benötige, stellte jedoch zugleich fest, daß ein klarer Trend zu Reflektoren bestehe und hier ganz besonders zu den Polachsen-Coudé-Spiegeln. In einem historischen Abriß erwähnt Hale, daß man den 102-cm-Refraktor für das Yerkes-Observatorium nur deshalb bewilligte, weil ein anderer Plan, ein großes Linsenteleskop in der Nähe von Pasadena, Kalifornien, zu errichten, gescheitert war. Wie hätte wohl die Geschichte der Astronomie ausgesehen, wenn der Vorschlag genehmigt worden wäre? Kurioserweise scheint Pasadena der University of

Chicago das Angebot gemacht zu haben, das Yerkes-Observatorium zu beherbergen. Man stelle sich vor, wie lange die Pendler des Jahres 1897 gebraucht hätten!

Arbeiten über unser Sonnensystem verrieten gegen Ende des neunzehnten Jahrhunderts das gleiche Gemisch aus Zukunftsversprechen und Gegenwartsverwirrung wie die Stern-Studien. Eine der bekanntesten Abhandlungen aus jener Epoche ist Henry Norris Russells »Die Atmosphäre der Venus«. Darin geht es um die übergreifenden Sichelspitzen der Venus, die der Autor teilweise selbst am 12,5-cm-Sucherteleskop des »Großen Äquatorialen« im Halsted-Observatorium von Princeton beobachtet hatte. Vielleicht traute man dem jungen Russell noch nicht den Umgang mit größeren Teleskopen in Princeton zu. Der Kern seiner Analyse ist nach dem heutigen Stand richtig. Russell folgerte, daß nicht die Brechung von Sonnenlicht für das Übergreifen der Sichelspitzen verantwortlich sei, sondern daß man die Ursache in der Streuung des Sonnenlichts suchen müsse: »... die Atmosphäre der Venus enthält wie die unsere schwebende Staubpartikel oder eine Art Nebel und... was wir sehen, ist die obere Schicht dieser dunstigen Atmosphäre, erleuchtet von Strahlen, die dicht an der Planetenoberfläche vorbeistreifen.« Später schreibt er, daß die scheinbare Oberfläche eine dichte Wolkendecke sein könnte. Die Höhe des Dunstes wird etwa einen Kilometer über der heutzutage als Hauptwolkenschicht bekannten Zone errechnet, eine Zahl, die sich in etwa mit randnahen Aufnahmen durch *Mariner-10* deckt. Zwar schloß Russell aus den Arbeiten von anderen, daß es spektroskopische Hinweise auf Wasserdampf und Sauerstoff in einer dünnen Venus-Atmosphäre gäbe. Aber im Wesentlichen haben seine Argumente bis heute ihre Gültigkeit behalten.

Die Entdeckung des äußersten Saturn-Mondes Phoebe durch William H. Pickering wurde bekanntgemacht; und Andrew Douglass vom Lowell-Observatorium veröffentlichte Beobachtungen, die ihn zu dem Schluß veranlaßten, daß die Rotationsgeschwindigkeit von Jupiter-3 etwa eine Stunde langsamer sei als seine Umlaufperiode – eine Aussage, die nur um eine Stunde an der Realität vorbeigeht.

Andere hatten mit dem Abschätzen von Rotationsperioden weniger Glück. Da gab es beispielsweise einen gewissen Leo

Brenner, der seine Beobachtungen am Manora-Observatorium eines Ortes namens Lussinpiccolo tätigte. Brenner übte herbe Kritik an Percival Lowells geschätzter Rotationsperiode der Venus. Er selbst verglich zwei Venus-Skizzen, angefertigt im Abstand von vier Jahren durch zwei verschiedene Leute – und erhielt daraus eine Rotationsperiode von 23 Stunden, 57 Minuten und 36,37728 Sekunden, was, wie er sagte, gut mit dem Mittelwert seiner eigenen »höchst zuverlässigen« Skizzen übereinstimmte. Aus diesem Grunde fand Brenner es unverständlich, daß es immer noch Anhänger einer 224,7-Tage-Rotationsperiode geben könne, und schloß, daß »wohl ein unerfahrener Beobachter, ein ungeeignetes Teleskop, ein unglücklich gewähltes Okular, ein sehr kleiner Planetendurchmesser, beobachtet bei unzureichender Lichtstärke, und eine niedrige Deklination zusammenwirkten, um Mister Lowells merkwürdige Skizzen zu erklären«. Die Wahrheit liegt bekanntlich nicht zwischen den Extremen von Lowell und Brenner, sondern eher am anderen Ende der Skala – eine rückläufige Periode von 243 Tagen.

In einer anderen Mitteilung beginnt Herr Brenner: »Sehr geehrte Herren, ich darf Sie in Kenntnis setzen, daß Mrs. Manora eine neue Teilung im Ringsystem des Saturn entdeckt hat...«, woraus *wir* entdecken, daß es am Manora-Observatorium in Lussinpiccolo eine *Mrs.* Manora gibt, die zusammen mit Herrn Brenner Himmelsbeobachtungen durchführt. Dann folgt eine Beschreibung, wie man die Encke-, Cassini-, Antoniadi-, Struve- und Manora-Teilungen auseinanderhalten könne. Nur die beiden ersten haben die Zeit überdauert. Herr Brenner scheint in den Nebeln des neunzehnten Jahrhunderts versunken zu sein.

Auf der zweiten Astronomen- und Astrophysiker-Konferenz in Cambridge tauchte eine Arbeit mit der »Anregung« auf, daß man die Asteroiden-Rotation, sofern vorhanden, aus einer Lichtkurve ableiten könne. Aber da man keine Helligkeitsveränderung in Abhängigkeit zur Zeit entdeckte, schloß Henry Parkhurst: »Ganz sicher können wir diese Theorie vergessen.« Heutzutage ist sie eine der Hauptstützen bei Asteroiden-Beobachtungen.

Aus seinen Betrachtungen der thermischen Eigenschaften des Mondes, die unabhängig von der eindimensionalen Wärmeableitungsgleichung durchgeführt wurden und auf Labormessungen des Emissionsvermögens beruhten, schloß Frank Very, daß die Durchschnitts-Tagestemperatur des Mondes bei 100°C liegen müsse – was genau stimmt! Lesenswert ist sein Stil: »Nur die schrecklichsten Erdenwüsten, wo der sengende Sand die Haut verbrennt, wo Menschen, Tiere und Vögel tot umfallen, können sich mit dem Mittag auf der wolkenlosen Oberfläche unseres Trabanten vergleichen. Lediglich die äußersten Polbreiten des Mondes können tagsüber erträgliche Temperaturen aufweisen, ganz zu schweigen von der Nacht, da wir uns am besten in Troglodyten verwandeln, um der bitteren Kälte zu entfliehen.« Eine äußerst bildhafte Darstellung.

Einige Zeit zuvor hatten Maurice Loewy und Pierre Puiseux vom Observatorium in Paris einen Atlas mit Mondphotographien herausgegeben, die im *Ap. J.* (5/51) besprochen wurden. Die Pariser Arbeitsgruppe legte eine abgewandelte Vulkan-Theorie zum Ursprung der Mondkrater, -rillen und anderen topographischen Formen vor, die später von E. E Barnard angegriffen wurde, nachdem er den Planeten im 102-cm-Teleskop beobachtet hatte. Barnard wiederum wurde wegen seiner Kritik von der Royal Astronomical Society angegriffen, und so fort. Eines der Argumente in dieser Diskussion war von trügerischer Simplizität: Vulkane produzieren Wasser; es gibt kein Wasser auf dem Mond; also sind die Mondkrater nicht vulkanischen Ursprungs. Obwohl die meisten Mondkrater in der Tat keinen vulkanischen Ursprung aufweisen, ist das kein überzeugendes Argument, da es das Problem möglicher Wasserdepots vernachlässigt. Vielleicht wäre es angebracht gewesen, sich näher mit Verys Folgerungen zur Temperatur der Mondpole zu befassen. Bei ihm gibt es an den Polen Wasser in Form von Eis. Die andere Möglichkeit wäre, daß Wasser von der Mondoberfläche in den Raum entweicht.

Stoney erkannte dies. In einem bemerkenswerten Aufsatz mit dem Titel »Über Planeten- und Trabanten-Atmosphären« schrieb er, daß es auf dem Mond keine Atmosphäre geben könne, weil Gase aufgrund der niedrigen lunaren Schwerkraft sehr rasch in den Raum entweichen würden, und daß sich selbst auf der Erde nur geringe Mengen der leichtesten Gase Wasserstoff und Helium halten könnten. Er glaubte nicht, daß in der Mars-Atmosphäre Wasserdampf anzutreffen sei, sondern äußerte die Vermutung, daß die Marsatmosphäre und die Polkappen aus Kohlendioxid bestanden. Er war der Ansicht, daß man auf dem Jupiter mit Wasserstoff und Helium rechnen müsse und daß Triton, der größte Neptunmond, eine Atmosphäre besitzen könnte. Jede dieser Folgerungen stimmt mit den modernen Beobachtungen oder Theorien überein. Er schloß übrigens auch, daß es auf Titan keine Luft gäbe, eine Vorhersage, die manche modernen Theoretiker bis vor kurzem teilten (siehe Kapitel 13).

In die gleiche Periode fallen ein paar atemberaubende Spekulationen, wie zum Beispiel die des Reverend J. M. Bacon, daß es kein schlechter Gedanke wäre, astronomische Beobachtungen in großen Höhen durchzuführen – etwa mittels freischwebenden Ballons. Bacon meinte, daß es dort oben mindestens zwei Vorteile gäbe: bessere Sicht und bessere UV-Spektroskopie.

Goddard machte später ähnliche Vorschläge für Observatorien, die mit Hilfe von Raketen ins All befördert werden sollten (Kapitel 18).

Hermann Vogel hatte zuvor bei spektroskopischen Beobachtungen mit bloßem Auge eine Absorptionslinie bei 6183 Å im Saturn entdeckt. Später stellte die International Color Photo Company in Chicago Fotoplatten her, die so gut waren, daß man noch Wellenlängen bis H-Alpha im Rotbereich für einen Stern fünfter Größenordnung erkennen konnte. Man benutzte diese neue Emulsion in Yerkes, und Hale berichtete, daß man für die Saturnringe nicht die Spur einer Linie bei 6183 Å gefunden habe. Heute weiß man, daß sie bei 6190 Å liegt und die 6 v_3 von Methan darstellt.

Eine weitere Reaktion auf Percival Lowells Schriften läßt sich indirekt aus der Festansprache James Keelers zur Einweihung des Yerkes-Observatory erkennen:

»Es ist bedauerlich, daß die Bewohnbarkeit von Planeten, ein Thema, zu dem Astronomen, wie sie selbst zugeben, nur wenig wissen, nun vom Romantiker ausgeschlachtet wird, für den der Schritt von der Bewohnbarkeit bis zu den Bewohnern nur sehr klein ist. Das Ergebnis seiner kunstvollen Ausführungen ist, daß sich Faktum und Phantasie im Kopf des Laien hoffnungslos verstricken, bis letzterer die Kommunikation mit Marsbewohnern als ein Projekt betrachtet, das ernsthafte Erwägung verdient (und für das er womöglich wissenschaftlichen Gesellschaften Geld stiftet), ohne zu wissen, daß es von eben jenen Männern, deren Arbeiten die Phantasie des Romanschreibers beflügeln, als Marotte abgetan wird. Macht man ihm dann den wahren Stand unseres Wissens zu diesem Themenkreis begreiflich, ist er zutiefst enttäuscht und empfindet Abneigung gegen die Wissenschaft, als hätte sie ihn betrogen. Doch die Wissenschaft trägt keine Schuld an diesen falschen Vorstellungen, die nach und nach in Vergessenheit geraten und aussterben, da sie keine solide Grundlage haben.«

Die Ansprache von Simon Newcomb zum gleichen Anlaß enthält einige Bemerkungen, die sich ganz allgemein, wenngleich ein wenig idealistisch, mit dem wissenschaftlichen Streben auseinandersetzen:

»Soll man den Menschen, den eine unbezwingbare Leidenschaft dazu treibt, die Natur zu erforschen, nun eher beneiden oder bedauern? Kein anderes Streben vermittelt dem, der sie verdient, mehr Gewißheit. Kein anderes Leben bietet mehr Genuß als jenes, dessen Kräfte dazu genutzt werden, den angeborenen Impulsen der eigenen Natur nachzugehen. Wer nach der Wahrheit forscht, erlebt längst nicht so große Enttäuschungen, wie sie den Ehrgeizigen auf anderen Gebieten erwarten. Es ist schön, jener Bruderschaft anzugehören, die sich über die ganze Welt erstreckt und in der keine Rivalität herrscht, es sei denn jene, die dem Versuch entspringt, bessere Arbeit als alle anderen zu leisten; doch die gegenseitige Bewunderung erstickt die Eifersucht... So wie der Industriemagnat von der Liebe zum Reichtum und der Politiker von der Liebe zur Macht getrieben wird, so wird der Astronom von der Liebe zum Wissen um seiner selbst und nicht um der Anwendung willen getrieben. Dennoch erfüllt es ihn mit Stolz, daß seine Wissenschaft die Kosten, die sie verursacht, durch ihren großen Nutzen für die Menschheit um ein Vielfaches wieder hereinbringt... Er fühlt, daß der Mensch nicht vom Brote allein lebt. Und obschon man das Wissen um unseren Platz im Universum nicht mit dem Broterwerb gleichsetzen kann, so ist es doch etwas, das nicht weit dahinter kommen sollte.«

Nachdem ich mich durch die Veröffentlichungen der Astronomen aus der Zeit vor fünfundsiebzig Jahren gearbeitet hatte, spürte ich den unwiderstehlichen Zwang, mir die 150-Jahr-Feier der American Astronomical Society – oder wie immer sie dann heißen mag – auszumalen und mir vorzustellen, wie wohl die Menschen der Zukunft *unsere* Leistungen einstufen werden.

Beim Durchblättern der Literatur um die Jahrhundertwende schmunzeln wir zwar über manche Beiträge zu den Sonnenflekken, sind jedoch andererseits beeindruckt, daß man etwa den Zeeman-Effekt nicht als Labor-Kuriosität abtat, sondern durchaus erkannte, daß er für die Astronomie von Bedeutung sein könnte. Zwei Einzelfäden – und doch verknüpften sie sich ein paar Jahre später, fast wie vorausgeplant, in G. E. Hales Entdekkung starker Magnetfelder in den Sonnenflecken.

Ähnlich finden wir zahllose Aufsätze, in denen eine Sternentwicklung vorausgesetzt wird, die Autoren aber nicht näher auf das Wesen dieses Phänomens eingehen. Es gibt Artikel, welche die Kelvin-Kontraktion als einzig mögliche Quelle der stellaren Energieerzeugung ansehen und die Nuklear-Energie überhaupt nicht erwähnen. Gleichzeitig aber, manchmal sogar im selben Band des *Astrophysical Journal,* liest man von den merkwürdigen Versuchen zur Radioaktivität, die in Frankreich ein Mann namens Becquerel durchführt. Wieder ziehen sich zwei Fäden durch den kurzen Geschichtsabriß der Astronomie um die Jahrhundertwende; sie haben scheinbar nichts miteinander zu tun und sind doch dazu bestimmt, vierzig Jahre später zusammenzulaufen.

Es gibt viele ähnliche Beispiele – so etwa bei der Interpretation von Serienspektren nichthydrogener Elemente, die im Teleskop beobachtet und im Labor weiter untersucht wurden. Neue Physik- und neue Astronomie-Erkenntnisse ergänzten sich und bildeten allmählich den modernen Wissenschaftszweig der Astrophysik.

Demgemäß kann man sich unschwer vorstellen, daß viele brennende Fragen der Gegenwart – zur Natur der Quasare, zu den Eigenschaften von Schwarzen Löchern oder der Emissionsgeometrie von Pulsaren – darauf warten müssen, bis sich eine Verflechtung mit neuen Erkenntnissen in der Physik ergibt. Wenn die Erfahrung der Forschungssituation vor fünfundsiebzig Jahren ein Fingerzeig ist, dann sind schon heute Wissenschaftler unter uns, die vage spüren, welche Physik- sich mit welchen Astronomieereignissen paaren werden. Und wenige Jahre später wird dann die Verbindung für alle auch offenkundig sein.

Wir erkennen in den Unterlagen des neunzehnten Jahrhunderts auch eine Reihe von Fällen, in denen die Beobachtungsmethoden oder ihre Interpretationen hinter dem heutigen Standard herhinken. Eines der schlimmsten Beispiele ist wohl die Bestimmung einer Planetenperiode bis auf zehn Stellen nach dem Komma durch den Vergleich von zwei Skizzen, die verschiedene Leute von untypischen Merkmalen angefertigt haben. Aber es gibt viele andere: eine Überfülle an »Doppelstern-Messungen« weit auseinanderliegender Objekte, die physikalisch gesehen meist Sterne ohne jeden Bezug sind; die begeisterte Anwendung von Druck und anderen Effekten auf die Spektrallinienfrequenzen, aber ein völliges Außerachtlassen der Wachstumskurven-Analyse; und erbitterte Diskussionen über Vorhandensein oder Fehlen eines Stoffes, die auf einer spektroskopischen Beobachtung mit dem bloßen Auge beruhen.

Merkwürdig ist auch, wie rar sich die Komponente der Physik in der spätviktorianischen Astrophysik macht. Fortschritte gibt es fast ausschließlich in der geometrischen und physikalischen Optik, in der Fotografie-Entwicklung und in der Himmelsmechanik. Daß man Theorien der Sternenentwicklung aufgrund von Sternspektren aufstellt, ohne sich groß um die Abhängigkeit der Anregung und Ionisation von der Temperatur zu kümmern, oder daß man versucht, die innere Temperatur des Mondes zu berechnen, ohne je die Fourier-Gleichung der Wärmeableitung gelöst zu haben, erscheint schon beinahe kurios. Und beim Anblick ausführlicher, aber rein empirischer Darstellungen von Labor-Spektren wartet der moderne Leser ungeduldig darauf, daß Bohr, Schrödinger und ihre Nachfolger endlich auf der Bühne erscheinen und die Quantenmechanik entwickeln.

Ich frage mich allerdings, wie man viele unserer gegenwärtigen Diskussionen und hochgelobten Theorie von der Warte des Jahres 2049 aus betrachten wird – ob man uns nicht auch schlampige Beobachtung, intellektuelle Stumpfheit oder ungenügenden physikalischen Scharfblick vorwirft. Zwar meine ich, daß wir heute selbstkritischer sind, als es die Wissenschaftler im Jahre 1899 waren; daß wir die Theorien, weil es sehr viel mehr

Astronomen gibt als damals, gründlicher unter die Lupe nehmen werden; und daß das Niveau beim Austausch und bei der Diskussion von Ergebnissen bedeutend gestiegen ist, was wir nicht zuletzt Organisationen wie der American Astronomical Society verdanken. Ich hoffe, unsere Kollegen des Jahres 2049 werden diese Ansicht bestätigen.

Die Hauptfortschritte zwischen 1899 und 1974 sind wohl vor allem in der verbesserten Technik zu suchen. Andererseits – im Jahre 1899 gab es bereits den größten Refraktor der Welt. Er ist bis heute nicht verdrängt worden. Und man plante einen Teleskopspiegel mit einer Apertur von 2,50. Wir haben diese Apertur trotz der langen Zeitspanne nur um den Faktor 2 vergrößert. Aber was hätten die Astronomen von 1899 – die zwar nach Hertz, aber vor Marconi lebten – mit dem Observatorium von Arecibo angefangen, mit dem VLA und dem VLBI?* Hätten sie die Diskussion zur Rotationsperiode des Merkur durch Radar-Doppelspektroskopie lösen können? Oder die Frage nach der Beschaffenheit der Mondoberfläche durch ein paar Bodenproben, die mit einer Raumkapsel auf die Erde geholt wurden? Hätten sie den Mars ein Jahr lang umkreist, um Aufschluß über seine Wesensmerkmale und Bewohnbarkeit zu erhalten – und dabei 7200 Fotos angefertigt, von denen jedes eine bessere Qualität besaß als die besten Mondaufnahmen des Jahres 1899? Wäre es ihnen geglückt, einen Lander auf dem Planeten abzusetzen? Die Abbildungssysteme, mikrobiologischen Testgeräte, Seismometer, Gaschromatographen und Massespektrometer, die diese Einheit enthielt, gab es 1899 noch nicht einmal ansatzweise. Oder hätten sie kosmologische Modelle mittels orbitaler UV-Spektroskopie von interstellarem Deuterium überprüft – in einer Zeit, da man weder von diesem Atom noch von kosmologischen Modellen eine Ahnung hatte, geschweige denn die nötige Beobachtungstechnik besaß.

---

* VLA = Very Large Array, eine Einrichtung des National Radio Astronomy Observatory in der Nähe von Socorro, Neumexiko, die über 27 bewegliche Antennen zu je 25 m Durchmesser verfügt, angeordnet in Form eines Y. Das Auflösungsvermögen durch Apertursynthese entspricht dem eines Einzel-Spiegels von 27 km Durchmesser.
VLBI – very long baseline interferometer, ein Radiointerferometer, dessen einzelne Radioteleskope eine sehr große Distanz voneinander haben. – *Anm. d. Übers.*

Es steht fest, daß im Laufe der letzten fünfundsiebzig Jahre die Astronomie in Amerika und der ganzen Welt weit über die kühnsten Spekulationen spätviktorianischer Astronomen hinausgewachsen ist. Und in den kommenden fünfundsiebzig Jahren? Man kann ganz nüchterne Vorhersagen treffen. Wir werden wohl das gesamte elektromagnetische Spektrum, angefangen bei sehr kurzen Gammastrahlen bis hin zu sehr langen Radiostrahlen, untersucht haben. Wir werden unbemannte Raumsonden zu allen Planeten und den meisten Monden des Sonnensystems gestartet haben. Wir werden Sonden ins Innere der Sonne entsandt haben, um die Sternmaterie zu untersuchen; vermutlich werden wir – der niedrigen Temperaturen wegen – mit den Sonnenflecken beginnen. Hale hätte das sicher gutgeheißen. Ich halte es für möglich, daß in fünfundsiebzig Jahren subrelativistische Raumschiffe zu den nahen Sternen unterwegs sind – Schiffe, die vielleicht mit einem Zehntel Lichtgeschwindigkeit dahinfliegen. Neben anderen Nutzen würden solche Missionen eine direkte Untersuchung des interstellaren Mediums gestatten und uns eine sehr viel längere Basislinie für das VLBI geben, als es heute für die meisten Wissenschaftler vorstellbar ist. Wir werden dann statt »very« einen neuen Superlativ – meinetwegen »ultra« – nehmen müssen. Die Natur von Pulsaren, Quasaren und Schwarzen Löchern dürfte bis dahin weitgehend geklärt sein, ebenso ein Teil der fundamentalen kosmologischen Fragen. Es ist sogar möglich, daß wir in fünfundsiebzig Jahren einen ständigen Kommunikationskanal zu Zivilisationen auf den Planeten anderer Sterne eröffnet haben und daß wir die neuesten Erkenntnisse der Astronomie und vieler anderer Wissenschaften von einer Art *Encyclopaedia Galactica* erhalten, übertragen mit enorm hohen Bit-Raten auf eine gigantische Radioteleskop-Anlage.

Aber wenn ich mir noch einmal die Anfänge der Astronomie vergegenwärtige, dann ist es doch eher wahrscheinlich, daß man in Zukunft diese Fortschritte – mit Ausnahme der interstellaren Kontakte – zwar als interessant, aber ziemlich veraltet einstufen wird und daß sich die wahren Grenzen und der fundamentale Reiz der Naturwissenschaften auf Gebiete verlagert haben wird, die von neuen theoretischen und praktischen Erkenntnissen abhängig sind – Erkenntnissen, die wir heute bestenfalls schwach erahnen.

22
Die Suche nach extraterrestrischer Intelligenz

Nun haben aber die Sirenen eine noch schrecklichere Waffe als den Gesang, nämlich ihr Schweigen. Es ist zwar nicht geschehen, aber denkbar, daß sich jemand vor ihrem Gesang gerettet hätte, vor ihrem Schweigen gewiß nicht.

FRANZ KAFKA
Erzählungen aus dem Nachlaß

Seit Anbeginn unserer Geschichte schauen wir auf zu den Sternen und fragen uns, ob die Menschheit einmalig ist oder ob es irgendwo im Dunkel des Nachthimmels andere Geschöpfe gibt, die grübeln und sinnen wie wir, denkende Gefährten im Kosmos. Solche Wesen könnten von sich und dem Universum ganz andere Ansichten haben als wir. Es ist möglich, daß anderswo völlig fremdartige Biologien, Technologien und Gesellschaftsformen vorherrschen. Wir fühlen uns ein wenig einsam in einer kosmischen Landschaft, die weit über die menschliche Vorstellungskraft hinaus groß und alt ist; und wir suchen die letztendliche Bedeutung, falls es eine gibt, unserer winzigen, aber herrlichen blauen Welt zu begreifen. Die Suche nach extraterrestrischer Intelligenz ist die Suche nach einem allgemein annehmbaren Platz im Kosmos für die Menschenrasse. Im eigentlichen Sinne ist die Suche nach extraterrestrischer Intelligenz daher eine Suche nach uns selbst.

In den letzten Jahren – etwa einem Millionstel der Gesamtlebenszeit auf diesem Planeten – haben wir eine außergewöhnliche Methode ersonnen, die uns in die Lage versetzt, unvorstellbar ferne Zivilisationen aufzuspüren, selbst wenn diese nicht fortgeschrittener sind als wir. Ich spreche von der neuen Technik der Radioastronomie. Sie funktioniert mit Hilfe von Einzelteleskopen, bestimmten Anordnungen oder ganzen Systemen von Radioteleskopen, hochempfindlichen Radiodetektoren, modernen Computern, welche die eingehenden Daten verarbeiten, und durch den unermüdlichen Einsatz von tüchtigen Wissenschaftlern. Die Radioastronomie hat im letzten Jahrzehnt ein neues Fenster ins physikalische Universum aufgestoßen. Und sie könnte, wenn wir uns in der richtigen Weise darum bemühen, auch das biologische Universum gründlich erhellen.

Einige Forscher (zu denen auch ich zähle), die sich mit der Frage extraterrestrischen Lebens befassen, haben versucht, die Anzahl fortgeschrittener technischer Zivilisationen – im Arbeitsmodell definiert als Gesellschaften, die mit Radioastronomie zu arbeiten imstande sind – in der Milchstraßen-Galaxis abzuschätzen. Solche Schätzwerte haben eigentlich fast Rate-Charakter. Sie erfordern numerische Werte für Anzahl und Alter der Sterne; für die Häufigkeit planetarischer Systeme und die Wahrscheinlichkeit von Leben – Dinge, über die wir wenig wissen; sowie für die Wahrscheinlichkeit einer Evolution von intelligentem Leben und für das Lebensalter technischer Zivilisationen – über die wir so gut wie gar nichts wissen.

Wenn wir die Berechnung dennoch durchführen, liegen die typischen Ergebniswerte etwa bei einer Million technischer Zivilisationen. Eine Million Zivilisationen ist eine atemberaubende Zahl, und es bereitet Genuß, sich die Mannigfaltigkeit, die Lebens-Stile und die Handelsformen dieser Million Welten auszumalen. Aber die Milchstraßen-Galaxis enthält an die 250 Milliarden Sterne, und selbst bei einer Million Zivilisationen besäße nicht einmal ein Stern unter 20000 einen Planeten, der von einer fortgeschrittenen Zivilisation bewohnt wird. Da wir kaum sagen können, welche Sterne in die engere Wahl kommen, wird uns nichts anderes übrigbleiben, als eine möglichst große Zahl zu untersuchen. Erwägungen dieser Art legen den Schluß nahe, daß die Suche nach extraterrestrischem Leben mit einem beträchtlichen Aufwand verbunden ist.

Trotz UFO-Gerüchten und Theorien, nach denen einst Astronauten auf der Erde landeten, gibt es keinen stichhaltigen Beweis dafür, daß wir irgendwann in der Vergangenheit Besuch von fremden Zivilisationen erhielten (siehe Kapitel 5 und 6). Wir sind auf Fernsignale angewiesen, und von den verfügbaren Techniken, die große Entfernungen überbrücken, ist die der Radiokommunikation bei weitem die beste. Radioteleskope kosten verhältnismäßig wenig; Radiosignale setzen sich mit Lichtgeschwindigkeit fort, mit der größten Schnelligkeit also, die in unserem Universum überhaupt möglich ist; und man kann den Einsatz von Radiowellen zur Kommunikation weder als engstirnig noch als anthropozentrisch bezeichnen. Radiowellen stellen einen großen Bereich des elektromagnetischen Spektrums dar, und jede technische Zivilisation, wo immer in der Galaxis sie sich befinden mag, wird die Radiostrahlung früh entdeckt haben – so wie die Menschen, die im Laufe der letzten paar hundert Jahre das gesamte elektromagnetische Spektrum von kurzen Gammastrahlen bis hin zu sehr langen Radiowellen erforscht haben. Fortgeschrittene Zivilisationen benutzen vielleicht unter ihresgleichen durchaus andere Kommunikationsmittel. Wenn sie jedoch Kontakt mit rückständigen oder »Entwicklungs«-Zivilisationen aufnehmen wollen, gibt es nur ein paar naheliegende Methoden, von denen die einleuchtendste die der Radiostrahlung ist.

Den ersten ernsthaften Versuch, nach möglichen Radiosignalen anderer Zivilisationen zu horchen, führte 1959 und 1960 das National Radio Astronomy Observatory in Greenbanks, West Virginia, durch. Er stand unter der Organisation von Frank Drake, der heute an der Cornell University arbeitet, und trug den Namen *Projekt Ozma,* nach der Prinzessin des Landes Oz, eines sehr exotischen, sehr fernen und sehr schwer zugänglichen Reiches. Drake untersuchte ein paar Wochen lang erfolglos zwei nahe Sterne, Epsilon Eridani und Tau Ceti. Ein Erfolg wäre auch äußerst verblüffend gewesen, denn wie wir gesehen haben, lassen selbst optimistische Schätzungen hinsichtlich der Anzahl technischer Zivilisationen in der Galaxis darauf schließen, daß man einige hunderttausend Sterne untersuchen muß, um Erfolge bei einer Stichproben-Auswahl zu erzielen.

Seit dem *Projekt Ozma* hat es in den Vereinigten Staaten, in Kanada und in der Sowjetunion sechs bis acht ähnliche Programme gegeben, alle in einem eher bescheidenen Rahmen. Sämtliche Ergebnisse waren negativ. Die Gesamtzahl an Einzelsternen, die bis heute auf diese Weise überprüft wurden, liegt unter tausend. Wir haben also bisher erst etwa *ein Zehntel Prozent* der erforderlichen Arbeit geleistet.

Doch gibt es Anzeichen dafür, daß in einigermaßen naher Zukunft vielleicht ernsthaftere Schritte in dieser Richtung unternommen werden. Sämtliche bisherigen Beobachtungsprogramme liefen, wenn sie an großen Teleskopen durchgeführt wurden, nur über kurze Zeitspannen; und da, wo man mehr Zeit zur Verfügung hatte, konnten nur sehr kleine Radioteleskope verwendet werden. Eine umfassende Untersuchung des Problems wurde kürzlich durch einen NASA-Ausschuß unter dem Vorsitz von Philip Morrison des Massachusetts Institute of Technology in die Wege geleitet. Der Ausschuß stellte eine Liste der Möglichkeiten zusammen, einschließlich neuer (und kostspieliger) Riesen-Radioteleskope, die sowohl von der Erde als auch vom Raum aus operieren. Er führte des weiteren aus, daß man auch mit bescheidenen Mitteln bedeutende Fortschritte erzielen könne, wenn man Radioempfänger mit höherer Empfindlichkeit und gekoppelten Computer-Datenverarbeitungssystemen entwickeln würde. In der Sowjetunion beschäftigt sich eine staatliche Kommission damit, eine Suche nach extraterrestrischer Intelligenz zu organisieren; das große RATAN-600-Radioteleskop im Kaukasus, das erst kürzlich fertiggestellt wurde, soll zumindest teilweise dabei eingesetzt werden. Hand in Hand mit den jüngsten spektakulären Fortschritten in der Funktechnik ging ein gewaltiger Anstieg des Ansehens, das dieses Thema im wissenschaftlichen und öffentlichen Bereich genießt. Ein klares Zeichen der neuen Haltung sind die *Viking*-Missionen zum Mars, die in einem ganz bedeutenden Ausmaß der Suche nach Leben auf einem anderen Planeten gewidmet sind.

Aber neben der wachsenden Bereitschaft zu einer ernsthaften Suche schleicht sich eine leicht negative Note ein, die dennoch recht interessant ist. Einige Wissenschaftler stellen in jüngster Zeit eine merkwürdige Frage: Wenn es extraterrestrische Intelligenz in Hülle und Fülle gibt, weshalb haben wir dann bis jetzt keine Anzeichen davon bemerkt? Denkt doch an den Fortschritt, den unsere eigene technische Zivilisation in den vergangenen tausend Jahren gemacht hat, und stellt euch vor, solche Fortschritte setzen sich über Millionen oder Milliarden Jahre fort! Wenn nur ein winziger Bruchteil von hochentwickelten Zivilisationen Millionen oder Milliarden Jahre weiter ist als wir, weshalb haben sie dann keine Artefakte, Vorrichtungen oder – im negativen Sinn – Industrieverschmutzungen solcher Größenordnungen hervorgebracht, daß sie für uns erkennbar sind? Warum haben sie nicht die gesamte Galaxis nach ihrem Belieben umgestaltet?

Skeptiker fragen auch, weshalb es keine schlüssigen Beweise für extraterrestrische Besuche auf der Erde gibt. Wir haben bereits ein paar langsame, bescheidene Sonden in den interstellaren Raum geschickt. Eine Gesellschaft, die in der Entwicklung ein Stück weiter ist als wir, müßte in der Lage sein, die Regionen zwischen den Sternen bequem, wenn nicht gar mühelos zu durchqueren. Im Laufe von Jahrmillionen müßten solche Zivilisationen Kolonien errichtet haben, die vielleicht ihrerseits gerade die ersten interstellaren Expeditionen ausrüsten. Warum sehen wir sie nirgends? Man ist versucht, daraus zu schließen, daß es bestenfalls ganz wenige fortgeschrittene extraterrestrische Zivilisationen gibt – entweder weil wir, statistisch gesehen, eine der ersten technischen Zivilisationen überhaupt sind oder weil es das Los all dieser Zivilisationen ist, sich selbst zu vernichten, ehe sie sich sehr viel weiter entwickelt haben als wir.

Mir will scheinen, daß eine derart düstere Stimmung verfrüht ist. Sämtliche Argumente stehen und fallen damit, ob wir die Absichten von Geschöpfen, die womöglich sehr viel weiter entwickelt sind als wir, richtig erraten; wenn wir diese Argumente jedoch genauer untersuchen, weisen sie eine Reihe interessanter menschlicher Eitelkeiten auf. Weshalb rechnen wir damit, daß es leicht sein wird, Spuren hochentwickelter Zivilisationen zu erkennen? Ist unsere Lage nicht eher die eines, sagen wir, völlig isoliert lebenden Stammes im Amazonas-Becken, dem sowohl das Wissen wie die technische Ausrüstung fehlt, um den gewaltigen Funk- und Fernsehverkehr zu erkennen, der ihn von allen Seiten umwogt? Außerdem gibt es in der Astronomie noch eine Vielzahl von Phänomenen, die wir nur unvollkommen verstehen. Könnten beispielsweise die Modulationen von Pulsaren oder die Energiequellen von Quasaren technischen Ursprungs sein? Vielleicht gibt es so etwas wie eine galaktische Ethik, die es verbietet, rückständige oder »Entwicklungs«-Zivilisationen zu beeinflussen. Vielleicht wartet man erst einmal eine bestimmte Frist ab, ehe man eine Kontaktaufnahme für angebracht hält, gibt uns sozusagen die faire Chance, uns selbst zu vernichten, wenn uns unbedingt danach zumute ist. Vielleicht haben sämtliche Gesellschaften, die uns in der Entwicklung ein gutes Stück voraus sind, die persönliche Unsterblichkeit erlangt und damit die Motivation für ein interstellares Herumzigeunern verloren, die möglicherweise ein typischer Drang »jugendlicher« Zivilisationen ist. Vielleicht wollen reife Zivilisationen nicht unbedingt das All verschmutzen und verseuchen. Das ist eine lange Liste von »Vielleichts«, und wir vermögen nicht ein einziges objektiv zu beurteilen.

Die Frage nach extraterrestrischen Zivilisationen ist meiner Meinung nach noch völlig offen. Ich persönlich finde es schwieriger, ein Universum zu begreifen, in dem wir die einzige Zivilisation sind – oder eine von wenigen Zivilisationen –, als mir einen Kosmos vorzustellen, der von intelligentem Leben überquillt. Viele Aspekte des Problems können zum Glück experimentell nachgeprüft werden. Wir sind in der Lage, nach Planeten anderer Sterne zu forschen, auf nahe gelegenen Welten wie dem Mars nach einfachen Lebensformen zu suchen und noch ausführlichere Laborstudien als bisher zum Ursprung des Lebens durchzuführen. Wir können uns eingehend mit der Evolution von Organismen und Gesellschaften befassen. Das Problem schreit geradezu nach einer langfristigen, objektiven, systematischen Suche, bei der nur die Natur entscheidet, was wahrscheinlich ist und was nicht.

Wenn es eine Million technische Zivilisationen in der Milchstraßen-Galaxie gibt, dann beträgt der durchschnittliche Abstand zwischen Zivilisationen etwa 300 Lichtjahre. Da ein Lichtjahr die Strecke ist, die das Licht in einem Jahr zurücklegt (ungefähr 9,5 Billionen Kilometer), legt dies den Schluß nahe, daß eine interstellare Nachricht von der nächstgelegenen Zivilisation etwa 300 Jahre – in einer Richtung – unterwegs ist. Frage plus Antwort würden demnach 600 Jahre dauern. Aus diesem Grunde sind interstellare Dialoge – besonders bei Erstkontakten – weit weniger wahrscheinlich als interstellare Monologe. Auf den ersten Blick erscheint es bemerkenswert selbstlos, daß eine Zivilisation Radiobotschaften in das All schickt, ohne Hoffnung

– zumindest in unmittelbarer Zukunft – zu erfahren, ob sie ankommen werden und wie der Empfänger darauf reagieren mag. Aber Menschen handeln oft ähnlich, so wenn sie beispielsweise für künftige Generationen Zeitdokumente in Grundsteine einmauern, ja sogar für die Nachwelt dichten, komponieren und Kunstwerke schaffen. Eine Zivilisation, die selbst einen derartigen Ansporn aus der Vergangenheit erhalten hat, könnte den Wunsch hegen, anderen technischen »Entwicklungs«-Zivilisationen auf ähnliche Weise zu helfen.

Wenn so ein Suchprogramm per Radiostrahlung Erfolg haben soll, muß die Erde zu den künftigen Nutznießern zählen. Wäre die Zivilisation, die eine Botschaft ausstrahlt, nur eine Spur weiter entwickelt als wir, besäße sie mehr als genug Funk-Energie für die interstellare Kommunikation – so viel vielleicht, daß sie die Ausstrahlung von Botschaften kleinen Gruppen von Funkamateuren oder »Liebhabern« primitiver Zivilisationen übertragen könnte. Wenn dagegen das Projekt in Händen einer planetarischen Regierung oder gar einer Welten-Allianz wäre, könnte die Botschaft zu einer so großen Zahl von Sternen verbreitet werden, daß vermutlich auch in unsere Richtung etwas durchkäme – obwohl es vielleicht keinen Grund gibt, unserer Himmelsregion besondere Aufmerksamkeit zu schenken.

Selbst ohne vorherige Abmachungen und Kontakte zwischen Absender- und Empfänger-Zivilisation ist eine Kommunikation durchaus möglich. Man kann sich unschwer eine interstellare Botschaft ausmalen, die ganz zweifelsfrei von intelligenten Wesen stammt. Ein moduliertes Signal (piep, piep-piep, piep-piep-piep,...), das die Ziffern 1, 2, 3, 5, 7, 11, 13, 17, 19, 23, 29, 31 – das erste Dutzend Primzahlen – enthält, könnte nur biologischen Ursprungs sein. Keine vorherige Abmachung zwischen Zivilisationen und keinerlei Abgrenzen gegenüber irdischem Chauvinismus ist nötig, um das klarzustellen.

Eine solche Botschaft wäre ein Zeichen oder Signal, das zwar die Existenz einer fortgeschrittenen Zivilisation bekanntgibt, aber wenig über ihr Wesen aussagt. Das Signal könnte auch eine besondere Frequenz vermerken, auf der die eigentliche Botschaft übertragen wird, oder es könnte anzeigen, daß sich die wichtigen Informationen bei einer höheren Zeitauflösung der ausgestrahlten Frequenz befinden. Nicht einmal die Übermittlung ziemlich komplexer Inhalte ist besonders schwierig, auch nicht für Zivilisationen, deren biologische Prozesse und gesellschaftliche Konventionen uns fremd sind. So lassen sich mathematische Aussagen übermitteln, die einen richtig, die anderen falsch, jede gefolgt vom passenden Kodewort (in Strichen und Punkten zum Beispiel), das die Begriffe richtig und falsch verkörpert, Begriffe, von denen viele Leute annehmen, daß sie in einem solchen Kontext schwer zu vermitteln sind.

Doch die bei weitem beste Methode wäre es, Bilder zu übertragen. Eine mehrmals ausgestrahlte Botschaft, die das Produkt aus zwei Primzahlen ist, läßt sich eindeutig als zweidimensionale Anordnung oder Raster – mit anderen Worten: als Bild – entschlüsseln. Das Produkt aus drei Primzahlen könnte ein dreidimensionales Einzelbild oder eine Ebene eines zweidimensionalen Films darstellen. Denken Sie sich als Beispiel für eine solche Botschaft eine Anordnung aus Nullen und Einsen, die man als lange und kurze Signale auf zwei benachbarten Frequenzen oder als Töne verschiedener Amplituden, ja sogar als Signale mit unterschiedlicher Radiopolarisation übermitteln könnte. Im Jahre 1974 wurde von der 305-Meter-Antenne des Arecibo-Observatoriums, das die Cornell-Universität in Puerto Rico für die National Science Foundation betreibt, eine solche Botschaft in den Raum geschickt. Dies geschah beim Festakt anläßlich der Oberflächenverbesserung der Arecibo-Antenne, des größten Radio/Radar-Teleskops auf der Erde. Man entsandte die Signale zu einer Sternansammlung namens M13, einem Kugelhaufen, der etwa eine Million Sonnen enthält und der zur Zeit der Zeremonie gerade über uns stand. Da M13 an die 24000 Lichtjahre entfernt ist, wird die Botschaft bis zu ihrer Ankunft 24000 Jahre brauchen. Und falls es ein Wesen gibt, das diese Botschaft aufnehmen kann, dann wird es 48000 Jahre dauern, bis wir eine Antwort erhalten. Die Arecibo-Botschaft war ganz sicher nicht als ernsthafter Versuch einer interstellaren Kommunikation gedacht; sie sollte vielmehr die bemerkenswerten Fortschritte der terrestrischen Funktechnik demonstrieren.

Die Botschaft lautet entschlüsselt ungefähr so: »In dieser Weise zählen wir von eins bis zehn. Das hier sind die Ordnungszahlen von fünf chemischen Elementen – Wasserstoff, Kohlenstoff, Stickstoff, Sauerstoff und Phosphor –, die wir für typisch oder wichtig halten. Hier einige Möglichkeiten, diese Atome miteinander zu verbinden: die Moleküle Adenin, Thymin, Guanin und Cytosin, dazu eine Kette, die sich abwechselnd aus Zucker und Phosphaten zusammensetzt. Diese molekularen Bausteine ergeben ihrerseits ein langes DNS-Molekül, das etwa vier Milliarden Kettenglieder besitzt und die Form einer Doppelspirale hat. Irgendwie ist dieses Molekül von großer Bedeutung für das plumpe Geschöpf im Zentrum der Botschaft. Dieses Geschöpf ist 14 Radiowellenlängen oder etwa 176 cm groß. Es gibt an die vier Milliarden dieser Geschöpfe auf dem dritten Planeten unseres Zentralgestirns. Insgesamt umfaßt das System dieses Gestirns neun Planeten – vier kleine innen, vier große nach außen hin und einen kleinen ganz außen. Diese Botschaft wird übermittelt durch die freundliche Unterstützung eines Radioteleskops, das einen Durchmesser von 2430 Wellenlängen oder 306 Metern besitzt. Mit vorzüglicher Hochachtung.«

Bei einer Serie ähnlicher Bildbotschaften, von denen sich jede logisch an die anderen fügt und sie ergänzt, ist es sehr wahrscheinlich, daß sich eine nahezu eindeutige Kommunikation selbst zwischen zwei Zivilisationen, die sich nie begegnet sind, herstellen ließe. Aber unser unmittelbares Ziel ist es nicht, solche Bildbotschaften auszusenden, denn wir sind doch noch sehr unreif und rückständig; wir wollen im Gegenteil ins All hineinhorchen.

Die Entdeckung intelligenter Funksignale aus den Tiefen des Raumes wäre sowohl praktisch wie auch streng theoretisch eine Hilfe bei vielen der grundlegenden Fragen, die Wissenschaftler und Philosophen seit prähistorischen Zeiten beschäftigen. Ein solches Signal wäre nämlich ein Zeichen dafür, daß der Ursprung des Lebens kein außergewöhnliches, schwieriges oder fast unwahrscheinliches Ereignis ist. Es würde den Schluß nahelegen, daß sich ganz generell – Milliarden Jahre der natürlichen Auslese vorausgesetzt – einfache Lebensformen in komplexe intelligente Wesen weiterentwickeln wie auf der Erde; und daß solche intelligenten Wesen meist eine technische Zivilisation errichten, so wie wir es getan haben. Aber es ist kaum anzunehmen, daß die Botschaften, die wir erhalten, von einer Zivilisation stammen werden, die auf dem gleichen Entwicklungsniveau steht wie unsere eigene. Eine Gesellschaft, die nur eine Spur rückständiger ist, wird noch keine Radioastronomie besitzen. Der wahrscheinlichste Fall ist der, daß die Botschaft von einer Zivilisation kommen wird, die uns in technischen Dingen weit voraus ist. Aber dadurch werden wir, sogar noch ehe wir imstande sind, eine derartige Botschaft zu entschlüsseln, eine unschätzbare Erkenntnis gewinnen: daß es möglich ist, die Gefahren der Epoche, in der wir uns gerade befinden, zu überleben.

Es gibt Leute, die nach einem Blick auf die globalen Probleme unserer Erde – die vielen nationalen Streitereien, die Atomwaffen-Arsenale, die wachsende Bevölkerung, die Kluft zwischen arm und reich, die Lebensmittel- und Rohstoffeverknappung und die durch Nachlässigkeit herbeigeführte Umweltverschmutzung – zu dem Schluß kommen, daß wir in einem System leben, das plötzlich instabil geworden ist, einem System, das bald zusammenbrechen muß. Andere dagegen glauben, daß sich unsere Probleme lösen lassen, daß die Menschheit noch in den Kinderschuhen steckt, daß wir eines Tages erwachsen sein werden. Der Empfang einer einzigen Botschaft aus dem All würde beweisen, daß es möglich ist, ein solches technisches Frühstadium zu überleben: schließlich hat es auch die Zivilisation, von der die Botschaft stammt, geschafft.

Eine weitere mögliche Konsequenz, die eine interstellare Botschaft mit sich brächte, wäre wohl, daß die Menschen und anderen Lebewesen unseres Planeten künftig enger zusammenhalten. Die sichere Evolutionslektion ist die, daß Organismen anderswo ihre eigenen Entwicklungsstufen durchlaufen; daß ihre Chemie, Biologie und sehr wahrscheinlich ihre Gesellschaftsstruktur anders sein werden als alles auf der Erde. Wir sind vielleicht in der Lage, mit ihnen in Kommunikation zu treten, weil wir alle das Universum teilen – weil Physik, Chemie und Astronomie universelle Gesetzmäßigkeiten aufweisen. Aber wir müssen damit rechnen, daß sie grundlegend anders sind als wir. Und angesichts dieses Anders-Seins könnten die Feindseligkeiten schwinden, welche die Völker der Erde trennen. Rasse und Nationalität, Religion und Geschlecht sind vermutlich unbedeutend im Vergleich zu den Unterschieden zwischen allen Menschen und allen intelligenten Extraterrestriern.

Falls uns die Botschaft über Radiowellen erreicht, haben Absender- und Empfänger-Zivilisation wenigstens das Wissen der Radioastronomie gemeinsam. Und gerade wegen der

Gemeinsamkeit der Naturwissenschaften rechnen viele Forscher damit, daß sich die Botschaften extraterrestrischer Zivilisationen entschlüsseln lassen – langsam und stockend vielleicht, aber dennoch eindeutig. Niemand ist klug genug, um im Detail vorherzusagen, welche Folgen eine solche Entschlüsselung haben mag, denn niemand ist klug genug, schon jetzt zu begreifen, wie die Botschaft im wesentlichen aussehen wird. Da die Nachricht aber höchstwahrscheinlich von einer Zivilisation stammen wird, die der unseren weit voraus ist, erhalten wir möglicherweise großartige neue Einblicke in die Physik, Biologie und Sozialwissenschaften, aus der Perspektive einer völlig anderen Intelligenz. Allerdings kann das Entschlüsseln Jahre und Jahrzehnte in Anspruch nehmen.

Manche Leute befürchten, daß die Botschaft von einer hochentwickelten Gesellschaft uns den Glauben an die eigene Zivilisation nehmen und unseren Entdecker-Elan lähmen könnte, wenn es den Anschein hat, als wüßten die anderen bereits alles. Dieses Argument erscheint mir ebenso unsinnig, als würde ein Schüler sich weigern, den Unterricht zu besuchen, weil seine Lehrer mehr wissen als er oder in seinen Büchern soviel kluges Zeug steht. Es liegt an uns, eine interstellare Botschaft zu ignorieren, wenn wir sie als kränkend empfinden. Wenn wir nicht antworten wollen, erfährt die Absender-Zivilisation nie, ob ihre Botschaft auf dem winzigen Planeten Erde empfangen und verstanden wurde. Meiner Ansicht nach birgt die Entschlüsselung einer Funkbotschaft aus dem Raum, die wir so langsam und so behutsam vornehmen können, wie wir nur wollen, kaum Gefahren für die Menschheit; im Gegenteil, sie verspricht uns einen großen praktischen und auch philosophischen Nutzen.

Insbesondere könnte eine solche Botschaft Verhaltensmaßregeln aufzeigen, wie man es vermeidet, daß sich eine technische Zivilisation zur Selbstvernichtung hin entwickelt – wie sie ungefährdet die Reife erlangt. Vielleicht geht aus Botschaften von fortgeschrittenen Zivilisationen hervor, welche Wege der kulturellen Evolution am ehesten zur Stabilität und Langlebigkeit einer intelligenten Rasse führen und welche anderen Wege in Stagnation, Degeneration und Zusammenbruch enden. Es besteht natürlich keine Garantie, daß interstellare Botschaften derartige Hinweise enthalten, aber es wäre Wahnsinn, die

Möglichkeit zu übersehen. Vielleicht gibt es für Ernährungskrisen, Übervölkerung, Energiemangel, schwindende Rohstoffe, Umweltverschmutzung und Krieg einfache Lösungen, die man auf der Erde nur noch nicht entdeckt hat.

Es werden sich zwar mit Sicherheit Unterschiede zwischen den Zivilisationen zeigen, aber vielleicht gibt es auch Gesetzmäßigkeiten in der Entwicklung, die man erst erkennen kann, wenn man Informationen zur Evolution vieler Zivilisationen besitzt. Weil wir vom übrigen Kosmos isoliert sind, stehen uns nur von der Evolution einer einzigen Zivilisation, nämlich der eigenen, Daten zur Vergügung. Obendrein bleibt uns der wichtigste Aspekt dieser Evolution – die Zukunft – verschlossen. Und so ist es, wenngleich nicht zwingend, so doch immerhin möglich, daß die Zukunft der menschlichen Zivilisation vom Empfang und der Entschlüsselung interstellarer Botschaften abhängt.

Und was geschieht, wenn wir eine lange, intensive Suche nach extraterrestrischer Intelligenz durchführen und uns der Erfolg versagt bleibt? Selbst dann kann man die Mühe nicht als verschwendet bezeichnen. Wir werden wichtige neue Techniken entwickelt haben, mit Anwendungsmöglichkeiten in vielen anderen Bereichen unserer Zivilisation. Wir werden unser Wissen um das physikalische Universum ein gutes Stück erweitert haben. Und wir werden die Bedeutung und Einmaligkeit unserer Rasse, unserer Zivilisation und unseres Planeten genauer abschätzen können. Denn wenn es anderswo kein oder kaum intelligentes Leben gibt, werden wir wissen, daß unsere Kultur und unser biologisches Erbe, herausgebildet in 4,6 Milliarden Jahren mühseliger Evolutionsgeschichte, etwas Seltenes und Kostbares sind. Eine solche Erkenntnis wird wie sonst nichts unsere Verantwortung für die Gefahren der Gegenwart wachrütteln: Denn die wahrscheinlichste Erklärung für negative Ergebnisse einer intensiven, mit allen Mitteln durchgeführten Suche ist die, daß Gesellschaften sich im allgemeinen selbst vernichten, ehe sie weit genug entwickelt sind, um einen ständigen Funkverkehr im All einzurichten. Man kann sogar soweit gehen und sagen, daß die systematische Suche nach interstellaren Funkbotschaften wohl ganz unabhängig vom Ergebnis den Zusammenhalt und die Zusammenarbeit der Menschheit günstig beeinflussen wird.

Aber wir werden ganz sicher keinen Erfolg bei der Suche und noch viel weniger beim Entschlüsseln einer Botschaft haben, wenn wir uns nicht allen Ernstes bemühen, nach Signalen zu horchen. Es kann sein, daß sich die Zivilisationen in zwei große Klassen aufspalten: jene, die sich die Mühe einer radioastronomischen Suche machen, Kontakt bekommen und neue Mitglieder einer losen Föderation galaktischer Gemeinschaften werden, und jene, die sich einer solchen Mühe nicht unterziehen können oder wollen – oder denen die Phantasie fehlt, etwas Derartiges zu versuchen – und die infolgedessen bald zerfallen und untergehen.

Ich kann mir kaum ein anderes Unternehmen denken, das im Rahmen unserer Fähigkeiten liegt, verhältnismäßig wenig kostet und so vielversprechend für die Zukunft der Menschheit ist wie die Suche nach extraterrestrischer Intelligenz.

TEIL V

GRENZFRAGEN

23
Eine Sonntagspredigt

Zum Schweigen gebrachte Theologen liegen um die Wiege einer jeden Wissenschaft wie die erwürgten Schlangen an der [Wiege] des Herkules.

T. H. HUXLEY (1860)

Wir haben den höchsten Kreis der spiralengleich ansteigenden Kräfte gesehen. Wir haben diesen Kreis Gott genannt. Wir hätten ihm jeden anderen Namen geben können, der uns gefällt: Abgrund, Geheimnis, Absolutes Dunkel, Absolutes Licht, Materie, Geist, Letzte Hoffnung, Letzte Verzweiflung, Schweigen.

NIKOS KAZANTZAKIS (1948)

In jüngster Zeit komme ich oft in die Lage, an wissenschaftlichen Diskussionsrunden mit der Bevölkerung teilzunehmen. Die Themen reichen dabei von der Erforschung und Natur unserer Nachbarplaneten, dem Ursprung des Lebens und der Intelligenz auf der Erde über die Suche nach extraterrestrischem Leben bis hin zum Gesamtbild des Universums. Da für mich diese Themen nicht neu sind, konzentriert sich meine Interesse vor allem auf den Fragenteil. Hier zeigt sich am deutlichsten, was die Leute denken und wo ihre Ängste liegen. Die häufigsten Probleme, die dabei zur Sprache kommen, gelten UFOs und einstigen Astronautenbesuchen auf der Erde – beides meiner Meinung nach nur schwach verhüllte religiöse Fragen. Beinahe ebenso häufig – besonders nach Vorträgen, in denen ich über die Evolution des Lebens oder der Intelligenz spreche – höre ich die Worte: »Glauben Sie an Gott?« Da das Wort »Gott« nicht für alle Leute das gleiche bedeutet, entgegne ich in der Regel, was denn der Fragesteller unter Gott verstehe. Zu meinem Erstaunen erwarten die Gesprächspartner diese Reaktion meist nicht und reagieren mit Verwirrung: »Na ja – *Gott* eben. Jeder weiß, was Gott ist.« Oder: »Nun, eine Art von Kraft, die stärker ist als wir und die überall im Universum existiert.« Es gibt eine Reihe von Kräften, auf die diese Definition zutrifft. Eine davon ist die Schwerkraft, aber man wird sie kaum mit Gott gleichsetzen. Und es weiß eben *nicht* jeder, was Gott ist. Der Begriff umschließt einen weiten Vorstellungsbereich. Manche Leute sehen Gott als einen imposanten hellhäutigen Mann mit wallendem weißem Bart, der irgendwo am Himmel droben auf einem Thron sitzt und das Schicksal selbst jeder Mücke registriert. Für andere – zum Beispiel für Baruch Spinoza und Albert Einstein – war Gott im wesentlichen die Summe aller physikalischen Gesetze, welche das Universum bezeichnen. Ich kenne keinen zwingenden Beweis für anthropomorphe Patriarchen, die das Geschick von einem guten Aussichtspunkt am Himmel lenken, aber es wäre Wahnsinn, die Existenz physikalischer Gesetze zu leugnen. Ob wir an Gott glauben, hängt also sehr stark davon ab, was wir unter Gott verstehen.

In der Geschichte unserer Welt gab und gibt es vermutlich Zehntausende verschiedener Religionen. Nun behaupten wohlmeinende fromme Leute, daß diese Religionen im Grunde alle gleich seien. Und wenn man die unterschwelligen psychologischen Resonanzen betrachtet, so mag es im Kern vieler Religionen tatsächlich wichtige Gemeinsamkeiten geben. Aber in den Details von Ritualen und Lehren der organisierten Religionen, sowie der Apologien, die sie jeweils verteidigen, klaffen Abgründe. Menschenreligionen schließen einander wegen so fundamentaler Dinge aus wie: ein Gott oder Vielgötterei, Ursprung der Sünde, Reinkarnation, Götzendienst, Zauberei und Hexenkult, die Rolle der Frau, Speisengebote und -verbote, Gebets- und Opferriten, unmittelbarer oder mittelbarer Zugang zu Göttern, Sklaverei, Ablehnung oder Duldung anderer Religionen, der Kreis derer, gegen die wir besondere ethische Verpflichtungen haben, und so fort. Wir tun der Religion im allgemeinen und den diversen Glaubensrichtungen im besonderen keinen Gefallen, wenn wir diese Unterschiede gnädig übertünchen. Statt dessen sollten wir uns bemühen, die Weltanschauungen zu begreifen, aus denen die jeweiligen Religionen entspringen, und überlegen, welche menschlichen Bedürfnisse in diesen Unterschieden zum Ausdruck kommen.

Es gibt eine Anekdote von Bertrand Russell, der eines Tages verhaftet wurde, weil er friedlich gegen den Beitritt Großbritanniens zum Ersten Weltkrieg protestiert hatte. Der Gefängniswärter erkundigte sich – damals bei Neuzugängen eine übliche Frage – nach Russels Religion. Russell entgegnete: »Agnostiker« und wurde gebeten, das Wort zu buchstabieren. Der Wärter lächelte milde, schüttelte den Kopf und sagte: »Es gibt viele verschiedene Religionen, aber ich glaube, wir beten alle zum gleichen Gott.« Russell merkte an, daß ihn diese Worte wochenlang aufmunterten. Und es gab vielleicht nicht sehr viel mehr in diesem Gefängnis, das ihn aufmunterte, wenngleich es ihm gelang, während der Haft die gesamte *Introduction to Mathematical Philosophy* zu schreiben sowie Material für seine Arbeit *The Analysis of Mind* zu sammeln.

Viele der Menschen, die mich fragen, ob ich an Gott glaube, wollen im Grunde die Zusicherung, daß ihr persönlicher Glaube, wie immer er aussehen mag, im Einklang mit den Erkenntnissen der modernen Wissenschaften steht. Die Religion hat bei ihrer Konfrontation mit den Naturwissenschaften Wunden davongetragen, und manch einer – wenngleich längst nicht jeder – zögert, theologische Inhalte zu akzeptieren, die im krassen Widerspruch zu den Dingen stehen, die wir wissen. Als mit *Apollo-8* die erste bemannte Mondumfliegung gelang, lasen die Astronauten an Bord in einer mehr oder weniger spontanen Regung eine Stelle aus der Schöpfungsgeschichte vor, zum Teil wohl auch, um die Steuerzahler drunten in den Vereinigten Staaten zu beruhigen, daß konventionelle religiöse Ansichten nicht unvereinbar mit einem bemannten Mondflug seien. Die strenggläubigen Moslems dagegen reagierten mit Empörung auf die erste erfolgreiche Mondlandung von *Apollo-11*, denn im Islam kommt dem Mond eine ganz besondere, heilige Stellung zu. In einem ganz anderen religiösen Kontext stellte Nikita Chruschtschow, der Ministerratsvorsitzende der Sowjetunion, nach dem ersten Weltraumflug von Juri Gagarin fest, daß der

Kosmonaut da droben weder auf Götter noch auf Engel gestoßen sei – das heißt, Chruschtschow beruhigte auch seine Zuhörer, daß bemannte Weltraumunternehmen nicht unvereinbar mit ihrer Weltanschauung seien.

In den fünfziger Jahren erschien in einer sowjetischen Fachzeitschrift mit dem Titel *Voprosy Filosofij* (Philosophische Probleme) ein – für mich nicht sonderlich überzeugender – Artikel, der behauptete, nach dem dialektischen Materialismus müsse auf jedem Planeten Leben sein. Kurz darauf wurde eine etwas gequälte offizielle Gegendarstellung veröffentlicht, die den dialektischen Materialismus von der Exobiologie abkoppelte. Religionen, die auf einem überprüfbaren Sektor eindeutige Vorhersagen aufstellen, müssen damit rechnen, daß der eine oder andere Glaubenssatz widerlegt wird. Die scheußlichste Klemme für eine organisierte Religion ergibt sich dann, wenn man sie eindeutig widerlegen kann, wenn ihre Glaubwürdigkeit mit dem Ergebnis eines Experiments steht oder fällt. So konnte die Tatsache, daß man auf dem Mond kein Leben fand, die Grundmauern des dialektischen Materialismus nicht erschüttern. Glaubenslehren, die keine eindeutigen Vorhersagen treffen, sind zwar weniger überzeugend als solche, die richtige Vorhersagen treffen; sie sind andererseits erfolgreicher als Lehren, die falsche Vorhersagen treffen.

Das gilt allerdings nicht uneingeschränkt. Eine bekannte amerikanische Sekte sagte vorher, daß im Jahre 1914 die Welt untergehen würde. Nun, 1914 kam und ging, und wenngleich sich in diesem Jahr einiges an Bedeutung ereignete, scheint die Welt immer noch zu existieren. Nun gibt es für eine Religion, der ein so grober Schnitzer in Sachen fundamentaler Prophezeiung unterläuft, mindestens drei Möglichkeiten, die Scharte auszuwetzen. Die erste wäre: ›Tja, haben wir 1914 gesagt? Tut uns leid, ein kleiner Rechenfehler. Eigentlich meinten wir 2014. Hat Sie hoffentlich nicht weiter beunruhigt.‹ Nichts dergleichen geschah. Die Sekte hätte aber auch erklären können: ›Nun, das war eben eine letzte Prüfung, um die Spreu vom Weizen zu scheiden. Diejenigen, die uns weiterhin angehören, sind nun die wahren Auserwählten Gottes‹, oder: ›Also, um ein Haar wäre die Welt tatsächlich untergegangen. Lediglich unser inständiges Gebet hat Gott dazu bewegt, den Kelch noch einmal vorübergehen zu lassen und die Erde zu verschonen.‹ Aber auch das tat sie nicht. Statt dessen fiel den Leuten etwas besonders Raffiniertes ein. Sie verkündeten, daß der Weltuntergang stattgefunden habe, und wer das nicht sähe, sei selbst schuld. Angesichts dieser dünnen Ausreden ist es verblüffend, daß die Sekte überhaupt noch Anhänger besitzt. Aber Religionen sind zählebig. Entweder beschränken sie ihre Behauptungen auf solche, die man nicht widerlegen kann, oder sie basteln ihre Lehre schnell um, sobald man ihnen einen Irrtum nachgewiesen hat. Die Tatsache, daß manche Religionen so schamlos mit der Wahrheit umgehen und sich so verächtlich über die Intelligenz ihrer Anhänger hinwegsetzen, stellt im Grunde auch den Gläubigen kein gutes Zeugnis aus. Aber sie zeigt, wenn eine solche Demonstration überhaupt nötig ist, daß sich nahe dem Kern religiösen Empfindens irgend etwas hartnäckig der rationalen Betrachtung entzieht.

Andrew Dickson White war der intellektuelle Führer, Begründer und erste Präsident der Cornell University. Er war aber auch der Verfasser eines außergewöhnlichen Buches mit dem Titel *The Warfare of Science with Theology in Christendom* (Der Kampf zwischen Wissenschaft und Theologie in den christlichen Religionen). Man empfand das Thema damals als so skandalös, daß sein Mitautor bat, anonym bleiben zu dürfen. White war ein tief religiöser Mensch.* Aber er umriß die lange, schmerzliche Geschichte der Irrlehren, welche die Religionen zu den Naturgesetzen aufgestellt hatten, und zeigte auf, wie man Menschen verfolgt und unterdrückt hatte, die sich eingehend mit solchen Fragen beschäftigten und zu anderen Ergebnissen kamen als die Kirchen. Der greise Galilei wurde von der katholischen Geistlichkeit mit der Folter bedroht, weil er die Ansicht vertrat, daß sich die Erde drehe. Spinoza wurde aus der jüdischen Glaubensgemeinschaft verstoßen, und es gibt kaum eine organisierte Religion, die nicht dann und wann Menschen verfolgt hätte, nur weil sie einer Lehrmeinung auf den Grund gingen. Daß sich die Cornell University für eine freie, kirchlich unabhängige Forschung einsetzte, wurde im letzten Viertel des neunzehnten Jahrhunderts als so anstößig empfunden, daß Geistliche den

* White scheint auch für die beispielhafte Gepflogenheit der Cornell University verantwortlich zu sein, keine Ehrendoktorwürden zu verleihen. Er befürchtete, daß man solche Ehrengrade für Stiftungen und Vermächtnisse »einhandeln« könne. White bewies in seiner Ethik hohes Niveau und großen Mut.

Schulabsolventen rieten, lieber auf die Universitätsausbildung zu verzichten, als sich an einer so gottlosen Institution einzuschreiben. (Und die Sage Chapel am Ort der Universität wurde wohl teilweise deshalb errichtet, um die Frommen zu versöhnen – wenngleich ich zu meiner Freude feststellen darf, daß sie von Zeit zu Zeit schöne Ansätze einer aufgeschlossenen, überkonfessionellen Haltung zeigt.)

Viele der Kontroversen, die White beschreibt, drehen sich um die Entstehungsgeschichte. Früher glaubte man, daß jedes Ereignis auf der Welt – meinetwegen das Aufblühen einer Ackerwinde – durch das direkte Eingreifen der Gottheit zustande kam. Die Blüte konnte sich keinesfalls von selbst öffnen. Gott mußte sagen: »Los, Winde, blühe!« Auf die Menschheit und ihr Handeln übertragen, hat dieser Gedanke allerdings oft schlimme soziale Folgen. Zum einen scheint er darauf hinauszulaufen, daß wir für unser Tun keine Verantwortung tragen. Wenn das Welten-Theater ganz allein von einem allmächtigen und allwissenden Gott produziert und inszeniert wird, ist dann nicht alles Böse, das begangen wird, zwangsläufig Gottes Angelegenheit? Ich weiß, dieser Gedanke ruft im westlichen Kulturkreis Unbehagen hervor, und Versuche, ihn zu überspielen, schließen die Behauptung ein, daß die Dinge, die uns als böse erscheinen, in Wahrheit Teil eines komplexen göttlichen Plans sind, den wir nicht begreifen, oder daß Gott es vorzog, sein eigenes Kausalitätsprinzip in Dunkel zu hüllen, als er die Welt erschuf. Ganz von der Hand zu weisen sind diese philosophischen Rettungsversuche natürlich nicht, aber sie erwecken doch sehr den Anschein, eine wacklige ontologische Struktur zu stützen.* Außerdem wurde die Vorstellung, daß Gott sich selbst in die kleinsten Bereiche des Alltags einmische, oft ausgenützt, um die bestehende soziale, politische und wirt-

---

* Viele Aussagen über Gott werden von den Theologen mit großer Überzeugung vorgebracht, bewegen sich heutzutage jedoch zumindest auf trügerischem Grund. So behauptete Thomas von Aquin unbeirrt, Gott könne keinen anderen Gott erschaffen, keinen Selbstmord begehen, keinen seelenlosen Menschen formen, ja nicht einmal ein Dreieck machen, dessen innere Winkelsumme ungleich 180° sei. Zumindest das letztere schafften Bolyai und Lobaschewsky (auf einer gekrümmten Fläche) bereits im neunzehnten Jahrhundert, und sie waren beileibe keine Götter. Es ist schon eine kuriose Vorstellung – ein allmächtiger Gott mit einem langen Katalog von Dingen, die ihm laut Theologenbeschluß verboten sind.

schaftliche Ordnung zu rechtfertigen. Da gab es beispielsweise die Idee vom »Göttlichen Recht der Könige«, die allen Ernstes von Philosophen wie Thomas Hobbes diskutiert wurde. Hegte man also meinetwegen gegen Georg III. revolutionäre Gefühle, so machte man sich nicht nur eines weltlichen Verrats schuldig, sondern beging obendrein die Sünden der Blasphemie und Gottlosigkeit.

Es gibt viele berechtigte wissenschaftliche Fragen zu den Anfängen und Zielen des Universums: Was ist der Ursprung der Menschheit? Woher kommen Pflanzen und Tiere? Wie entstand Leben? Wie entstanden die Erde, die Planeten, die Sonne, die Sterne? Hat das Universum einen Anfang, und wenn ja, wo liegt er? Und schließlich eine etwas seltsame Frage, die sich noch tiefer an die Wurzeln herantastet und die viele Wissenschaftler wohl für sinnlos halten, weil sie eigentlich nicht nachprüfbar ist: Weshalb sind die Naturgesetze so, wie sie sind? Der Gedanke, daß ein Gott – oder mehrere Götter – nötig ist bzw. sind, um einen oder mehrere dieser Entstehungsmechanismen in die Wege zu leiten, ist im Laufe der letzten Jahrtausende wiederholt angegriffen worden. Da wir heute einiges über Phototropismus und Pflanzenhormone wissen, verstehen wir das Aufblühen einer Winde auch unabhängig von einer göttlichen Mikrointervention. Das gleiche gilt für die gesamte Kausalitätsleiter bis hin zum Ursprung des Universums.

Je mehr wir über das Universum erfahren, desto weniger Arbeit scheint es für Gott zu geben. Das Gottesbild von Aristoteles war das einer treibenden Kraft, die selbst unbewegt blieb – eines *Roi fainéant*, eines Königs, der erst mal das Universum an seinen Platz setzt und dann die Hände in den Schoß legt, um die verworrenen, ineinander verflochtenen Ketten der Kausalität durch die Zeitalter zu verfolgen. Aber das erscheint abstrakt und alltagsfern. Es ist ein wenig beunruhigend und schmerzt die menschliche Eitelkeit.

Menschen scheinen einen natürlichen Horror vor immer weiter zurückreichenden Ursachen zu haben, und diese Abscheu liegt an der Wurzel der berühmtesten und wirkungsvollsten Gottesbeweise von Aristoteles und Thomas von Aquin. Aber diese Denker lebten lange vor der Zeit, da die Unendlichkeitsrechnung ein mathematischer Gemeinplatz wurde. Wären Integrale, Differentiale oder transfinite Mathematik im Griechenland des fünften Jahrhunderts vor Christus erfunden und später auch nicht unterdrückt worden, so hätte die Religionsgeschichte des westlichen Kulturkreises vielleicht ganz anders ausgesehen – oder zumindest hätte man nicht so oft behauptet, daß es rationale Gottesbeweise auch für jene gäbe, welche die sogenannte göttliche Erleuchtung ablehnen – wie es Thomas von Aquin in der *Summa Contra Gentiles* versuchte.

Als Newton die Bewegung der Planeten durch die allgemeine Gravitationstheorie erklärte, war es nicht länger nötig, daß Engel die Welten herumschubsten und -schoben. Und als Pierre Simon Marquis de Laplace sich anschickte, den Ursprung des Sonnensystems – obschon nicht den Ursprung der Materie – ebenfalls durch physikalische Gesetze zu erklären, schien selbst die Notwendigkeit eines Gottes, der sich um den Ursprung der Dinge kümmerte, ernsthaft gefährdet. Es wird berichtet, daß Laplace eine Ausgabe seiner zukunftsträchtigen mathematischen Arbeit *Mécanique céleste* Napoleon an Bord eines Mittelmeerschiffes während der Ägypten-Expedition 1798/99 überreichte. Ein paar Tage später, so heißt es, beschwerte sich Napoleon bei Laplace, daß nirgends im ganzen Text Gott erwähnt sei.

Die Antwort von Laplace ist verbürgt: »Sire, ich benötige diese Hypothese nicht.«* Der Gedanke, Gott als Hypothese zu betrachten und nicht als Grundwahrheit, ist im großen und ganzen eine moderne Idee des Westens – obwohl sie auch schon vor 2400 Jahren allen Ernstes von den ionischen Philosophen diskutiert wurde.

Es wird oft in Betracht gezogen, daß zumindest der Ursprung des Universums einen Gott erfordert – in der Tat, ein aristoteli-

---

* Es ist eine reizvolle Vorstellung, daß Napoleon seine Zeit an Bord tatsächlich mit der Lektüre der hochmathematischen *Mécanique céleste* verbrachte. Aber er hatte großes Interesse an den Naturwissenschaften und machte den ernsthaften Versuch, die jeweils neuesten Erkenntnisse zu durchschauen (siehe: *The Society of Arcueil: A View of French Science at the Time of Napoleon I* von Maurice Crosland, Cambridge, Harvard University Press, 1967). Napoleon gab nicht vor, die gesamte *Mécanique céleste* gelesen zu haben; bei anderer Gelegenheit schrieb er Laplace ein wenig gequält: »Das erste halbe Jahr, das ich frei habe, wird der Lektüre des Werkes gewidmet sein.« Aber er bemerkte auch zu einem anderen von Laplaces Büchern: »Ihre Werke tragen zum Ruhm der Nation bei. Der Fortschritt und die Perfektion in der Mathematik sind eng mit der Prosperität des Staates verknüpft.«

scher Gedanke.* Das ist ein Punkt, der es verdient, einmal etwas näher beleuchtet zu werden. Zuallererst ist es durchaus möglich, daß das Universum unendlich alt ist und deshalb keinen Schöpfer benötigt. Das steht im Einklang mit unserem gegenwärtigen Wissen über die Kosmologie, die ein oszillierendes Universum zuläßt; in ihm sind die Ereignisse seit dem Urknall lediglich die jüngste Inkarnation einer unendlichen Serie von Entstehungen und Untergängen des Universums. Aber beschäftigen wir uns ruhig einmal mit der Idee eines Universums, das irgendwie von Gott aus dem Nichts geschaffen wurde. Dabei erhebt sich ganz natürlich die Frage – und viele Zehnjährige stellen sie ganz spontan, ehe sie von den Erwachsenen in ihrer Denkweise beeinflußt werden –, woher Gott kommt. Antworten wir, daß Gott unendlich alt oder in allen Epochen gleichzeitig gegenwärtig sei, so haben wir das Problem im besten Falle verbal gelöst und die Konfrontation ein Stück hinausgezögert. Ein unendlich altes Universum und ein unendlich alter Gott sind, so finde ich, gleich profunde Geheimnisse. Es ist nicht leicht einzusehen, warum man das eine eher als gegeben hinnehmen sollte als das andere. Spinoza hätte dazu vielleicht bemerkt, daß die beiden Möglichkeiten im Grunde keine unterschiedlichen Ideen darstellen.

Ich fände es weise, angesichts so profunder Geheimnisse ein wenig Bescheidenheit zu zeigen. Der Gedanke, daß Wissenschaftler oder Theologen mit unserem immer noch armseligen Verständnis des weiten, ehrfurchtgebietenden Kosmos bis an die Wurzeln des Universums vordringen könnten, ist kaum weniger naiv als der Gedanke, daß die Astronomen, die vor 3000 Jahren in Mesopotamien lebten – und von denen die Hebräer während der Babylonischen Gefangenschaft die kosmologischen Darstellungen für das erste Kapitel der Schöpfungsgeschichte entlehnten –, den Ursprung des Universums begriffen hätten. Wir wissen einfach noch zuwenig.

Das heilige Buch der Hindu, genannt *Rigweda,* sieht das sehr viel realistischer (X/129):

---

* Aus astronomischen Gegebenheiten schloß Aristoteles jedoch, daß es ein paar Dutzend treibende Kräfte im Universum geben müsse. Die aristotelischen Argumente zur treibenden Kraft im All scheinen polytheistische Konsequenzen in sich zu bergen, die zeitgenössische Theologen im Westen als gefährlich betrachten könnten.

Wer weiß es sicher? Wer kann es kundtun?
Wann es entstand, ein Akt der Schöpfung?
Die Götter kamen nach der Weltgeburt;
Wer also kennt den Ursprung dieses Alls?
Niemand weiß, wann es geschah;
Und ob Er die Welt erschuf oder nicht;
Er, der sie aus Himmelshöh'n besieht,
Er allein weiß es – oder vielleicht weiß er's nicht.

Dennoch sind die Zeiten, in denen wir leben, sehr aufschlußreich. Fragen nach den Ursprüngen, einschließlich Fragen nach dem Ursprung des Universums, könnten schon in den nächsten paar Jahrzehnten für experimentelle Nachforschungen zugänglich werden. Man kann sich nicht vorstellen, daß es irgendeine Antwort auf die großen kosmologischen Rätsel gibt, welche die religiösen Gefühle der Menschen unberührt läßt. Aber es besteht die Chance, daß dadurch eine ganze Reihe starrer und doktrinärer Religionen aus dem Gleichgewicht gebracht werden. Die Idee der Religion als unantastbarer Glaubensinhalt, der von irgendeinem Gründer für alle Zeiten festgesetzt wurde, ist meiner Meinung nach ein sicheres Rezept für den Verfall dieser Religion, ganz besonders in unseren Tagen. Bei den Fragen nach Ursprung und Zielen haben religiöses und wissenschaftliches Bewußtsein größtenteils die gleiche Marschrichtung. Es liegt im Wesen des Menschen, daß er sich leidenschaftlich wünscht, diese Fragen zu beantworten – vielleicht weil wir das große Geheimnis unserer eigenen Herkunft lösen wollen. Aber unsere wissenschaftlichen Einsichten gehen, wenngleich sie immer noch eng begrenzt sind, ein gutes Stück tiefer als die unserer babylonischen Vorgänger im Jahre 1000 vor Christus. Religionen, die sich gegen wissenschaftliche und soziale Veränderungen wehren, sind meiner Ansicht nach zum Scheitern verurteilt. Ein Glaubensinhalt kann nur dann lebendig und wesentlich, kraftvoll und blühend sein, wenn er sich auch mit seinen schärfsten Kritikern auseinandersetzt.

Der erste Zusatzartikel der amerikanischen Verfassung sichert die Religionsfreiheit zu, verbietet aber nicht die Kritik an der Religion. Im Gegenteil, er schützt und ermutigt Religionskritik. Religionen sollten zumindest mit der gleichen Skepsis betrachtet werden wie beispielsweise Berichte über UFO-Erscheinungen oder Velikovskys Katastrophentheorien. Ich finde es heilsam, wenn eine Religion die Fundamente und Säulen ihrer Gottesbeweise selbst kritisch untersucht. Es besteht kein Zweifel daran, daß die Religion Trost und Stütze bietet, daß sie ein Bollwerk in Zeiten emotioneller Bedürfnisse ist und ungeheuer nützliche soziale Aufgaben übernehmen kann. Aber daraus folgt auf gar keinen Fall, daß sie immun gegen Zweifel, Skepsis und kritische Prüfung sein sollte. Es ist geradezu verblüffend, wie wenig Religionskritik es ausgerechnet in der Nation gibt, deren Mitbegründer Tom Paine *The Age of Reason* (Das Zeitalter der Vernunft) geschrieben hat. Ich behaupte, daß Glaubenssysteme, die keine Kritik vertragen, vermutlich nichts wert sind. Jene dagegen, die sich der Prüfung stellen, enthalten meist wenigstens einen Kern von Wahrheit.

Früher bestimmte die Religion unseren Platz im Universum. Ganz sicher war das seit Anbeginn der Menschheit eines der Hauptziele von Mythen und Legenden, Philosophien und Religionen. Aber die ständige Konfrontation von verschiedenen Religionen auf der einen Seite und von Religion und Wissenschaft auf der anderen Seite hat diese traditionellen Ansichten bei vielen Menschen untergraben.* Eine Möglichkeit, unseren Platz im Universum zu erkennen, führt über die Erforschung des Universums und die Erforschung von uns selbst – ohne Vorurteile und so objektiv wie möglich. Wir können zwar nicht mit völliger Unbefangenheit zu Werke gehen, denn wir sind beeinflußt von Erb- und Umweltfaktoren; aber wenn wir das in unsere

* Dieses Thema ist reich an Ironie. Augustinus wurde 354 n.Chr. in Afrika geboren und war in seinen frühen Jahren Manichäer, ein Anhänger der dualistischen Weltanschauung, in der sich Gut und Böse in etwa die Waage halten. Diese Sekte wurde später von orthodoxen Christen als »häretisch« verboten. Die ersten Zweifel am Manichäismus kamen Augustinus, als er sich mit der Astronomie dieser Glaubenslehre befaßte. Nicht einmal die Religionsführer wußten eine Rechtfertigung für die verwaschenen astronomischen Begriffe des Manichäismus. Der Widerspruch zwischen theologischen und wissenschaftlichen Ansichten auf dem Gebiet der Astronomie gaben den Anstoß, daß er sich der Religion seiner Mutter zuwandte, dem Katholizismus, der wiederum später Leute wie Galilei verfolgte, weil sie unser Wissen um die Astronomie zu vermehren suchten. Augustinus, eine der wichtigsten intellektuellen Gestalten in der Geschichte der römisch-katholischen Kirche, wurde später ebenso heiliggesprochen wie seine Mutter, die heilige Monika, nach der ein Vorort in Los Angeles benannt ist. Bertrand Russell stellte einmal Überlegungen dazu an, wie Augustinus zu dem Konflikt zwischen Astronomie und Theologie gestanden hätte, wenn er in Galileis Zeitalter gelebt hätte.

Beurteilung miteinbeziehen, wäre es dann nicht möglich, der Natur neue Erkenntnisse abzuringen?

Anhänger von doktrinären Religionen, in denen bestimmte Glaubensinhalte auf den Altar gehoben und abweichende Meinungen verächtlich gemacht werden, warnen vor der mutigen Auseinandersetzung mit dem Wissen. Wir hören von solchen Leuten, daß es gefährlich sein könnte, zu weit vorzudringen. Viele Leute haben ihren Glauben geerbt wie etwa ihre Augenfarbe: sie denken nicht weiter darüber nach und betrachten ihn als etwas, das sie ohnehin nicht steuern können. Andere dagegen, die nach ihren eigenen Worten fest und tief glauben, ihre Religion jedoch nicht objektiv mit Fakten und Alternativen verglichen haben, werden sich durch eindringliche Fragen verunsichert und herausgefordert fühlen. Ärger über Fragen zu unserem Glauben sind das Warnsignal des Körpers: Hier liegt ungesichteter und vermutlich gefährlicher doktrinärer Ballast.

Um das Jahr 1670 schrieb Christiaan Huygens ein bemerkenswertes Buch, in dem er kühne und weitsichtige Vorhersagen zu den Planeten unseres Sonnensystems machte. Huygens war sich im klaren darüber, daß es Leute gab, die seine Spekulationen und astronomischen Beobachtungen ablehnten: »Aber vielleicht werden sie sagen«, so meinte Huygens, »daß sich für uns Neugier und Wissensdurst nicht ziemt in Dingen, die der Allerhöchste für sich zu behalten trachte: Da es Ihm nicht gefiel, sie zu enthüllen und aufzudecken, sei es eine Anmaßung, das auszuforschen, was zu verbergen Er für richtig befand. Aber diesen Herrschaften muß gesagt werden«, polterte Huygens dann los, »daß sie sich wohl selbst berufen fühlen, dem Menschen vorzuschreiben, wie weit er in seiner Forschung zu gehen habe, und dem Fleiße anderer Schranken zu setzen; geradeso, als kennten sie die Grenzen, welche Gott dem Wissen auferlegt hat: oder als seien die Menschen fähig, solche Grenzen zu überschreiten. Hätten unsere Vorfahren eine derartige Zaghaftigkeit an den Tag gelegt, wüßten wir wohl bis heute nichts von der Größe und Gestalt der Erde oder daß es ein Land wie Amerika gibt.«

Wenn wir das Universum als solches betrachten, entdecken wir etwas Erstaunliches. Zum einen sehen wir ein Universum, das unendlich schön und komplex gegliedert ist. Ob wir dieses Universum so sehr bewundern, weil wir ein Teil davon sind – ob wir es in jedem Fall schön fänden, ganz gleich, wie es aufgebaut ist – darauf weiß ich, offen gestanden, keine Antwort. Doch es besteht kein Zweifel daran, daß die Herrlichkeit des Universums eine seiner bemerkenswertesten Eigenschaften ist. Zugleich besteht aber auch kein Zweifel daran, daß es im Universum regelmäßig zu Katastrophen und Umstürzen schlimmsten Ausmaßes kommt. Es gibt beispielsweise Quasar-Explosionen, die allem Anschein nach in den Kernen von Galaxien gewaltige Verheerungen anrichten. Es sieht so aus, als würden durch jede Quasar-Explosion mehr als eine Million Welten zerstört und zahllose Lebensformen, manche davon vielleicht intelligent, völlig vernichtet. Das ist nicht das altvertraute, gütige Universum unserer herkömmlichen Religionen, errichtet zum Wohle der darin lebenden Geschöpfe und ganz besonders zum Wohle der Menschheit. Im Gegenteil, schon allein das Ausmaß des Universums – über hundert Milliarden Galaxien, von denen jede mehr als hundert Milliarden Sterne enthält – spricht zu uns von der Nichtigkeit menschlicher Ereignisse im kosmischen Kontext. Wir sehen ein Universum, das zugleich ungeheuer schön und ungeheuer gewalttätig ist. Wir sehen ein Universum, das einen Gott, wie er bei uns im Westen oder auch im Osten Tradition ist, zwar nicht ausschließt, das aber auch ohne ihn auskommt.

Meine feste Überzeugung ist die: Wenn es in der Tat einen Gott der herkömmlichen Art gibt, dann hat dieser Gott unsere Neugier und unsere Intelligenz geschaffen. Wir wären undankbar (und sogar unfähig, die Gaben zu nützen), wenn wir unsere Leidenschaft, das Universum und uns selbst zu erforschen, unterdrücken würden. Wenn es auf der anderen Seite den traditionellen Gott nicht gibt, dann sind unsere Neugier und unsere Intelligenz die wichtigsten Werkzeuge, die wir zum Überleben benötigen. In jedem Falle steht die Initiative zum Forschen im Einklang mit Wissenschaft und Religion, und sie ist ein wesentlicher Faktor für das Wohlergehen der Menschenrasse.

24

Gott und die Schildkröten

Nun lasset euch gemahnen eine Zeit,
Wo schleichend Murmeln und das spähnde Dunkel
Des Weltgebäudes weite Wölbung füllt.

WILLIAM SHAKESPEARE,
König Heinrich V., 4. Akt, Prolog

Den ältesten Mythen und Legenden unserer Rasse ist eine verständliche Auffassung vom Kosmos gemein – die anthropozentrische. Gewiß, es gab Götter. Aber die Götter hatten Gefühle und Schwächen und waren sehr menschlich. Sie besaßen ihre Launen. Sie ließen sich durch Opfer und Gebete besänftigen. Sie mischten sich regelmäßig in Menschendinge. Die diversen Götter-Cliquen ergriffen im Kriegsfall Partei für die eine oder andere Seite. In der *Odyssee* kommt die in der Antike allgemein vertretene Ansicht zum Ausdruck, daß es weise sei, Fremden freundlich zu begegnen, da sie Götter sein könnten, die unerkannt unter den Menschen wandeln. Götter zeugen mit Menschen Kinder, die sich zumindest äußerlich meist nicht von normalen Leuten unterscheiden. Die Götter wohnen auf Bergen, im Himmel, in Reichen unter der Erde oder tief im Meer – jedenfalls weit weg. Es war schwierig, an einen richtigen Gott heranzukommen, und deshalb auch schwierig, die Geschichten über einen Gott nachzuprüfen. Und manchmal wurde sogar das Treiben der Götter von noch mächtigeren Kräften gesteuert, so etwa von den Parzen, die den Göttern des Olymp auf die Finger schauten. Mit dem Wesen des Universums als solches, seinem Ursprung und seinem Geschick, setzte man sich dagegen kaum auseinander. In den Mythen der *Veden* werden nicht nur daran Zweifel geäußert, daß die Götter die Welt erschufen, sondern selbst daran, daß die Götter wußten, *wer* sie erschaffen hatte. Hesiod behauptet in seiner *Kosmogonie*, daß das Universum aus dem (oder vielleicht durch das) Chaos entstand – was möglicherweise nur eine Metapher für die Schwierigkeit des Problems ist.

Einige alte asiatische Betrachtungen zur Kosmologie kommen nahe an die Idee der immer weiter zurückreichenden Ursachen heran, wie das Beispiel folgender überlieferter Geschichte verdeutlicht:

Ein Reisender aus dem Westen begegnet einem orientalischen Philosophen und bittet ihn, das Wesen der Welt zu beschreiben.

»Sie ist eine große Kugel, die auf dem flachen Rücken der Weltschildkröte ruht.«

»Nun gut, aber worauf steht die Weltschildkröte?«

»Auf dem Rücken einer noch größeren Schildkröte.«

»Und worauf steht die?«

»Eine sehr scharfsinnige Frage, aber sie ist zwecklos, Herr; es sind Schildkröten bis ganz nach unten.«

Wir wissen heute, daß wir auf einem winzigen Staubkorn inmitten eines immensen, Demut einflößenden Universums leben. Die Götter, falls es sie gibt, greifen nicht mehr in den menschlichen Alltag ein. Wir leben in keinem anthropozentrischen Universum. Und das Wesen des Kosmos, sein Ursprung und sein Geschick scheinen viel tiefere Geheimnisse zu sein, als unsere fernen Vorfahren zu erkennen vermochten.

Im Moment jedoch zeichnet sich ein neuer Wandel ab. Die Kosmologie, das Studium des Universums als Ganzes, entwickelt sich nämlich allmählich zu einer Experimentalwissenschaft. Wir erhalten Informationen durch Bodenteleskope im optischen und im Radiobereich, durch erdumkreisende Teleskope im ultravioletten und im Röntgenstrahlenbereich, durch Laborversuche von Kernreaktionen sowie durch Bestimmung der Elemente und ihrer Häufigkeit in Meteoriten. Dadurch verkleinert sich der Kreis kosmologischer Hypothesen; und es ist wohl nicht vermessen, wenn wir in Kürze mit den ersten experimentellen Antworten auf Fragen rechnen, die einst als ausschließliche Domäne von Philosophie und Theologie galten.

Diese Revolution nahm ihren Ausgang an einem unvermuteten Ort. In den zwanziger Jahren gab es in Flagstaff, Arizona, eine astronomische Einrichtung – es gibt sie übrigens heute noch – namens Lowell-Observatorium, gegründet von keinem anderen als jenem Percival Lowell, für den die Suche nach Leben auf anderen Planeten eine verzehrende Leidenschaft war. Er verbreitete in der Öffentlichkeit die These, daß der Mars von Kanälen durchzogen sei – seiner Ansicht nach Zeugnisse einer Zivilisation mit hochentwickelter Wasserbautechnik. Heute wissen wir, daß die Kanäle überhaupt nicht existieren. Sie waren allem Anschein nach ein Produkt aus Wunschdenken und durch die trübe Erdatmosphäre begrenzten Beobachtungsmöglichkeiten.

Unter anderem beschäftigte sich Lowell auch mit den Spiralnebeln – prachtvolle, fächerförmig nach außen strahlende Leuchtgebilde, von denen wir heute wissen, daß sie ferne Ansammlungen von hundert Milliarden Sternen und mehr sind, ähnlich wie die Milchstraßen-Galaxis, zu denen unsere Sonne gehört. Aber damals gab es keine Möglichkeit, die Entfernung dieser Nebel zu bestimmen, und Lowell wollte zudem eine andere Hypothese nachweisen: Er hielt die Spiralnebel nicht für ferne, multistellare Rieseneinheiten, sondern sah in ihnen kleinere, nahe Objekte – nämlich Frühstadien in der Entwicklung eines Einzelsterns aus interstellarem Gas und Staub. Wenn sich solche Gaswolken unter der Einwirkung der Eigengravitation zusammenziehen, erfordert die Erhaltung des Drehimpulses, daß sie schneller rotieren und eine flache Scheibe bilden. Eine schnelle Rotation läßt sich nun in der Astronomie spektroskopisch dadurch nachweisen, daß man das Licht eines fernen Objekts nacheinander durch ein Teleskop, einen schmalen Schlitz und ein Glasprisma (oder eine ähnliche Vorrichtung, die weißes Licht in Regenbogenfarben aufspaltet) schickt. Das Sternenlichtspektrum enthält da und dort im Regenbogenfächer helle und dunkle Linien – Abbilder des Spektrometer-Schlitzes. Als Beispiel seien die leuchtend gelben Linien erwähnt, die das Natrium emittiert und die sich zeigen, wenn wir ein Klümpchen dieses Elements in eine Flamme werfen. Stoffe, die sich aus verschiedenen chemischen Elementen zusammensetzen, zeigen verschiedene Spektrallinien. Die Verschiebung dieser Spektrallinien von ihren gewohnten Wellenlängen im Ruhezustand der

Lichtquelle gibt uns Aufschluß darüber, wie schnell sich die Lichtquelle von uns weg oder zu uns her bewegt – ein Phänomen namens Doppler-Effekt, das uns aus der Akustik vertraut ist. (So klingt eine Autohupe heller oder dumpfer, je nachdem, ob sich der Wagen rasch nähert oder entfernt.)

Lowell, so wird berichtet, bat V. M. Slipher, einen seiner jungen Assistenten, die größeren Spiralnebel daraufhin zu überprüfen, ob die eine Seite Spektralverschiebungen zum Rotbereich und die andere Spektralverschiebungen zum Blaubereich hin aufwiese; davon könne man dann die Rotationsgeschwindigkeit des Spiralnebels ableiten. Slipher untersuchte die Spektren der nahen Spiralnebel und entdeckte zu seiner Verblüffung, daß fast alle eine Rotverschiebung zeigten, wogegen nirgends auch nur die Spur einer Blauverschiebung zu erkennen war. Er hatte statt der Rotation die Fluchtgeschwindigkeit gefunden: Es war, als würden sich sämtliche Spiralnebel von uns entfernen.

In den zwanziger Jahren erzielten dann Edwin Hubbell und Milton Humason vom Mount-Wilson-Observatorium viel umfassendere Meßdaten. Hubbell und Humason entwickelten eine Methode zur Abstandsbestimmung der Spiralnebel; dabei wurde deutlich, daß es sich nicht um schrumpfende Gaswolken handelte, die sich relativ nahe in der Milchstraßen-Galaxis befanden, sondern um eigene große Galaxien, die Millionen Lichtjahre und noch weiter entfernt sind. Zu ihrem Erstaunen entdeckten sie auch, daß sich die Galaxien um so schneller von uns wegbewegten, je weiter entfernt sie waren. Da nicht anzunehmen ist, daß wir eine besondere Position im Universum innehaben, läßt sich das Phänomen am besten mit einer allgemeinen Expansion des Universums erklären; alle Galaxien streben auseinander, so daß ein Astronom in jeder Galaxis den Eindruck hätte, die anderen Galaxien entfernten sich von ihm.

Ziehen wir nun aus dieser allgemeinen Erkenntnis Rückschlüsse auf die Vergangenheit, so entdecken wir, daß es eine Zeit gegeben haben muß – vor etwa 15 bis 20 Milliarden Jahren – da sich sämtliche Galaxien »berührten«, da sie, mit anderen Worten, auf ein extrem kleines Volumen zusammengedrängt waren. Die Materie in ihrer jetzigen Form hätte derart starke Kompressionen nicht überdauern können. Man muß daher annehmen, daß die allerfrühesten Stadien des expandierenden Universums eher von Strahlung als von Materie beherrscht waren. Es hat sich eingebürgert, jenen Anfang als *Big Bang* oder Urknall zu bezeichnen.

Man hat drei Erklärungsversuche für die Expansion des Universums aufgeboten: das Steady-State-Modell, die Urknall-Hypothese und die Theorie vom oszillierenden Universum. Beim Steady-State-Modell weichen die Galaxien auseinander, wobei sich die weiter entfernten Galaxien mit sehr hohen scheinbaren Geschwindigkeiten bewegen und ihr Licht aufgrund des Doppler-Effekts in Bereiche mit immer längeren Wellen verschoben wird. Irgendwann ist dann ein Abstand erreicht, bei dem die Galaxie eine so hohe Fluchtgeschwindigkeit hat, daß sie über den sogenannten Ereignishorizont hinausjagt und – für uns – verschwindet. Es gibt so gewaltige Fernen, daß man bei einem expandierenden Universum ab einem bestimmten Abstand keine Informationen mehr erhalten kann. Im Laufe der Zeit verschwinden, wenn sonst nichts dazwischenkommt, immer mehr Galaxien jenseits dieser Grenze. Aber die Materie, die dabei verlorengeht, wird beim Steady-State-Modell durch neue Materie ersetzt, die ständig und überall entsteht, Materie, die sich letzten Endes wieder zu Galaxien verdichtet. Und da das Verschwinden von Galaxien über den Ereignishorizont durch die Schöpfung neuer Galaxien ausgeglichen wird, wirkt das Universum von jedem Punkt und in jeder Zeit mehr oder weniger gleich. In der Steady-State-Kosmologie gibt es keinen Urknall; vor hundert Milliarden Jahren hätte das Universum etwa so ausgesehen wie heute, und in hundert Milliarden Jahren wird es immer noch so aussehen. Aber woher kommt die neue Materie? Wie kann Materie aus dem Nichts entstehen? Befürworter des Steady-State-Modells erwidern darauf, sie käme von der gleichen Stelle wie der Urknall der *Big-Bang*-Anhänger. Wenn wir uns vorstellen können, daß die gesamte Materie im Universum vor 15 bis 20 Milliarden Jahren abrupt aus dem Nichts entstand, warum fällt uns dann der Gedanke so schwer, daß sie wie ein steter dünner Strom durch den Kosmos sickert, überall und zu jeder Zeit? Wenn das Steady-State-Modell stimmt, war der Abstand zwischen den Galaxien nie sehr viel geringer als heute. Das Universum wäre damit in seiner Gesamtgliederung unverändert und unendlich alt.

Aber so beschaulich und merkwürdig befriedigend das Steady-State-Modell auf uns wirkt – es gibt doch starke Argumente dagegen. Wann immer ein empfindliches Radioteleskop irgendwohin in den Himmel gerichtet wird, hört man das konstante Murmeln einer Art kosmischen Strahlung. Die Merkmale dieses Radio-Knisterns passen sehr gut zu der Theorie, daß das Universum im Frühstadium heiß und neben Materie mit Strahlung erfüllt gewesen sein könnte. Die kosmische Hintergrundstrahlung verteilt sich nahezu überall am Himmel gleich und scheint so etwas wie der ferne Donner des Urknalls zu sein, abgekühlt und abgeschwächt durch die Expansion des Universums, aber immer noch in den Korridoren der Zeit widerhallend. Die Ur-Detonation, jenes Ereignis, das die Ausdehnung des Universums einleitete, kann in ihren Folgen noch heute beobachtet werden. Befürworter des Steady-State-Modells sind nun auf die Vermutung einer großen Zahl spezieller Radioquellen angewiesen, die zusammen irgendwie genau das Echo des Urknalls nachahmen, oder sie müssen annehmen, daß sich zwar das Universum weit jenseits des Ereignishorizonts in einem »steady state«, einem Materie-Gleichgewicht also, befindet, wir jedoch durch einen absonderlichen Zufall in so etwas wie einer expandierenden Blase leben, einer sich ausbreitenden Pustel inmitten eines großen, glatten Universums. Diese Vorstellung hat, je nachdem wie man sie betrachtet, den Vorteil oder Haken, daß sie sich experimentell auf gar keinen Fall widerlegen läßt; heutzutage haben jedoch praktisch alle Kosmologie-Forscher die Steady-State-Hypothese aufgegeben.

Wenn sich das Universum nicht im Ruhezustand befindet, dann muß es sich verändern, und eine solche Veränderung läßt sich durch Evolutions-Kosmologien ausdrücken. Das Universum beginnt in einem bestimmten Zustand und endet mit einem anderen. Wie sehen nun die möglichen Geschicke des Kosmos aus, wenn man eine Evolution zugrunde legt? Wenn sich das Universum weiterhin mit der derzeitigen Geschwindigkeit ausdehnt, wird es im sichtbaren Universum letzten Endes immer weniger Materie geben. Die Entfernungen zwischen den Galaxien werden wachsen, und die Nachfahren von Slipher, Hubbell und Humason werden immer weniger Spiralnebel zu Gesicht bekommen. Schließlich wird der Abstand unserer Milchstraße bis zur nächsten Galaxie über den Ereignishorizont hinausgehen, und Astronomen werden nicht einmal mehr in der Lage sein, die Nachbargalaxien zu betrachten, es sei denn in (sehr) alten Büchern und auf Fotos. Da die Schwerkraft die Sterne unserer Galaxis zusammenhält, wird das expandierende Universum zwar unsere Milchstraße nicht auflösen, aber auch sie erwartet ein düsteres Los. Zum einen entwickeln sich die Sterne weiter, und in zehn bis hundert Milliarden Jahren haben sich die meisten unserer Himmelskörper vermutlich in dunkle, kleine Zwergsterne verwandelt. Der Rest fällt zu Neutronensternen oder Schwarzen Löchern zusammen, und für eine junge, lebensfähige Sterngeneration wird keine Materie mehr vorhanden sein. Die Sonne, die Sterne, die gesamte Milchstraße werden langsam erlöschen, die Lichter am Nachthimmel vergehen.

Aber selbst in einem solchen Universum ist noch Evolution möglich. Wir wissen um radioaktive Elemente – bestimmte Atome, die spontan zerfallen oder sich aufspalten. Gewöhnliches Uran ist so ein Beispiel. Weniger vertraut sind wir allerdings mit dem Gedanken, daß mit Ausnahme von Eisen sämtliche Atome radioaktiv zerfallen, wenn man die Zeit nur lange genug ansetzt. Selbst die stabilsten unter ihnen strahlen Alpha- und andere Teilchen ab, bis einzig und allein Eisen übrigbleibt. Wie lange müssen wir darauf warten? Der amerikanische Physiker Freeman Dyson vom Institute of Advanced Study hat errechnet, daß die Halbwertszeit von Eisen etwa 10^{500} Jahre beträgt; eine Eins, gefolgt von fünfhundert Nullen – das ist eine so lange Ziffer, daß selbst ein Zahlenfanatiker an die zehn Minuten brauchen würde, um sie niederzuschreiben. Wenn wir nun noch etwas länger ausharren – so an die 10^{600} Jahre dürften reichen –, wären nicht nur die Sterne erloschen, sondern die gesamte Materie im Universum, die sich nicht in Neutronensternen oder Schwarzen Löchern befände, hätte sich endgültig in Nuklearstaub aufgelöst. Am Ende sind alle Galaxien verschwunden, die Sonnen erkaltet, die Materiereste zerfallen, und man kann sich keine Ausgangsbasis für Leben, Intelligenz oder Zivilisationen vorstellen: ein kalter, schwarzer, öder Tod des Universums.

Aber muß sich das Universum für alle Zeiten ausdehnen? Wenn ich auf einem kleinen Asteroiden stehe und einen Steinbrocken in die Höhe werfe, verschwindet er für immer, da die Schwerkraft auf so einer Miniwelt nicht ausreicht, ihn zurückzuholen. Werfe ich den gleichen Steinbrocken mit der gleichen Geschwindigkeit von der Erdoberfläche hoch, kehrt er aufgrund der beträchtlichen Schwerkraft unseres Planeten selbstverständlich um und plumpst wieder in die Tiefe. Aber diese Physik gilt für das ganze Universum. Wenn die Materiemenge im All unter einer bestimmten Grenze liegt, reicht die Anziehung zwischen den Galaxien nicht aus, um die Expansion des Universums merklich zu verlangsamen, und sie wird sich für alle Zeiten fortsetzen. Geht die Materiemenge dagegen über eine kritische Grenze hinaus, wird sich die Expansion letzten Endes verlangsamen, und wir bleiben verschont von der düsteren Teleologie eines Universums, das sich für alle Zeiten ausdehnt.

Was wäre in diesem Falle das Los des Kosmos? Nun, ein Beobachter würde sehen, wie die Expansion irgendwann von einer Kontraktion gefolgt wird, wie sich die Galaxien einander erst langsam und dann immer schneller nähern; im Irrsinnstempo prallen Galaxien, Welten, Leben, Zivilisationen und Materie schließlich zusammen, bis jegliche Struktur und Ordnung im Universum vernichtet und die gesamte Materie in Energie umgewandelt ist – statt eines Universums, das in Kälte und Leere endet, hätten wir ein Universum, das als heißer, dichter Feuerball zugrunde geht. Es ist sehr wahrscheinlich, daß ein solcher Feuerball wieder detoniert und nach außen strebt, was zu einer neuen Expansion des Weltalls führen würde und, falls die Naturgesetze die gleichen blieben, zu einer Reinkarnation der Materie, einer neuen Verdichtung von Galaxien, Sternen und Planeten, einer neuen Evolution von Leben und Intelligenz. Aber keinerlei Information aus unserem Universum würde in das nächste fließen, und von unserem Standpunkt aus wäre eine solche oszillierende Kosmologie ein ebenso definitives und bedrückendes Ende wie die Expansion, die nie aufhört.

Der Unterschied zwischen einem Urknall mit ewiger Expansion und einem oszillierenden Universum hat also eindeutig mit der im Kosmos vorhandenen Materie zu tun. Wird die kritische Grenze überschritten, so leben wir in einem oszillierenden Universum, andernfalls in einem Universum, das sich für alle Zeiten ausdehnt. Die Expansionszeiten – gemessen in zehn Milliarden Jahren – sind so lang, daß derartige kosmologische Streitfragen keinerlei Einfluß auf unmittelbare menschliche Belange haben. Aber sie sind wesentlich für unsere Einstellung zur Natur und zum Geschick des Universums und – was nur einen Schritt davon entfernt liegt – zu uns selbst.

In einem hervorragenden Artikel, der im *Astrophysical Journal* vom 15. Dezember 1974 erschien, wurden eine Vielzahl von Beobachtungen zu dem Problem zusammengetragen, ob sich das Universum für immer ausdehnen (»offenes« Universum) oder allmählich verlangsamen und wieder zusammenziehen wird (»geschlossenes« Universum), vielleicht als Teil einer unendlichen Oszillationsserie. Die Verfasser sind J. Richard Gott III und James E. Gunn, die damals zum California Institute of Technology gehörten, sowie David N. Schramm und Beatrice M. Tinsely, damals Mitarbeiter der University of Texas. In ihrer Diskussion geben sie einen Überblick der Berechnungen, die sich mit der Materiedichte in und zwischen den Galaxien der gut erforschten »nahen« Raumregionen befassen, und schließen daraus auf den Rest des Universums: Sie kommen zu der Ansicht, daß die vorhandene Materie nicht ausreicht, um die Expansion zu verlangsamen.

Gewöhnlicher Wasserstoff besitzt einen Kern aus einem einzigen Proton. Schwerer Wasserstoff, genannt Deuterium, besitzt einen Kern aus einem Proton und einem Neutron. Ein erdumkreisendes astronomisches Teleskop mit der Bezeichnung »Kopernikus« hat erstmals die Deuterium-Menge zwischen den Sternen gemessen. Die Deuterium-Menge, die während des Urknalls entstand, muß von der anfänglichen Dichte des Universums abhängen. Die anfängliche Dichte des Universums wiederum steht in Verbindung mit der gegenwärtigen Dichte des Universums. Die Deuterium-Messungen von »Kopernikus« lassen demnach Rückschlüsse auf die frühe Dichte des Universums zu und haben zu der Annahme geführt, daß die gegenwärtige Dichte nicht ausreicht, um die Expansion des Universums aufzuhalten.* Und der angeblich beste Wert der Hubbell-Konstante – die bestimmt, um wieviel schneller sich weiter entfernte Galaxien von uns absetzen als die näheren – paßt ebenfalls in diese Theorie.

J. Richard Gott und seine Kollegen betonen, daß in ihrer Beweisführung Lücken klaffen könnten – daß sich möglicher-

---

* Noch bestehen allerdings Meinungsverschiedenheiten dazu, wieviel Deuterium im heißen Inneren von Sternen entstehen und später als interstellares Gas ausströmen kann. Wenn es sich dabei um größere Mengen handelt, wird der gegenwärtige hohe Deuteriumgehalt keine so starke Auswirkung auf die Dichte des frühen Universums haben.

weise irgendwo intergalaktische Materie verbirgt, die wir mit unseren gegenwärtigen technischen Hilfsmitteln nicht erfassen. Die High Energy Astronomical Observatories (HEAO) sind eine Gruppe erdumkreisender Satelliten, die das Universum nach Partikeln und Strahlung abtasten, welche wir hier unter unserer dichten Lufthülle nicht entdecken können. Satelliten dieser Art haben eine intensive Röntgenstrahlung aus Galaxiengruppen und intergalaktischen Regionen empfangen, in denen man bisher keinerlei Materie vermutete. Extrem heißes Gas zwischen den Galaxien wäre für normale Meßmethoden unauffindbar und würde deshalb im Inventar kosmischer Materie fehlen, das J. Richard Gott und seine Mitarbeiter aufgestellt haben. Mehr noch, radioastronomische Studien am Arecibo Observatory in Puerto Rico haben gezeigt, daß die Materie von Galaxien weit über die scheinbare Sichtgrenze hinausgeht. Wenn wir das Foto einer Galaxis betrachten, erkennen wir einen Rand oder eine Peripherie, jenseits der es keine Leuchtmaterie mehr zu geben scheint. Aber das Arecibo-Radioteleskop hat ermittelt, daß die Materie extrem langsam schwindet und daß es in den Peripherien und im Umkreis von Galaxien beträchtliche Mengen dunkler Materie gibt, die bei früheren Beobachtungen nicht erfaßt wurde.

Die fehlende Materiemenge, die nötig wäre, um das Universum vor der endlosen Expansion zu retten, ist beträchtlich. Sie liegt dreißigmal höher als die Materiemenge, die in Bestandsaufnahmen wie der von J. Richard Gott auftauchen, aber es könnte doch sein, daß die dunklen Gase und der interstellare Staub in den galaktischen Außenbezirken sowie das erstaunlich heiße Gas, das in Röntgenstrahlen zwischen den Galaxien leuchtet, zusammen genug Materie ergeben, um das Universum zu schließen und eine ewige Expansion zu verhindern – uns jedoch zu einem unwiderruflichen Ende in einem kosmischen Feuerball 50 bis 100 Milliarden Jahre in der Zukunft zu verurteilen. Der Ausgang schwankt noch. Die bis jetzt gefundene Menge an Deuterium weist in die entgegengesetzte Richtung, aber unsere Materie-Inventarlisten sind alles andere als vollständig. Aber mit der Entwicklung neuer Beobachtungstechniken werden wir wohl immer mehr der noch fehlenden Materie entdecken, und so scheint das Pendel letzten Endes zu einem geschlossenen Universum auszuschwingen.

Ich halte es für vernünftig, keine vorschnelle Entscheidung in dieser Streitfrage zu treffen. Und es wäre gut, wenn wir unsere persönlich bevorzugten Modelle aus dem Spiel ließen. Wir sollten uns vielmehr der langen Tradition erfolgreicher Forschung beugen und abwarten, bis die Natur die Wahrheit enthüllt. Das Tempo der Entdeckungen wird ohnehin immer rasanter. Das Universum sieht im Lichte moderner Experimental-Kosmologie ganz anders aus als jenes der alten Griechen, die sich auch schon Gedanken über den Weltenbau und die Götter machten. Wenn es uns gelingt, anthropozentrisches Denken zu vermeiden, wenn wir gründlich und leidenschaftslos alle Möglichkeiten geprüft haben, könnten wir in den nächsten Jahrzehnten vielleicht erstmals in der Lage sein, die Natur und das Geschick des Universums genau zu bestimmen. Und dann werden wir sehen, ob Gott Bescheid wußte.

25
Das amniotische Universum

Für den Menschen ist der Tod ebenso natürlich wie die Geburt; und für ein winziges Kindlein ist das eine vielleicht so schmerzhaft wie das andere.

FRANCIS BACON,
Of Death (1612)

Das Schönste, was wir erleben können, ist das Geheimnisvolle. Es ist das Grundgefühl, das an der Wiege von wahrer Kunst und Wissenschaft steht. Wer es nicht kennt und sich nicht mehr wundern, nicht mehr staunen kann, der ist sozusagen tot und sein Auge erloschen... Das Wissen um die Existenz des für uns Undurchdringlichen, der Manifestationen tiefster Vernunft und leuchtendster Schönheit, die unserer Vernunft nur in ihren primitivsten Formen zugänglich sind, dies Wissen und Fühlen macht wahre Religiosität aus; in diesem Sinn und nur in diesem gehöre ich zu den tief religiösen Menschen.

ALBERT EINSTEIN,
Wie ich die Welt sehe (1930)

William Wolcott starb und kam in den Himmel. So schien es zumindest. Ehe man ihn zum Operationstisch gerollt hatte, war er aufgeklärt worden, daß der chirurgische Eingriff ein gewisses Risiko darstellte. Die Operation glückte, doch beim Erwachen aus der Narkose bekam er Herzflimmern und starb. Irgendwie war ihm, als habe er seinen Körper verlassen und könne nun auf die armselige, welke Hülle herunterschauen, die, von einem Tuch bedeckt, auf einer harten, kalten Unterlage ruhte. Er fühlte sich nur ein wenig traurig, betrachtete seinen Körper ein letztes Mal – aus großer Höhe, wie es schien – und setzte seinen Weg nach oben fort. Bis dahin war seine Umgebung von einer seltsam durchlässigen Schwärze erfüllt gewesen, doch nun merkte er, wie sich alles aufhellte – nach oben hin. Und dann wurde er aus der Höhe angestrahlt, mit Licht überflutet. Er trat in eine Art funkelndes Königreich ein, und da, ganz nahe, konnte er die hell umrahmte Silhouette einer großen, gottähnlichen Gestalt erkennen, der er sich nun schwebend näherte. Wolcott versuchte seine Züge zu erkennen...

Und erwachte. Er war im Operationssaal des Krankenhauses in Windeseile an die Herzmaschine angeschlossen und im letzten Moment gerettet worden. Er hatte einen echten Herzstillstand erlitten, einen »klinischen Tod«, wie man diesen noch wenig erforschten Vorgang nennt. Wolcott selbst glaubte fest daran, daß er gestorben war und einen Blick in das Jenseits geworfen hatte, der seine jüdisch-christliche Religion bestätigte.

Ähnliche Dinge, inzwischen von Ärzten und Patienten protokolliert, geschahen und geschehen auf der ganzen Welt. Nicht nur Anhänger westlicher Religionen bezeugten diese perithanatischen oder todesnahen Himmelserscheinungen, sondern auch Hindus, Buddhisten und Ungläubige. Es erscheint plausibel, daß viele unserer herkömmlichen Vorstellungen über den Himmel von solchen todesnahen Erlebnissen herrühren, die im Laufe der Jahrtausende regelmäßig vorkamen und weitererzählt wurden. Keine Nachricht könnte mehr Faszination und Hoffnung wecken als der Bericht des Heimkehrers, daß es eine Reise und ein Leben nach dem Tode gibt und einen Gott, der uns erwartet, daß wir uns in den Himmel getragen fühlen, erfüllt von Dankbarkeit und ehrfürchtiger Scheu.

Soweit ich das beurteilen kann, sind diese Erlebnisse vielleicht genau das, was sie scheinen, und obendrein eine Rache des frommen Glaubens, der in den letzten Jahrhunderten von der Wissenschaft so arg gezaust wurde. Ich persönlich wäre begeistert von einem Leben nach dem Tode – ganz besonders, wenn ich weiterhin die Erde und andere Welten beobachten könnte, wenn ich die Chance erhielte, den Fortgang der Geschichte zu verfolgen. Aber ich bin auch Wissenschaftler, und deshalb überlege ich, welche andere Erklärungen noch möglich wären. Wie kann es geschehen, daß Menschen aller Altersgruppen, Kulturkreise und eschatologischen Richtungen das *gleiche* todesnahe Erlebnis schildern?

Wir wissen, daß ähnliche Gefühle regelmäßig und quer durch die Kulturen durch psychedelische Drogen ausgelöst werden können.* Das Gefühl, daß man den eigenen Körper verläßt, entsteht durch dissoziative Narkotika wie die Ketamine (2-[o-Chlorphenyl]-2-[Methylamino]Zyklohexanone). Das Gefühl des Fliegens entsteht durch Atropine und andere Belladonna-Alkaloide. Diese Moleküle, die man beispielsweise aus Alraunwurzeln oder dem Stechapfel gewinnt, wurden regelmäßig von den europäischen Hexen und den nordamerikanischen *Curanderos* (»Heilern«) benutzt, weil sie in religiöser Ekstase ein Gefühl des Schwebens hervorriefen. MDA (2,4-Methylendioxyamphetamin) löst bevorzugt Rückerinnerungen an Jugend und Kindheit aus, die wir längst vergessen glaubten. DMT (N,N-Dimethyltryptamin) führt zu Mikropsie und Makropsie, dem Gefühl, daß

---

* Eine interessante Frage ist, weshalb psychedelische Moleküle – und das in großen Mengen – in einer Vielzahl von Pflanzen anzutreffen sind. Die psychedelischen Substanzen bringen der Pflanze aller Wahrscheinlichkeit nach keinen unmittelbaren Nutzen. So wird der Hanf durch seinen Bestandteil an $^{1}\Delta$ Tetrahydrocannabinol kaum high. Aber Menschen bauen den Hanf an, weil die halluzinogenen Eigenschaften von Marihuana weithin geschätzt sind. Es gibt Anzeichen dafür, daß in manchen Kulturen psychedelische Pflanzen die einzige Anbau-Vegetation überhaupt darstellen. Möglicherweise hat sich in einer solchen Ethnobotanik eine Art Symbiose zwischen den Pflanzen und Menschen entwickelt. Jene Pflanzen, die durch Zufall erwünschte psychedelische Effekte zeigen, werden bevorzugt gezüchtet. Eine solche künstliche Auslese kann in relativ kurzen Zeitspannen – etwa zehntausend Jahren – einen unglaublich starken Einfluß auf die Evolution ausüben; ein Beispiel dafür ist der Vergleich vieler Haustiere mit ihren wilden Vorfahren. Jüngste Forschungen scheinen auch darauf hinzudeuten, daß psychedelische Stoffe deshalb wirken, weil sie nahe chemische Verwandte natürlicher Substanzen sind, die vom Hirn produziert werden und die neurale Leitfähigkeit hemmen oder verstärken, was, physiologisch gesehen, veränderte Wahrnehmungen und Stimmungen auslöst.

die Welt schrumpft beziehungsweise sich ausdehnt – ein wenig das, was Alice erlebt, als sie den Befehlen »Iß mich« und »Trink mich« auf den kleinen Behältern nachkommt. LSD (Lysergsäure-Diäthylamid) schafft ein Gefühl des Einsseins mit dem Universum, wie bei der Identifizierung von Brahman mit Atman in der Hindu-Religion.

Kann es wirklich sein, daß das Mystikerleben der Hindu in uns bereits angelegt ist und daß wir lediglich 200 Mikrogramm LSD brauchen, damit es manifest wird? Wenn Substanzen wie Ketamine in Momenten der Lebensgefahr oder des nahen Todes ausgeschüttet werden und Menschen, die von einer solchen Erfahrung zurückkehren, stets das gleiche über Gott und den Himmel berichten, haben dann nicht die westlichen wie die östlichen Religionen eine feste Verankerung in der Neuronenstruktur unseres Gehirns?

Es ist schwer einzusehen, weshalb die Evolution Gehirne ausgewählt haben soll, die eine Neigung zu solchem Erleben besitzen, denn kein Mensch scheint wegen mangelnder mystischer Tiefe zu sterben oder seine Fortpflanzungsfähigkeit zu verlieren. Könnten diese durch Drogen oder den nahen Tod ausgelösten Bilder nicht eher auf einem evolutionsneutralen Schaltdefekt des Gehirns beruhen, der durch Zufall hin und wieder eine veränderte Wahrnehmung der Welt mit sich bringt? Das erscheint mir alles andere als plausibel und ist vermutlich nicht mehr als der verzweifelte Versuch von Rationalisten, einer ernsthaften Begegnung mit dem Mystischen auszuweichen.

Die einzige Alternative ist, soweit ich das überblicken kann, daß ausnahmslos alle Menschen schon einmal ein Erleben wie diese Heimkehrer aus dem Reich des Todes hatten: das Gefühl des Fliegens; das Auftauchen aus dem Dunkel ins Licht; und gelegentlich der Anblick einer schemenhaften Heroengestalt, gebadet in Glanz und Glorie. Es gibt nur ein gemeinsames Erleben, auf das diese Beschreibung paßt: Das ist die Geburt.

Sein Name ist Stanislaw Grof. Manchmal wird das so ausgesprochen, daß sich Vor- und Familienname reimen. Er ist Arzt und Psychiater und verwendet seit mehr als zwanzig Jahren LSD und andere psychedelische Drogen in der Psychotherapie. Seine Arbeit begann 1956 in Prag, lange vor der amerikanischen Drogenkultur, und verlagerte sich in jüngster Zeit in die doch etwas veränderte Umgebung von Baltimore, Maryland. Grof besitzt vermutlich mehr Langzeiterfahrung über die Auswirkungen psychedelischer Drogen auf Patienten als jeder andere.* Er betont, daß LSD neben Entspannung und ästhetischen Hochgefühlen andere, viel tiefere Wirkungen haben kann, zu denen auch die genaue Rückerinnerung an perinatale Erlebnisse gehört. »Perinatal« ist ein Neologismus für »rund um die Geburt« und umfaßt nicht nur die Spanne unmittelbar nach, sondern auch die letzte Zeit vor der Entbindung. (Es ist eine Parallelkonstruktion zu »perithanatisch«, die Zeit um den Tod betreffend.) Er berichtet über eine große Zahl von Patienten, die nach einer bestimmten Anzahl von Sitzungen tiefe perinatale Eindrücke, die sie längst entschwunden und für das lückenhafte menschliche Erinnerungsvermögen unwiederbringlich verloren geglaubt hatten, in allen Einzelheiten nacherlebten. Das ist in der Tat ein häufiges LSD-Gefühl, das keinesfalls auf Grofs Patienten beschränkt bleibt. Grof unterscheidet vier Perinatal-Phasen, die sich mit Hilfe der psychedelischen Therapie zurückgewinnen lassen. Phase 1 ist das herrliche Wohlbehagen des Kindes im Mutterleib, frei von jeder Angst, der Mittelpunkt eines kleinen, dunklen, warmen Universums – ein Kosmos in einer amniotischen Fruchtblase. In diesem intrauterinen Zustand scheint der Fötus etwas zu erleben, das sehr nahe an die ozeanische Ekstase herankommt, die Freud als Quell religiöser Empfänglichkeit beschreibt. Der Fötus bewegt sich natürlich. Knapp vor der Geburt ist er vermutlich ebenso munter, wenn nicht gar munterer als direkt nach der Geburt. Es erscheint nicht ganz ausgeschlossen, daß wir uns gelegentlich in unvollständigen Bildern dieser »paradiesischen« goldenen Zeit entsinnen, in der jedes Bedürfnis – nach Nahrung, Sauerstoff, Wärme und Darmentleerung – noch ehe man es recht spürte, automatisch durch ein perfekt durchdachtes Überlebenssystem befriedigt wurde; und daß wir sie in schwacher Erinnerung später als »Einssein mit dem Universum« beschreiben.

---

* Eine faszinierende Beschreibung von Grofs Arbeit und dem gesamten Sektor psychedelischer Drogen findet sich in dem Buch *Psychedelic Drugs Reconsidered* von Lester Grinspoon und James Bakalar (New York, Basic Books, 1979). Grof selbst schreibt über seine Forschung in *Realms of the Human Unconscious* von S. Grof (New York, E. P. Dutton, 1976) und *The Human Encounter with Death* von S. Grof und J. Halifax (New York, E. P. Dutton, 1977).

Bei Phase 2 beginnen die Gebärmutterkontraktionen. Die Wände, an denen die Fruchtblase verankert ist, die Fundamente der stabilen, intrauterinen Umgebung beginnen zu wanken. Der Fötus wird entsetzlich eingeengt. Das Universum fängt zu pulsieren an, eine friedliche Welt, die sich unvermittelt in eine kosmische Folterkammer verwandelt. Die Kontraktionen kommen und gehen über Stunden hinweg. Mit der Zeit werden sie stärker. Keine Hoffnung auf ein Ende wird angeboten. Der Fötus hat nichts getan, daß er ein solches Geschick verdiente, ein unschuldiges Wesen, dessen Kosmos sich plötzlich gegen ihn wendet und ihn scheinbar endlos mit Todesqualen überhäuft. Wie schlimm dieses Erlebnis sein muß, wird jedem klar, der die Schädelverformung eines Neugeborenen gesehen hat; sie ist noch Tage nach der Entbindung zu erkennen. Ich begreife, daß eine starke Motivation besteht, jede Spur dieser Pein für immer zu verdrängen, aber könnte sie unter abnormer Belastung nicht wieder auftauchen? Könnte nicht, so fragt Grof, die verschwommene, unterdrückte Erinnerung an dieses Erleben paranoide Phantasien hervorrufen, die unseren gelegentlichen Sadismus und Masochismus erklären, unseren Hang zur Identifizierung von Täter und Opfer, zu jener kindlichen Zerstörungswut in einer Welt, die sich – was wissen wir? – bereits morgen erschreckend verändern und uns bedrohen könnte? Grof findet Erinnerungen an diese Phase verbunden mit Bildern von Flutwellen und Erdbeben, in der großen Welt die Analogien des intrauterinen Verrats.

Phase 3 ist das Ende des Geburtsvorgangs, wenn der Kopf die Cervix durchtreten hat und das Kind selbst mit geschlossenen Augen einen Tunnel erkennen könnte, dessen Ausgang erleuchtet ist und die gleißende Helle der extrauterinen Welt verheißt. Die Entdeckung von Licht für ein Geschöpf, das bisher vollkommen im Dunkel existiert hat, muß ein tiefes und irgendwie unvergeßliches Erlebnis sein. Und da, verschwommen wegen der schwachen Auflösung der ungeübten Augen, steht eine gottähnliche Gestalt, umflossen von strahlendem Glanz – ein Erwachsener: die Hebamme, der Gynäkologe oder der Vater. Am Ende der grausamen Quälerei entschwebt das Baby dem Universum des Uterus und steigt auf zu den Lichtern der Götter.

Phase 4 ist die Zeit unmittelbar nach der Geburt, wenn die normale Atmung eingesetzt hat, das Kind warm eingehüllt in den Arm genommen wird und die erste Nahrung erhält. Bei genauer Erinnerung muß der Gegensatz zwischen Phase 1 und 2 sowie Phase 2 und 4 für ein Neugeborenes, das ja keinerlei Erfahrungen besitzt, einen tiefen, nachhaltigen Eindruck hinterlassen; und Phase 3 als Übergang zwischen Todespein und dem sanften Abglanz der kosmischen Einheit von Phase 1 hat sicher einen mächtigen Einfluß auf das spätere Leben des Kindes.

Natürlich bleibt bei Grofs Ausführungen und meiner eigenen Erweiterung seiner Gedankengänge eine Menge Raum für Skepsis. Es gibt noch viele ungelöste Fragen. Erinnern sich Kinder, die beispielsweise vor Einsetzen der Wehen durch Kaiserschnitt geboren werden, niemals an die quälende Phase 2? Entsinnen sie sich während der psychedelischen Therapie seltener katastrophaler Erdbeben und Flutwellen als jene, die normal ans Licht der Welt kamen? Sind umgekehrt Kinder, die nach dem künstlichen Einleiten der Wehentätigkeit etwa durch das Hormon Oxytocin* unter besonders heftigen Uterus-Kontraktionen zu leiden hatten, der psychologischen Belastung von Phase 2 stärker ausgesetzt? Wird sich das Kind später, wenn man der Mutter ein starkes Beruhigungsmittel gegeben hat, an einen direkten Übergang von Phase 1 in Phase 4 erinnern und bei einem perithanatischen Erlebnis niemals von einer strahlenden göttlichen Gestalt berichten? Vermögen Babies im Moment der Geburt bereits ein Bild aufzulösen, oder besitzen sie lediglich ein Gefühl für Hell und Dunkel? Könnte die Beschreibung eines todesnahen Erlebens von einem verschwommenen, strahlenden Gott die perfekte Erinnerung eines nichtperfekten Neugeborenen-Eindrucks sein? Wählt Grof seine Patienten aus allen Schichten, oder sind seine Fälle nicht repräsentativ für die menschliche Gemeinschaft?

Es könnte aber auch subjektivere Einwände gegen diese

---

* Erstaunlicherweise ist Oxytocin ein Mutterkorn-Derivat, das eine chemische Verwandtschaft zu psychedelischen Substanzen wie LSD besitzt. Da es die Wehentätigkeit in Gang bringt, ist die These, daß eine ähnliche natürliche Substanz vom Körper produziert und eingesetzt wird, um die intrauterinen Kontraktionen auszulösen, zumindest denkbar. Das aber ließe auf einen fundamentalen Bezug der Mutter – und vielleicht auch des Kindes – zwischen Geburt und psychedelischen Drogen schließen. Vielleicht ist es daher gar nicht so erstaunlich, daß wir uns sehr viel später im Leben unter dem Einfluß von psychedelischen Drogen an das Geburtserlebnis erinnern – an jenes Ereignis, bei dem wir erstmals psychedelische Drogen bekamen.

Gedanken geben, einen Widerstand ähnlich dem Chauvinismus etwa, den man bei der Verteidigung unserer Schlemmergewohnheiten entdeckt: Hummer besitzen kein zentrales Nervensystem; also macht es ihnen nichts aus, lebendig in kochendes Wasser geworfen zu werden. Nun ja, vielleicht. Aber die Hummer-Verzehrer haben ein wohlbegründetes Interesse an dieser These zur Neurophysiologie von Schmerzen. Und so frage ich mich, ob nicht die meisten Erwachsenen ein begründetes Interesse an der Theorie haben, daß Neugeborene nur begrenzte Wahrnehmungs- und Erinnerungsfähigkeiten besitzen und das Geburtserleben auf gar keinen Fall eine starke oder gar stark negative Auswirkung haben könnte.

Falls Grof recht hat, müssen wir uns fragen, weshalb solche Erinnerungen möglich sind – weshalb, wenn die perinatale Erfahrung so großes Leiden bringen kann, die Evolution die negativen psychologischen Folgen nicht längst ausgesondert hat. Es gibt einige Dinge, die Neugeborene unbedingt schaffen müssen. Sie müssen gut saugen, sonst sterben sie. Sie müssen im großen und ganzen nett aussehen, weil – zumindest in früheren Epochen der Menschheitsgeschichte – Kinder, die anziehend wirkten, besser versorgt wurden. Aber *müssen* Babies ihre Umgebung wahrnehmen? *Müssen* sie sich an die Schrecken der Perinatal-Ereignisse erinnern? Welcher Überlebenswert steckt darin? Die Antwort könnte lauten, daß die positiven Seiten die negativen überwiegen – daß vielleicht der Verlust eines Universums, dem wir perfekt angepaßt waren, uns stark motiviert, die Welt zu verändern und die menschlichen Lebensumstände zu verbessern. Vielleicht würde das rastlose Vorwärtsstreben des menschlichen Geistes fehlen, wenn es die Schrecken der Geburt nicht gäbe.

Mich fasziniert vor allem – was ich auch ausführlich in meinem Buch *The Dragons of Eden* (dt. *Die Drachen von Eden*, München–Zürich, Droemer Knaur, 1978; übers. von Elke vom Scheidt) besprochen habe –, daß sich die Geburtspein besonders bei Menschen äußert. Der Grund liegt im enormen Gehirnwachstum, das unsere Rasse in den letzten paar Millionen Jahren geprägt hat. Fast scheint es, als sei unsere Intelligenz im wahrsten Sinn des Wortes die Quelle unseres Leidens; aber daraus würde zugleich folgen, daß unsere Leiden die Quelle unserer Kraft als Rasse sind.

Solche Gedanken werfen vielleicht ein Licht auf Ursprung und Natur der Religion. Während in den meisten westlichen Religionen die Sehnsucht nach einem Leben jenseits des Todes vorherrscht, kommt in den östlichen Religionen der Wunsch nach Erlösung aus einem langen Zyklus von Sterben und Wiedergeburt zum Ausdruck. Aber alle verheißen einen Himmel oder Satori, die idyllische Wiedervereinigung des einzelnen mit dem Universum, eine Rückkehr zu Phase 1. Jede Geburt ist ein Tod – das Kind verläßt die amniotische Welt. Aber Anhänger der Reinkarnation glauben, daß jeder Tod eine Geburt sei – eine Annahme, möglicherweise ausgelöst durch perithanatische Eindrücke, bei denen das perinatale Erleben als Geburtserinnerung erkannt wurde. (»Man hörte ein schwaches Klopfen im Sarg. Wir öffneten ihn, und es zeigte sich, daß Abdul lebte. Er war aus einer langen Krankheit erwacht, die ihren Bann über ihn geworfen hatte, und er erzählte eine seltsame Geschichte, daß er ein zweites Mal geboren worden sei.«)

Könnte nicht auch das immer wiederkehrende Motiv von Strafe und Erlösung in den westlichen Religionen der quälende Versuch sein, der perinatalen Phase 2 einen Sinn zu verleihen? Ist es nicht besser, für etwas bestraft zu werden – selbst für eine so unlogische Sache wie die Erbsünde – als unschuldig zu leiden? Und Phase 3 scheint ein Erleben zu sein, das alle Menschen teilen, das in unsere frühesten Erinnerungen eingepflanzt ist und gelegentlich bei Todesfurcht in Gott-Erscheinungen an die Oberfläche dringt. Man fühlt sich versucht, auch andere verwirrende religiöse Motive unter diesen Gesichtspunkten zu betrachten. *In utero* wissen wir praktisch nichts. In der Phase 2 begegnet der Fötus dann dem Bösen – wie man es im späteren Leben ohne weiteres nennen könnte – und wird anschließend gezwungen, den Uterus zu verlassen. Das kommt verblüffend nahe an das Bild von der Vertreibung aus dem Paradies heran: der Mensch ißt vom Baum der Erkenntnis, kann von nun an Gut und Böse unterscheiden und wird aus dem Garten Eden verstoßen.* Ist der Finger Gottes in dem berühmten Michelangelo-Deckenfresko der Sixtinischen Kapelle in Wahr-

---

* Eine andere, aber keineswegs widersprüchliche These zur Eden-Metapher wird in *The Dragons of Eden* beschrieben: sie befaßt sich mehr mit der Phylogenie als mit der Ontogenie.

heit der Finger eines Geburtshelfers? Warum wird die Taufe, besonders jene mit dem Untertauch-Ritual, als symbolische Wiedergeburt betrachtet? Ist Weihwasser ein Symbol für die amniotische Flüssigkeit? Stellt nicht das gesamte Konzept der Taufe und des »Wiedergeburts«-Erlebnisses eine klare Bestätigung der Relation zwischen Geburt und mystischer Religiosität dar?

Wenn wir uns nur mit einigen der zahllosen Religionen auf unserem Planeten befassen, sind wir beeindruckt von ihrer Vielgestaltigkeit. Zumindest manche wirken verblüffend unlogisch. Auch in den Glaubenssätzen ist gegenseitige Übereinstimmung selten. Aber viele berühmte und gute Männer und Frauen haben erklärt, daß hinter den augenscheinlichen Abweichungen eine fundamentale Einheit von großer Bedeutung und hinter den doktrinären Idiotien eine essentielle Wahrheit stehe. Es gibt zwei sehr konträre Annäherungen, wenn man sich mit religiösen Glaubenssätzen befaßt. Da sind einerseits die Frommen, die oft leichtgläubig sind und eine allgemein anerkannte Religion wörtlich akzeptieren, auch wenn sie Inkonsequenzen in sich birgt oder sich stark von dem unterscheidet, was wir zuverlässig über die äußere Welt oder uns selbst wissen. Auf der anderen Seite stehen die unnachgiebigen Atheisten, welche die ganze Angelegenheit als einen Mischmasch von schwachsinnigem Geschwafel abtun. Einige, die sich für nüchterne Rationalisten halten, weigern sich sogar, die gewaltige Sammlung dokumentierter Religionsgeschichte zu berücksichtigen. Aber diese mystischen Erkenntnisse müssen etwas bedeuten. Nur – was? Menschen sind im allgemeinen intelligent und kreativ und schaffen es, viele Rätsel zu lösen. Wenn Religionen von Grund auf einfältig sind, weshalb glauben dann eigentlich so viele Leute daran?

Gewiß, die organisierten Religionen haben sich während der gesamten Menschheitsgeschichte mit den weltlichen Mächten verbündet, und es war oft zum Vorteil jener, die ein Volk beherrschten, den Glauben anzuordnen. In Indien, wo die Brahmanen die »Unberührbaren« in Sklaverei halten wollten, rechtfertigten sie sich mit dem Willen der Götter. Das gleiche Selbstzweckargument gebrauchten Weiße, die sich sogar Christen nannten, um vor dem Bürgerkrieg im amerikanischen Süden die Versklavung der Schwarzen zu vertreten. Wenn die alten Hebräer unschuldige Völker plünderten und mordeten, behaupteten sie, Gott habe sie geführt und ermutigt. Im Mittelalter predigte die Kirche den Armen und Geknechteten, sich mit ihrem irdischen Los abzufinden, da ihnen im Leben nach dem Tode Gerechtigkeit widerfahren würde. Diese Beispiele könnten endlos fortgeführt werden und umfassen praktisch alle Religionen der Welt. Wir begreifen ohne weiteres, warum die Oligarchie die Religion förderte, wenn, wie so oft geschehen, die Religion die Unterdrückung rechtfertigte – man denke nur an Plato und seine *Republik*. Aber warum machen die Unterdrückten so eifrig und so ohne weiteres bei diesen theokratischen Doktrinen mit?

Die bereitwillige Aufnahme religiöser Gedanken durch breite Bevölkerungskreise hat ihren Ursprung, wie mir scheint, einzig und allein darin, daß in diesen Ideen etwas anklingt, das mit unserem eigenen Wissen übereinstimmt – jene tiefe Sehnsucht, die jeder Mensch als zentrales Merkmal seines Daseins erkennt. Und der gemeinsame Faden dürfte die Geburt sein. Die Religion ist in ihrem Wesen mystisch, die Götter sind unergründlich, die Glaubenslehren verlockend, aber falsch, weil, so behaupte ich, ein Neugeborenes nur eine verschwommene Wahrnehmung und ein vages Erinnerungsvermögen besitzt. Ich meine, daß der mystische Kern des Religionserlebens weder wörtlich wahr noch bösartig verdreht ist. Er ist vielmehr ein mutiger, wenngleich unvollkommener Versuch, Kontakt mit dem ersten und zugleich tiefsten Ereignis unseres Lebens herzustellen. Die Glaubenssätze sind vom Wesen her verschwommen, weil kein Mensch bei seiner Geburt je das nötige Gedächtnis und die Nacherzählgabe besaß, um einen zusammenhängenden Bericht dieses Ereignisses zu liefern. Alle erfolgreichen Religionen scheinen in ihrem Kern eine nicht eingestandene und vielleicht sogar unbewußte Resonanz auf das Perinatal-Erleben zu enthalten. Wenn man nun noch weltliche Einflüsse abzieht, wird sich möglicherweise herausstellen, daß die erfolgreichsten Religionen diejenigen mit der besten Resonanz sind.

Versuche, die Glaubenslehren rational zu erklären, wurden oft leidenschaftlich bekämpft. Voltaire hat einmal gesagt, daß die Menschheit Gott erfinden würde, wenn er nicht existierte: diese Bemerkung trug ihm harten Tadel ein. Nach den Worten Freuds ist ein väterlicher Gott zum Teil eine Projektion des eigenen Vaters, so wie wir ihn in unserer Kindheit erlebten. Bezeichnenderweise nannte Freud sein Werk über die Religion *Zukunft einer Illusion.* Es erstaunt, daß seine Ansicht nicht den erwarteten Sturm der Entrüstung hervorrief, aber das unterblieb vielleicht nur, weil er seinen schlechten Ruf bereits durch die Einführung so skandalöser Begriffe wie der kindlichen Sexualität gefestigt hatte.

Warum ist der Widerstand gegen rationale Kritik und vernünftige Argumente in der Religion so stark? Zum Teil, so vermute ich, weil unsere gemeinsamen perinatalen Erinnerungen zwar real, aber schwer zu fassen sind. Ein weiterer Grund hat jedoch, wie ich annehme, mit der Furcht vor dem Tode zu tun. Die Menschen und ihre unmittelbaren Vorläufer und Verwandten wie etwa die Neandertaler sind wahrscheinlich die ersten Organismen auf unserem Planeten, die ein klares Bewußtsein von der Unausweichlichkeit des eigenen Endes besitzen. Wir müssen sterben, und wir fürchten den Tod. Diese Angst ist weltweit und geht quer durch alle Kulturen. Sie hat vermutlich eine wichtige Überlebensfunktion. Denn jene, die den Tod hinauszögern oder abzuwenden versuchen, können die Welt verbessern, ihre Gefahren mindern, Kinder zeugen, die nach ihnen leben werden, und »unsterbliche« Werke schaffen. Diejenigen nun, die rationale und kritische Gedanken zu religiösen Dingen äußern, werden bekämpft, weil sie die am weitesten verbreitete Lösung des menschlichen Todesfurcht-Problems gefährden, die These nämlich, daß die Seele weiterlebt, wenn der Leib gestorben ist.*

Da die meisten von uns sich mit aller Macht gegen den Tod wehren, bereiten uns jene Leute Unbehagen, die behaupten, der

---

* Eine merkwürdige Lösungs-Variante liest man in Arthur Schnitzlers *Flucht in die Finsternis*: »Es sei ja zweifellos... daß für alle Sterbenden im letzten Augenblick das ganze Leben mit einer ungeheuren, für uns andere gar nicht zu erfassenden Geschwindigkeit noch einmal sich abrolle. Da nun dieses erinnerte Leben natürlich auch wieder einen letzten Augenblick habe und dieser letzte Augenblick wieder einen letzten, und so weiter: so bedeute das Sterben im Grunde nichts anderes als die Ewigkeit – unter der mathematischen Formel einer unendlichen Reihe.« Nun ist aber die Summe einer unendlichen Reihe dieser Art endlich, und das Argument ist neben anderen Gründen auch von der Mathematik her falsch. Aber es ist ein nützlicher Hinweis darauf, daß wir zu den verzweifeltsten Klimmzügen bereit sind, um einer ernsthaften Konfrontation mit der Unausweichlichkeit des Todes aus dem Wege zu gehen.

Tod sei das Ende und die Persönlichkeit sowie die Seele des einzelnen werden nicht fortleben. Aber Seelen-These und Gott-These lassen sich voneinander trennen; es gibt sogar einige Kulturen, in denen man nur eine von beiden findet. Und auf gar keinen Fall dienen wir der Sache der Menschheit, wenn wir uns entschieden weigern, Gedanken zu durchleuchten, die uns erschrecken.

Beileibe nicht alle Menschen, die Fragen zur Gott- und zur Seelen-These stellen, sind Atheisten. Ein Atheist ist jemand, der mit Sicherheit weiß, daß es Gott nicht gibt, jemand, der zwingende Beweise gegen die Existenz Gottes besitzt. Ich kenne keine solchen zwingenden Beweise. Da Gott mit den fernsten Zeiten und Orten, ja selbst mit den letzten Ursachen in Verbindung gebracht werden kann, müßten wir sehr viel mehr über das Universum wissen, als das im Moment der Fall ist, um sicherzugehen, daß es keinen Gott gibt. Die absolute Gewißheit, daß Gott existiert, und die absolute Gewißheit, daß Gott nicht existiert, scheinen mir die kühnen Extreme eines Themas zu sein, das so von Zweifeln und Unsicherheiten zerlöchert ist, daß es eigentlich mehr Verzagtheit einflößt. Eine große Auswahl an Positionen irgendwo dazwischen bietet sich an, und wenn man die enormen emotionellen Energien bedenkt, die in dieses Thema investiert werden, erscheint ein mutig forschender und aufgeschlossener Geist das wichtigste Werkzeug zu sein, um unsere kollektive Ignoranz hinsichtlich der Existenz Gottes einzuengen.

Wenn ich mich in Vorträgen zu Grenz-, Pseudo- oder Populärwissenschaften äußere (siehe die Kapitel 5 bis 8 dieses Buches), stellt man mir manchmal die Frage, ob eine ähnlich kritische Haltung nicht auch gegenüber religiösen Lehrmeinungen angebracht wäre. Meine Antwort dazu ist ein klares Ja. Religionsfreiheit, eine der Säulen, auf denen die amerikanische Verfassung ruht, ist unentbehrlich für freies Forschen. Aber sie verschafft den Religionen selbst keine Immunität gegen Kritik oder Neuinterpretationen. Nur durch Forschen können wir die Wahrheit entdecken. Ich beharre nicht darauf, daß die Verbindungen zwischen Religion und perinatalem Erleben richtig oder neu sind. Viele davon kommen in den Ideen von Stanislaw Grof und der psychoanalytischen Seite der Psychiatrie zum Ausdruck, insbesondere bei Otto Rank, Sandor Ferenczi und Sigmund

Freud. Aber diese Gedanken sind es wert, daß man darüber nachdenkt.

Natürlich gibt es zum Ursprung der Religion weit mehr zu sagen, als diese einfachen Ideen zum Ausdruck bringen. Ich behaupte nicht, daß Theologie sich mit Physiologie gleichsetzen läßt. Aber angenommen, wir erinnern uns in der Tat an unsere Perinatal-Phasen, dann wäre es höchst erstaunlich, wenn sie keinen tiefgreifenden Einfluß hätten auf unsere Einstellung zu Geburt und Tod, Sexualität und Kindheit, Lebensziel und -ethik, Kausalität und Gott.

Und auf unser Verhältnis zur Kosmologie! Astronomen, die sich mit der Natur, dem Ursprung und dem Geschick des Universums auseinandersetzen, liefern genaue Beobachtungen, beschreiben den Kosmos in Differentialgleichungen und Tensorausdrücken, untersuchen das Universum von Röntgenstrahlen bis zu Radiowellen, zählen die Galaxien und bestimmen ihre Bewegungen und Abstände – und wenn all dies geschehen ist, müssen sie abwägen zwischen drei verschiedenen Modellen: der Steady-State-Kosmologie, still und friedlich; dem oszillierenden Universum, in dem sich das All unter Schmerzen ausdehnt und zusammenzieht bis in alle Ewigkeit; und dem Urknall-Modell, bei dem der Kosmos durch ein einziges, brutales Ereignis erschaffen wird – von Strahlung überflutet (»Es werde Licht!«), dehnt er sich aus und wird kälter, entwickelt sich weiter und kommt zum Stillstand, wie bereits im vorigen Kapitel besprochen. Aber diese drei kosmologischen Modelle ähneln mit einer plumpen, beinahe peinlichen Genauigkeit den menschlichen Perinatal-Phasen von Grof – 1, 2, 3 plus jeweils 4.

Es ist für moderne Astronomen leicht, die Kosmologien anderer Kulturen zu belächeln – so etwa die Dogon-Idee, daß das Universum aus einem kosmischen Ei geschlüpft sei (Kapitel 6). Aber im Lichte der eben dargestellten Ideen habe ich mir vorgenommen, in Zukunft vorsichtiger in meiner Haltung gegenüber primitiven Kosmologien zu sein; ihre Anthropozentrik läßt sich nur etwas leichter durchschauen als die unsere. Bei den Babyloniern und in der Bibel ist die Rede von Wasser über und unter dem Firmament. Könnten diese verwirrenden Anspielungen, die Thomas von Aquin mühsam mit der Aristotelischen Physik in Einklang zu bringen versuchte, nichts anderes als eine Fruchtwasser-Metapher sein? Sind wir unfähig, eine

Kosmologie zu entwickeln, die nicht irgendeine mathematische Kodierung unseres eigenen Ursprungs ist?

Einsteins Gleichungen der Allgemeinen Relativitätstheorie lassen eine Lösung zu, bei der sich das Universum ausdehnt. Aber Einstein selbst übersah auf unerklärliche Weise diese Lösung; er stellte sich einen absolut statischen Kosmos ohne jede Weiterentwicklung vor. Geht es zu weit, wenn man die Frage stellt, ob dieses Übersehen eher perinatale als mathematische Ursachen hatte? Physiker und Astronomen zögern deutlich, Urknall-Theorien zu akzeptieren, bei denen sich das Universum für alle Zeiten ausdehnt, wohingegen traditionsbewußte Theologen mehr oder weniger begeistert von der Aussicht sind. Ließe sich dieser Disput, der nahezu sicher auf psychologischen Merkmalen beruht, in Grofschen Zusammenhängen verstehen?

Ich weiß nicht, wie genau die Analogien zwischen persönlichen perinatalen Erfahrungen und den einzelnen kosmologischen Modellen übereinstimmen. Es wäre wohl zuviel erhofft, würde man davon ausgehen, daß die Begründer der Steady-State-Theorie samt und sonders durch Kaiserschnitt auf die Welt kamen. Aber die Ähnlichkeiten sind doch stark, und die Verbindung zwischen Psychiatrie und Kosmologie erscheint durchaus real. Kann es wirklich sein, daß jede der möglichen Entstehungs- und Entwicklungsformen im Universum ihre Entsprechung im menschlichen Perinatal-Erleben hat? Sind wir so beschränkte Geschöpfe, daß wir es nicht schaffen, eine Kosmologie aufzubauen, die sich wesentlich von einer der Perinatal-Phasen unterscheidet?*

Ist unsere Fähigkeit, das Universum zu durchschauen, hoffnungslos in die Erfahrungen von Geburt und früher Kindheit verstrickt und verfangen? Sind wir verurteilt, unseren Ursprung

---

* Känguruhs kommen praktisch als Embryos auf die Welt und müssen dann ohne Hilfe den beschwerlichen Weg vom Geburtskanal in den Beutel des Muttertiers antreten. Viele bestehen diese harte Prüfung nicht. Diejenigen aber, die es schaffen, befinden sich von neuem in einer warmen, dunklen, schützenden Welt, die sogar mit einem Milchquell ausgestattet ist. Würde die Religion einer Rasse intelligenter Beutelgeschöpfe einen strengen, unerbittlichen Gott hervorbringen, der alle Känguruhs einer schweren Prüfung unterzieht? Und würden die Känguruhs eine Kosmologie entwickeln, bei der aus einem schwachen Urknall ein kurzes Strahlungs-Zwischenspiel entsteht, gefolgt von einer »Zweiten Finsternis« und einem sehr viel friedlicheren Auftauchen in das Universum, das wir kennen?

in einem Pseudo-Verständnis des Universums zu rekapitulieren? Oder könnten die experimentellen Daten, die wir gewinnen, allmählich zu einer Aussöhnung und einem echten Verständnis jenes weiten, ehrfurchtheischenden Universums führen, in dem wir treiben, verloren, suchend, tapfer?

Die meisten Religionen beschreiben die Erde als unsere Mutter und den Himmel als unseren Vater. Das gilt für Uranus und Gaea in der griechischen Mythologie ebenso wie für die Kulte der amerikanischen Ureinwohner, für die Afrikaner und Polynesier, kurz, für die Mehrzahl der Völker auf unserem Planeten. Aber das Wesentliche an der perinatalen Erfahrung ist, daß wir unsere Mütter verlassen. Wir tun es erstmals durch die Geburt und später noch einmal, wenn wir uns auf eigene Füße stellen. So schmerzhaft diese Trennung jedesmal ist, sie ist wesentlich für das Fortbestehen der Menschenrasse. Könnte diese Tatsache eine Bedeutung für die beinahe mystische Anziehungskraft haben, welche die Raumfahrt zumindest auf die meisten von uns ausübt? Ist es nicht ein Verlassen von Mutter Erde, der Welt unseres Entstehens, um unser Glück bei den Sternen zu suchen? Das ist auch genau die Schlußvision des Films *2001: Odysse im Weltraum.* Konstantin Ziolkowsky, ein russischer Lehrer und Fast-Autodidakt, formulierte um die Jahrhundertwende viele der theoretischen Schritte, die seitdem in der Entwicklung des Raketenantriebs und des Raumflugs verwirklicht wurden. Ziolkowsky schrieb: »Die Erde ist die Wiege der Menschheit. Aber man bleibt nicht ewig in der Wiege.«

Wir befinden uns, so glaube ich, unwiderruflich auf einem Weg, der uns zu den Sternen bringen wird – es sei denn, daß wir uns durch eine monströse Kapitulation gegenüber Dummheit und Machtgier vorher selbst vernichten. Und sehr wahrscheinlich werden wir draußen in den Tiefen des Raumes über kurz oder lang auf andere intelligente Wesen stoßen. Einige davon sind vielleicht nicht so weit entwickelt wie wir; andere, die meisten wohl, werden ein Stück weiter sein. Ich frage mich, ob all diese Geschöpfe im Raum die Geburt als schmerzlichen Vorgang erleben. Die Wesen, die fortgeschrittener sind als wir, besitzen sicher Fähigkeiten, die weit über unser Verständnis hinausgehen. Sie werden uns in einem sehr realen Sinn als gottähnlich erscheinen. Die winzige Menschenrasse muß noch tüchtig wachsen. Vielleicht werden unsere fernen Nachkommen einen Blick zurückwerfen auf den langen Weg, den die Menschenrasse von ihrem im Nebel der Erinnerung versunkenen Ursprung auf dem fernen Planeten Erde genommen hat. Vielleicht werden sie eines Tages unsere Einzel- und Kollektivschicksale, unsere romantischen Abenteuer in bezug auf Wissenschaften und Religion, mit größerer Klarheit, mit Verständnis und Liebe betrachten.

ANHANG

Erläuterungen zu Kapitel 7

ANHANG 1

Physikalische Betrachtung zur Wahrscheinlichkeit eines in jüngerer Vergangenheit erfolgten Zusammenstoßes zwischen der Erde und einem Masse-Objekt des Sonnensystems bei Annahme einer Einfach-Kollision

Wir betrachten im folgenden die Wahrscheinlichkeit, daß ein vom Jupiter ausgestoßener Massekörper gegen die Erde prallen könnte. Velikovsky behauptet, daß dieser Komet die Erde streifte oder zumindest fast berührte. In der Diskussion wollen wir diesen Gedanken der Einfachheit halber mit »Kollision« bezeichnen. Denken wir uns nun einen sphärischen Körper mit dem Radius R, der sich inmitten anderer Körper ähnlicher Größe bewegt. Eine Kollision tritt ein, wenn die Mittelpunkte der Objekte 2 R voneinander entfernt sind. Wir könnten somit von einem effektiven Kollisionsquerschnitt $\sigma = \pi (2 R)^2 = 4 \pi R^2$ sprechen; dies ist das Gebiet, in welchem der Mittelpunkt des bewegten Körpers auftreffen muß, um eine Kollision hervorzurufen. Nehmen wir an, daß sich nur ein solcher Körper bewegt (der Velikovsky-Komet), während die übrigen Körper (die Planeten des inneren Sonnensystems) ortsfest bleiben. Die Rechnung ergibt, daß der Fehlerfaktor bei Vernachlässigung der Planetenbewegung im inneren Sonnensystem kleiner als 2 ist. Nehmen wir nun an, der Komet bewegt sich mit der Geschwindigkeit v und die Dichte potentieller Ziele (die Planeten des inneren Sonnensystems) im Raum beträgt n. Die Dimensionen, die wir im folgenden benutzen wollen, sind Zentimeter (cm) für R, cm^2 für σ und Planeten pro cm^3 für n; bei n handelt es sich logischerweise um eine sehr kleine Zahl. Während Kometen im allgemeinen eine Vielzahl von Bahnneigungen zur ekliptischen

Ebene einnehmen können, wollen wir zugunsten von Velikovskys These den kleinsten noch vertretbaren Wert für diese Neigung einsetzen. Würden wir die Bahnneigung des Kometen nicht abgrenzen, könnte er sich mit gleich großer Wahrscheinlichkeit irgendwo in einem Raumvolumen mit dem Mittelpunkt Sonne und dem Radius $r = 5$ Astronomische Einheiten (1 AE $= 1{,}5 \times 10^{13}$ cm) der halben großen Achse des Jupiter-Orbits bewegen. Je größer das Volumen ist, in dem sich der Komet bewegen kann, desto geringer wird die Wahrscheinlichkeit einer Kollision mit einem anderen Objekt. Wegen der schnellen Jupiter-Rotation hat jedes Objekt, das aus seinem Innern geschleudert wird, die Tendenz, sich in der Äquatorialebene des Planeten zu bewegen, die um 1,2 Grad zur Ebene der Erdbahn um die Sonne geneigt ist. Wenn jedoch der Komet überhaupt bis ins innere Sonnensystem vordringen soll, muß das Herausschleudern mit solcher Energie erfolgen, daß praktisch jeder Wert für seine Bahnneigung i möglich wird. Eine großzügige Untergrenze wäre demnach $i = 1{,}2°$. Wir nehmen also an, daß sich der Komet auf einer Bahn bewegt, die irgendwie in einem Raumkeil mit dem Mittelpunkt Sonne (ein Brennpunkt der Kometenbahn muß die Sonne sein) und dem Halbwinkel i liegt (siehe Zeichnung). Sein Volumen beträgt dann $(^4/_3)\, \pi r^3 \sin i = 4 \times 10^{40}$ [cm^3], nur zwei Prozent des Gesamtvolumens einer Sphäre mit dem Radius r. Da es in diesem Volumen drei oder vier Planeten gibt (die Asteroiden wollen wir nicht berücksichtigen), beträgt die Raumdichte für Ziele, die für unser Problem relevant ist, etwa 10^{-40} Planeten/cm^3. Die typische relative Geschwindigkeit eines Kometen oder anderen Körpers auf einer exzentrischen Bahn im inneren Sonnensystem könnte etwa bei 20 km/sec liegen. Der Erdradius ist $6{,}3 \times 10^8$ cm, beinahe exakt der Radius, den auch der Planet Venus besitzt.

Stellen wir uns nun vor, daß die elliptische Bahn des Kometen vor unserem geistigen Auge linear ausgestreckt wird und daß er eine Zeit T benötigt, bis er auf einen Planeten trifft. Innerhalb dieser Zeit wird er einen imaginären Korridor des Volumens $\sigma v T$ [cm^3] hinter sich herausgeschnitten haben, und in diesem Volumen muß sich genau ein Planet befinden. Nun ist aber $1/n$ ebenfalls das Volumen, das einen Planeten enthält. Die beiden Mengen sind also gleich und

$$T = (n \sigma v)^{-1}.$$

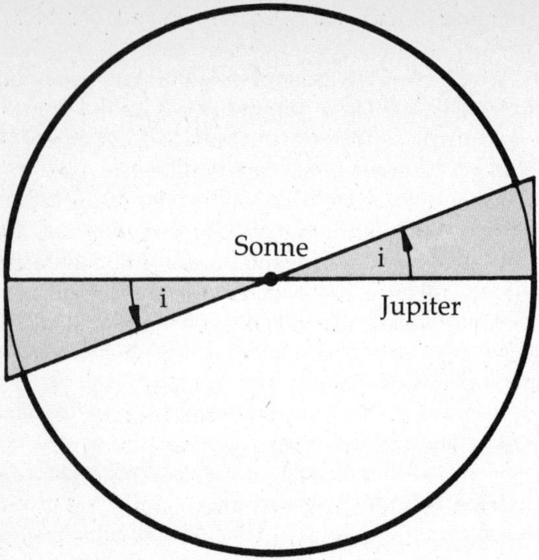

Volumen-Keil, in dem sich der Velikovsky-Komet bewegen könnte

Wir bezeichnen T als die Zeit, die für die mittlere freie Weglänge benötigt wird.

In Wirklichkeit beschreibt der Komet natürlich eine elliptische Bahn, und die Zeit bis zur Kollision wird zu einem gewissen Grad von Gravitationskräften beeinflußt. Allerdings läßt sich leicht beweisen (siehe z. B. Urey, 1951), daß für typische Werte von v und verhältnismäßig kurze Ausflüge in die Sonnensystem-Geschichte, wie Velikovsky sie beabsichtigt, die Gravitations-Einwirkung den effektiven Kollisions-Querschnitt nur um einen geringen Betrag erhöhen dürfte und eine grobe Berechnung mit obiger Gleichung in etwa die richtigen Ergebnisse bringen muß.

Die Objekte, die seit der frühesten Geschichte des Sonnensystems Einschlagkrater auf dem Mond, der Erde und den inneren Planeten verursacht haben, sind solche mit stark exzentrischen Bahnen: Kometen und insbesondere die Apollo-Objekte, die entweder tote Kometen oder Asteroiden sind. Mit Hilfe einfacher Gleichungen für die Zeit der mittleren freien Weglänge können Astronomen hinreichend genaue Aussagen beispielsweise zur Anzahl der Krater auf dem Mond, Merkur oder Mars seit Entstehung dieser Objekte machen: Sie sind Ergebnisse der gelegentlichen Kollision eines Apollo-Objekts oder, seltener, eines Kometen mit der Mond- oder Planeten-Oberfläche. Ähnlich bestimmen die Gleichungen exakt das Alter der jüngsten Einschlagkrater auf der Erde, z. B. des Arizonakraters. Die quantitativen Übereinstimmungen zwischen Beobachtung und einfacher Kollisionsphysik sind eine gewisse Garantie, daß sich die gleichen Gedankengänge auch auf das gegenwärtige Problem anwenden lassen.

Wir sind also in der Lage, einige Berechnungen in bezug auf Velikovskys fundamentale These durchzuführen. Im Moment gibt es keine Apollo-Objekte, deren Durchmesser sehr viel größer ist als einige zehn Kilometer. Die Größe von Körpern im Asteroidengürtel und überhaupt in Gebieten, wo die Größe durch die Kollision bestimmt wird, erhält man mit Hilfe der Ähnlichkeitsrechnung. Die Zahl der Objekte in einem gegebenen Bereich ist umgekehrt proportional dem Radius des Objekts hoch einer Potenz, die im allgemeinen zwischen 2 und 4 liegt. Wäre daher Velikovskys Proto-Venuskomet etwa ein Mitglied der Apollo-Gruppe oder der Kometen, dann ließe sich ein Velikovsky-Komet von 6000 km Radius eine Million mal häufiger finden als einer von 10000 km Radius. Der wahrscheinliche Faktor liegt sogar im Milliarden-Bereich, aber wir wollen im Zweifelsfall zugunsten von Velikovsky rechnen.

Da es etwa zehn Apollo-Objekte mit einem Radius von ca. 10 km gibt, ist die Chance für die Existenz eines Velikovsky-Kometen wesentlich geringer als 1 zu 100000. Die Häufigkeit solcher Objekte im Ruhezustand wäre dann (für r = 4 AE und i = 1,2°).

$$n = \frac{10 \cdot 10^{-5}}{4 \cdot 10^{40}} = 2{,}5 \cdot 10^{-45} \text{ [Velikovsky-Kometen/cm}^3\text{]}$$

Daraus ergibt sich für die Zeit der mittleren freien Weglänge

$$T = \frac{1}{n\sigma v} = \frac{1}{2{,}5 \cdot 10^{-45}} \text{ [cm}^{-3}\text{]} \cdot 5 \cdot 10^{18} \text{[cm}^2\text{]} \cdot 2 \cdot 10^6 \text{ [cm} \cdot \text{sec}^{-1}\text{]}$$
$$= 4 \cdot 10^{21} \text{ [sec]} \approx 10^{14} \text{ Jahre,}$$

eine Zahl, die sehr viel höher liegt als das Alter des Sonnensystems von 5×10^9 Jahren.

Daraus folgt: Wenn der Velikovsky-Komet Teil der übrigen Kollisionsobjekte im inneren Sonnensystem wäre, hätte er eine solche Seltenheit, daß er praktisch nie mit der Erde kollidieren würde.

Aber behalten wir Velikovskys These um der Diskussion willen bei und fragen wir, wie lange sein Komet nach dem Herausschleudern aus dem Jupiter brauchen würde, um mit einem Planeten des inneren Sonnensystems zusammenzustoßen. In diesem Falle setzen wir für n die Häufigkeit planetarischer Ziele ein und nicht wie vorhin die Häufigkeit von Velikovsky-Kometen. Dann ist

$$T = \frac{1}{10^{-40}}[\mathrm{cm}^{-3}] \cdot 5 \cdot 10^{18}\,[\mathrm{cm}^2] \cdot 2 \cdot 10^6\,[\mathrm{cm} \cdot \mathrm{sec}^{-1}]$$
$$= 10^{15}[\mathrm{sec}] \approx 3 \cdot 10^7 \text{ Jahre.}$$

Damit wäre die Chance, daß der Velikovsky-Komet innerhalb der letzten Jahrtausende mit der Erde zusammengeprallt ist oder sie gestreift hat, $3 \times 10^4/3 \times 10^7 = 10^{-3}$; anders ausgedrückt, sie läge bei 1 zu 1000 – wenn der Komet unabhängig von der übrigen Trümmer-Population im Sonnensystem ist. Gehört er dagegen zu einer solchen Population, dann sinken die Chancen auf $3 \times 10^4/10^{14} = 3 \times 10^{10}$, also auf 1 zu 3 Milliarden.

Eine genauere Formulierung der Orbital-Kollisions-Theorie findet sich in der bekannten Arbeit von Ernst Öpik. Er nimmt einen Zielkörper der Masse m_o mit den Bahnelementen a_o, $e_o = i_o = O$ im Orbit um einen Zentralkörper der Masse M an. Dann hat ein Testkörper die Masse m mit den Bahnelementen a, e, i und der Periode P eine charakteristische Zeit T, ehe er sich dem Abstand R des Zielkörpers nähert:

$$\frac{\mathbf{T}}{\mathbf{P}} = \frac{\pi \sin i |U_x/U|}{Q^2[1 + 2\,(m_0 + m)/MQU]}$$

$$\mathbf{A} = a/a_0,\ Q = R/a_0,$$

$$|U_x| = [2 - A^{-1} - A\,(1 - e^2)]^{1/2}$$

$$\mathbf{U} = \{3 - A^{-1} - 2\,[A\,(1 - e^2)]^{½} \cos i\}^{1/2};$$

U ist die relative Geschwindigkeit »ad infinitum« und U_x ihre Komponente entlang der Knotenpunktlinie.

Wenn man R als physikalischen Radius des Planeten betrachtet, dann ergibt sich für

	Venus	*Erde*	*Mars*	*Jupiter*
$Q \times 10^5$	5,6	4,3	1,5	8,8
$2m_o/MQ$	0,088	0,14	0,043	21,6

Wendet man Öpiks Ergebnisse auf unser Problem an, so werden die Gleichungen auf folgende Näherung reduziert:

$$\frac{T}{P} \approx \frac{\pi \sin i}{Q^2}$$

Setzen wir für $P \approx 5$ Jahre ($a \approx 3$ AE) ein, so erhalten wir

$$T \approx 9 \times 10^9 \times \sin i \text{ [Jahre]}$$

oder etwa ein Drittel der Zeit für die mittlere freie Weglänge aus dem vereinfachten Argument von oben.

Anzumerken ist, daß bei beiden Berechnungen eine Annäherung bis zu N Erd-Radien die N^2-fache Wahrscheinlichkeit eines Zusammenpralls birgt. Das heißt, daß bei N = 10, einem Vorbeiflug um 63000 km, die obigen T-Werte um zwei Nullstellen reduziert werden müssen. Das entspricht ungefähr ⅙ des Abstands zwischen Erde und Mond.

Soll das Velikovsky-Drehbuch gelten, ist jedoch eine stärkere Annäherung nötig; schließlich lautet der Titel *Welten im Zusammenstoß*. Außerdem wird behauptet, daß aufgrund der Begegnung von Venus und Erde unsere Meere bis zu einer Höhe von 1600 Meilen aufgetürmt wurden. Von diesem Wert kann man aufgrund einer einfachen Gezeitenüberlegung (die Fluthöhe ist proportional zu M/r^3, wobei M die Masse der Venus und r der Abstand zwischen den Planeten zum Zeitpunkt der Begegnung ist) zurückrechnen, daß Velikovsky ein echtes »Streifen« meint: Die Oberflächen von Erde und Venus berühren sich! Dazu sei aber festgestellt, daß nicht einmal ein Abstand von 63000 km die These von den Problemen der hier umrissenen Kollisionsphysik befreit.

Schließlich sei noch festgestellt, daß eine Bahn, die den Jupiter- und den Erd-Orbit schneidet, mit hoher Wahrscheinlichkeit wieder nahe zum Jupiter zurückführt, der das Objekt vor der Fast-Begegnung mit der Erde aus dem Sonnensystem schleudern würde – ein Natur-Vorbild für die Flugbahn von *Pioneer-10*. Deshalb muß die heutige Existenz des Planeten Venus zu dem Schluß führen, daß der Velikovsky-Komet nach seinem Entstehen nur noch selten an Jupiter vorbeikam, seine Bahn also rasch kreisförmig wurde. (Daß eine so rasche Bahnänderung unmöglich durchzuführen ist, wird im Text besprochen.) Demgemäß muß Velikovsky annehmen, daß die Fast-Begegnung des Kometen mit der Erde bald nach seinem Austoß von Jupiter erfolgte – in Übereinstimmung mit obigen Berechnungen.

Die Wahrscheinlichkeit, daß der Komet bereits an die zehn Jahre nach seinem Ausstoß von Jupiter mit der Erde kollidiert wäre, liegt bei 1 zu einer bis drei Millionen, wenn wir die vorher besprochenen Annahmen zugrunde legen. Selbst wenn der Komet, wie Velikovsky behauptet, aus dem Jupiter herausgeschleudert wurde und wir die unwahrscheinliche These aufstellen, daß er in keinerlei Verbindung zu irgendwelchen anderen Kollisionsobjekten steht, die wir heute im Sonnensystem kennen – mit anderen Worten, daß Jupiter zu keiner Zeit andere, kleinere Objekte herausgeschleudert hat –, wäre die Zeit der mittleren freien Weglänge bis zum Aufprall auf die Erde etwa 30 Millionen Jahre, was an seiner These um den Faktor von ca. 1 Million vorbeigeht. Nehmen wir die Tatsache hinzu, daß Velikovsky an mehrere statistisch unabhängige Kollisionen glaubt, dann wird die Wahrscheinlichkeit, daß seine Theorie stimmt, verschwindend gering. Seine wiederholten planetarischen Begegnungen würden in der Tat *Welten im Zusammenstoß* erfordern.

ANHANG 2

Folgen einer plötzlichen Abbremsung der Erdrotation

F.: Nun, Mr. Bryan, haben Sie je darüber nachgedacht, was mit der Erde geschehen wäre, wenn sie stillgestanden hätte?
A.: Nein. Der Gott, an den ich glaube, hätte sich darum gekümmert, Mr. Darrow.
F.: Ist Ihnen nicht klar, daß sie sich in eine geschmolzene Masse verwandelt hätte?
A.: Darüber können Sie später Zeugnis ablegen. Ich werde Ihnen eine Chance geben.

THE SCOPES TRIAL, 1925

Die Gravitationsbeschleunigung, die uns auf der Erdoberfläche festhält, hat einen Wert von 10^3 cm × sec^{-2} = 1 G. Eine Abbremsung von $a = 10^{-2}$ G = 10 cm × sec^{-2} ist kaum spürbar. Welche Zeit τ würde die Erde bei einer unmerklichen Abbremsung benötigen, bis ihre Rotation zum Stillstand käme? Die Winkelgeschwindigkeit der Erde beträgt am Äquator

$$\omega = 2\pi/P = 7{,}3 \times 10^{-5}\ [\mathrm{rad/sec}];$$

die Lineargeschwindigkeit am Äquator ist

$$R\,\omega = 0{,}46\ [\mathrm{km/sec}]$$

Also ist

$$\tau = R\omega/a = 4600\ [\mathrm{sec}]$$

oder etwas mehr als eine Stunde.

Die spezifische Energie der Erdrotation beträgt

$$E = \tfrac{1}{2} J\,\omega^2/M \approx \tfrac{1}{5}(R\omega)^2 \approx 4\times10^8 [\mathrm{erg\ g^{-1}}]$$

wobei J das Hauptträgheitsmoment der Erde darstellt.

Das ist weniger als die latente Schmelzwärme für Silikate, $L \approx 4 \times 10^9$ erg g^{-1}. Das heißt, daß Clarence Darrow mit seiner Behauptung, die Erde würde schmelzen, unrecht hatte. Dennoch war er auf der richtigen Spur: Die Betrachtung der Thermischen Vorgänge ist in der Tat tödlich für den Josua-Text. Bei einer typischen spezifischen Wärmekapazität von $c_p \approx 8 \times 10^6$ [erg g^{-1} deg^{-1}] hätte das Anhalten und erneute Rotieren in einem Tag zu einem *durchschnittlichen* Temperaturzuwachs $\Delta T \approx 2\ E/c_p \approx 100$ K geführt, genug, um die Temperatur über den normalen Siedepunkt von Wasser anzuheben. Nahe der Oberfläche und in niederen Breiten wäre die Sache noch schlimmer gewesen; bei $v \approx R\ \omega$ beträgt $\Delta T \approx v^2/c_p \approx 240$ K. Es ist also höchst zweifelhaft, daß den Bewohnern ein so dramatischer Klimawechsel entgangen wäre. Die Abbremsung ließe sich ertragen, wenn sie langsam genug erfolgt, nicht jedoch die Hitze.

ANHANG 3

Gegenwärtige Temperatur der Venus im Falle einer Erwärmung aufgrund eines nahen Vorbeiflugs an der Sonne

Die Erwärmung der Venus durch einen angenommenen nahen Vorbeiflug an der Sonne sowie die anschließende Abkühlung des Planeten durch Wäremabstrahlung in den Raum stellen einen wesentlichen Bestandteil von Velikovskys Hypothese dar. Aber nirgends berechnet er den Wärmebetrag oder das Ausmaß der Abkühlung. Dabei läßt sich ohne weiteres eine Grobabschätzung durchführen. Ein Objekt, das die Sonnen-Photosphäre streift, muß sich mit sehr hohen Geschwindigkeiten bewegen, wenn es aus dem äußeren Sonnensystem kommt: 500 km/sec wäre ein typischer Wert bei Perihel-Durchgang. Aber der Radius der Sonne beträgt 7×10^{10} cm. Deshalb wäre eine typische Zeitspanne für die Erwärmung des Velikovsky-Kometen

$$\frac{1{,}4 \times 10^{11}\ [\mathrm{cm}]}{5 \times 10^{7}\ [\mathrm{cm/sec}]} \approx 3000\ [\mathrm{sec}],$$

also weniger als eine Stunde. Die höchstmögliche Temperatur, die der Komet bei seiner Annäherung an die Sonne erreichen könnte, wäre 6000 K, die Temperatur der Sonnenphotosphäre. Velikovsky spricht nur von einer einzigen nahen Begegnung des Kometen mit der Sonne; danach verwandelt er sich in den Planeten Venus und strahlt seine Wärme in den Raum ab – ein Ablauf, der an die 3500 Jahre bis in die Gegenwart anhält. Aber sowohl das Erwärmen wie das Abkühlen geschieht relativ, und die Physik der beiden Ereignisse wird in der gleichen Weise vom Stefan-Boltzmann-Gesetz der Thermodynamik beherrscht, demzufolge sowohl die Wärmemenge wie die Abkühlungsrate proportional zur vierten Potenz der Temperatur sind. Deshalb ist das Verhältnis des Temperaturzuwachses, den der Komet in 3000 sec Sonnenerwärmung erhält, zum Temperaturschwund in 3500 Jahren Wärmeabstrahlung 3×10^3 sec zu $10^{11} \times ¼ = 0{,}0013$. Die gegenwärtige Temperatur der Venus von dieser Quelle wäre dann höchstens $6000 \times 0{,}0013 = 79$ K, oder anders ausgedrückt, etwa die Temperatur, bei der Luft gefriert. Velikovskys Theorie kann die Venus nicht warmhalten, selbst bei großzügigster Auslegung des Begriffs »warm«.

Diese Schlußfolgerung würde sich auch nicht wesentlich ändern, wenn, statt einem, mehrere Vorbeiflüge an der Sonne stattgefunden hätten. Die hohe Venus-Temperatur kann nicht auf einer oder mehreren Erwärmungen beruhen, ganz gleich, wie dramatisch diese verlaufen. Die heiße Oberfläche erfordert eine kontinuierliche Wärmequelle – die entweder endogen sein könnte (radioaktive Erwärmung aus dem Planeteninnern) oder exogen (Sonnenlicht). Inzwischen steht fest, was bereits vor vielen Jahren als Theorie angeboten wurde (siehe Wildt, 1940; Sagan, 1960): Für die hohe Oberflächentemperatur der Venus ist die gegenwärtige Sonneneinstrahlung auf den Planeten verantwortlich.

ANHANG 4

Welche Magnetfeldstärke ist nötig, um einen exzentrischen Kometen-Orbit in eine Kreisbahn zu verwandeln?

Auch wenn Velikovsky das versäumt hat, läßt sich ungefähr die Größenordnung der Magnetfeldstärke berechnen, die nötig wäre, um die Bewegung eines Kometen merklich zu stören. Das Störfeld könnte von einem Planeten wie der Erde oder dem Mars kommen, dem sich der Komet gerade nähert, aber auch vom interplanetarischen Magnetfeld. Damit dieses Feld eine Rolle spielt, muß seine Energiedichte mit der kinetischen Energiedichte des Kometen vergleichbar sein. (Wir lassen sogar außer acht, ob der Komet eine Ladungs- und Feldverteilung besitzt, die es ihm gestattet, auf das angenommene Feld zu reagieren.) Dann gilt die Bedingung

$$\frac{B^2}{8\pi} = \frac{\frac{1}{2}\, mv^2}{(\frac{4}{3})\pi\, R^3} = (\tfrac{1}{2})p\, v^2,$$

wobei B die Magnetfeldstärke in Gauß, R der Radius des Kometen, m seine Masse, v seine Geschwindigkeit und p seine Dichte ist. Wir stellen fest, daß die Gleichung unabhängig von der Masse des Kometen gilt. Wenn wir nun eine typische Kometen-Geschwindigkeit im inneren Sonnensystem von etwa 25 km/sec annehmen und p als die Dichte von Venus mit etwa 5 g/cm^3 ansetzen, sehen wir, daß eine Magnetfeldstärke von über 10 Millionen Gauß erforderlich ist. (Ein ähnlicher Wert würde für elektrostatische Einheiten gelten, wenn die Bahnänderung zur Kreisform durch elektrische und nicht magnetische Störungen erfolgen würde.) Das Oberflächenmagnetfeld der Erde beträgt am Äquator 0,5 Gauß. Die Felder von Mars und Venus sind schwächer als 0,01 Gauß. Das Feld der Sonne besitzt einige Gauß und in den Sonnenflecken bis zu einigen hundert Gauß. Typische interplanetarische Felder haben Werte von 10^{-5} Gauß. Es gibt keine Möglichkeit, im Sonnensystem ein größeres Magnetfeld zu erzeugen, das eine Feldstärke bis zu 10 MegaGauß erreicht. Und nichts deutet darauf hin, daß so ein Feld in der

Umgebung der Erde je existierte. Wir erinnern uns, daß die Magnetbereiche von geschmolzenem Gestein beim Erstarren vom vorherrschenden Feld ausgerichtet werden. Hätte die Erde vor 3500 Jahren ein Feld von 10 Megagauß erlebt, und wäre es noch so kurz wirksam gewesen, so würde sich das eindeutig in der Gesteinsmagnetisierung zeigen. Das ist aber nicht der Fall.

Bibliographie

Zu Kapitel 3
Die Vertiefung in diese Welt ruft wie eine Befreiung

Feuer, Lewis S., *Einstein and the Generations of Science.* New York, Basic Books, 1974.

Frank, Philipp, *Einstein: His Life and Times.* New York, Knopf, 1953.

Hoffman, Banesh, *Albert Einstein: Creator and Rebel.* New York, New American Library, 1972.

Schilpp, Paul (Hrsg.), *Albert Einstein: Philosopher Scientist.* New York, Tudor, 1951.

Zu Kapitel 5
Von Schwindlern und Bauernfängern

»Alexander the Oracle-Monger,« in: *The Works of Lucian of Samosata.* Oxford, Clarendon Press, 1905.

Christopher, Milbourne, *ESP, Seers and Psychics.* New York, Crowell, 1970.

Cohen, Morris, and Nagel, Ernest, *An Introduction to Logic and Scientific Method.* New York, Harcourt Brace, 1934.

Evans, Bergen, *The Natural History of Nonsense.* New York, Knopf, 1946.

Gardner, Martin, *Fads and Fallacies in the Name of Science.* New York, Dover, 1957.

Mackay, Charles, *Extraordinary Popular Delusions and the Madness of Crowds.* New York, Farrar, Straus & Giroux, Noonday Press, 1970.

Zu Kapitel 7
Venus und Dr. Velikovsky

Brandt, J. C., Maran, S. P., Williamson, R., Harrington, R., Cochran, C., Kennedy, M., Kennedy, W., und Chamberlain, V., »Possible Rock Art Records of the Crab Nebula Supernova in the Western United States.« *Archaeoastronomy in Pre-Columbian America,* A. F. Aveni (Hrsg.), Austin, University of Texas Press, 1974.

Brandt, J. C., Maran, S. P., und Stecher, T. P., »Astronomers Ask Archaeologists Aid.« *Archaeology,* 21: 360 (1971).

Brown, H., »Rare Gases and the Formation of the Earth's Atmosphere,« in: Kuiper (1949).
Campbell, J., *The Mythic Image*. Princeton, Princeton University Press, 1974. (2. korrigierte Aufl., 1975.)
Connes, P., Connes, J., Benedict, W. S., und Kaplan, L. D., »Traces of HCl and HF in the Atmosphere of Venus.« *Ap. J.*, 147: 1230 (1967).
Covey, C., *Anthropological Journal of Canada*, 13: 2–10 (1975).
De Camp, L. S., *Lost Continents: The Atlantis Theme*. New York, Ballantine Books, 1975.
Dodd, Edward, *Polynesian Seafaring*. New York, Dodd, Mead, 1972.
Ehrlich, Max, *The Big Eye*. New York, Doubleday, 1949.
Galanopoulos, Angelos G., »Die ägyptischen Plagen und der Auszug Israels aus geologischer Sicht.« *Das Altertum*, 10: 131–137 (1964).
Gould, S. J., »Velikovsky in Collision.« *Natural History* (März 1975), 20–26.
Kuiper, G. P. (Hrsg.), *The Atmospheres of the Earth and Planets*, 1. Aufl. Chicago, University of Chicago Press, 1949.
Leach, E. R., »Primitive Time Reckoning,« in: *The History of Technology*, hrsg. v. C. Singer, E. J. Holmyard, und Hall, A. R. London, Oxford University Press, 1954.
Lecar, M., und Franklin, F., »On the Original Distribution of the Asteroids.« *Icarus*, 20: 422–436 (1973).
Marov, M. Ya., »Venus: A Perspective at the Beginning of Planetary Exploration.« *Icarus*, 16: 415–461 (1972).
Marov, M. Ya., Avduevsky, V., Borodin, N., Ekonomov, A., Kerzhanovich, V., Lysov, V., Moshkin, B., Rozhdestvensky, M., und Ryabov, O., »Premilinary Results on the Venus Atmosphere from the Venera 8 Descent Module.« *Icarus*, 20: 407–421 (1973).
Meeus, J., »Comments on *The Jupiter Effect*.« *Icarus*, 26: 257–267 (1975).
Neugebauer, O., »Ancient Mathematics and Astronomy,« in: *The History of Technology*, hrsg. v. C. Singer, E. J. Holmyard, und Hall, A. R. London, Oxford University Press, 1954.
Öpik, Ernst J., »Collision Probabilities with the Planets and the Distribution of Interplanetary Matter.« *Proceedings of the Royal Irish Academy*, Vol. 54 (1951), 165–199.
Owen, T. C., und Sagan, C., »Minor Constituents in Planetary Atmospheres: Ultraviolet Spectroscopy from the Orbitin Astronomical Observatory.« *Icarus*, 16: 557–568 (1972).
Pollack, J. B., »A Nongray CO_2–H_2O Greenhouse Model of Venus.« *Icarus*, 10: 314–341 (1969).
Pollack, J. B., Erickson, E., Witteborn, F., Chackerian, C., Summers, A., Augason, G., und Caroff, L., »Aircraft Observation of Venus' Nearinfrared Reflection Spectrum: Implications for Cloud Composition.« *Icarus*, 23: 8–26 (1974).
Sagan, C., »The Radiation Balance of Venus.« California Institute of Technology, Jet Propulsion Laboratory, Technical Report 32–34, 1960.

ders., »The Planet Venus.« *Science*, 133: 849 (1961).
ders., *The Cosmic Connection*. New York, Doubleday, 1973.
ders., »Erosion of the Rocks of Venus.« *Nature*, 261: 31 (1976).
Sagan, C., und Page, T. (Hrsg.), *UFOs: A Scientific Debate*. Ithaca, N.Y., Cornell University Press, 1973; New York, Norton, 1974.
Sill, G., »Sulfuric Acid in the Venus Clouds.« Communications Lunar Planet Lab., University of Arizona, 9: 191–198 (1972).
Spitzer, Lyman, und Baade, Walter, »Stellar Populations and Collisions of Galaxies.« *Ap. J.*, 113: 413 (1951).
Urey, H. C., »Cometary Collisions and Geological Periods.« *Nature*, 242: 32–33 (1973).
ders., *The Planets*. New Haven, Yale University Press, 1951.
Velikovsky, I., *Worlds in Collision*. New York, Dell, 1965 (1. Aufl., Doubleday, 1950).
ders., »Venus, a Youthful Planet.« *Yale Scientific Magazine*, 41: 8–11 (1967).
Vitaliano, Dorothy B., *Legends of the Earth: Their Geologic Origins*. Bloomington, Indiana University Press, 1973.
Wildt, R., »Note on the Surface Temperature of Venus.« *Ap. J.*, 91: 266 (1940).
ders., »On the Chemistry of the Atmosphere of Venus.« *Ap. J.*, 96: 312–314 (1942).
Young, A. T., »Are the Clouds of Venus Sulfuric Acid?« *Icarus*, 18: 564–582 (1973).
Young, L. D. G., und Young, A. T., Comments on »The Composition of the Venus Cloud Tops in Light of Recent Spectroscopic Data.« *Ap. J.*, 179: L39 (1973).

Teile des Buches erschienen bereits vorher in folgenden Zeitschriften: *American Scholar, Atlantic Monthly, Book Digest, Holiday Mercury, Natural History, New Republik, New York Times Magazine, Physics Today, Playboy, Scientific American, Smithsonian Magazine, TV Guide* und *Vogue*.

Die freundliche Genehmigung zum Nachdruck erteilte die Cornwall University Press für meinen Aufsatz »An Analysis of ›Worlds in Collision‹«, der 1976 in dem Buch *Scientists Confront Velikovsky*, hrsg. von D. Goldsmith, erschien, Copyright (c) 1976 by Cornwall University Press; der *Enzyclopedia Americana* für »UFO's«, Copyright (c) 1975 by Americana Corporation; Field Enterprises für »The Climates of Planets« in *Science Year 1975*; Copyright (c) 1975 by Field Enterprises Educational Corporation; sowie William Morrow & Company, Inc., für Auszüge von *The Planets* von Diane Ackerman; Copyright (c) 1975 und 1976 by Diane Ackerman, mit freundlicher Genehmigung des Verlags William Morrow & Company, Inc.

Register